国外油气勘探开发新进展丛书(十四)

实用油藏工程

(第三版)

[美] Ronald E. Terry　J. Brandon Rogers 著

朱道义 译　　王俊亮 审

石油工业出版社

内 容 提 要

本书回顾了油藏工程历史，解释了油藏相关术语，详细介绍了物质平衡方法及其在不同油藏中的应用、渗流机理、天然水侵理论和提高采收率技术（包括水力压裂技术）等，对有关油藏工程的经典理论进行了更新，以适应新的油藏工程技术及方法。并结合大量油田实例，演示了运用物质平衡方程和油藏生产历史拟合方法预测油藏生产动态，使用 Microsoft Excel 和 VBA 软件，使得计算过程更加简单、直观。

本书可供油藏工程、油气田开发方面的专业技术人员查阅，也适合石油院校相关专业师生阅读参考。

图书在版编目(CIP)数据

实用油藏工程:第三版/(美)罗纳德 E. 特里(Ronald E. Terry),(美)J. 布兰登 罗杰斯(J. Brandon Rogers)著;朱道义译. ——北京:石油工业出版社,2017.1

(国外油气勘探开发新进展丛书:14)

原文件名:Applied Petroleum Reservoir Engineering(Third Edition)

ISBN 978-7-5183-1456-0

Ⅰ.实

Ⅱ.①罗…②J…③朱…

Ⅲ.油藏工程

Ⅳ.TE34

中国版本图书馆 CIP 数据字(2016)第 221198 号

Applied Petroleum Reservoir Engineering Third Edition
By Ronald E. Terry; J. Brandon Rogers
ISBN:978-0-13-315558-7

Authorized translation from the English language edition, entitled APPLIED PETROLEUM RESERVOIR ENGINEERING, 3E, by TERRY, RONALD E.; ROGERS, J. BRANDON, published by Pearson Education, Inc., Copyright © 2015 Pearson Education, Inc.

All rights reserved. No part of this book may be reproduced or transmitted in any from or by any means, electronic or mechanical, including photocopying, recording or by any information storage retrieval system, without permission from Pearson Education, Inc.

CHINESE SIMPLIFIED language edition published by PEARSON EDUCATION ASIA LTD., and PETROLEUM INDUSTRY PRESS Copyright © 2016

本书经 PEARSON EDUCATION ASIA LTD. 授权石油工业出版社有限公司翻译出版。版权所有，侵权必究。

本书封面贴有 Pearson Education（培生教育出版集团）防伪标签，无标签者不得销售。

北京市版权局著作权合同登记号:01-2015-6744

出版发行:石油工业出版社

(100011 北京安定门外安华里 2 区 1 号楼)

网　　　址:www.petropub.com

编　辑　部:(010)64523710

图书营销中心:(010)64523633

经　　销:全国新华书店

印　　刷:北京中石油彩色印刷有限责任公司

2017 年 1 月第 1 版　2017 年 1 月第 1 次印刷

787×1092 毫米　开本:1/16　印张:24.75

字数:595 千字

定价:128.00 元

(如发现印装质量问题，我社图书营销中心负责调换)

版权所有，翻印必究

《国外油气勘探开发新进展丛书(十四)》

编 委 会

主　　任：赵政璋

副 主 任：赵文智　张卫国

编　　委：(按姓氏笔画排序)

　　　　　卢拥军　朱道义　向建华

　　　　　刘德来　余维初　周家尧

　　　　　钦东科　章卫兵　董绍华

序

为了及时学习国外油气勘探开发新理论、新技术和新工艺，推动中国石油上游业务技术进步，本着先进、实用、有效的原则，中国石油勘探与生产分公司和石油工业出版社组织多方力量，对国外著名出版社和知名学者最新出版的、代表最先进理论和技术水平的著作进行了引进，并翻译和出版。

从 2001 年起，在跟踪国外油气勘探、开发最新理论新技术发展和最新出版动态基础上，从生产需求出发，通过优中选优已经翻译出版了 13 辑 70 多本专著。在这套系列丛书中，有些代表了某一专业的最先进理论和技术水平，有些非常具有实用性，也是生产中所亟须。这些译著发行后，得到了企业和科研院校广大科研管理人员和师生的欢迎，并在实用中发挥了重要作用，达到了促进生产、更新知识、提高业务水平的目的。部分石油单位统一购买并配发到了相关技术人员的手中。同时中国石油天然气集团公司也筛选了部分适合基层员工学习参考的图书，列入"千万图书下基层，百万员工品书香"书目，配发到中国石油所属的 4 万余个基层队站。该套系列丛书也获得了我国出版界的认可，三次获得了中国出版工作者协会的"引进版科技类优秀图书奖"，形成了规模品牌，获得了很好的社会效益。

2016 年在前 13 辑出版的基础上，经过多次调研、筛选，又推选出了国外最新出版的 6 本专著，即《实用油藏工程（第三版）》《石油工程师指南——油田化学品与流体》《水力压裂解释——评估、实施和挑战》《管道完整性手册——风险管理与评估》《非常规页岩气有效开发》《油井生产手册》，以飨读者。

在本套丛书的引进、翻译和出版过程中，中国石油勘探与生产分公司和石油工业出版社组织了一批著名专家、教授和有丰富实践经验的工程技术人员担任翻译和审校工作，使得该套丛书能以较高的质量和效率翻译出版，并和广大读者见面。

希望该套丛书在相关企业、科研单位、院校的生产和科研中发挥应有的作用。

中国石油天然气集团公司副总经理

前　　言

和第二版一样，在此版的修订过程中尽量地保持了原著的韵味和格局。文中大量的现场实例，使得原著和第二版都非常受欢迎。

第三版中加入了一些油藏工程关键术语的介绍，可以帮助初次接触石油工程的读者迅速了解文中和石油工业行业中常用的概念和词汇。此外，书中也加入了一个更广泛的术语表，还主要对凝析气藏、水驱油理论和提高石油采收率这几部分进行了改动，以使其更能反映现代石油工业实践。同时采用微软公司的 Excel 软件和 VBA 软件作为主要计算工具，对全文中和最后一章中集中出现的油藏生产历史拟合实例进行了修订。

实用油藏工程（第三版）中物质平衡方法概论部分的目的是使石油工程专业的学生及从业人员更好地了解并从事油藏工程相关工作。本书以油藏关键术语以及油藏工程概论为开篇，接着详细地介绍了油藏物质平衡方法，并依次将其应用于 4 种不同储层。本书在其后半部分介绍了渗流理论、天然水侵理论以及强化采油技术。在最后一章中，通过一个油藏生产历史拟合示例介绍了其重点，即对生产井的历史数据进行拟合和对油藏未来产量进行预测。

简言之，本书加入了油藏工程专业词汇和基本概念，并使用微软公司的 Excel 软件和 VBA 软件作为主要计算工具进行油田实例计算，使得该修订版能更加符合现代油藏实践及其技术发展，且更易于阅读。

Ronald E. Terry 和 J. Brandon Rogers

第二版前言

在接手修订 Ben Craft 和 Murray Hawkins 所著的《实用油藏工程》任务不久，几位同事都期望修订后的版本能保留原著的韵味和格局。我对此感到很开心，这也正是我努力想做到的。书中包含的许多油田实例，使得原著深受大家喜爱，在此基础上我们加入了更多的油田实例。本次修订的主要任务包括重组与更新部分章节。

书中的各章节按照典型的油藏工程研究生课程的顺序进行排列，第一章为油气藏与油藏工程概论，回顾了储层流体物性与油藏物质平衡方程的推导。紧接的几章介绍了油藏物质平衡方程在不同类型储层中的应用。余下的章节介绍了油藏中流体的渗流理论和与时间有关的油藏开发预测方法。

原著中的单位存在一些问题，为此，本次修订对相关术语进行了统一的定义。例如，地层体积系数表示油藏条件下的体积与地面条件下的体积之比。修订中还使用统一的单位，符合美国石油工程师协会相关标准。

在此，真诚地感谢每位为本书做出贡献的人，感谢他们的鼓励与建议。特别感谢以下同事：得克萨斯农工大学的 John Lee、以前在得克萨斯理工大学工作的 James Smith、美国堪萨斯大学的 Don Green 和 Floyd Preston，以及美国怀俄明州立大学的 David Whitman 和 Jack Evers。

Ronald E. Terry

译者前言

油藏工程是一门高度综合的技术学科,其主要任务是从整体上认识和控制油气藏,综合分析油藏地质、油层物理、地球物理(测井、物探等)、渗流力学和采油工程等各方面成果,结合油田实际生产信息资料,对油气藏开发中发生的各种物理化学变化从油气藏开发的角度进行评价和预测,并据此提出相应的调整措施,以提高油气采收率。本书作为应用油藏工程方面的基础教材,主要包括油气藏概论,储层岩石与流体物性,油藏物质平衡方程及其分别在单相气藏、凝析气藏、未饱和油藏及饱和油藏中的应用,单相液体渗流理论,油藏天然水侵理论,油气驱替理论,提高石油采收率技术和油藏生产历史拟合等内容。本书在给出大量油田实例的同时,在章节末还给出了相关思考题,读者可以通过思考题进一步理解与吸收书中所介绍的油藏工程基本原理及分析方法。

为了使中文版适合中国人的阅读习惯,对英文版中的大量公式和表述进行了编辑修改,并且根据资料调研对英文版中由于印刷问题产生的错误进行了更正。要感谢大庆油田的王俊亮高级工程师利用其娴熟的专业英语功底为本书做了详细的翻译校对,还有中国石油大学(北京)的王建斐、罗旻、吴凡、刘娟、席园园、王志兴、侯利斌等七位硕士研究生和孙斐斐博士研究生在中间穿插所做的一些翻译和录入工作。

尽管我们在翻译的过程中尽了最大的努力,但由于译者水平有限,不足之处在所难免,恳请广大读者提出意见和建议。

作者简介

　　Ronald E. Terry 曾在菲利普石油公司从事提高石油采收率研究工作,先后在美国堪萨斯大学教授化学与石油工程专业,在怀俄明大学教授石油工程专业,并在此期间完成了《实用油藏工程》(第二版),在杨百翰大学教授化学工程与技术和工程教育专业,并在此与他人合作完成了《实用油藏工程》(第三版)。在这三所大学的教学生涯中,他获得了多项教学奖励,先后担任代理系主任、副院长,并在杨百翰大学的行政部门担任教学规划与评估办公室助理。他也曾担任美国工程教育协会落基山分会主席,现在在杨百翰大学担任技术与工程教育项目主席。

　　J. Brandon Rogers 曾就读于杨百翰大学化学工程专业,学习油藏工程课程时使用的教材是《实用油藏工程》(第二版)。毕业后,就职于墨菲石油公司,担任项目工程师,在此期间与 Ronald E. Terry 共同完成《实用油藏工程》(第三版)。

目　　录

术语符号 ·· (1)

1　油气藏与油藏工程概论 ·· (6)

　1.1　油气藏概论 ··· (6)

　1.2　油藏工程发展史 ··· (8)

　1.3　油藏工程术语简介 ·· (9)

　1.4　油气藏类型与相图 ·· (11)

　1.5　油藏的开采 ··· (14)

　1.6　石油峰值 ·· (15)

　参考文献 ·· (18)

2　储层岩石与流体物性 ·· (20)

　2.1　引言 ·· (20)

　2.2　储层岩石物性 ·· (20)

　2.3　天然气的物性 ·· (22)

　2.4　地层原油的物性 ··· (37)

　2.5　地层水的物性 ·· (49)

　2.6　小结 ·· (51)

　参考文献 ·· (56)

3　物质平衡方程通式 ·· (58)

　3.1　引言 ·· (58)

　3.2　油藏物质平衡方程通式的建立 ··· (58)

　3.3　物质平衡方程式的应用及其局限性 ··· (63)

　3.4　物质平衡方程的应用：Havlena-Odeh 方法 ······································ (65)

　参考文献 ·· (66)

4　单相气藏 ··· (67)

　4.1　引言 ·· (67)

　4.2　利用容积法计算天然气储量 ·· (67)

　4.3　利用物质平衡方程式计算原始天然气地质储量 ·································· (75)

　4.4　凝析油和产出水的天然气等效法 ·· (81)

　4.5　储气库概念 ··· (82)

4.6　超高压气藏 …………………………………………………………………… (84)
  4.7　计算公式的局限性及其误差 ………………………………………………… (86)
  参考文献 …………………………………………………………………………… (91)

5　凝析气藏 …………………………………………………………………………… (93)
  5.1　引言 …………………………………………………………………………… (93)
  5.2　凝析气藏的原始油气地质储量 ……………………………………………… (95)
  5.3　定容型储层动态分析 ………………………………………………………… (101)
  5.4　物质平衡方法在凝析气藏中的应用 ………………………………………… (107)
  5.5　定容型凝析气藏的预测和实际生产情况对比 ……………………………… (109)
  5.6　凝析气藏的循环注干气开发和水驱 ………………………………………… (113)
  5.7　凝析气藏注氮气保持压力 …………………………………………………… (117)
  参考文献 …………………………………………………………………………… (121)

6　未饱和油藏 ………………………………………………………………………… (123)
  6.1　引言 …………………………………………………………………………… (123)
  6.2　利用静态资料计算未饱和油藏原始原油地质储量和采收率 ……………… (125)
  6.3　未饱和油藏的物质平衡方程式 ……………………………………………… (129)
  6.4　物质平衡方程式在 Kelly-Snyder 油田 Canyon Reef 储层开采中的应用 … (133)
  6.5　物质平衡方程式在 Rodessa 油田 Gloyd-Mitchell 储层开发中的应用 …… (137)
  6.6　考虑岩石和地层水压缩系数时的物质平衡方程式 ………………………… (142)
  参考文献 …………………………………………………………………………… (152)

7　饱和油藏 …………………………………………………………………………… (154)
  7.1　引言 …………………………………………………………………………… (154)
  7.2　饱和油藏的物质平衡方程式 ………………………………………………… (155)
  7.3　物质平衡方程式的线性表达式 ……………………………………………… (160)
  7.4　闪蒸和微分分离技术以及地面分离器条件对储层流体物性的影响 ……… (162)
  7.5　根据微分分离与分离器实验数据计算原油地层体积系数和溶解气油比 … (167)
  7.6　挥发性油藏 …………………………………………………………………… (168)
  7.7　最高采收率 …………………………………………………………………… (169)
  参考文献 …………………………………………………………………………… (175)

8　单相液体渗流理论 ………………………………………………………………… (176)
  8.1　引言 …………………………………………………………………………… (176)
  8.2　达西定律与渗透率 …………………………………………………………… (176)
  8.3　储层渗流类型 ………………………………………………………………… (179)

8.4 稳定渗流 …… (182)
8.5 平面径向渗流的综合微分方程式 …… (193)
8.6 不稳定渗流 …… (195)
8.7 拟稳定渗流 …… (201)
8.8 采油指数 …… (203)
8.9 叠加理论 …… (205)
8.10 不稳定试井概述 …… (209)
参考文献 …… (225)

9 油藏天然水侵理论 …… (227)
9.1 引言 …… (227)
9.2 稳态水侵 …… (228)
9.3 非稳态水侵 …… (233)
9.4 拟稳态水侵 …… (271)
参考文献 …… (279)

10 油气驱替理论 …… (281)
10.1 引言 …… (281)
10.2 油气采收率 …… (281)
10.3 两相驱替理论 …… (290)
10.4 小结 …… (314)
参考文献 …… (316)

11 提高石油采收率 …… (318)
11.1 引言 …… (318)
11.2 二次采油 …… (318)
11.3 三次采油 …… (323)
11.4 小结 …… (338)
参考文献 …… (338)

12 油藏生产历史拟合 …… (340)
12.1 引言 …… (340)
12.2 产量递减曲线分析法 …… (340)
12.3 无因次 Schilthuis 物质平衡方程法历史拟合 …… (342)
参考文献 …… (364)

油藏工程词汇表 …… (366)
单位换算 …… (372)

术语符号

符号	符号说明	单位
A	油藏或油井的面积范围	acre 或 ft^2
A_c	垂直于流体流动方向的横截面积	ft^2
B'	水侵常数	bbl/psi(绝)
B_{gi}	原始气体地层体积系数	ft^3/ft^3 或 bbl/ft^3
B_{ga}	废弃压力时的气体地层体积系数	ft^3/ft^3 或 bbl/ft^3
B_{Ig}	注入气的气体地层体积系数	ft^3/ft^3 或 bbl/ft^3
B_o	原油地层体积系数	bbl/bbl 或 ft^3/bbl
B_{ofb}	分离器实验所测泡点压力时的原油地层体积系数	bbl/bbl 或 ft^3/bbl
B_{oi}	原始原油地层体积系数	bbl/bbl 或 ft^3/bbl
B_{ob}	泡点压力时的原油地层体积系数	bbl/bbl 或 ft^3/bbl
B_{odb}	微分分离所测泡点压力时的原油地层体积系数	bbl/bbl 或 ft^3/bbl
B_t	两相地层体积系数	bbl/bbl 或 ft^3/bbl
B_w	地层水体积系数	bbl/bbl 或 ft^3/bbl
c	等温压缩系数	psi^{-1}
C_A	形状因子	无量纲
c_f	地层等温压缩系数	psi^{-1}
c_g	气体等温压缩系数	psi^{-1}
c_o	原油等温压缩系数	psi^{-1}
c_r	对比等温压缩系数	小数,无量纲
c_t	总等温压缩系数	psi^{-1}
c_{ti}	原始总等温压缩系数	psi^{-1}
c_w	地层水等温压缩系数	psi^{-1}
E	总采收率	小数,无量纲
E_d	微观驱替效率	小数,无量纲
E_i	垂向波及系数	小数,无量纲
E_o	原油膨胀系数(Havlena 和 Odeh 方法)	bbl/bbl
$E_{f,w}$	地层和水的综合膨胀系数(Havlena 和 Odeh 方法)	bbl/bbl
E_g	气体膨胀系数(Havlena 和 Odeh 方法)	bbl/bbl
E_s	面积波及系数	小数,无量纲
E_v	宏观波及系数(或体积波及系数)	小数,无量纲
f_g	气相分流量	小数,无量纲
f_w	水相分流量	小数,无量纲

续表

符号	符号说明	单位
F	产出量的油藏孔隙体积（Havlena 和 Odeh 方法）	bbl
F_k	垂向渗透率与水平渗透率的比值	无量纲
G	原始天然气地质储量	ft^3
G_a	废弃压力时的剩余气量	ft^3
G_f	储层中的游离气量	ft^3
G_I	注入气体量	ft^3
G_{ps}	初级分离器中的气体体积	ft^3
G_{ss}	二级分离器中的气体体积	ft^3
G_{st}	储油罐中的气体体积	ft^3
GE	每桶凝析油的气体当量	ft^3
GE_w	每桶产出水的气体当量	ft^3
GOR	溶解气油比	ft^3/bbl
h	油藏厚度	ft
I	注入指数	bbl/(d·psi)
J	采油指数	bbl/(d·psi)
J_s	比采油指数	bbl/(d·psi·ft)
J_{sw}	标准井的采油指数	bbl/(d·psi)
K	渗透率	mD
k'	水侵常数	bbl/(d·psi)
k_{avg}	平均渗透率	mD
k_g	气相渗透率	mD
k_o	油相渗透率	mD
k_w	水相渗透率	mD
k_{rg}	气相的相对渗透率	小数，无量纲
k_{ro}	原油的相对渗透率	小数，无量纲
k_{rw}	水相的相对渗透率	小数，无量纲
L	线性流区域的长度	ft
m	气顶系数	比值，无量纲
$m(p)$	真实气体的拟压力	psi(绝)^2/cP
$m(p_i)$	原始地层压力下真实气体的拟压力	psi(绝)^2/cP
$m(p_{wf})$	自喷井中真实气体的拟压力	psi(绝)^2/cP
M	流度比	比值，无量纲
M_w	分子质量	lb/(lb·mol)
M_{wo}	原油分子质量	lb/(lb·mol)
n	摩尔数	mol

续表

符号	符号说明	单位
N	原始原油地质储量	bbl
N_p	累计产油	bbl
N_{vc}	毛细管数	比值，无量纲
p	压力	psi（绝）
p_b	泡点压力	psi（绝）
p_c	临界压力	psi（绝）
P_c	毛细管压力	psi（绝）
p_D	无量纲压力	比值，无量纲
p_e	外边界压力	psi（绝）
p_i	原始地层压力	psi（绝）
P_{1hr}	关井 1 小时后处于半对数直线上的压力	psi（绝）
p_{pc}	拟临界压力	psi（绝）
p_{pr}	拟对比压力	比值，无量纲
p_R	基准压力	psi（绝）
p_{sc}	标准状态下压力	psi（绝）
p_w	井底流压	psi（绝）
p_{wf}	压降试井时的井底流压	psi（绝）
$P_{wf(\Delta t=0)}$	压降试井前的井底流压	psi（绝）
p_{ws}	压力恢复试井关井时的井底压力	psi（绝）
$\bar{p}$	体积平均地层压力	psi（绝）
$\overline{\Delta p}$	体积平均地层压力的变化值	psi（绝）
q	标准状态下的油井产量	bbl/d
q'_t	储层条件下的油井产量	bbl/d
r	距井筒中心的半径	ft
r_D	无量纲半径	%，无量纲
r_e	井筒中心点到油藏外边界的距离	ft
r_R	油藏半径	ft
r_w	井筒半径	ft
R	瞬时生产气油比	ft^3/bbl
R'	通用气体常数	
R_p	累计生产气油比	ft^3/bbl
R_{so}	油相中的溶解气油比	ft^3/bbl
R_{sob}	泡点压力时的溶解气油比	ft^3/bbl
R_{sod}	微分分离所测泡点压力时的溶解气油比	ft^3/bbl
R_{sodb}	微分分离所测分离器和储罐中所有气的溶解气油比	ft^3/bbl

续表

符号	符号说明	单位
R_{sofb}	分离器实验所测分离器和储罐中所有气的溶解气油比	ft^3/bbl
R_{soi}	原始地层压力下的溶解气油比	ft^3/bbl
R_{sw}	地层水的溶解气水比	ft^3/bbl
R_{swp}	去离子水的溶解气水比	ft^3/bbl
R_1	分离器中液体的溶解气油比	ft^3/bbl
R_3	储罐中液体的溶解气油比	ft^3/bbl
RF	采收率	小数，无量纲
$R.V.$	闪蒸分离实验所测的相对体积	比值，无量纲
S	流体饱和度	小数，无量纲
S_g	含气饱和度	小数，无量纲
S_{gr}	残余气饱和度	小数，无量纲
S_L	液相总饱和度	小数，无量纲
S_o	含油饱和度	小数，无量纲
S_w	含水饱和度	小数，无量纲
S_{wi}	原始含水饱和度	小数，无量纲
t	时间	h
Δt	压力恢复的时间	h
t_o	无量纲时间	比值，无量纲
t_p	关井前油井以恒定速率生产的总时间	h
t_{pss}	到达拟稳态流的时间	h
T	温度	°F 或 °R
T_c	临界温度	°F 或 °R
T_{pc}	拟临界温度	°F 或 °R
T_{pr}	对比温度	小数，无量纲
T_{ppr}	拟对比温度	小数，无量纲
T_{sc}	标准状态下的温度	°F 或 °R
V	体积	ft^3
V_b	油藏总体积	ft^3 或 $ac \cdot ft$
V_p	孔隙体积	ft^3
V_r	原油的相对体积	ft^3
V_R	某参考点时的气体体积	ft^3
W	裂缝宽度	ft
W_e	水侵量	bbl
W_{eD}	无量纲水侵量	小数，无量纲
W_{ei}	原始储层条件下的水侵量	bbl
W_I	注入水量	bbl

续表

符号		符号说明	单位
W_p		累计产水量	bbl
z		气体偏差因子(或气体压缩因子)	小数,无量纲
z_i		原始地层压力下的气体偏差因子	小数,无量纲
希腊符号		符号说明	英制实用单位
α		90°−倾角	度
ϕ		油藏孔隙度	小数,无量纲
γ		流体的相对密度	比值,无量纲
γ_g		气体的相对密度	比值,无量纲
γ_o		原油的相对密度	比值,无量纲
γ_w		井底流样的相对密度	比值,无量纲
γ'		流体的相对密度(以水为参照)	比值,无量纲
γ_1		分离器中气体的相对密度	比值,无量纲
γ_3		储罐中气体的相对密度	比值,无量纲
η		地层的导压系数	比值,无量纲
λ		流度(渗透率与黏度的比值)	mD/cP
λ_g		气相的流度	mD/cP
λ_o		油相的流度	mD/cP
λ_w		水相的流度	mD/cP
μ		黏度	cP
μ_g		气相的黏度	cP
μ_i		原始地层压力下的流体黏度	cP
μ_o		油相的黏度	cP
μ_{ob}		泡点压力时原油黏度	cP
μ_{od}		死油的黏度	cP
μ_w		水相的黏度	cP
μ_{w1}		地层温度下压力为14.7psi(绝)时水的黏度	cP
μ_1		地层温度下压力为14.7psi(绝)时流体的黏度	cP
v		储层中流体的视流速	bbl/d·ft²
v_g		储层中气体的视流速	bbl/d·ft²
v_t		储层中流体的总流速	bbl/d·ft²
θ		接触角	度
ρ		密度	lb/ft³
ρ_g		气相的密度	lb/ft³
ρ_r		对比密度	比值,无量纲
$\rho_{o,API}$		原油重度	°API
σ_{wo}		油−水界面张力	dynes/cm

1 油气藏与油藏工程概论

现代石油工业被认为起始于 1859 年,当时 Edwin A. Drake 上校在宾西法尼亚州泰勒斯维尔发现了油气资源。但据史料记载,石油工业早在 6000 多年前就已经开始。石油产品最初用于医药(如火漆、火药等)、润滑剂以及用于照明。Drake 的发现揭开了现代石油工业的序幕,成为有史以来首次找寻石油资源的商业开采行为,虽未获得经济效益,但引发了石油商业开采的热潮。伴随着石油工业时代的开始,石油地质和油藏工程也逐渐兴起。

1.1 油气藏概论

地层中的油气聚集主要形成于构造圈闭或地层圈闭中[1],图 1.1 是一个地层圈闭示意图。油气资源通常聚集在地层中孔隙度较大和渗透率较高的地方,主要为砂岩、石灰岩和白云岩等,还包括粒间缝隙或由节理、裂缝和流体运移产生的孔隙等。油藏是指圈闭的一部分且具有独立的水动力学系统的含油气体系。有时,整个圈闭内都充满着油气,这时的圈闭和油藏指的是同一体系,但油藏通常会与一定体积的含水层连接。有时,多个处于同一个大型沉积盆地中的油藏具有共同的含水层,当处于这种情况时,某个油藏的开发会引起同一含水层中其他地层压力的变化。

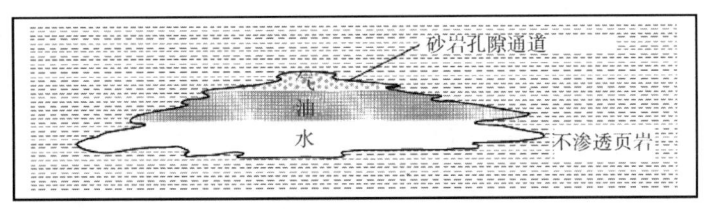

图 1.1 地层圈闭中烃类储集示意图

烃类流体是指含碳、氢元素的混合物。在原始地层条件下,烃类流体以单相或两相的形式存在,其中单相流体主要为油相或者气相。当生产至地面时,绝大多数的烃类流体会分离成油气两相。地层条件下以液相形式存在的流体,当采至地面常温常压下时成为气相的气称作溶解气。此时,一定体积的地层原油采至地面时,会同时产出油和溶解气,生产时必须对产出的溶解天然气体积和原油体积进行估算。地层条件下以气相形式存在的流体,当采至地面常温常压时可分离出凝析油,称为凝析气。此时,一定体积的地层气采至地面时,会同时产出天然气和凝析油,生产时必须对产出的天然气体积和凝析油体积进行估算。当烃类流体以两相状态存在时,上覆的气相称为气顶,底部的液相称为油带,生产时必须对 4 种烃类的体积进行估算,即自由气、溶解气、油带中的油和气顶区可采凝析油。

虽然油藏中烃类流体的数量是固定不变的,即油气资源是固定不变的,但油气储量主要依赖于油藏的开发机制。20 世纪 30 年代,美国石油学会 API 给油气储量提出了定义,接下来的几十年中,其他一些机构也给油气储量和其他相关术语提出了定义,包括美国天然气协会

AGA、美国证券交易委员会 SEC、国际石油工程师协会 SPE、世界石油议会 WPC 和石油评估工程师协会 SPEE 等。最近,SPE 联合 WPC、美国石油地质学家协会 AAPG 和石油评估工程师协会 SPEE 出版了石油资源管理系统 PRMS[2]。表 1.1 给出了 PRMS 出版物中一些常见定义,这些定义中的油气量由现有的工程数据和地质数据计算获得。PRMS 的定义相当复杂,还包括一些其他的因素(本文中不予讨论),如需获取更详细的信息,请参考 PRMS 相关出版物。

表 1.1　石油相关术语的定义(来源于石油资源管理系统 PRMS)

通常将石油定义为天然状态下形成的烃类混合物,包括气、液、固 3 种状态。石油中也存在一些非烃类物质,如二氧化碳、氮气、硫化氢和硫化物等,通常非烃类物质的含量不会超过 50%。 　　资源❶在此处指所有的地层原始条件下的石油储量,包括地壳内和地壳表层的石油储量,或者已探明或未探明(已开发或未开发)的石油储量,甚至包括已经生产得到的石油储量。另外,它包括了许多石油种类,无论是现在所谓的"常规油气"还是"非常规油气"。 　　原始石油地质总储量指地层原始条件下,油气藏中聚集与存在的石油预测储量,包括已探明储量和未探明储量。 　　原始石油已探明地质储量指生产前(详探阶段完成后)估算的石油储量。 　　产量指某一时间段已开采的石油累计产量。尽管可以估算出总探明可采储量,但产量一般按照能够作为销售产品的石油量来进行计算。同时也需要对未加工产品(销售和非销售)的石油量进行计算,这有利于油藏工程师分析利用孔隙度计算储量时的准确性。对于已知产量的油藏,可以选择多种采油工艺技术,并且每种采油工艺技术都具有一定的采收率,开采方式分为商业性开采和非商业性开采,因此相应的估算石油量被分别称为储量和潜在储量,定义如下: 　　储量❷(或可采储量)指在已探明储量中通过一定的商业性手段得到开发的一部分石油量。储量就油气开发项目而言必须满足 4 个条件:已探明、可开采、具有商业性和开发项目在评价时间内有剩余可采量(扣除了累计产量)。储量可根据储量计算的可信度进一步分类,也可根据项目的进度或油田开发和生产状况进行进一步分类。 　　潜在储量(或待定储量)指已探明储量油藏具有可开采潜力的石油量,但由于开发工程项目未达到商业开采的程度而未得到正式的开采。潜在储量包括一些暂无市场空间的开发工程项目,包括开采技术不发达或储量商业性评估不充分等。潜在储量可根据储量计算的可信度进一步的分类,也可随项目的进行或油田的开发状态和经济效益进行进一步分级。 　　原始石油未探明地质储量指在某一时间未被探明的石油量。 　　远景资源指将来通过开发从未探明地质储量中可能开采出的石油量,它与勘探和开发的水平息息相关。远景资源可根据储量计算的可信度进一步分类,也可能会依据项目的开展进行进一步分级。 　　不可采资源指未来很难开发的已探明或未探明的原始石油地质储量。随着经济环境的不断发展和技术的不断进步,其中的一小部分可能被开采出来,其余部分由于地下流体与岩石物理化学相互作用的限制而一直无法被采出。 　　另外,技术可采储量 EUR,虽然不是一个储量的概念,但也经常应用于单一储量计算和多个储量计算中,用来定义在一定技术和经济条件下的潜在可采储量和已开采储量(即总可采资源)。 　　在一些特定的领域,如盆地潜力资源研究中,也会用到一些其他的专业术语,比如,油气总资源量可能称为总资源基数或烃类赋存量,总可采储量或技术可采储量称为盆地资源潜力,探明已开发可采储量、探明未开发可采储量和可能可采储量的总和称为剩余可开采储量。当使用这些术语的同时,应给出它们的定义,且当分类过程中没有充分考虑技术变化和经济情况时,不能够将这些储量进行直接合计。

---

❶　PRMS 的准则中将 5 年以上已探明未开发储量重新划归为资源或"核销"掉。
❷　在 PRMS 系统中,"储量"指探明已开发可采储量,不包括累计产量。在我国,"储量"指的就是"地质储量",因此,本书中将英文版的"储量"都翻译成"可采储量"。

1.2 油藏工程发展史

石油工程师最关心的是原油、天然气和水。这些物质在低温低压时通常以固态或半固态形式存在,如:石蜡、沥青质和天然气水合物在油藏和油井中主要以流体的形态存在,包括气相、液相或气液两相共存。尽管在钻井、固井和压裂过程中会使用一些固体材料,但通常将它们当作流体或悬浮液来处理。井底流体或储层流体中气液两相的分离主要受温度、压力和流体组成的影响。储层内流体的相态通常随着生产时压力的下降而发生变化,生产过程中地层的温度是保持不变的。而油藏流体在采至地面的过程中温度和压力均会改变,因此流体在地层条件下的相态与采至地面时的状态基本无关。油藏工程师需要考虑油藏中和流动管道中,由于压力和温度的改变引起的单相(油、气和水)或者多相在静止或者流动过程中的相态变化。

早至1928年,油藏工程师们就考虑将天然气作为主要的供应能源,同时意识到精确的油井和油藏物性参数的重要性。早期的采油方法也显示,通过井筒和地面测得的数据来计算物性参数是不准确的。Sclater 和 Stephenson[3]第一次进行了井底压力的测量、记录和井底取样,并将井底压力数据定义为压力、温度、气油比和原始储层流体的物理化学特性。Millikan 和 Sidwell[4]第一次对地层压力的测量进行了详细的描述,并指出井底压力对于油藏工程师的重要性,在考虑采用哪种有效的开发方式和人工举升方式时尤为重要。由此,工程师们能够测量描述油藏最重要的基础数据——地层压力。

油层物理学主要研究储层岩石性质和静、动态条件下岩石中流体的物理化学性质。储层岩石较重要的油层物理性质包括孔隙度、渗透率、流体饱和度及其分布、岩石和流体的电导率、岩石孔隙结构和放射性等。1933年,Fancher、Lewis 和 Barnes[5]做了最早的岩石油层物理性质的测试,1994年,Wycoff、Botset、Muskat 和 Reed[6]根据1856年达西提出的流体流动方程,提出了一种测量储层岩石样品渗透率的实验方法。Wycoff 和 Botset[7]在研究松散砂粒中油、气、水三相流动时,取得了重要进展,其研究成果又进一步运用于胶结砂粒和其他岩石中。1994年,Leverett 和 Lewis[8]发表了有关油、气、水三相流动的研究。

油藏工程专家们认为,在计算原始油气地质储量之前,需要了解储层流体的物性与压力的关系。1935年,Schilthuis[9]描述了一种井底流体样品,并介绍了其物性的测试方法,包括P—V—T关系、饱和度、泡点压力、溶解气油比、不同温度和压力下的析出气量和由于溶解气析出导致的原油体积收缩率等。这些数据能够求解某些重要的方程,并能够对原始原油地质储量计算方程提供必要的修正。

接下来,更重要的理论突破为束缚水饱和度的认识与测量。束缚水被认为最初存在于地层中,后来由于油气聚集,地层水会残留并占据一部分孔隙体积[10,11]。这一发现可进一步解释为什么高含水的低渗透油藏采收率较低,并提出了总孔隙体积的含水饱和度、含油饱和度和含气饱和度等概念。含水饱和度的测定由于考虑了总孔隙体积中的烃类孔隙体积,使得储层体积方程得到进一步的修正。

尽管地质学家一直关注着温度和地热梯度因素的影响,但直到精密的地下温度测量仪出现,油藏工程师们才开始利用这一重要数据。Millikan 指出了温度数据在油藏和油井应用中的重要性[12],并利用这些基本的数据推导出一个方程式,即 Schilthuis 物质平衡方程[13]。作为油藏工程师最重要的工具之一,Schilthuis 物质平衡方程是在 Coleman、Wilde 和 Moore 给出的方程式基础上的修正式[14],它主要介绍的是一种物质守恒方程,可用于计算任何开采阶段原始流体地质储量、采出流体体积、注入流体体积和油藏剩余流体体积。Odeh 和 Havlena[15] 将物质平衡方程线性化并对其求解。

当油气产量远低于含水层的体积时,生产过程中底水会上升并侵入到含烃储层中,此类油藏称为底水油藏。对于底水油藏,使用流体物质平衡方程式时需要考虑水侵量的影响。Schilthuis[13]提供了一种使用物质平衡方程计算水侵量的方法,Hurst[16]以及后来 van Everdingen 和 Hurst[17]提供了不依赖物质平衡方程的水侵量计算方法,并能运用于有限含水层和无限含水层的稳态或非稳态渗流中,Fetkovich[18]对该计算做了简化。随着开发过程中原始油气地层储量计算的发展,Tarner[19]、Buckley 和 Leverett[20]为计算特定岩石和流体性质的原油采收率奠定了基础。Tarner 以及后来 Muskat[21]提出了基于溶解气驱的原油采收率计算方法,Buckley 和 Leverett 提出了外界气顶驱和水驱的原油采收率计算方法。这些不仅提供了经济可行采收率的估算方法,也可用来解释为什么一些油藏的采收率很低。换言之,它给出了通过利用天然能量、向地层注气和注水来补充地层能量和利用由于竞争开采而损耗能量来提高原油采收率的方法。

20 世纪 60 年代,油藏数值模拟和油藏数学模型逐渐兴起[22-24],这两个术语是同义词,指的是使用数学方程预测油气藏的产能。数值模拟得益于大型高速数字计算机的发展。基于有限差分和有限元技术,可用一些复杂的数值方法求解大量的方程组。

随着上述技术、概念和方程的发展,油藏工程变成了石油工程领域强大而明确的分支。油藏工程可被定义为解决油气藏开发和生产问题的科学理论知识,也可被定义为获得油气藏高经济开采量的开发和生产技术[25]。油藏工程师们使用的工具包括地下地质学、应用数学和研究储层岩石内部流体气液两相行为的基本物理化学理论。油藏工程作为一门关于油气生产的学科,它也研究影响采收率的所有因素。Clark 和 Wessely[26]将地质数据和油藏数据应用到一个油田开发软件中。最后,油藏工程适用于所有的石油工程师,从研发钻井液的钻井工程师到设计油管柱来延长油井生产时间的防腐蚀工程师。

1.3 油藏工程术语简介

这一部分将通过上下文和术语之间的相互关系给读者介绍本书中将使用到的术语,在给出它们的定义之前,图 1.2 给出了某油藏的一个横断面示意图。

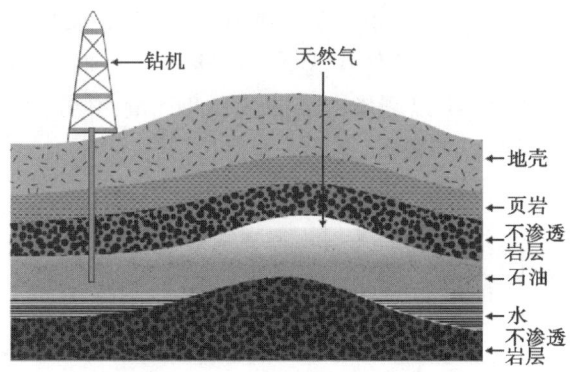

图 1.2 地下石油生产示意图

油藏并不是一个充满石油和天然气的地下洞穴,而是在不渗透岩石层下方,微小岩石孔隙体积中聚集了高浓度石油和天然气的多孔岩石。石油、天然气和部分水被圈闭在不渗透岩石层的下方,孔隙度 ϕ 用来测量饱和油藏流体的孔隙体积百分数。

油藏流体由于密度的差异分离成多相,原油重度 γ_o 指的是原油密度与水的密度的比值,天然气重度 γ_g 指的是天然气的密度与空气密度的比值。由于天然气的密度低于原油,且两者都低于地层水,因此气体占据油藏顶部,接着是原油,最下方是地层水。通常储层流体两相的界面沿水平方向,称为接触面,气体和原油之间称为气—油界面,油水之间称为油—水界面,当油相不存在时,气体和水之间的接触面称为气—水界面。油藏中油气带存在的少量水被称为束缚水或间隙水。

油藏中流体的原始地质储量非常关键。一般用符号 N(来自于希腊大写字母 N)表示油藏中的原始原油地质储量,以标准地面体积表示,如(地面)bbl。符号 G 和 W 分别表示原始天然气地质储量和原始地层水地质储量。随着流体的产出,下角标 p 表示累计产油量 N_p,累计产气量 G_p 和累计产水量 W_p。

油藏的总体积是固定不变的,它取决于该区域的岩层状况。随着储层中流体的不断被产出,地层压力下降,地层中岩石和流体的体积不断膨胀。如果产出 10% 的流体,剩余 90% 的流体会膨胀来填充整个油藏空间。当含烃储层与含水层接触时,随着碳氢化合物的产出,烃类流体和含水层中的水都会膨胀,水会进入碳氢化合物的空间取代部分已产出的碳氢化合物的体积。

使用地层体积系数 B 来表示储层流体的体积与压力之间的关系,地层体积系数是油藏条件下流体体积与大气压条件下(通常指温度 60°F 和压力 14.7psi)流体体积的比值。大气压条件下原油体积用 bbl(1bbl 相当于 42gal)来计量,产出的天然气用 ft^3 计量,通常单位 ft^3 的前面配有 10^3、10^6、10^9 等数量级。当油藏中仅有液相存在时,原油地层体积系数 B_o 和地层水地层体积系数 B_w 会从原始原油地层体积系数 B_{oi} 和原始地层水地层体积系数 B_{wi} 开始慢慢增加,增幅 1%~5%。一旦达到饱和压力,气体将从液体中分离出来,导致原油地层体积系数减小。随着地层压力的下降,气体地层体积系数 B_g 会显著增加,增幅为 10 倍或更多。根据地层压力的变化可以得到地层体积系数的变化,进而可以估算出原始天然气地质储量和原始原油地质储量。

当井底流体到达地面时,会分离成油相和气相。图 1.3 给出了一个带有一级分离器和储油罐的二级分离系统。井底流体进入初级分离器中,分离出大部分的采出气体,剩余的液体经过闪蒸进入储油罐,储油罐中的液体体积为 N_p,从储油罐上部逸出的气体和一级分离器分离出的气体的总和为 G_p。此时,可以测量出产油量和产气量,并分别获得了油样和气样,以此来作为评价和预测油井产能的重要数据。

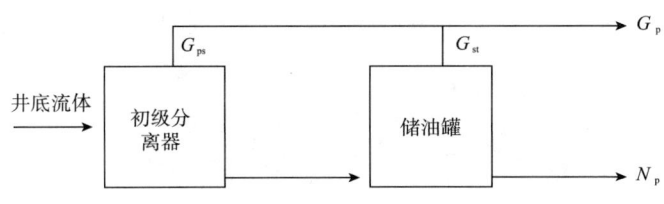

图 1.3 井底产出流体与地面分离系统示意图

1.4 油气藏类型与相图

根据 p-T 相图的气、液两相包络线和原始地层温度和压力位置,将油藏进行分类。图 1.4 为某个储层流体的 p-T 相图,泡点线和露点线包围的区域为压力和温度的函数,称为气液两相区。两相包络线区域内的等液量线表示任何温度和压力下的液相体积分数。泡点线上方的区域内,烃类混合物为液态,露点线上方和右方的区域内,烃类混合物为气态。泡点线、露点线和等液量线的交点被称为临界点,数学上的不连续性使临界点附近的相态很难界定。每种油气藏都有各自的相图,而相图只取决于油气的组成。

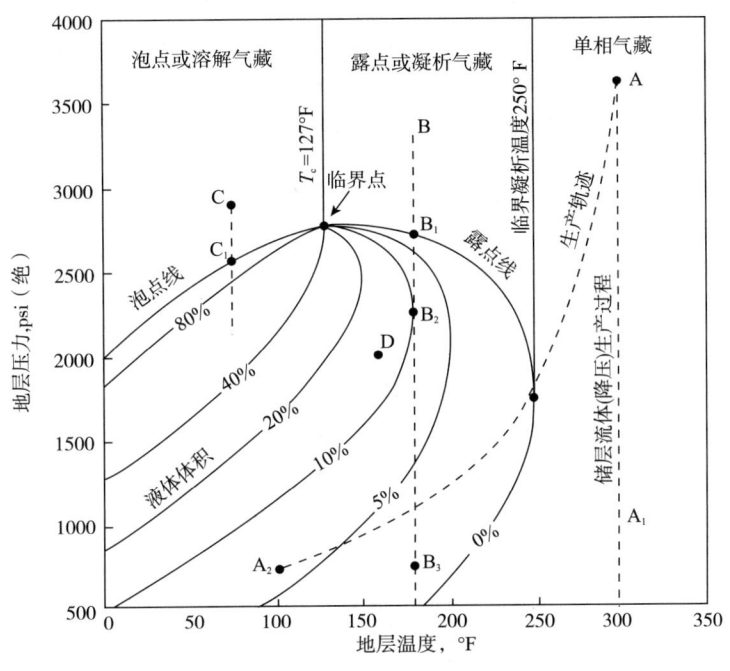

图 1.4 某储层流体的 p-T 相图

假定油藏流体的初始状态处于 300°F 和 3700psi(绝)处,即图 1.4 中的点 A。点 A 位于两相包络线之外,且处于临界点的右侧,即体系最初处于单相气态。在生产过程中,温度保持 300°F 不变,生产压力沿着 $\overline{AA_1}$ 下降时,油藏流体保持单相气态不变,且随着油藏的衰竭开采,井底产出液的组成不变。对于地层温度超过临界凝析温度或最大两相温度(图例中为 250°F),其具有规律与相同烃类组成的油藏一样。尽管油藏中的流体仍处于单一相态,但经过井筒进入地面油气分离器时,流体的组成虽然未变,但是温度沿着 $\overline{AA_2}$ 下降时进入两相区。这解释了单相气藏采出至地面时会产生凝析液。如果流体的临界凝析温度低于 50°F,采至地面大气温度下时只有气相存在,产出物称为干气。然而,干气中仍包含着大量能够通过低温分离器分离的液体馏分。

假定油藏流体的初始状态处于 180°F 和 3300psi(绝)处,即图 1.4 中的点 B。由于地层的温度超过临界点温度,体系为单相气态。生产过程中,压力下降到露点压力 2700psi(绝)点 B_1

之前,与油藏 A 类似,体系的组成不变。随着压力的继续下降,液体呈雾状或露珠状析出,这类油藏通常称为露点油藏或凝析气藏。反凝析作用使得气相中含有少量的液体,但在低浓度下反凝析液体不流动。因此采至地面的气体只含有少量的液体,且生产气油比逐渐增加。反凝析过程持续进行,直至含液量达到最高值10%,如图1.4中压力2250psi(绝)时的点 B_2 所示。之所以使用反凝析这一术语是因为通常在等温膨胀过程中液体会被蒸发,而不是凝析成液态。达到露点之后,由于产出流体的组成发生了改变,剩余油藏流体的组成也会发生改变,相包络线发生偏移。图1.4所示的相图能且仅能表示一种烃类混合物。相包络线的向右偏移,会进一步加重反凝析液在储层岩石孔隙中的损失。

定性而言,不考虑相图中相包络线的偏移情况时,压力从点 B_2 下降至废弃压力点 B_3 的过程中会出现反凝析液的再蒸发现象,这种再蒸发作用会降低地面气油比,有利于提高液相采收率。因此更低的地层温度、更高的废弃压力和油藏烃类的相图向右偏移更明显等因素,都会使整个过程中反凝析液的损失显著增大。油藏任何时刻反凝析液的体积组成中大部分是甲烷和乙烷组,因此它的体积远比稳定液体的体积大,并能在常温常压下产出。随着压力下降,反凝析液的组成也发生变化,例如压力750psi(绝)时反凝析液体积的4%产出的地面凝析液量多于压力2250psi(绝)时反凝析液体积的6%产出的地面凝析液量。

假定原始储层流体位于压力2900psi(绝)和温度为75°F 的点 C,由于地层温度低于临界凝析温度,油藏流体为单相液态,该油藏称为泡点油藏(或黑油油藏、溶解气油藏)。随着开发过程中压力的下降,降至泡点压力2550psi(绝)时的点 C_1,压力低于该点时会产生气泡或形成自由气相。当自由气的饱和度足够大时,流入井筒的气体量逐渐增加,通过地面设备可以控制产气速率,但产油量逐渐下降,当采油速度达不到经济效益时,油层中将残留大量原油。

最后,如果原始储层流体位于压力为2000psi(绝)和温度为150°F 的点 D,为两相区,包括含液(油)层和储层顶部的含气层(气顶)。由于含气层和含油层的组成差异较大,它们的相图分离且关系不大甚至关系有可能相反。由于气顶的存在,含液层或含油层将处于泡点压力,油藏在泡点压力下进行开采。气顶处于露点压力时,可能为如图1.5(a)所示的反凝析气顶气或如图1.5(b)所示的非反凝析气顶气。

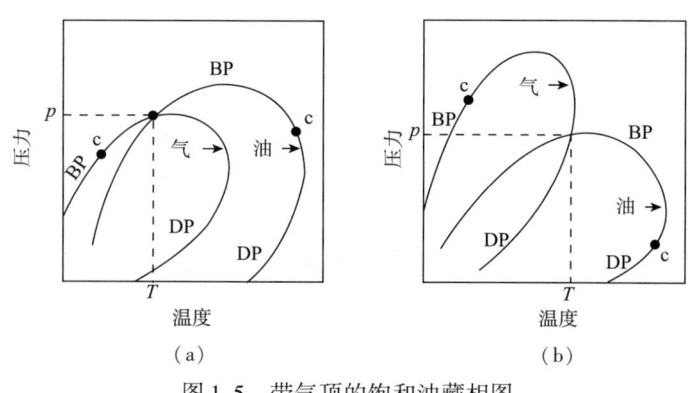

图1.5 带气顶的饱和油藏相图
(a)反凝析气顶气;(b)非反凝析气顶气

由上述可知,油气藏的原始状态可能处于单相状态(点 A,点 B 或点 C),或两相状态(点

D),这主要取决于与它们相包络线有关的温度和压力。表1.2总结了四类油藏,将在第4章、第5章、第6章和第7章分别进行介绍。

表1.2 油藏类型总结

	A:单相气藏	B:凝析气藏	C:欠饱和油藏	D:饱和油藏
典型一次采油机理	弹性气驱	弹性气驱	衰竭式开采;水驱	弹性气驱;衰竭式开采;水驱
原始油藏条件	单相:气	单相:气	单相:油	两相:油和气
油藏生产行为	储层流体保持气态	储层产生凝析液体	储层中气体蒸发	溶解气析出
油气产出	气	气和凝析油	油和气	油和气

表1.3给出了5种单相储层流体的摩尔组成和性质,其中挥发油位于凝析油和黑油或重油之间。通常将生产气油比大于100000ft³/bbl的油藏称为干气藏,而一般气井的生产气油比也都超过100000ft³/bbl,两者之间没有明显的分界。湿气气藏有时与凝析气藏互相使用,甲烷和C_{7+}组分的含量与储罐颜色的差异非常明显。尽管C_{7+}组分的相对分子质量与储罐原油的相对密度密切相关,但气油比与储罐原油的相对密度无关,除了最稠的黑油油藏外,其气油比一般低于1000ft³/bbl和储罐液体相对密度一般低于45°API。气油比可很好的判断出流体的整体组成,气油比高的储层流体,其C_{7+}组分的含量较低,反之亦然。

表1.3 典型单相油藏流体的摩尔组成和其他性质

组成及性质	黑油	挥发油	凝析油	干气	湿气
C_1	48.83	64.36	87.07	95.85	86.67
C_2	2.75	7.52	4.39	2.67	7.77
C_3	1.93	4.74	2.29	0.34	2.95
C_4	1.60	4.12	1.74	0.52	1.73
C_5	1.15	2.97	0.83	0.08	0.88
C_6	1.59	1.38	0.60	0.12	
C_{7+}	42.15	14.91	3.80	0.42	
总计	100.00	100.00	100.00	100.00	100.00
C_{7+}相对分子质量	225	181	112	157	

续表

组成及性质	黑油	挥发油	凝析油	干气	湿气
气油比,ft³/bbl	625	2000	18200	105000	无穷大
储罐重度,°API	34.3	50.1	60.8	54.7	
液体颜色	墨绿色	中橙色	浅稻黄色	水白色	

表 1.3 中给出了不同温度和压力下,单相油藏流体经过一级或者多级地面分离器时的原始气油比,不同的生产类型之间存在较大的差异。生产气油比和 API 重度随着分离器级数、压力和温度的不同而不同。因此,即使对于相同储层流体,不同分离器中的气油比各不相同。同样,随着黑油油藏、挥发性油藏和一些凝析气藏的压力下降,由于受到井筒中控制原油和气体流动机制的影响,气油比通常会明显地增加。随着井口流压的下降,分离器的效率也会逐渐下降,导致生产气油比增加。

前面的分析主要运用于单相储层。对于饱和油藏中在气顶部位或油层部位完井的生产井而言,其原始气油比取决于气顶的烃类组成和油层的烃类组成及地层的温度和压力。气顶可能含有凝析气或干气,而油层中含有黑油或挥发油。同样,如果生产井处于油气带中,由于油气带的厚度只有几英尺,有时将不可避免的产出气液混合物。即使生产井位于含油层,上覆气顶的向下锥进也可能导致生产气油比的增加。

1.5 油藏的开采

油藏的开采是一个驱替的过程,这就意味着石油开采出来的同时,油藏内部的空间会被其他物质充填。这些物质可能是由于地层压力下降产生的石油膨胀、邻近含水层的水侵或是储层岩石的膨胀。

储层最开始产出的烃类主要依靠储层的天然能量开采[27],这种开采方式称为一次采油。开采原理主要包括储层流体的膨胀、地层压力下降引起的溶解气驱、附近连通含水层、重力分异和储层岩石膨胀。当油藏不含连通的含水层时,油气的开采主要依靠地层压力下降产生的储层流体的膨胀或扩张,同时重力分异的存在有时会有助于油藏的开发。当油藏存在含水层的水侵时,地层压力维持在原始地层压力,开采主要依靠驱替机理,同样重力分异也可能起到一定的作用。

当天然地层能量逐渐衰竭时,有必要使用外界物质来增加地层能量。通常,采用注气(如重新注入溶解气体、二氧化碳或氮气等)和(或)注水来实现地层能量的补充,这种注入机制称为二次采油。采用注水方式采油,也称为水驱。注天然气或注水的主要作用再次增压,使油藏保持在较高的压力。因此,有时使用压力保持来描述二次采油过程。注入流体将原油置换出而流向生产井,也是提高采收率机理之一。

使用气体作为压力保持的注剂,通常是将它们注到自由气部位(如气顶),通过重力分异作用,使采收率达到最大化。气体的注入通常使天然气的开采变得困难,当二次采油阶段结束时,天然气才能通过油藏能量的衰竭得以开采出来。其他的一些气体的注入,譬如氮气,能够保持地层的压力,这使得天然气的开采和销售同步进行。

注水提高采收率主要依靠水呈带状穿过油藏,并将前方的原油依次往前推。水驱的采收率主要取决于驱替的宏观波及系数和微观驱油效率,其中微观驱油效率很大程度上取决于油水黏度比。这些概念将在第 9 章、第 10 章和第 11 章进行详细的介绍。

对于多数油藏,开发过程中可能同时存在多种采油机理,但起主导作用的通常只有一种或两种。随着地层压力的变化或油藏工程师设计方案的不同选择,油藏开发过程中起主导作用的采油机理也会变化。例如,定容式油藏初始阶段的生产主要依靠流体的膨胀,随着压力急剧衰竭,重力分异作用逐渐起支配作用,流体通过泵举升至地面。之后,向井中注水将原油推至其他井,此时的采油机理为膨胀、重力分异和驱替。油藏工程师会根据生产目标来设计选择何种采油机理以获得最大的采收率和最少生产时间。

当二次采油的驱油效果下降时,可使用三次采油技术,若油藏通过二次采油方法仍达不到较好的采收率时,也会考虑直接使用三次采油技术,在这种情况下使用"三次"并不是很恰当。对于大多数油藏,当一次采油的产量衰减时,采用二次采油技术或三次采油技术能够获得更好的开发效果,这种在油藏开发中引入的提高石油采收率方法,比其余的增产方法更加流行,通常它们获得的采收率比依靠天然能量开采的高。提高石油采收率方法将在第 11 章进行详细的介绍。

1.6 石油峰值

对于任何给定的油藏,石油作为一种有限资源,当第一口井开始生产时,油藏的资源就逐渐减少。随着油藏的不断开采(如生产井的数量逐渐增加),油藏的总产出量增加。对于某一特定油藏,如果所钻的井都用来生产,总产油量将会逐渐减少。M. King Hubbert[28]根据这一概念提出了石油峰值这一概念来描述油藏达到最大产油速率时的产油量,而不是原油产量下降时的产油量。Hubbert 认为这一时刻可能处于油藏能量衰竭的中点,或是位于累计产油量为原始原油地层储量的一半时。Hubbert[28]提出了一种数学模型,它可以预测出 1965 年以来的某一时间段美国石油达到石油峰值时的情况,Hubbert 的预测原理图如图 1.6 所示。

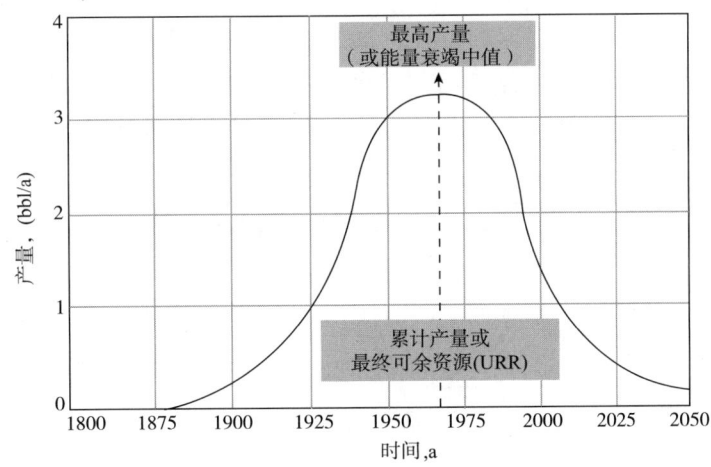

图 1.6　美国大陆的 Hubbert 曲线

图 1.7 给出了所有美国油藏的 Hubbert 曲线和累计产油量,可以看出,除了预测的时间有一点差别外,Hubbert 模型预测非常精确。如果不计阿拉斯加北部倾斜层的产油量时,该模型对时间的预测将更加精确。

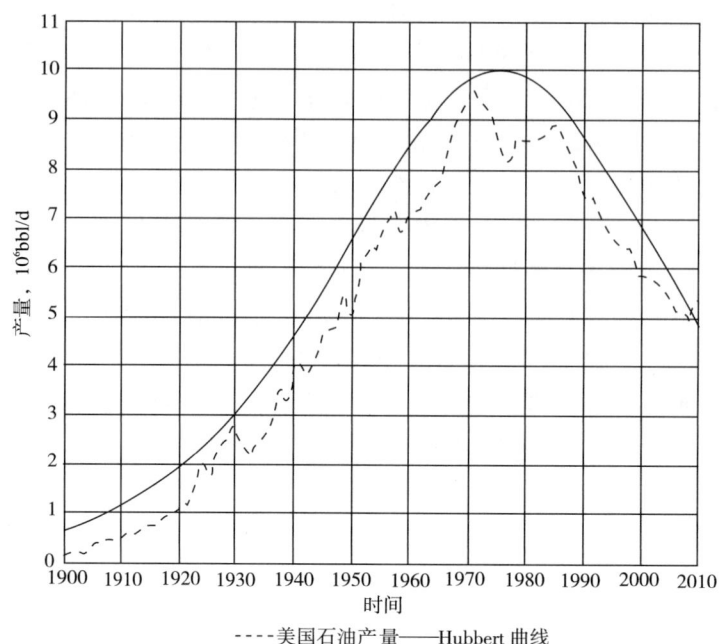

图 1.7 美国原油生产曲线的 Hubbert 曲线(源自美国能源信息管理局)

Hubbert 模型的建立需要考虑很多因素,包括探明地质储量、油价、油气勘探进程、原油需求的变化等。但进行预测时,许多因素之间存在着矛盾,导致对于石油峰值的争议经历了数年之久。本书的目的并不是对这些争议进行详细的讨论,而是简要地介绍一些预测方法,并建议读者通过相关文献进一步了解。

Hubbert 预测在 2000 年左右全球的原油总产量将达到峰值。图 1.8 给出了世界日产油量随时间(年)的变化曲线,可以看出石油峰值并未出现在 2000 年,而是继续增加。Hubbert 模型预测出现部分差错与逐渐增加的世界石油储量有关,如图 1.9 所示,随着世界石油储量的增加,达到 Hubbert 峰值的时间发生改变。正如影响石油峰值时间的因素很多一样,石油储量的定义中也考虑了诸多影响因素。近期,国际能源署 IEA 针对美国的油气产量所做的预测也解释了这一点。

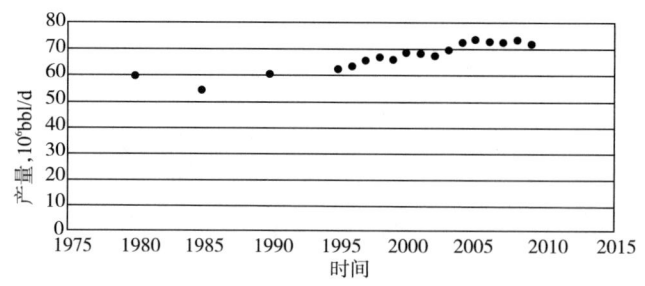

图 1.8 世界日产油量随时间(年)的变化曲线

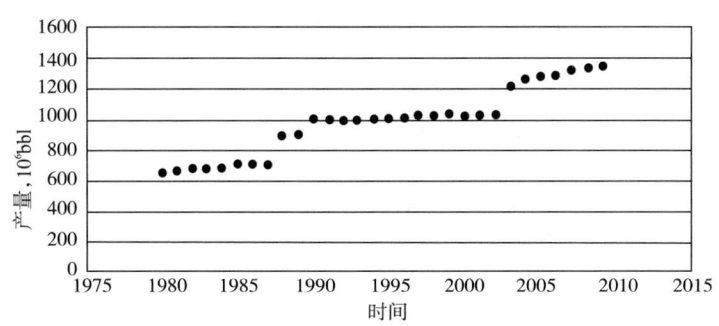

图 1.9 世界原油储量随时间(年)的变化曲线

国际能源署在近期的报告中指出,近几年美国将成为全球石油生产大国[29],这与数年前的预测形成了鲜明对比。报道指出,"近期美国油气产量的上升刺激了其经济发展,这主要得益于致密油和页岩油油藏上游技术的发展……不断改变着北美在全球能源交易中的地位"[29]。

引号中所指的上游技术主要是指水力压裂技术和水平井技术。这些技术的发展使得美国的石油储量从 2009 年底的 223×10^8 bbl 增加到 2010 年底的 252×10^8 bbl,在 2010 年中产出了将近 20×10^8 bbl 原油。

水力压裂指的是将高压流体注入井中,使得储层中形成裂缝,释放出石油和天然气的过程,该技术使流动性较差的地质储层中的油气开采成为可能。压裂恢复了油井产能,并且大大降低了生产成本。但压裂也引起了对环保问题的广泛关注,油藏工程师们在应用水力压裂时,必须对此进行研究。

水平井技术于 20 世纪 20 年代提出,并于 20 世纪 80 年代得到广泛的工业化应用。水平井技术对于原油和天然气占据水平地层的储层来说非常有效。因为相比于普通的垂直井,它极大地增加井与油气之间的接触面积。使得水平井技术给油气的增产带来了无限可能,特别是对于那些通过传统的垂直井无法开采的或开采费用太过昂贵的油藏而言,也包括一些很难进行施工的地方,譬如山岭或近海地区。

Hubbert 的石油峰值理论是合理的,但是随着探明储量的增加和油气经济开采技术的不断进步,该模型的预测变得不够准确。油藏工程就是通过设计以使油藏的最终采收率与石油生产经济达到平衡。本书的其余部分将为油藏工程师们提供这方面的相关知识。

思 考 题

1.1 通过网络调研世界油气资源和油气储量,并指出具有最大油气储量的国家。

1.2 在美国对油气储量的定义中,涉及的问题包括哪几方面?写一个简短的报告进行相关讨论,并指出这些因素对美国经济的影响。

1.3 关于石油峰值论的争论主要包括哪些?写一个简短的报告,并对争论双方的观点进行介绍。

1.4 水力压裂的应用增加了致密油的油气产量,但也是一个备受争议的话题。争议主要包含哪些问题？写一个简短的报告，并对争论双方的观点进行介绍。

1.5 水平井技术的不断发展增加了某些特定油藏的油气产量。通过网络，研究水平井的应用情况，指出其中的三个油藏，并从价格和产量因素讨论油气产量的增加情况。

参 考 文 献

[1] Principles of Petroleum Conservation, Engineering Committee, Interstate Oil Compact Commission, 1955, 2.

[2] Society of Petroleum Engineers, "Petroleum Reserves and Resources Definitions," http://www.spe.org/industry/reserves.php.

[3] K. C. Sclater and B. R. Stephenson, "Measurements of Original Pressure, Temperature and Gas-Oil Ratio in Oil Sands," Trans. AIME (1928-29), 82, 119.

[4] C. V. Millikan and Carrol V. Sidwell, "Bottom-Hole Pressures in Oil Wells," Trans. AIME (1931), 92, 194.

[5] G. H. Fancher, J. A. Lewis, and K. B. Barnes, "Some Physical Characteristics of Oil Sands," The Pennsylvania State College Bull. (1933), 12, 65.

[6] R. D. Wyckoff, H. G. Botset, M. Muskat, and D. W. Reed, "Measurement of Permeability of Porous Media," AAPG Bull. (1934), 18, No. 2, p. 161.

[7] R. D. Wyckoff and H. G. Botset, "The Flow of Gas-Liquid Mixtures through Unconsolidated Sands," Physics (1936), 7, 325.

[8] M. C. Leverett and W. B. Lewis, "Steady Flow of Oil-Gas-Water Mixtures through Unconsolidated Sands," Trans. AIME (1941), 142, 107.

[9] Ralph J. Schilthuis, "Technique of Securing and Examining Subsurface Samples of Oil and Gas," Drilling and Production Practice, API (1935), 120-26.

[10] Howard C. Pyle and P. H. Jones, "Quantitative Determination of the Connate Water Content of Oil Sands," Drilling and Production Practice, API (1936), 171-80.

[11] Ralph J. Schilthuis, "Connate Water in Oil and Gas Sands," Trans. AIME (1938), 127, 199-214.

[12] C. V. Millikan, "Temperature Surveys in Oil Wells," Trans. AIME (1941), 142, 15.

[13] Ralph J. Schilthuis, "Active Oil and Reservoir Energy," Trans. AIME (1936), 118, 33.

[14] Stewart Coleman, H. D. Wilde Jr., and Thomas W. Moore, "Quantitative Effects of Gas-Oil Ratios on Decline of Average Rock Pressure," Trans. AIME (1930), 86, 174.

[15] A. S. Odeh and D. Havlena, "The Material Balance as an Equation of a Straight Line," Jour. of Petroleum Technology (July 1963), 896-900.

[16] W. Hurst, "Water Influx into a Reservoir and Its Application to the Equation of Volumetric Balance," Trans. AIME (1943), 151, 57.

[17] A. F. van Everdingen and W. Hurst, "Application of the LaPlace Transformation to low Problems in Reservoirs," Trans. AIME (1949), 186, 305.

[18] M. J. Fetkovich, "A Simplified Approach to Water Influx Calculations-Finite Aquifer Systems," Jour. of Petroleum Technology (July 1971), 814-28.

[19] J. Tarner, "How Different Size Gas Caps and Pressure Maintenance Programs Affect Amount of Recoverable Oil," Oil Weekly (June 12, 1944), 144, No. 2, 32-44.

[20] S. E. Buckley and M. C. Leverett, "Mechanism of luid Displacement in Sands," Trans. AIME (1942), 146, 107-17.

[21] M. Muskat, "The Petroleum Histories of Oil Producing Gas-Drive Reservoirs," Jour. of Applied Physics (1945), 16, 147.

[22] A. Odeh, "Reservoir Simulation-What Is It?" Jour. of Petroleum Technology (Nov. 1969), 1383–88.

[23] K. H. Coats, "Use and Misuse of Reservoir Simulation Models," Jour. of Petroleum Technology (Nov. 1969), 1391–98.

[24] K. H. Coats, "Reservoir Simulation: State of the Art," Jour. of Petroleum Technology (Aug. 1982), 1633–42.

[25] T. V. Moore, "Reservoir Engineering Begins Second 25 Years," Oil and Gas Jour. (1955), 54, No. 29, 148.

[26] Norman J. Clark and Arthur J. Wessely, "Coordination of Geology and Reservoir Engineering-A Growing Need for Management Decisions," presented before API, Division of Production, Mar. 1957.

[27] R. E. Terry, "Enhanced Oil Recovery," Encyclopedia of Physical Science and Technology, Vol. 5, 3rd ed., Academic Press, 2002.

[28] M. K. Hubbert, "Nuclear Energy and the Fossil Fuels," Proc. American Petroleum Institute Drilling and Production Practice, Spring Meeting, San Antonio (1956), 7–25; see also Shell Development Company Publication 95, June 1956.

[29] International Energy Agency, "World Energy Outlook 2012 Executive Summary," http://www.iea.org/publications/freepublications/publication/English.pdf.

2 储层岩石与流体物性

2.1 引言

随着储层流体不断被采至地面,剩余在储层中的原油的性质在地层条件下会不断变化,产出原油的性质也会在采至地面的过程中不断发生变化。储层内的剩余原油通常只受到压力下降的影响,而采出原油会同时受到压力和温度下降的影响。随着压力下降,原来溶解在原油和地层水中的气体会释放出来。油藏工作者们通过使用一些术语来描述这些现象,如溶解气油比 R_{so} 等,这一术语也有很多种变式。通常,R 表示任一比例,下脚标表示该比例的使用对象和使用条件,例如,R_{soi} 表示原始溶解气油比,R_{sw} 表示溶解气水比。

流体从储层采至地面的过程中,岩石的上覆压力保持不变,而岩石孔隙中内部流体的压力下降,这导致整个岩石不断地膨胀而岩石的孔隙不断地被压缩,这种由于压力变化引起的岩石孔隙体积的变化称为孔隙体积压缩系数 c_f。气体的体积压缩系数用处也非常大,气体体积压缩系数 c_g 包括气体偏差因子 z,气体偏差因子 z 为真实气体相对于理想状态下偏移大小的量度,也可以确定原油压缩系数 c_o 和地层水压缩系数 c_w,但它们的数量级远低于气体压缩系数,这些参数的确定以及第 1 章中它们的定义都对预测储层性能非常重要。本章主要讨论油藏工程师们工作中会使用的有关储层岩石和流体物性。

2.2 储层岩石物性

本节中的岩石物性主要包括岩石孔隙度、岩石等温压缩系数和流体饱和度。尽管渗透率也是一种岩石基质的物性,但由于其在流体流动计算中的重要性,有关渗透率的讨论将在第 8 章单相流体渗流理论中进行讨论。

2.2.1 岩石孔隙度

如第 1 章中所述,多孔介质的孔隙度以符号 ϕ 表示,它被定义为空隙空间或孔隙体积与岩石整个体积的比值,该比值可用小数或百分数表示,将孔隙度运用于方程中时,通常表示成小数。烃类孔隙度指含烃部分的孔隙度,为总孔隙度与含烃的孔隙体积百分数的乘积,通常,砂岩油藏的岩石孔隙度范围为 10%~40%,灰岩油藏的岩石孔隙度范围为 5%~15%[1]。

文献中报道的孔隙度一般指总孔隙度或有效孔隙度,这取决于孔隙度的测定方法。总孔隙度代表着岩石的总空隙空间。有效孔隙度代表着有助于流体流动的空隙空间,通常在实验室测定,并在计算流体流动时使用。

实验室测定孔隙度的方法包括波义耳定律法、水饱和法和有机液体饱和法。Dotson、Slobod、McCreery 和 Spurlock[2] 通过对 10 种岩样采用 5 组实验提出了孔隙度的测定方法,孔隙度的平均偏差为 ±0.5%。油藏平均孔隙度的准确性取决于岩样分析中可靠数据的质量和数量以及储层的均质性,平均孔隙度的精度一般很少低于1%,例如孔隙度为20%的精确度为5%。孔隙度也可以由测井数据等间接方法测定,通常辅助一些岩心测定方法。Ezekwe[3]讨论了利用不同测井方式计算孔隙度,相比于岩心分析,测井技术具有较大平均岩石体积的优势,当通过岩心分析值进行校正时,需要提供与岩心分析一样精度范围内的平均孔隙度数据。当油藏孔隙度变化时,平均孔隙度一般为体积加权孔隙度。对于裂缝高度发育、破碎或溶洞型碳酸盐岩等油藏,其中孔隙度最大的岩样既不能对其进行取心也不能进行测井,此时通过岩心分析和测井方法获得的平均孔隙度及由其计算得到的烃类体积误差可能很大。

2.2.2 岩石等温压缩系数

物质的等温压缩系数可以用公式表示为

$$c = -\frac{1}{V}\frac{dV}{dp} \tag{2.1}$$

式中 c——等温压缩系数;
V——体积;
p——压力。

该公式给出了等温条件下,压力变化导致物质体积的变化。单位为压力单位的倒数。当上覆压力保持不变,岩石孔隙中内部流体压力下降,岩石孔隙体积减小,固体岩石相体积增加。这些体积的变化稍稍减少了岩石的孔隙,当内部流体压力下降1000psi时,孔隙度改变0.5%,例如孔隙度为20%的岩石,内部流体压力下降1000psi时,孔隙度变为19.9%。

Van der Knaap[4]给出了对于某特定岩样,其岩石孔隙度的变化只与内外压力差有关,而与压力的绝对值无关。当高于泡点压力时,储层的体积增加,而孔隙的体积呈非线性变化,因此孔隙体积压缩系数不是常数。地层压缩系数 c_f 在任一内外压力差时,可被定义为单位体积岩石孔隙中孔隙体积随单位有效压力的变化率。对于石灰岩油藏和砂岩油藏地层的压缩系数在 $2\times10^{-6}\text{psi}^{-1}$ 与 $25\times10^{-6}\text{psi}^{-1}$ 之间。如果压缩系数指的是单位体积岩石中孔隙体积随有效压力的变化率,则需要将地层压缩系数除以孔隙度 ϕ。例如,对于孔隙度为20%的岩石,压力每变化1psi,单位体积岩石中孔隙体积随有效压力变化率为 $1.0\times10^{-6}\text{psi}^{-1}$,而单位岩石孔隙体积随有效压力变化率为 $5.0\times10^{-6}\text{psi}^{-1}$。

Newman[5]通过静水压力下79个压实砂岩岩样所测数据得到了等温压缩系数和孔隙度。当他将数据拟合成双曲线方程时得到下列关系式:

$$c_f = \frac{97.3200\times10^{-6}}{(1+55.872\phi)^{1.42859}} \tag{2.2}$$

这个关系式对于孔隙度范围在 $0.02<\phi<0.23$ 的胶结砂岩适用,与真正孔隙度值的绝对误差在2.60%。

Newman[5]也给出了静水压力下类似的适用于石灰岩地层的关系式,孔隙度的适用范围为 $0.02<\phi<0.33$,其平均绝对误差为11.8%。灰岩地层关系式为:

$$c_f = \frac{0.853531}{(1+2.47664\times10^6\phi)^{0.92990}} \tag{2.3}$$

虽然岩石的地层压缩系数较小,若油藏或含水层中流体的压缩系数范围在 $3\times10^{-6}\text{psi}^{-1}$ 与

$25×10^{-6}psi^{-1}$之间时,它的作用是非常明显的。在第6章中地层压力高于泡点压力的计算中给出了相关的讨论。Geertsma[6]指出当油藏未受到外来均匀压力的情况下(如Newman[5]的例子),油藏岩样的有效压缩系数要低于所测值。

2.2.3 流体饱和度

一种流体所占孔隙空间体积的百分比被称为流体的饱和度。含油饱和度的符号为S_o,其中S表示饱和度,o表示油,饱和度可用小数和分数表示,但在方程中必须用小数表示。在孔隙介质中,所有的流体饱和度之和等于1。

通常,原始流体饱和度的测定方法包括两种:直接法和间接法。直接法包括油藏岩样的蒸馏抽提法或浸出法,间接法主要依靠一些其他物性的测定,如毛细管压力、所测物性与饱和度的数学关系推导等。

直接法包含干馏法、蒸馏抽提法(修正的美国材料与试验协会ASTM实验步骤)和流体离心法。每一种方法依靠一些特定的油藏取心方法,矿场实践表明,取心过程中不改变流体或岩石的初始状态是很困难的。间接法使用测井或毛细管测定方法,无论使用何种方法,饱和度的测定都会存在一定的误差。但是,油藏条件良好和注意操作细节时,饱和度的数值能够控制在有效的精度范围内,Ezekwe[3]提出了直接法和间接法计算饱和度值的模型和方程。

2.3 天然气的物性

2.3.1 理想气体定律

描述气体的压力—体积—温度(PVT)三者之间变化的关系式称为状态方程。最简单的方程称为理想气体定律,为

$$pV = nR'T \tag{2.4}$$

式中　p——绝对压力;
　　　V——气体的总体积;
　　　n——气体摩尔数;
　　　T——绝对温度;
　　　R'——通用气体常数。

当$R'=10.73$,p的单位为psi(绝)[磅/平方英寸(绝对压强)],V的单位为ft^3(立方英尺),n的单位为lb-mol(磅-摩尔),T的单位为°R(华氏绝对温度)。理想气体定律由波义耳定律与查尔斯定律推导得到,为实验结果。

在石油工业中,标准状态一般指在压力为14.7psi(绝)(即1atm或101.325kPa)和温度为60°F(即288.71K),该状态下气体的体积的单位为SCF(标准立方尺),即ft^3。如第1章所述,有时单位中也会出现字母M,如MCF或MSCF,它表示1000标准立方尺。1lb-mol在标准状态下所占据的体积为379.4ft^3,在特定温度和压力下,纯气体的量可以表示为立方英尺数或摩尔数、磅数和分子数。在实际的测量过程中,气体的重量很难测定,所以在实验温度和压力下,气体的量使用体积来计量,然后计算气体的磅数或摩尔数。例2.1给出了使用3种单位

计算气罐中气体的含量。

例 2.1 分别以摩尔(mol)、磅(lb)和标准立方英尺(ft³)为单位计算乙烷罐的气体含量。

已知：

在压力为 100psi(绝)和温度为 100°F 时，某乙烷罐的体积为 500ft³。

解：

假设为理想气体状态时，

以摩尔数为单位时，气量 $=\dfrac{100\times500}{10.73\times560}=8.32\mathrm{mol}$

以磅数为单位时，气量 $=8.32\times30.07=250.2\mathrm{lb}$

在压力为 14.7psi(绝)和温度为 60°F 时，

以标准立方英尺为单位，气量 $=8.32\times379.4=3157\mathrm{ft}^3$

或利用公式(2.4)，得

以标准立方英尺为单位，标准立方英尺数为

$$气量 = \frac{nR'T}{p} = \frac{8.32\times10.73\times520}{14.7} = 3158\mathrm{ft}^3$$

2.3.2 气体的相对密度

物质的密度定义为单位体积物质的质量，在特定温度和压力下，气体的密度可由下式推导出来：

$$密度 = \rho_g = \frac{\dfrac{pV}{R'T}M_w}{V} = \frac{pM_w}{R'T}$$

$$密度 = \frac{质量}{体积} = \frac{nM_w}{V} \tag{2.5}$$

式中 M_w——分子质量。

由于气体相对密度的测定比气体密度的测定更加方便，因此经常使用相对密度这一术语。相对密度被定义为：在特定温度和压力(通常为 60°F 和大气压)下，气体密度与空气密度的比值。气体的密度随着体系温度和压力的变化而变化，而当气体遵循理想气体定律时，气体的相对密度与体系的压力和温度无关。由前面的公式，可知空气的密度为

$$\rho_{air} = \frac{\rho\times28.97}{R'T}$$

气体的相对密度 γ_g 为

$$\gamma_g = \frac{\rho_g}{\rho_{air}} = \frac{\dfrac{pM_w}{R'T}}{\dfrac{p\times28.97}{R'T}} = \frac{M_w}{28.97} \tag{2.6}$$

公式(2.6)可以由前面所述的 1mol 任何理想气体在压力为 14.7psi(绝)和温度为 60°F 时的体积为 379.4ft³ 得到，即质量为分子质量，因此气体的相对密度为

$$\gamma_g = \frac{\text{标准状态下体积为 379.4ft}^3\text{ 气体的重量}}{\text{标准状态下体积为 379.4ft}^3\text{ 空气的重量}} = \frac{M_w}{28.97}$$

如果某气体的相对密度为 0.75,则其分子质量为 21.7lb/mol。

2.3.3 实际气体定律

前面所述的理想气体状态方程主要应用于完美或理想气体。实际上并不存在完美气体,但许多气体在大气温度和压力下接近于理想气体状态。所有的真实气体分子有 2 种倾向:(1)由于它们分子运动状态恒定,气体分子之间相互排斥;(2)由于分子间的静电吸引力,气体分子相互吸引。由于气体分子之间距离相当远,气体分子间作用力可以忽略不计,气体接近于理想状态。同样,在高温下,气体分子运动加剧,使得气体分子键的相互吸引力相对而言可以忽略不计,气体接近于理想状态。

当实际气体的体积低于理想气体的体积时,实际气体被称为超压实的。气体偏离理想状态的系数称为超压缩系数,通常简称为气体压缩因子,更常见的称为气体偏差因子 z。这一无量纲量的范围在 0.70 与 1.20 之间,其中 1.00 代表理想气体状态。

在高压时,约高于 5000psi(绝),天然气不再是超压缩状态,比理想气体更难压缩。如前所述的气体分子间的相互作用力,当气体高度压缩时,分子自身占据的体积占总体积的相当大一部分。当分子之间的空间被压缩,则进一步可被压缩的空间越来越少,因此气体越来越难被压缩。另外,随着气体分子之间的距离越来越近(如在高压下),气体分子之间的排斥力逐渐增强,即气体偏差因子 z 增加到大于 1。气体偏差因子 z 被定义为在给定温度和压力条件下,气体的实际体积与其在理想状态下所占体积的比值,或

$$z = \frac{V_a \text{ 温度为 } T \text{ 和压力 } p \text{ 时 } n \text{ 摩尔气体的实际体积}}{V \text{ 温度为 } T \text{ 和压力 } p \text{ 时 } n \text{ 摩尔气体的理想体积}} \tag{2.7}$$

以上这些理论定性地描述了不理想气体或真实气体的状态。可将公式(2.7)代入理想气体状态方程中,即代入公式(2.4)中,得到实际气体状态方程为

$$p\left(\frac{V_a}{z}\right) = nR'T \text{ 或 } pV_a = znR'T \tag{2.8}$$

式中 V_a——特定温度和压力条件下气体的实际体积。

由于不同温度和压力下每种气体或气体混合物的气体偏差因子 z 均不同,因此必须确定指定温度和压力下每种气体或气体混合物的气体偏差因子 z。如果在气藏的计算中忽略气体偏差因子 z,可能导致高达 30% 的误差[7]。图 2.1 给出了两种气体的气体偏差因子,其中一种气体的相对密度为 0.90,另一种气体的相对密度为 0.665。由图中曲线可以看出,气体偏差因子 z 在低压时接近于 1,当压力接近 2500psi(绝)时达到最小值,然后增加至 1,直到接近 5000psi(绝)时,压力继续增加时气体偏差因子 z 增加到大于 1。压力范围在 0 与 5000psi(绝)之间时,相同温度下气体的相对密度越大,其气体偏差因子 z 越低。对于同一气体,温度越低,气体偏差因子 z 越小。

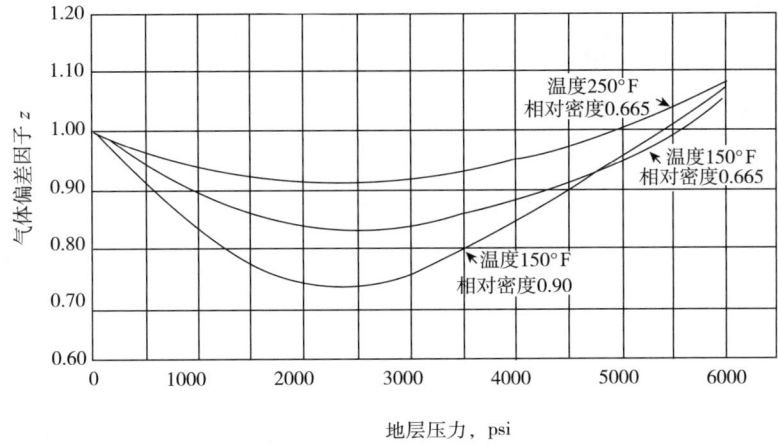

图 2.1 压力、温度和气体组成对气体偏差因子的影响

当储层流体样品是在地层条件下获得的,该流体样品被称为井底流样。在取样的过程中需要特别地小心,以免取出低于泡点压力或露点压力的流体样品。当没有井底流样时,可将产出的湿气或凝析气在地面条件下进行再次混合,通常将分离器气、储罐气和储罐液体按产出时的比例进行混合配样。在地层温度条件下,气体偏差因子的压力测定范围为从地层压力到大气压。对于湿气或凝析气,可以测定低于露点压力时由差异释放实验所得气体的偏差因子 z。对于储层原油,可以测定由原油差异释放实验所得的溶解气样的气体偏差因子 z。

通常,气体偏差因子 z 是通过测定指定温度和压力条件下气体体积,然后再测得大气压下相同数量气体的体积得到的,测定的温度应该足够高,以便使得所有的烃类都呈蒸汽状态。例如,在温度为 213°F 和压力为 3250psi(绝) 的条件下,测得 Bell 气藏某气样的体积为 364.6cm³,而在温度为 82°F 和压力为 14.80psi(绝) 的条件下,气样的体积为 70860cm³。然后,通过公式(2.8),假设低压下气体的偏差因子为 1,则在压力 3250psi(绝) 和温度 213°F 的条件下,气体偏差因子 z 为

$$z = \frac{3250 \times 364.6}{460 + 123} \times \frac{1.00 \times (460 + 82)}{14.80 \times 70860} = 0.910$$

如果未能测得气体偏差因子,也可以通过其相对密度进行估算。例 2.2 给出了根据气体的相对密度估算气体偏差因子的方法。该方法首先利用关系式来估算已知相对密度的气体的准临界温度和准临界压力,Sutton[8] 利用 5000 多种不同的气体样品总结了该关系式。他给出了 2 种不同种类气体的关系式,一种是伴生气,另一种是凝析气。伴生气被定义为从原油中释放出来的包含大量 $C_2 \sim C_4$ 的气体,而凝析气通常包含气化的液态烃,导致其气相中含有高浓度的 C_{7+} 组分。

对于伴生气,Sutton 对相关原始数据进行了回归分析,获得相对密度在 $0.554 < \gamma_g < 1.862$ 时的公式如下。

$$p_{pc} = 671.1 + 14.0\gamma_g - 34.3\gamma_g \tag{2.9}$$

$$T_{pc} = 120.1 + 429\gamma_g - 62.9\gamma_g^2 \tag{2.10}$$

式中 p_{pc}——拟临界压力，psi(绝)；

T_{pc}——拟临界温度，°R[●]。

Sutton 发现凝析气的气体相对密度在 $0.554<\gamma_g<2.819$ 时的公式如下

$$p_{pc} = 744 - 125.4\gamma_g + 5.9\gamma_g^2 \tag{2.11}$$

$$T_{pc} = 164.3 + 357.7\gamma_g - 67.7\gamma_g^2 \tag{2.12}$$

式中 p_{pc}——拟临界压力，psi(绝)；

T_{pc}——拟临界温度，°R。

以上这些公式的前提条件是 H_2S、CO_2 和 N_2 的摩尔分数小于 10%。如果这些气体的含量大于 10%，读者可以参考 Sutton 的相关文献来获得相关关系式。

得到拟临界参数之后，可以计算拟对比压力和拟对比温度，然后通过图 2.2 的关系图可以得到气体偏差因子 z。

例 2.2 通过凝析气的相对密度计算其气体偏差因子 z。

已知：

气体相对密度 $\gamma_g=0.665$；

地层温度 $T=213°F$；

地层压力 $p=3250psi$(绝)。

解：

利用公式(2.11)和公式(2.12)，得到拟临界参数：

$$p_{pc} = 744 - 125.4 \times 0.665 + 5.9 \times 0.665^2 = 663 \text{ psi}(绝)$$

$$T_{pc} = 164.3 + 357.7 \times 0.665 - 67.7 \times 0.665^2 = 372°R$$

在压力为 3250psi(绝)和温度为 213°F 的条件下，拟对比压力和拟对比温度分别：

$$p_{pr} = \frac{3250}{663} = 4.90$$

$$T_{pr} = \frac{460 + 213}{372} = 1.81$$

再由图 2.2，得 $z=0.918$。

在许多油藏工程计算中，由于计算机是非常有必要的辅助工具，使用 Standing 和 Katz 图版则显得非常繁琐。Dranchuk 和 Abou-Kassem[10] 对 Standing 和 Katz 的数据用计算机拟合出来一个状态方程。在拟合的过程中，Dranchuk 和 Abou-Kassem 使用了 1500 组数据点，并且在 $0.2<p_{pr}<30$ 和 $1.0<T_{pr}<3.0$ 范围内或在 $p_{pr}<1.0$ 和 $0.7<T_{pr}<1.0$ 范围内，气体偏差因子的平均绝对误差为 0.486%。

Dranchuk 和 Abou-Kassem 方程在 $T_{pr}=1.0$ 和 $p_{pr}>1.0$ 时不能应用。Dranchuk 和 Abou-

---

[●] °R—兰氏度，1°R=1.8℃+492

Kassem 状态方程如下

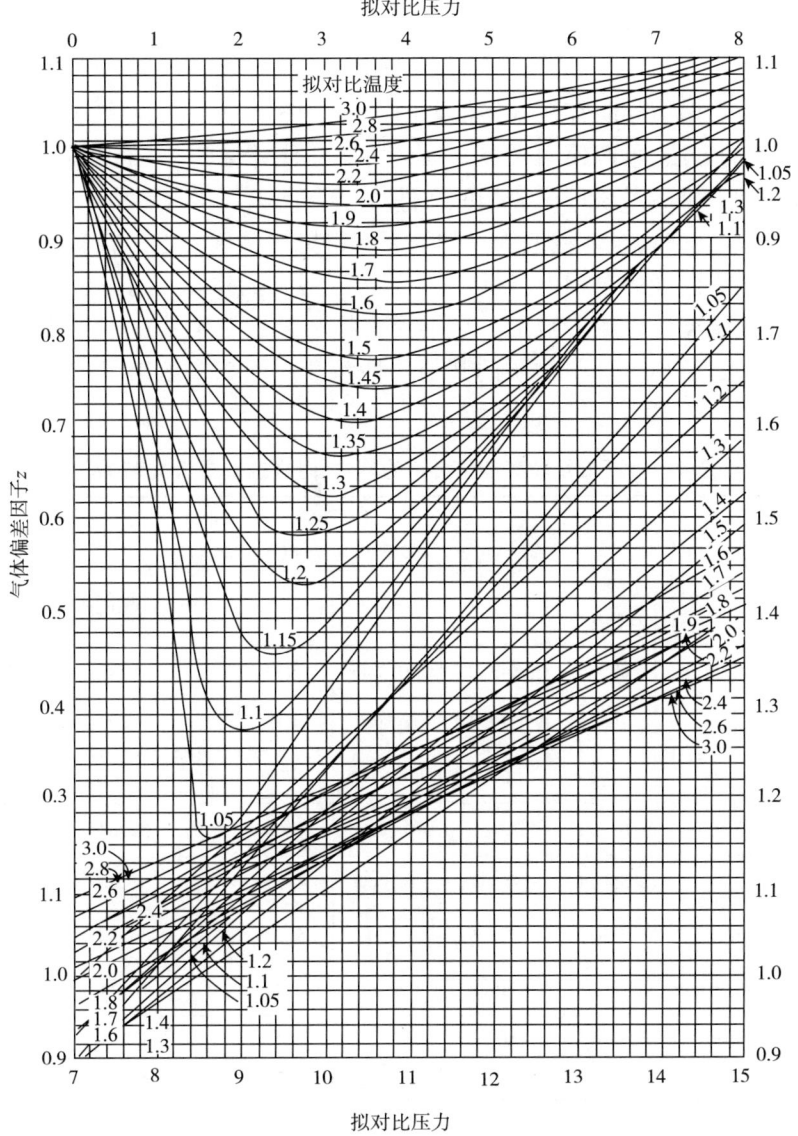

图 2.2 天然气的气体偏差因子 z 图版（选自参考文献 9）

$$z = 1 + c_1(T_{pr})\rho_r + c_2(T_{pr})\rho_r^2 - c_3(T_{pr})\rho_r^5 + c_4(\rho_r, T_{pr}) \tag{2.13}$$

式中

$$\rho_r = 0.27 p_{pr}/(z T_{pr}) \tag{2.13a}$$

$$c_1(T_{pr}) = 0.3265 - 1.0700/T_{pr} - 0.5339/T_{pr}^3 + 0.01569/T_{pr}^4 - 0.05165/T_{pr}^5 \tag{2.13b}$$

$$c_2(T_{pr}) = 0.5475 - 0.7361/T_{pr} + 0.1844/T_{pr}^2 \tag{2.13c}$$

$$c_3(T_{pr}) = 0.1056(-0.7361/T_{pr} + 0.1844/T_{pr}^2) \tag{2.13d}$$

$$c_4(\rho_r, T_{pr}) = 0.6134(1 + 0.7210\rho_r^2)(\rho_r^2/T_{pr}^3)\exp(-0.7210\rho_r^2) \tag{2.13e}$$

由于方程的左右两边同时存在气体偏差因子 z，要解出 Dranchuk 和 Abou-Kassem 状态方程，需要应用迭代的方法，可以使用很多方法来协助迭代计算[11]。最常用的工具是 Excel 软件，关于其使用说明，可参考该程序的帮助文件。

当气体的组成已知时，气体偏差因子的估算变得更加精确。这一计算假设在分别分析和计算临界压力和临界温度的过程中，气体每一组分以各自的体积百分比会影响混合气体的拟对比压力和拟对比温度。表 2.1 给出了烃类混合物和天然气中其他常见物质的临界压力和临界温度[12]，同时也给出了这些物质的其他物性参数。例 2.3 给出了计算组分气的气体偏差因子的方法。

表 2.1 石蜡烃和其他化合物的物性参数（选自参考文献 12）

组分	分子量	沸点 [14.7psi(绝)]℃	临界参数 压力,psi(绝)	临界参数 温度,°R	液体密度 [60°F 和 14.7psi(绝)] g/cm³	液体密度 [60°F 和 14.7psi(绝)] lb/gal	估算体积 [60°F 和 14.7psi(绝)] gal/10³ft³	估算体积 [60°F 和 14.7psi(绝)] gal/(lb·mol)
C_1	16.04	-258.7	673.1	343.2	ª0.348	2.90	14.6	5.53
C_2	30.07	-127.5	708.3	549.9	ª0.485	4.04	19.6	7.44
C_3	44.09	-43.7	617.4	666.0	ᵇ0.5077	4.233	27.46	10.417
iC_4	58.12	10.9	529.1	734.6	ᵇ0.5631	4.695	32.64	12.380
nC_4	58.12	31.1	550.1	765.7	ᵇ0.5844	4.872	31.44	11.929
iC_5	72.15	82.1	483.5	829.6	0.6248	5.209	36.50	13.851
nC_5	72.15	96.9	489.8	846.2	0.6312	5.262	36.14	13.710
C_6	86.17	155.7	440.1	914.2	0.6641	5.536	41.03	15.565
C_7	100.2	209.2	395.9	972.4	0.6882	5.738	46.03	17.463
C_8	114.2	258.2	362.2	1024.9	0.7068	5.892	51.09	19.385
C_9	128.3	303.4	334	1073	0.7217	6.017	56.19	21.314
C_{10}	142.3	345.4	312	1115	0.7341	6.121	61.27	23.245
空气	28.97	-317.7	547	239				
CO_2	44.01	-109.3	1070.2	547.5				
He	4.003	-452.1	33.2	9.5				
H_2	2.106	-423.0	189.0	59.8				
H_2S	34.08	-76.6	1306.5	672.4				

续表

组分	分子量	沸点 [14.7psi(绝)]℃	临界参数 压力,psi(绝)	临界参数 温度,°R	液体密度 [60°F和14.7psi(绝)] g/cm³	液体密度 [60°F和14.7psi(绝)] lb/gal	估算体积 [60°F和14.7psi(绝)] gal/10³ft³	估算体积 [60°F和14.7psi(绝)] gal/(lb·mol)
N_2	28.02	−320.4	492.2	227.0				
O_2	32.00	−297.4	736.9	278.6				
H_2O	18.0	2212.0	3209.5	1165.2	0.9990	8.337		

a 溶液中的基础部分体积。
b 泡点压力和60°F时测得。

例2.3 计算Bell气藏组分气的气体偏差因子z。

已知:

天然气的组成见表2.1中的第2栏,物性参数见第3栏至第5栏。

(1) 组分	(2) 组分摩尔分数	(3) 相对分子质量	(4) p_c	(5) T_c	(6) (2)×(3)	(7) (2)×(4)	(8) (2)×(5)
C_1	0.8612	16.04	673	343	13.81	579.59	259.39
C_2	0.0591	30.07	708	550	1.78	41.84	32.51
C_3	0.0358	44.09	617	666	1.58	22.09	23.84
C_4	0.0172	58.12	550	766	1.00	9.46	13.18
C_5	0.0050	72.15	490	846	0.36	2.45	4.23
CO_2	0.0010	44.01	1070	548	0.04	1.07	0.55
N_2	0.0207	28.02	492	227	0.58	10.18	4.70
总计	1.0000				19.15	666.68	374.40

解:

天然气的相对密度可由第6栏的总和得到,为气体的平均相对分子质量

$$\gamma_g = \frac{19.15}{28.97} = 0.661$$

第7栏和第8栏的总和分别为拟临界压力和拟临界温度,则在压力3250psi(绝)和温度213°F的条件下,拟对比压力和拟对比温度为

$$p_{pr} = \frac{3250}{666.68} = 4.87$$

$$T_{pr} = \frac{673}{374.3} = 1.80$$

由图2.2可得气体偏差因子$z=0.91$。

当气体中含有大量的CO_2和H_2S时,Wichert和Aziz[13]通过对比发现Standing和Katz版图(图2.2)是不准确的,并给出了关系式。Wichert和Aziz校正了天然气的拟临界参数,一旦

获得了修正后的拟临界参数,则可以计算拟对比参数,如例 2.2 所述,然后通过图 2.2 或公式(2.13)得到气体偏差因子。Wichert 和 Aziz 的关系式如下

$$\varepsilon = 120(A^{0.9} - A^{1.6}) + 15(B^{0.5} - B^4) \qquad (2.14)$$

式中　A——混合气体中 CO_2 和 H_2S 的摩尔分数之和;
　　　B——混合气体中 H_2S 的摩尔分数。

校正后的拟临界参数为

$$T'_{pc} = T_{pc} - \varepsilon \qquad (2.14a)$$

$$p'_{pc} = \frac{p_{pc} T'_{pc}}{T_{pc} + B(1-B)\varepsilon} \qquad (2.14b)$$

Wichert 和 Aziz 指出他们的关系式在 154psi(绝)<p<7026psi(绝)和 40°F<T<300°F 的数据范围内适用,且有 0.97% 的绝对误差。该关系式在 CO_2<54.4%(摩尔分数)和 H_2S<73.8%(摩尔分数)的浓度下是适用的。

2.3.4　天然气的地层体积系数及密度

气体的地层体积系数 B_g 被定义为在油藏条件下气体的体积与在地表条件(如标准状态 p_{sc} 和 T_{sc})下的体积之比,通常为标准状况下每立方英尺气体与其在油藏条件下体积(单位为 ft^3 或 bbl)的比值。假设标准状态下气体的偏差因子为 1,由公式(2.8)可知,在地层压力 p 和温度 T 下每立方英尺的油藏体积为

$$B_g = \frac{p_{sc} z T}{T_{sc} p} \qquad (2.15)$$

当在 p_{sc}=14.7psi(绝)和 T_{sc}=60°F 时,公式(2.15)可以转变成以下标准形式:

$$B_g = 0.02829 \frac{zT}{p} ft^3/ft^3 \quad B_g = 0.00504 \frac{zT}{p} bbl/ft^3 \qquad (2.16)$$

式中　T——地层温度,°R。

公式(2.16)中的常数只在压力 14.7psi(绝)和温度 60°F 的条件下才适用,其他的标准状态时,需要另外计算常数。因此,对于 Bell 气藏中的天然气,在压力为 3250psi(绝)和温度为 213°F 的储层条件下,气体偏差因子 z 为 0.910,则气体地层体积系数为

$$B_g = \frac{0.02829 \times 0.910 \times 673}{3250} = 0.0053 ft^3/ft^3$$

该气体地层体积系数意味着在压力 14.7psi(绝)和温度 60°F 的条件下体积为 $1ft^3$ 的气体在压力 3250psi(绝)和温度 213°F 的储层条件下占据的体积为 $0.00533ft^3$。由于原油的单位一般为 bbl,气体的单位为 ft^3,当储层中同时含有油和气时,计算时原油的体积也可以使用 ft^3 表示,气体的体积也可以用 bbl 表示。则前述的气体地层体积系数以 bbl 为基准时可表示成 $0.000949 bbl/ft^3$。在压力 3250psi(绝)的条件下,Bell 气藏 $1000ft^3$ 储层孔隙体积中天然气储量为

$$G = 1000\text{ft}^3 \div 0.00533\text{ft}^3/\text{ft}^3 = 188 \times 10^3 \text{ft}^3$$

公式(2.8)也可以用来计算储层内气体的密度。储层孔隙内每立方英尺气体的体积表达式为 p/zRT。由公式(2.6)可知,气体的分子质量为 $28.97\gamma_g$ 磅每摩尔,因此,1ft³ 包含的磅数,即储层内气体的密度 ρ_g 为

$$\rho_g = \frac{28.97 \times \gamma_g \times p}{zR'T}$$

例如,相对密度为 0.665 的 Bell 气藏气体的密度为

$$\rho_g = \frac{28.97 \times 0.665 \times 3250}{0.910 \times 10.73 \times 673} = 9.530 \text{lb/ft}^3$$

2.3.5 天然气的等温压缩系数

在等温条件下,气体体积随着压力的改变而改变,常见于气藏中天然气的流动过程中,可由实际气体定律表示

$$V = \frac{znR'T}{p} \text{ 或 } V = 常数 \times \frac{z}{p} \tag{2.17}$$

有时引入气体的压缩系数 c_g,这个概念也是非常有用的,但不要与气体偏差因子 z 混淆,同样也是一种压缩系数。在等温条件下,可将公式(2.17)对压力 p 进行微分

$$\frac{dV}{dp} = \frac{nR'T}{p}\frac{dz}{dp} - \frac{znR'T}{p^2}$$

$$= \left(\frac{znR'T}{p}\right)\frac{1}{z}\frac{dz}{dp} - \left(\frac{znR'T}{p}\right) \times \frac{1}{p}$$

$$\frac{1}{V} \times \frac{dV}{dp} = \frac{1}{z}\frac{dz}{dp} - \frac{1}{p}$$

最后,由于

$$c = -\frac{1}{V}\frac{dV}{dp}$$

$$c_g = \frac{1}{p} - \frac{1}{z}\frac{dz}{dp} \tag{2.18}$$

对于理想气体,$z = 1.00$ 和 $dz/dp = 0$,气体等温压缩系数的单位为压力的倒数。例如,某理想气体在压力 1000psi(绝)时的等温压缩系数为 1/1000 或 $1000 \times 10^{-6} \text{psi}^{-1}$。例 2.4 给出了根据图 2.4 的气体偏差因子 z 和公式(2.18)来计算气体的等温压缩系数。

例 2.4 由气体偏差因子曲线求某气体的等温压缩系数。

已知:

在 150°F 时,某气体的气体偏差因子 z 如图 2.3 所示。

解:

在压力 1000psi(绝)时,图 2.3 中斜率 dz/dp 等于 $-127 \times 10^{-6} \text{psi}^{-1}$,为一负值,又此压力下 $z = 0.83$,则等温压缩系数为

$$c_g = \frac{1}{1000} - \frac{1}{0.83}(-127 \times 10^{-6})$$

$$= 1000 \times 10^{-6} + 153 \times 10^{-6} = 1153 \times 10^{-6} \text{psi}^{-1}$$

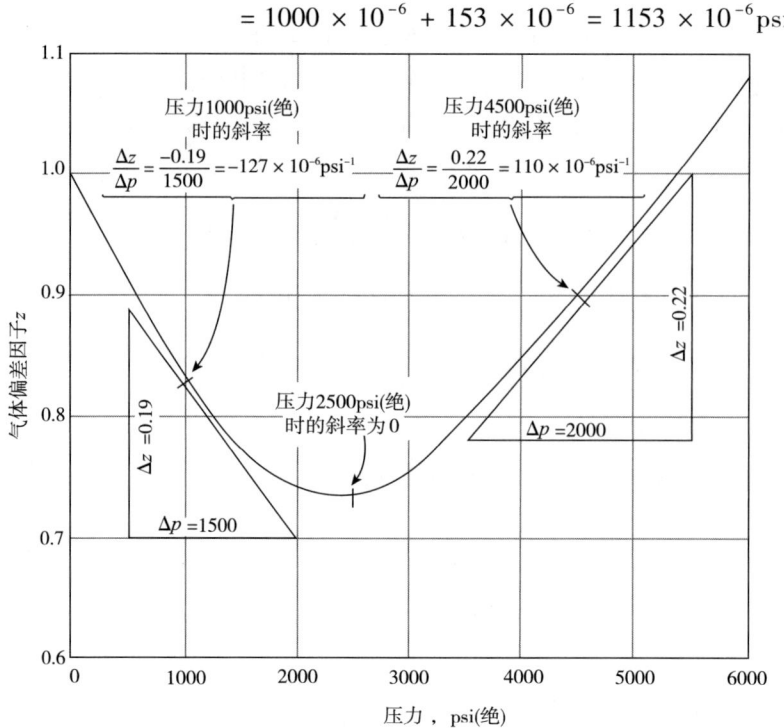

图 2.3　由 z–p 曲线求得气体的等温压缩系数（见例 2.4）

在压力 2500psi（绝）时，斜率 $\mathrm{d}z/\mathrm{d}p$ 为 0，则等温压缩系数为

$$c_\mathrm{g} = \frac{1}{2500} = 400 \times 10^{-6} \text{psi}^{-1}$$

在压力 4500psi（绝）时，图 2.3 中斜率 $\mathrm{d}z/\mathrm{d}p$，等于 $110 \times 10^{-6} \text{psi}^{-1}$，为一正值，又此压力下 $z=0.90$，则

$$c_\mathrm{g} = \frac{1}{4500} - \frac{1}{0.90}(110 \times 10^{-6})$$

$$= 222 \times 10^{-6} - 122 \times 10^{-6} = 100 \times 10^{-6} \text{psi}^{-1}$$

Trube[14] 将公式（2.18）中的压力用拟临界压力和拟对比压力来代替，即 $p = p_\mathrm{pc} p_\mathrm{pr}$ 和 $\mathrm{d}p = p_\mathrm{pc} \mathrm{d}p_\mathrm{pr}$，得

$$c_\mathrm{g} = \frac{1}{p_\mathrm{pc} p_\mathrm{pr}} - \frac{1}{z p_\mathrm{pc}} \frac{\mathrm{d}z}{\mathrm{d}p_\mathrm{pr}} \tag{2.19}$$

c_g 乘以拟临界压力，得到乘积 $c_\mathrm{g} p_\mathrm{pc}$，Trube 称为拟对比压缩系数 c_r：

$$c_\mathrm{r} = c_\mathrm{g} p_\mathrm{pc} = \frac{1}{p_\mathrm{pr}} - \frac{1}{z} \frac{\mathrm{d}z}{\mathrm{d}p_\mathrm{pr}} \tag{2.20}$$

Mattar、Brar 和 Aziz[15] 推导了下面计算拟对比压缩系数 c_r 的解析表达式：

$$c_\mathrm{r} = \frac{1}{p_\mathrm{pr}} - \frac{0.27}{z^2 T_\mathrm{pr}} \left[\frac{(\partial z/\partial \rho_\mathrm{r})_{T_\mathrm{pr}}}{1 + (\rho_\mathrm{r}/z)(\partial z/\partial \rho_\mathrm{r})_{T_\mathrm{pr}}} \right] \tag{2.21}$$

对公式（2.13）Dranchuk 和 Abou-Kassem 状态方程进行求导，得出

$$\left(\frac{\partial z}{\partial \rho_r}\right)_{T_{pr}} = c_1(T_{pr}) + 2c_2(T_{pr})\rho_r - 5c_3(T_{pr})\rho_r^4 + \frac{\partial}{\partial \rho_r}[c_4(T_{pr},\rho_r)] \qquad (2.22)$$

和

$$\frac{\partial}{\partial \rho_r}[c_4(T_{pr},\rho_r)] = \frac{2A_{10}\rho_r}{T_{pr}^3}[1 + A_{11}\rho_r^2 - (A_{11}\rho_r^2)^2]\exp(-A_{11}\rho_r^2) \qquad (2.23)$$

利用公式(2.21)和公式(2.23)和拟对比气体压缩系数,只要气体的压力和温度满足 Dranchuk 和 Abou-Kassem 关系式的使用范围,就可以计算任何气体的压缩系数。Blasingame、Johnston 和 Poe[16] 使用这些方程,得到图 2.4 和图 2.5,在这些数据中,乘积为 $c_r T_{pr}$ 为拟对比参数 p_{pr} 和 T_{pr} 的函数。例 2.5 给出了这些数据的使用方法,由于它们是对数关系,直接使用方程时精度更高。

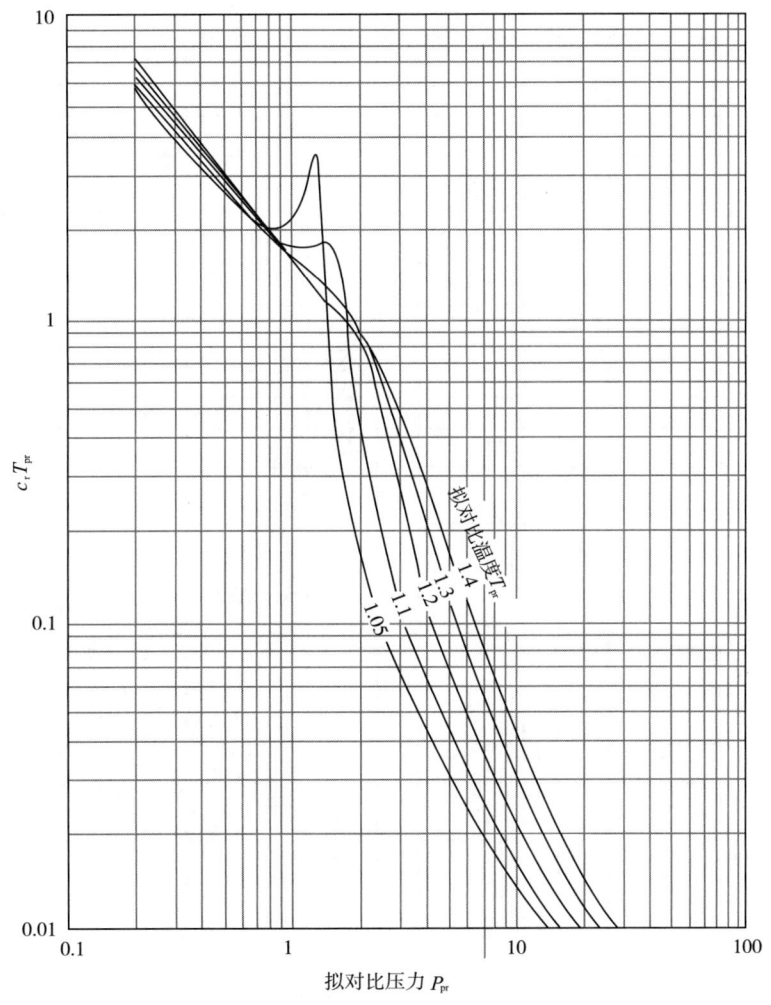

图 2.4 拟对比压缩系数版图($1.05 \leq T_{pr} \leq 1.4$)(选自参考文献 16)

例 2.5 使用 Mattar、Brar 和 Aziz 方法气体的等温压缩系数。

已知：

在温度150°F和压力4500psi(绝)条件下，某凝析气的相对密度为0.90，求其等温压缩系数。

解：

由公式(2.11)和公式(2.12)，得 $p_{pc} = 636\text{psi}(绝)$ 和 $T_{pc} = 431°R$。因此，

$$p_{pr} = \frac{4500}{636} = 7.08 \quad T_{pr} = \frac{150+460}{431} = 1.42$$

由图2.5，得 $c_r T_{pr} = 0.088$。则

$$c_r = \frac{c_r T_{pr}}{T_{pr}} = \frac{0.088}{1.42} = 0.062$$

$$c_g = \frac{c_r}{p_{pc}} = \frac{0.062}{636} = 97.5 \times 10^{-6} \text{psi}^{-1}$$

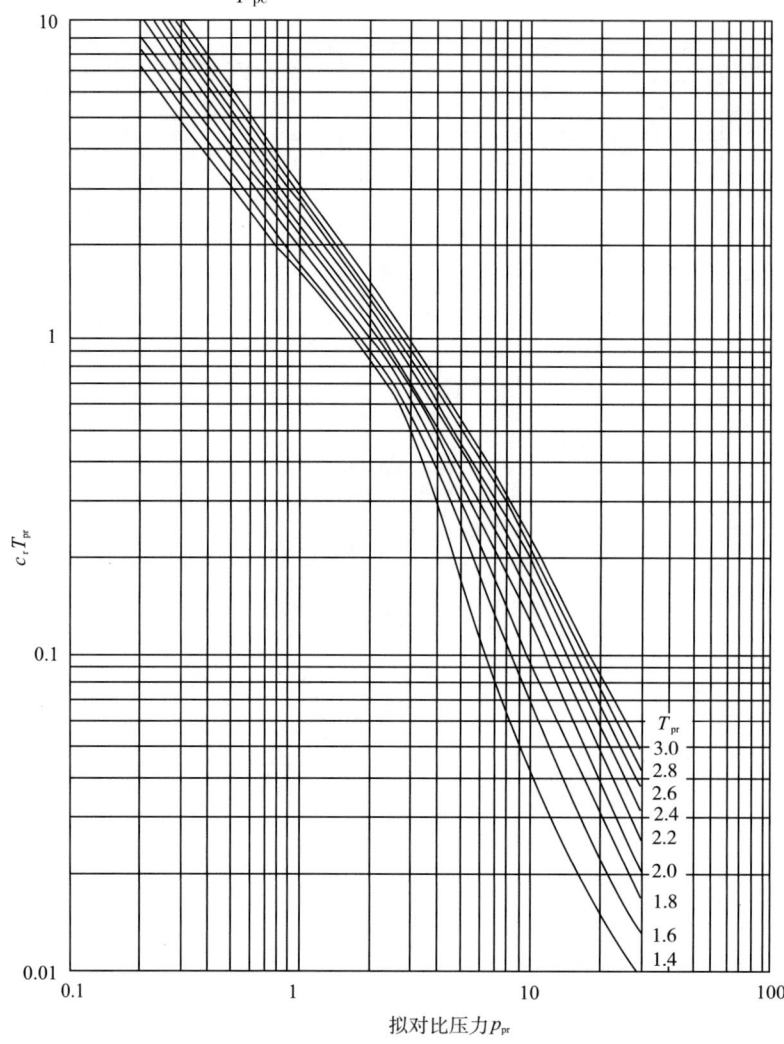

图2.5 拟对比压缩系数版图($1.4 \leqslant T_{pr} \leqslant 3.0$)(选自参考文献16)

2.3.6 天然气的黏度

天然气黏度的大小取决于体系的温度、压力和气体的组成，其单位为cP(厘泊)。由于气

体黏度的估算值精度本身就比较高,因此一般不需要通过实验对其进行测定。Carr、Kobayashi 和 Burrows[17] 做出了拟对比温度和拟对比压力条件下的天然气黏度版图,如图 2.6 和图 2.7 所示,其中拟对比温度和拟对比压力可以根据气体的相对密度进行估算或根据气体的组成进行计算。如图 2.6 所示,可以通过大气压和地层温度条件下的黏度乘以图 2.7 所得的黏度比例得到地层温度和压力条件下的黏度。图 2.6 中插入的部分是当气体中含有 N_2、CO_2 和(或) H_2S 时的黏度关系,例 2.6 给出了这些图版的使用方法。

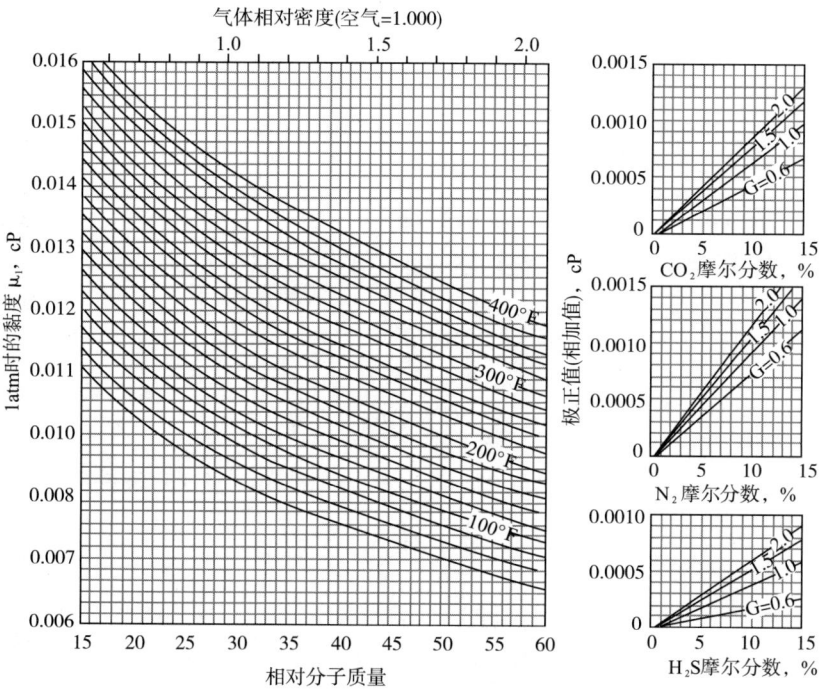

图 2.6 大气压和储层条件下天然气的黏度(选自参考文献 17)

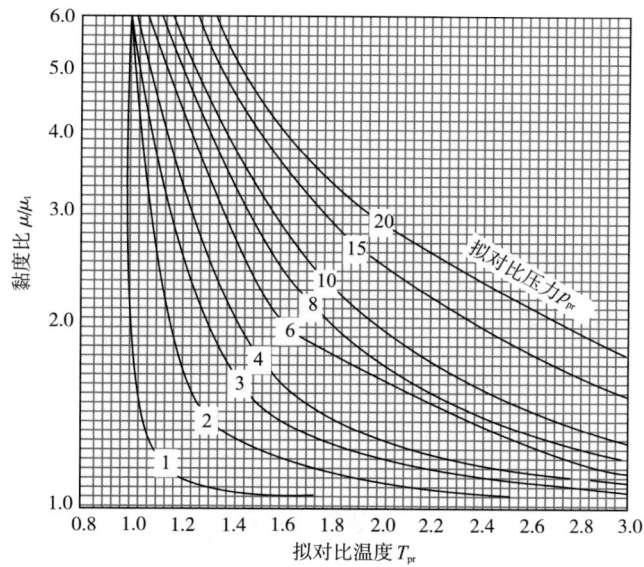

图 2.7 拟对比温度和拟对比压力对天然气黏度比的影响(选自参考文献 17)

例2.6 使用版图(图2.6和图2.7)估算储层中天然气的黏度。

已知：

地层压力 = 2680psi(绝)；

地层温度 = 212°F；

井下流体的相对密度 = 0.90(空气为1.00)；

拟临界温度 = 420°R；

拟临界压力 = 670psi(绝)；

CO_2 含量 = 5%(摩尔分数)。

解：

如图2.6所示，1个大气压时，$\mu_1 = 0.0117 \text{cP}$

如图2.6的插图所示，CO_2 加到黏度上的修正值为 0.0003cP，则

$$\mu_1 = 0.0117 + 0.0003 = 0.0120 \text{cP}(CO_2 修正后)$$

又

$$T_{pr} = \frac{672}{420} = 1.60 \qquad p_{pr} = \frac{2680}{670} = 4.00$$

由图2.7得 $\mu/\mu_1 = 1.60$，则在温度212°F和压力2680psi(绝)的条件下，

$$\mu = 1.60 \times 0.0120 = 0.0192 \text{cP}$$

Lee、Gonzalez 和 Eakin[18] 研究了一种半经验方法，当气体偏差因子 z 计算时考虑了其他气体的影响，它能够对大多数相对密度小于 0.77 天然气的黏度进行准确的计算。从这个关系式所得的数据与计算的气体黏度的标准偏差为 2.69%，公式是基于下列范围内的数据得到的：

100psi(绝) < p < 8000psi(绝)；

100°F < T < 340°F；

0 < N_2 < 4.8%(摩尔分数)；

0.90%(摩尔分数) < CO_2 < 3.20%(摩尔分数)。

已知气体的温度和压力后，还需要知道气体的气体偏差因子 z 和气体的分子质量。以 cP 为单位，气体黏度的计算方程为

$$\mu_g = (10^{-4}) K \exp(X \rho_g^Y) \tag{2.24}$$

式中

$$K = \frac{(9.379 + 0.01607 M_w) T^{1.5}}{(209.2 + 19.26 M_w + T)} \tag{2.24a}$$

$$X = 3.448 + \frac{986.4}{T} + 0.01009 M_w \tag{2.24b}$$

$$Y = 2.447 - 0.2224X \tag{2.24c}$$

式中 ρ_g——气体密度，g/cm³[见公式2.5]；

p——压力，psi(绝)；

T——温度，°R；

M_w——气体分子质量，28.97γ_g。

2.4 地层原油的物性

本节接下来的几部分主要讨论地层原油的物性，同时介绍一些估算原油物性的关系式。McCain、Spivey 和 Lenn[19]在其著作《储层流体物性方程》(Reservoir Fluid Property Correlations)中详细地讨论了原油的物理化学性质。但是原油的物性关系式通常比气体的物性关系式的可靠性差，究其原因有两点。第一，原油的组成很多，比气体的组成复杂，气体大部分由烷烃组成，而原油由几组不同类别的化合物组成，如芳烃和烷烃等。第二，液体组分混合物的非理想性比气体组分混合物的强。当将原油特定样品的数据外推应用到数据库以外时，这些非理想性将会产生误差。在使用这些关系式之前，油藏工程师们必须确保应用时是否符合关系式内参数的适用范围，只有满足这一条件，估算液体物性的关系式才能适用，并得到准确的结果。只有在储层生产的早期，实验室数据欠缺时，这个关系式才能够使用，最准确的液体物性数据应当来源于实验室对井底流样的测定。Ezekwe[3]总结了采集储层流体样品的方法以及测定流体物性的实验步骤。

2.4.1 地层原油的溶解气油比

在给定压力和温度的条件下，溶解在单位体积原油中的天然气量被称为溶解气油比 R_{so}，其单位为 ft³/bbl。天然气在原油中的溶解能力取决于体系的压力、温度、气体的组成和原油的组成，当温度不变时，天然气的溶解度随着压力的增加而增加，当压力不变时，天然气的溶解度随着温度的增加而减少。在任一温度和压力条件下，随着天然气和原油的组成越来越相近，天然气的溶解度增加，即天然气的相对密度越大或原油的 API 重度越大，天然气在原油中的溶解度增加。与溶解度不同，譬如氯化钠在水中的溶解，天然气能够无限溶于原油，溶解量的极限只取决于压力和可用气体的数量。

在任一压力和温度条件下，被天然气饱和的原油，当其压力略微下降时，就会有气体释放出来。相反，如果当压力下降时没有气体释放出来，则油藏在该压力下为未饱和油藏。未饱和状态暗示着油藏此时还能进一步溶解天然气，或此前气体充足，原油在当时压力下处于饱和状态。未饱和状态进一步暗示着油藏中不存在自由气与原油接触，即油藏上方不存在气顶。

等温条件下，气体的溶解度通常表示为压力每增加一个单位时，单位体积原油中天然气溶解度的增加值，即 ft³/bbl/psi 或 dR_{so}/dp。虽然对于大多数油藏，溶解度一般在相当的压力范围内都可以近似为常数，但是对储层物性计算的要求比较高时，溶解度通常表示为任一压力条件下原油中溶解的总气量，如 ft³/bbl 或 R_{so}。原油的储层体积由于溶解气的存在而增加，鉴于此，溶解气量的参考通常为 1 单位的储罐油，溶解气油比 R_{so} 的单位为 ft³/bbl。图 2.8 为

Big Sandy 油藏流体在地层温度为 160°F 时溶解气量随压力的变化情况。在原始地层压力为 3500psi(绝)时,溶解气油比为 567ft³/bbl。从图 2.8 中可以看出,压力从原始压力下降至 2500psi(绝)的过程中,溶液中没有气体释放出,原油在此区域内处于未饱和状态,储层中不存在自由气或气顶。压力为 2500psi(绝)时称为泡点压力,在此压力时,自由气的气泡首次出现。在压力为 1200psi(绝)时,溶解气油比为 337ft³/bbl,压力在 2500psi(绝)与 1200psi(绝)之间时,平均溶解度为:

$$平均溶解度 = \frac{567 - 337}{2500 - 1200} = 0.177 ft^3/bbl/psi$$

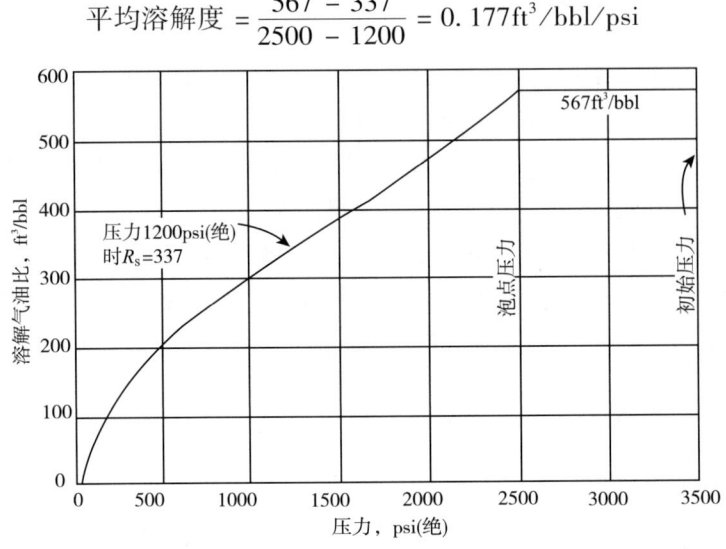

图 2.8 地层温度为 160°F 时,Big Sandy 油藏原油通过闪蒸实验得到的溶解气油比

图 2.8 中的数据由 Big Sandy 油藏井底流样通过实验室物性 PVT 实验得到,其中的闪蒸分离实验将在第 7 章中进行详细讨论。

由第 7 章中可以看出,溶解气油比和其他的流体物性与天然气从原油中释放出来的方式紧密相关,这一现象的实质将与某些特定储层的计算一起讨论。但为了简化,我们一般忽略这一现象。先确定一桶储罐油,然后通过闪蒸实验后剩余的油量,就可以得到溶解气油比。

估算泡点压力下的溶解气油比 R_{sob} 需要知道地面分离器的操作条件。当分离器的压力和温度未知时,Valko 和 McCain[20] 提出了估算 R_{sob} 的方程:

$$R_{sob} = 1.1618 R_{so,SP} \tag{2.25}$$

式中 $R_{so,SP}$——地面分离器出口处的溶解气油比。

当实验室无法对储层流体进行分析时,对于合理精度范围内的原油通常可以估算其溶解气油比。Velarde、Blasingame 和 McCain[21] 通过地层压力、地层温度、泡点压力、泡点压力下的溶解气油比、储罐油的 API 重度和分离气的相对密度提出了估算溶解气油比的关系式:

$$R_{so} = R_{sob} \cdot R_{sor} \tag{2.26}$$

$$R_{sor} = a_1 p_r^{a_2} + (1 - a_1) p_r^{a_3} \tag{2.26a}$$

$$p_r = (p - 14.7)/(p_b - 14.7) \tag{2.26b}$$

$$a_1 = 9.73 \times 10^{-7} \gamma_{g,SP}^{1.672608} \rho_{o,API}^{0.929870} T^{0.247235} (p_b - 14.7)^{1.056052} \tag{2.26c}$$

$$a_2 = 0.022339 \gamma_{g,SP}^{-1.004750} \rho_{o,API}^{0.337711} T^{0.132795} (p_b - 14.7)^{0.302065} \tag{2.26d}$$

$$a_3 = 0.725167 \gamma_{g,SP}^{-1.485480} \rho_{o,API}^{-0.164741} T^{-0.091330} (p_b - 14.7)^{0.047094} \tag{2.26e}$$

式中 R_{sob}——泡点压力下的溶解气油比,ft³/bbl；

p——压力,psi(绝)；

p_b——泡点压力,psi(绝)；

$\gamma_{g,SP}$——分离器气的相对密度；

$\rho_{o,API}$——储罐油的重度,°API；

T——温度,°F。

储罐油的相对密度通常为其密度与温度 60°F 时水的密度的比值，然后使用下列公式将相对密度的单位转化为°API 单位：

$$°API = \frac{141.5}{\gamma_o} - 131.5 \tag{2.27}$$

如果密度的单位为°API，但其单位需要表示成 lb/ft³ 时，可使公式(2.27)变形，求得原油的相对密度 γ_o，然后将相对密度乘以温度为 60°F 时水的相对密度，得到其密度为 62.4lb/ft³。

2.4.2 地层原油的地层体积系数

原油地层体积系数 B_o，可缩写为 FVF，被定义为在任意压力下每桶储罐油在地层温度下的地层体积(桶数)，在此压力下，原油中含有溶解气。在油藏中，由于原油中存在溶解气并且温度较高，使得原油地层体积系数总是大于1。当油藏中存在溶解气时，例如在泡点压力条件下，随着压力进一步的增加，液体的体积以一定的速率减小，减小的速率取决于液体的压缩性。

如前所述，溶解气的存在可以使原油的体积显著增加。图 2.9 给出了在地层温度 160°F 的条件下，Big Sandy 油藏的储层流体的原油地层体积系数与压力的关系图。压力从原始地层压力 3500psi(绝)下降到泡点压力 2500psi(绝)的过程中，没有天然气从原油中释放出来，因此，储层流体保持单相状态(液态)，但由于液体具有微可压缩性，原油地层体积系数从压力为 3500psi(绝)时的 1.310bbl/bbl 增加到压力为 2500psi(绝)时的 1.333bbl/bbl。压力低于 2500psi(绝)时，液体进一步膨胀，但也受到另一更重要因素的影响，即由于溶解气的释放原油体积减少。在压力为 1200psi(绝)时，原油地层体积系数下降至 1.210bbl/bbl，当压力为大气压和地层温度为 160°F 时，原油地层体积系数下降至 1.040bbl/bbl。Big Sandy 油藏中，重度为 30°API 储罐油的温度膨胀系数为每华氏摄氏度 0.0004，则温度为 60°F 条件下的一桶储罐油在温度为 160°F 时体积膨胀至 1.04bbl，计算公式如下

$$V_T = V_{60}[1 + \beta(T - 60)] \tag{2.28}$$

$$V_{160} = 1.00 \times [1 + 0.00040 \times (160 - 60)] = 1.04 \text{bbl}$$

式中　β——原油的温度膨胀系数，$(°F)^{-1}$；

　　　T——地层温度，°F。

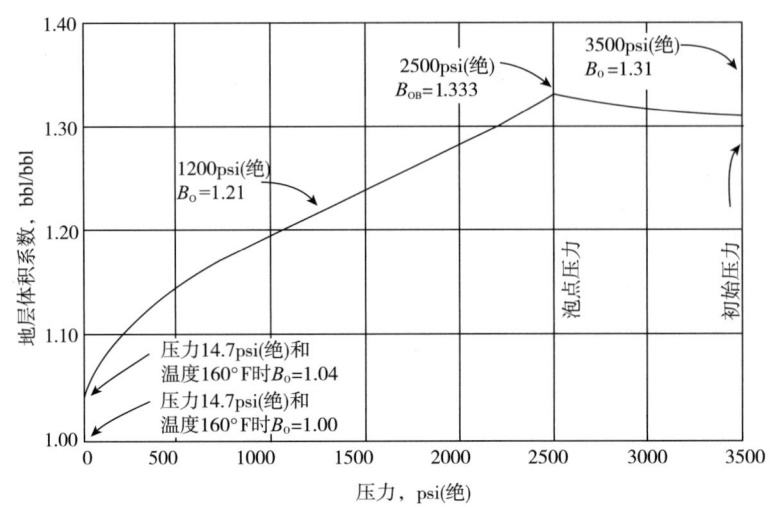

图2.9　地层温度为160°F时，Big Sandy油藏原油通过闪蒸实验得到的原油地层体积系数

显而易见，每1.310桶Big Sandy油藏储层流体在储罐内的体积为1.000桶，即只有76.3%的储层原油到达储罐中。该数据（76.3%或0.763）为原油地层体积系数的倒数，称为收缩率。正如原油地层体积系数乘以储罐油的体积能够得到原油的地层体积，原油收缩率乘以原油的地层体积可以得到储罐油的体积。尽管这两个概念都在使用，油藏工程师通常使用原油地层体积系数这一术语。如前所述，原油地层体积系数取决于原油中气体释放过程的方式，而这一现象只在第7章中予以讨论。

在很多公式中，使用两相地层体积系数B_t更加方便，两相地层体积系数定义为在任一压力和温度条件下一桶储罐油和油中原始溶解的天然气量在地层条件下的桶数。换言之，它为液体的地层体积系数B_o加上原始溶解气油比R_{soi}与给定压力条件下溶解气油比R_{so}的差值。如果B_g为每标准立方英尺溶解气在地层条件下的地层体积系数，则两相地层体积系数可表示为：

$$B_t = B_o + B_g(R_{soi} - R_{so}) \tag{2.29}$$

高于泡点压力时，$R_{soi}=R_{so}$，原油地层体积系数和两相地层体积系数相等。但低于泡点压力时，虽然原油地层体积系数随着压力的降低而减少，由于原油中溶解气的释放和被释放溶解气的持续膨胀，两相地层体积系数不断增加。

图2.10基于图2.8和图2.9中的数据，给出了Big Sandy油藏储层流体的原油地层体积系数和两相地层体积系数。如图2.10（A）所示，初始状态为原始地层压力3500psi（绝）和温度160°F，在此条件下活塞容器内原始储层流体的体积为1.310bbl。随着活塞的慢慢后退，活

塞内的体积增加,压力必然下降。当达到泡点压力 2500psi(绝)时,液体的体积膨胀至 1.333bbl。压力低于 2500psi(绝)时,开始出现气相并且随着压力的下降,由于原油中天然气的释放和已释放出来的气体的不断膨胀,气体的体积不断增加。相反地,由于溶解气的损耗,液体的体积不断收缩,在压力为 1200psi(绝)时液体体积为 1.210bbl。在压力为 1200psi(绝)和温度为 160°F 的条件下,从原油中释放出的气体的偏差因子为 0.890。因此参照于标准状态时(即压力为 14.7psi(绝)和温度为 60°F 时),气体的地层体积系数为

$$B_g = \frac{p_{sc}zT}{T_{sc}p} = \frac{0.890 \times 14.7 \times 620}{520 \times 1200}$$
$$= 0.01300 \text{ft}^3/\text{ft}^3 = 0.002316 \text{bbl/ft}^3$$

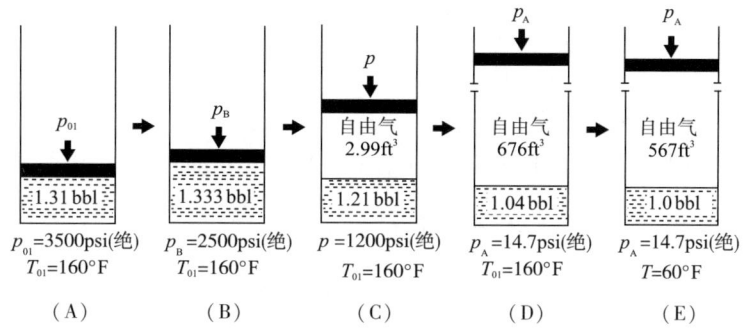

图 2.10 Big Sandy 油藏原油的原油地层体积系数和两相地层体积系数的变化可视概念图

由图 2.8 可以看出,原始溶解气油比为 567ft³/bbl,压力为 1200psi(绝)时溶解气油比为 337ft³/bbl,体积差值 230ft³ 为压力从原始压力下降至 1200psi(绝)过程中释放的气体体积。这 230ft³ 气体的地层体积为

$$V_g = 230 \times 0.01300 = 2.990 \text{ft}^3$$

自由气的体积为 2.990ft³ 或 0.533bbl,加上液体的体积 1.210bbl,得到总地层地层体积系数 1.734bbl/bbl,即为压力为 1200psi(绝)时的两相地层体积系数。两相地层体积系数也可以由公式(2.29)得到:

$$B_t = 1.210 + 0.002316 \times (567 - 337)$$
$$= 1.210 + 0.533 = 1.743 \text{bbl/bbl}$$

图 2.10(C)给出了压力为 1200psi(绝)时的单相地层体积系数和两相地层体积系数。当压力为 14.7psi(绝)和温度为 160°F 时,如图 2.10(D)所示,气体的体积增加至 676ft³,而原油的体积减少至 1.040bbl。此时总释放气体体积为 676ft³,可使用理想气体定律将其折算成压力为 14.7psi(绝)和温度为 60°F 时的标准气体体积,得到溶解气油比为 567ft³/bbl,如图 2.10(E)所示。因此,由公式(2.28),温度为 160°F 时 1.040bbl 的原油体积转换为储罐温度 60°F 下的体积为 1.000bbl,如图 2.10(E)所示。

当压力低于泡点压力时,单相地层体积系数可以根据溶解气油比、原油密度、储罐油密度和地面气体的加权平均相对密度 $\gamma_{g,S}$ 来估算,McCain、Spivey 和 Lenn[19]给出了如下关系式:

$$B_o = \frac{\rho_{o,ST} + 0.01357 R_{so}\gamma_{g,S}}{\rho_o} \tag{2.30}$$

式中 $\rho_{o,ST}$——储罐油的密度,lb/ft^3;

$\gamma_{g,S}$——地面气体的加权平均相对密度;

ρ_o——原油的密度。

地面气体的加权平均相对密度 $\gamma_{g,S}$ 可由储罐内气体的相对密度 $\gamma_{g,ST}$ 和分离器中气体的相对密度 $\gamma_{g,SP}$ 计算,公式如下:

$$\gamma_{g,S} = \frac{\gamma_{g,SP}R_{SP} + \gamma_{g,ST}R_{ST}}{R_{SP} + R_{ST}} \tag{2.31}$$

式中 $\gamma_{g,SP}$——分离器中气体的相对密度;

R_{SP}——分离器中原油的溶解气油比;

$\gamma_{g,ST}$——油罐中气体的相对密度;

R_{ST}——油罐中原油的溶解气油比。

当压力远高于泡点压力时,可利用公式(2.32)来计算原油地层体积系数

$$B_o = B_{ob}\exp[c_o(p_b - p)] \tag{2.32}$$

式中 B_{ob}——压力高于泡点压力时的原油地层体积系数;

c_o——原油压缩系数,psi^{-1}。

表 2.2 中的第 2 栏的相对体积因子为实验测定的储层流体体积与在泡点压力为 2695psi(表)的条件下的流体体积的比值。若已知泡点压力时的原油地层体积系数,可将相对体积因子转换成对应的地层体积系数。例如当 B_{ob} = 1.391bbl/bbl 时,压力为 4100psi(表)时的原油地层体积系数为

$$B_o = 1.391 \times 0.9829 = 1.367 bbl/bbl$$

表 2.2 相对体积数据

压力,psi(表)	相对体积因子 V_r
5000	0.9739
4700	0.9768
4400	0.9799
4100	0.9829
3800	0.9862
3600	0.9886
3400	0.9909
3200	0.9934
3000	0.9960
2900	0.9972
2800	0.9985
2695	1.0000

注:V_r——压力高于泡点压力时的相对体积因子。

2.4.3 地层原油的等温压缩系数

有时,在文献中常用到的是液体的等温压缩系数 c 而不是液体的体积系数 B 或相对体积因子 V_r。压缩系数或液体的体积弹性模量可用公式(2.1)进行定义:

$$c = -\frac{1}{V}\frac{dV}{dp} \qquad (2.1)$$

压缩系数 c 被写成一般形式,是由于该公式可以同时应用于液体和固体。对于液态石油,为了与固体区别开,在 c 中加入了下脚标,即 c_o。由于 dV/dp 的斜率为一负值,公式中加入负号使得原油的等温压缩系数 c_o 转换成正数。体积 V 和斜率 dV/dp 在不同的压力下数值不同,因此不同压力下原油的等温压缩系数也不同。压力越低,地层原油的等温压缩系数越大。地层原油的平均压缩系数可通过公式(2.1)表示为

$$c_o = -\frac{1}{V} \times \frac{(V_1 - V_2)}{(p_1 - p_2)} \qquad (2.33)$$

公式(2.33)中的参考体积 V 可能是 V_1、V_2 或 V_1 和 V_2 的平均值。文献中 V 通常使用较小数值的体积,即压力较大时对应的体积。表 2.2 中压力在 5000psi(表)与 4100psi(表)之间的原油平均压缩系数的表达式为

$$c_o = \frac{0.9829 - 0.9739}{0.9739(5000 - 4100)} = 10.27 \times 10^{-6}\text{psi}^{-1}$$

压力在 4100psi(表)与 3400psi(表)之间时

$$c_o = \frac{0.9909 - 0.9829}{0.9829(4100 - 3400)} = 11.63 \times 10^{-6}\text{psi}^{-1}$$

压力在 3400psi(表)与 2695psi(表)之间时

$$c_o = \frac{1.0000 - 0.9909}{0.9909(3400 - 2695)} = 13.03 \times 10^{-6}\text{psi}^{-1}$$

地层原油的等温压缩系数为 $13.03 \times 10^{-6}\text{psi}^{-1}$ 意味着压力每下降 1psi 时,1×10^6bbl 储层流体的体积增加 13.03bbl。未饱和原油的等温压缩系数的范围为 $5 \sim 100 \times 10^{-6}\text{psi}^{-1}$。原油的 API 重度越大、原油中溶解天然气量越多或温度越高,原油的等温压缩系数越大。

Spivey、Valko 和 McCain[22] 给出了高于泡点压力时估算原油等温压缩系数的关系式。该关系式中压缩系数的单位为 10^{-6}psi^{-1},包含以下方程:

$$\ln c_o = 2.434 + 0.475Z + 0.48Z - \ln(10^6) \qquad (2.34)$$

$$Z = \sum_{n=1}^{6} Z_n \qquad (2.34a)$$

$$Z_1 = 3.011 - 2.625\ln(\rho_{o,\text{API}}) + 0.497[\ln(\rho_{o,\text{API}})]^2 \qquad (2.34b)$$

$$Z_2 = -0.0835 - 0.259\ln(\gamma_{g,\text{SP}}) + 0.382[\ln(\gamma_{g,\text{SP}})]^2 \qquad (2.34c)$$

$$Z_3 = 3.51 - 0.0289\ln(p_b) - 0.0584[\ln(p_b)]^2 \qquad (2.34d)$$

$$Z_4 = 0.327 - 0.608\ln\left(\frac{p}{p_b}\right) + 0.0911\left[\left(\ln\frac{p}{p_b}\right)\right]^2 \quad (2.34\text{e})$$

$$Z_5 = -1.918 - 0.642\ln(R_{sob}) + 0.154[\ln(R_{sob})]^2 \quad (2.34\text{f})$$

$$Z_6 = 25.2 - 2.73\ln(T) + 0.0429[\ln(T)]^2 \quad (2.34\text{g})$$

上述关系式建立在下面的数据范围之内:

11.6°API$\leqslant \rho_{o,API} \leqslant$57.7°API;

0.561$\leqslant \gamma_{g,SP} \leqslant$1.798(空气的相对密度为1);

120.7psia$\leqslant p_b \leqslant$6658.7psi(绝);

414.7psia$\leqslant p \leqslant$8114.7psi(绝);

12ft³/bbl$\leqslant R_{sob} \leqslant$1808ft³/bbl;

70.7°F$\leqslant T \leqslant$320°F;

3.6×10⁻⁶psi⁻¹$\leqslant c_o \leqslant$50.3×10⁻⁶psi⁻¹。

Villena-Lanzi[23]给出了估算黑油等温压缩系数 c_o 的关系式。黑油中几乎不含有溶解气。该关系式在压力低于泡点压力时适用,为

$$\ln(c_o) = -0.664 - 1.43\ln(p) - 0.395\ln(p_b) + 0.390\ln(T)$$
$$+ 0.455\ln(R_{sob}) + 0.262\ln(\rho_{o,API}) \quad (2.35)$$

式中 T——温度,°F。

公式(2.35)是基于下列范围内的数据得到的。

31.0×10⁻⁶psi(绝)⁻¹<c_o<6600×10⁻⁶psi(绝)⁻¹;

500psi(表)<p<5300psi(表);

763psi(表)<p_b<5300psi(表);

78°F<T<330°F;

1.5ft³/bbl<R_{sob}<1947ft³/bbl;

6.0°API<$\rho_{o,API}$<52.0°API;

0.58<γ_g<1.20。

2.4.4 地层原油的黏度

储层条件下原油的黏度通常在实验室中进行测定。图 2.11 给出了 4 种不同原油在地层温度条件下高于和低于泡点压力时的黏度。低于泡点压力时,随着压力的增加,溶解在原油中的气体增加,原油的黏度降低。但高于泡点压力时,由于溶解气量为常数,随着压力的增加,原油的黏度增加。

当必须对储层原油的黏度进行估算时,可以使用高于泡点压力时和低于泡点压力时的黏度计算关系式。Egbogah[24]通过对 394 种不同油样进行实验,提出了黏度的估算公式,其平均绝对误差为 6.6%。该关系式只适用于死油,即原油中不包含溶解气。第 2 个关系式结合 Egbogah 关系式,并考虑了溶解气的影响。压力低于或等于泡点压力时 Egbogah 的死油黏度关系式为

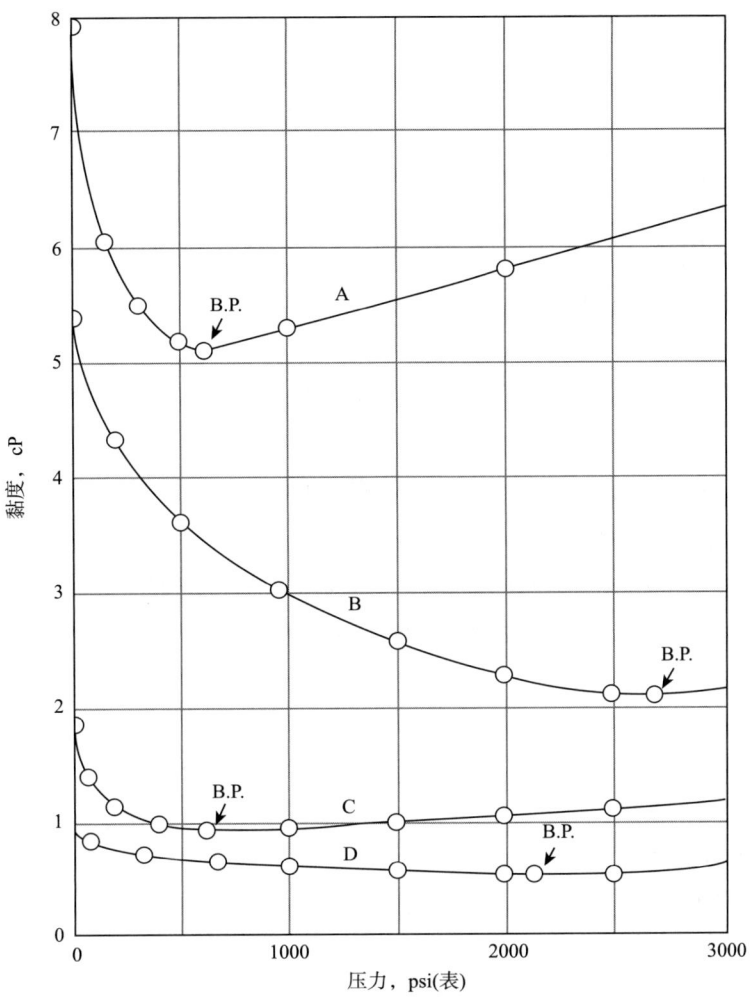

图 2.11 储层条件下 4 种原油油样的黏度

$$\lg[\lg(\mu_{od} + 1)] = 1.8653 - 0.025086\rho_{o,API} - 0.5644\lg T \tag{2.36}$$

式中 μ_{od}——死油的黏度，cP；

T——地层温度，°F。

公式(2.36)是基于下列范围内的数据得到的。

59°F<T<176°F；

-58°F<$T_{倾点}$<59°F；

5.0°API<$\rho_{o,API}$<58.0°API。

Beggs 和 Robinson[25,26]结合死油黏度公式(2.36)，提出了含气原油的黏度关系式，用于计算低于泡点压力时含气原油的黏度：

$$\mu_o = A\mu_{od}^B \tag{2.37}$$

式中　　$A = 10.715(R_{so}+100)^{-0.515}$；

$B = 5.44(R_{so}+150)^{-0.338}$。

Beggs 和 Robinson 通过 2073 种不同油样发现其平均绝对误差为 1.83%。油样的参数范围如下：

$0 < p < 5250 \text{psi}(\text{表})$；

$70°F < T < 295°F$；

$20\text{ft}^3/\text{bbl} < R_{so} < 2070\text{ft}^3/\text{bbl}$；

$16°\text{API} < \rho_{o,\text{API}} < 58°\text{API}$。

压力高于泡点压力时，Petrosky 和 Farshad[27] 提出了以下估算原油黏度的关系式：

$$\mu_o = \mu_{ob} + 1.3449(10^{-3})(p-p_b)10^A \tag{2.38}$$

$$A = -1.0146 + 1.3322\lg\mu_{ob} - 0.4876(\lg\mu_{ob})^2 - 1.15036(\lg\mu_{ob})^3$$

式中　μ_{ob}——泡点压力时原油的黏度，cP。

下面的例子进一步解释了不同原油物性参数关系式的使用方法。

例 2.7　在压力分别为 2000psi（绝）和 4000psi（绝）时，利用关系式估算储层流体的物性参数。

已知：

$T = 180°F$；

$p_b = 2500\text{psi}(\text{绝})$；

$R_{so,SP} = 664\text{ft}^3/\text{bbl}$；

$\gamma_{g,SP} = 0.56$；

$\gamma_{g,S} = 0.60$；

$\rho_{o,\text{API}} = 40°\text{API}$；

$\rho_{o,b} = 39.5\text{lb/ft}^3$；

$\rho_{o,2000} = 41.6\text{lb/ft}^3$；

$\gamma_o = 0.85$。

解：

（1）溶解气油比 R_{so}

当 $p = 4000\text{psi}(\text{绝})$ 时，$p > p_b$，则 $R_{so} = R_{sob}$，由公式（2.25），

$$R_{so} = R_{sob} = 1.1618 R_{so,SP} = 1.1618 \times 664$$

得

$R_{sob} = 771\text{ft}^3/\text{bbl}$

当压力 $p = 2000\text{psi}(\text{绝})$ 时，$p < p_b$，则 $R_{so} = R_{sob}R_{sor} = 771 R_{sor}$

$$R_{sor} = a_1 p_r^{a_2} + (1-a_1) p_r^{a_3}$$

其中

$$p_r = (p - 14.7)/(p_b - 14.7) = (2000 - 14.7)/(2500 - 14.7) = 0.799$$

$$a_1 = 9.73 \times 10^{-7} \times \gamma_{g,sp}^{1.672608} \rho_{o,API}^{0.929870} T^{0.247235} (p_b - 14.7)^{1.056052}$$

$$a_1 = 9.73 \times 10^{-7} \times 0.56^{1.672608} \times 40^{0.929870} \times 180^{0.247235} \times (2500 - 14.7)^{1.056052} = 0.158$$

$$a_2 = 0.022339 \gamma_{g,sp}^{-1.004750} \rho_{o,API}^{0.337711} T^{0.132795} (p_b - 14.7)^{0.302065}$$

$$a_2 = 0.022339 \times 0.56^{-1.004750} \times 40^{0.337711} \times 180^{0.132795} \times (2500 - 14.7)^{0.302065} = 2.939$$

$$a_3 = 0.725167 \times \gamma_{g,SP}^{-1.485480} \times \rho_{o,API}^{-0.164741} \times T^{-0.091330} \times (p_b - 14.7)^{0.047094}$$

$$a_3 = 0.725167 \times 0.56^{-1.485480} \times 40^{-0.164741} \times 180^{-0.091330} \times (2500 - 14.7)^{0.047094} = 0.840$$

$$R_{sor} = 0.158 \times 0.799^{2.939} + (1 - 0.158) \times 0.799^{0.840} = 0.779$$

求得 $R_{so} = 771 \times 0.779 = 601 \text{ft}^3/\text{bbl}$

(2) 等温压缩系数 c_o

当 $p = 4000\text{psi}$(绝)时,$p > p_b$,由公式(2.34),

$$\ln c_o = 2.434 + 0.475Z + 0.048Z^2 - \ln 10^6$$

$$Z = \sum_{n=1}^{6} Z_n$$

$$Z_1 = 3.011 - 2.6254 \ln \rho_{o,API} + 0.497 (\ln \rho_{o,API})^2$$

$$Z_1 = 3.011 - 2.6254 \ln 40 + 0.497 (\ln 40)^2 = 0.089$$

$$Z_2 = -0.0835 - 0.259 \ln \gamma_{g,SP} + 0.382 (\ln \gamma_{g,SP})^2$$

$$Z_2 = -0.0835 - 0.259 \ln 0.56 + 0.382 (\ln 0.56)^2 = 0.195$$

$$Z_3 = 3.51 - 0.0289 \ln p_b - 0.0584 (\ln p_b)^2$$

$$Z_3 = 3.51 - 0.0289 \ln 2500 - 0.0584 (\ln 2500)^2 = -0.291$$

$$Z_4 = 0.327 - 0.608 \ln \left(\frac{p}{p_b}\right) + 0.0911 \left[\ln \left(\frac{p}{p_b}\right)\right]^2$$

$$Z_4 = 0.327 - 0.608 \ln(4000/2500) + 0.0911 [\ln(4000/2500)]^2 = 0.061$$

$$Z_5 = -1.918 - 0.642 \ln R_{sob} + 0.154 (\ln R_{sob})^2$$

$$Z_5 = -1.918 - 0.642 \ln 771 + 0.154 (\ln 771)^2 = 0.620$$

$$Z_6 = 2.52 - 2.73 \ln T + 0.429 (\ln T)^2 = -0.088$$

$$Z_6 = 2.52 - 2.73 \ln 180 + 0.429 (\ln 180)^2 = -0.088$$

$$Z = \sum_{n=1}^{6} Z_n = 0.089 + 0.195 + (-0.291) + 0.061 + 0.620 + (-0.088) = 0.586$$

$$\ln c_o = 2.434 + 0.475Z + 0.048Z^2 - \ln 10^6$$
$$= 2.434 + 0.475 \times 0.586 + 0.048 \times 0.586^2 - 13.816 = -11.087$$

求得 $c_o = 15.3 \times 10^{-6} \text{psi}^{-1}$

当压力 $p = 2000\text{psi}(绝)$ 时, $p < p_b$, 由公式(2.35)

$$\ln c_o = -0.664 - 1.430\ln p - 0.395\ln p_b + 0.390\ln T + 0.455\ln R_{sob} + 0.262\ln \rho_{o,API}$$

$$\ln c_o = -0.664 - 1.430\ln 2000 - 0.395\ln 2500 + 0.390\ln 180 + 0.455\ln 771 + 0.262\ln 40$$

求得 $c_o = 183 \times 10^{-6} \text{psi}^{-1}$

(3) 地层体积系数 B_o

当 $p = 4000\text{psi}(绝)$ 时, $p > p_b$, 由公式(2.32)

$$B_o = B_{ob} \exp[c_o(p_b - p)]$$

泡点压力时的 B_{ob} 由公式(2.30)计算得到:

$$B_{ob} = \frac{\rho_{o,ST} + 0.01357 R_{so}\gamma_{g,s}}{\rho_{o,b}}$$

$$\gamma_{o,ST} = \frac{141.5}{\rho_{o,API} + 131.5} = \frac{141.5}{40 + 131.5} = 0.825$$

$$\rho_{o,ST} = \gamma_{o,ST}(62.4) = 51.5$$

$$B_{ob} = \frac{51.5 + 0.01357 \times 771 \times 0.60}{39.5}$$

$$B_{ob} = 1.463 \text{bbl/bbl}$$

求得 $B_o = 1.463\exp[15.3 \times 10^{-6} \times (2500 - 4000)] = 1.430 \text{bbl/bbl}$

当 $p = 2000\text{psi}(绝)$ 时, $p < p_b$, 由公式(2.30)

$$B_o = \frac{\rho_{o,ST} + 0.01357 R_{so}\gamma_{g,s}}{\rho_o}$$

$$B_o = \frac{51.5 + 0.01357 \times 601 \times 0.60}{41.6}$$

求得 $B_o = 1.356 \text{bbl/bbl}$

(4) 原油黏度 μ_o

由公式(2.36)

$$\lg[\lg(\mu_{obd} + 1)] = 1.8653 - 0.025086\rho_{o,API} - 0.5644\lg T$$

$$\lg[\lg(\mu_{obd} + 1)] = 1.8653 - 0.025086 \times 40 - 0.5644\lg 180$$

求得 $\mu_{obd} = 1.444 \text{cP}$

由公式(2.37)

$$\mu_o = A\mu_{obd}^B$$

其中

$$A = 10.715(R_{sob} + 100)^{-0.515} = 10.715 \times (771 + 100)^{-0.515} = 0.328$$

$$B = 5.44(R_{sob} + 150)^{-0.338} = 5.44 \times (771 + 150)^{-0.338} = 0.542$$

求得
$$\mu_{ob} = 0.328 \times 1.444^{0.542} = 0.400 \text{cP}$$

当 $p = 2000\text{psi}(绝)$ 时,$p < p_b$,由公式(2.36),此时 $\mu_{od} = \mu_{obd}$,即
$$\mu_{obd} = 1.444 \text{cP}$$

又
$$\mu_o = A\mu_{obd}^B$$

$$A = 10.715(R_{so} + 100)^{-0.515} = 10.715 \times (601 + 100)^{-0.515} = 0.367$$

$$B = 5.44(R_{so} + 150)^{-0.338} = 5.44 \times (601 + 150)^{-0.338} = 0.580$$

求得
$$\mu_o = 0.367 \times 1.444^{0.580} = 0.454 \text{cP}$$

当 $p = 4000\text{psi}(绝)$ 时,$p > p_b$,由公式(2.38)
$$\mu_o = \mu_{ob} + 1.3449 \times 10^{-3}(p - p_b) \times 10^A$$

其中
$$A = -1.0146 + 1.3322\lg\mu_{ob} - 0.4876(\lg\mu_{ob})^2 - 1.15036(\lg\mu_{ob})^3$$

$$A = -1.0146 + 1.3322\lg 0.400 - 0.4876(\lg 0.400)^2 - 1.15036(\lg 0.400)^3$$

得
$$A = -1.549$$

求得
$$\mu_o = 0.400 + 1.3449 \times 10^{-3} \times (4000 - 2500) \times 10^{-1.549} = 0.457 \text{cP}$$

2.5 地层水的物性

地层水的物性主要受地层温度、地层压力、地层水中溶解气量和地层水中固体溶解度的影响,地层水的物性参数的数量级通常比原油物性参数的小。对于高于泡点压力的定容式储层,地层水或束缚水的压缩系数有时会对油藏的产量产生影响,并且能够解释水驱储层中水侵量的大小。在储层物质平衡计算时,为确保其他数据的准确性,应加入束缚水的物性参数。本节包含了油藏工程应用中关于地层水的物性关系式。

2.5.1 地层水的体积系数

McCain[28]对地层水体积系数 B_w(单位为 bbl/bbl)提出了以下关系式:

$$B_w = (1 + \Delta V_{wt})(1 + \Delta V_{wp}) \tag{2.39}$$

$$\Delta V_{wt} = -1.00010 \times 10^{-2} + 1.33391 \times 10^{-4} T + 5.50654 \times 10^{-7} T^2$$

$$\Delta V_{wp} = -1.95301 \times 10^{-9} pT - 1.72834 \times 10^{-13} p^2 T - 3.58922 \times 10^{-7} p - 2.25341 \times 10^{-10} p^2$$

式中 T——地层温度,°F;

p——地层压力,psi(绝)。

这个关系式与实际数据的误差在2%。对于含有矿化度的常规油藏地层水,该关系式不再适用。但 McCain 指出当矿化度改变时,ΔV_{wt} 和 ΔV_{wp} 之间存在补偿。这个补偿性的误差使得 B_w 关系式在工程精度范围之内,因此对于矿化度不需要进行调整。

2.5.2 地层水的溶解气水比

McCain[28]对地层水的溶解气水比 R_{sw}(单位 ft³/bbl)也提出了一个关系式,如下:

$$\frac{R_{sw}}{R_{swp}} = 10^{(-0.0840655ST - 0.285854)} \tag{2.40}$$

式中 S——矿化度,%(质量百分数);
T——地层温度,°F;
R_{swp}——纯水的溶解气水比,ft³/bbl。

其中,R_{swp}被定义为

$$R_{swp} = A + Bp + Cp^2 \tag{2.41}$$

$$A = 8.15839 - 6.12265 \times 10^{-2}T + 1.91663 \times 10^{-4}T^2 - 2.1654 \times 10^{-7}T^3;$$

$$B = 1.01021 \times 10^{-2} - 7.44241 \times 10^{-5}T + 3.05553 \times 10^{-7}T^2 - 2.94883 \times 10^{-10}T^3;$$

$$C = -10^{-7} \times (9.02505 - 0.130237T + 8.53425 \times 10^{-4}T^2 - 2.34122 \times 10^{-6}T^3 + 2.37049 \times 10^{-9}T^4);$$

式中 T——地层温度,°F。

公式(2.41)基于下列范围内的数据得到的,误差范围为5%:

$$1000\text{psi}(绝) < p < 10000\text{psi}(绝);$$
$$100°\text{F} < T < 340°\text{F}。$$

公式(2.40)建立在下面的数据范围之内,误差范围为3%:

$$0\% < S < 30\%;$$
$$70°\text{F} < T < 250°\text{F}。$$

2.5.3 地层水的等温压缩系数

当压力远高于泡点压力时,Osif[29]提出了地层水的等温压缩系数关系式:

$$c_w = -\frac{1}{B_w}\left(\frac{\partial B_w}{\partial p}\right)_T = \frac{1}{7.033p + 541.5C_{NaCl} - 537.0T + 403300} \tag{2.42}$$

式中 C_{NaCl}——矿化度,g/L;
T——地层温度,°F。

公式(2.42)建立在下面的数据范围之内:

$$1000\text{psi}(表) < p < 20000\text{psi}(表);$$
$$0 < C_{NaCl} < 200\text{g/L};$$
$$200°\text{F} < T < 270°\text{F}。$$

自由气的存在对地层水的等温压缩系数影响很大。因此,当压力小于或等于泡点压力时,McCain[28]提出了估算 c_w 的关系式

$$c_w = -\frac{1}{B_w}\left(\frac{\partial B_w}{\partial p}\right) + \frac{B_g}{B_w}\left(\frac{\partial R_{swp}}{\partial p}\right)_T \tag{2.43}$$

公式(2.43)右边第一项可用公式(2.42)来计算。公式(2.43)中右边的第 2 项可用公式(2.41)对压力进行微分来代替。

$$\left(\frac{\partial R_{swp}}{\partial p}\right)_T = B + 2Cp$$

式中 B 和 C 在公式(2.41)中已经给出。

考虑到天然气中含有大量的甲烷和少量的乙烷，McCain 建议在利用公式(2.39)计算 B_w 时，应该用相对密度为 0.63 的气体来计算 B_g。由于没有关于低于泡点压力时地层水压缩系数的最新数据，所以 McCain 提出的方法计算出来的压缩系数的数值无法与他人的进行对比。这表明公式(2.43)目前只能对 c_w 进行粗略的估算。

2.5.4 地层水的黏度

地层水的黏度随着温度的增加而增加，一般也随着压力和矿化度的增加而增加。在温度低于 70°F 时，压力的增加会降低地层水的黏度，在某些浓度和温度范围内，盐类(如 KCl)的加入也会降低地层水的黏度。而地层水中溶解气的存在对地层水黏度下降的影响很小。McCain[28]给出了在一个大气压和地层温度条件下地层水的黏度关系式

$$\mu_{wl} = AT^B \tag{2.44}$$

$A = 109.574 - 8.40564S + 0.313314S^2 + 8.72213 \times 10^{-3}S^3$；
$B = -1.12166 + 2.63951 \times 10^{-2}S - 6.79461 \times 10^{-4}S^2 - 5.47119$
 $\times 10^{-5}S^3 + 1.55586 \times 10^{-6}S^4$；

式中 T——地层温度，°F；

S——矿化度，%(质量分数)。

公式(2.44)基于下列范围内的数据得出的，误差范围为 5%：

$$100°F < T < 400°F;$$
$$0 < S < 26\%。$$

McCain[28]指出地层水的黏度可以根据油藏的压力进行调节，

$$\frac{\mu_w}{\mu_{wl}} = 0.9994 + 4.0295 \times 10^{-5}p + 3.1062 \times 10^{-9}p^2 \tag{2.45}$$

当压力低于 10000psi(绝)时，上述关系式的误差在 4% 之内，当压力在 10000~15000psi(绝)之间时，误差在 7% 之内。关系式的温度适用范围为 86~167°F。

2.6 小结

本章中给出的各种关系式都是基于其有效适用范围内的数据得到的，对估算储层岩石和流体的物性非常有用。本章中的关系式均以公式的形式给出，便于在计算机程序中实现。

思 考 题

2.1 计算 1lb-mol 体积的理想气体在下列条件下的体积：

(1) 压力为 14.7psi(绝)和温度为 60°F 时；
(2) 压力为 14.7psi(绝)和温度为 32°F 时；
(3) 压力为 14.7psi(绝)+10oz❶ 和温度为 80°F 时；
(4) 压力为 15.025psi(绝)和温度为 60°F 时。

2.2 在温度为 90°F 的条件下，某体积为 500ft³ 的容器中含有 10lb 的甲烷和 20lb 的乙烷。
(1) 求容器内混合气的摩尔分数。
(2) 以 psi(绝)为单位计算容器内的压力。
(3) 计算混合气的摩尔质量。
(4) 计算混合气的相对密度。

2.3 某混合气由体积分别占总体积 1/3 的甲烷、乙烷和丙烷组成，求该混合气的分子质量和相对密度。

2.4 将重为 10lb 的干冰块置于含有空气的体积为 50ft³ 的容器内，初始状态在大气压 14.7psi(绝)和温度 75°F 的条件下。当干冰蒸发且将容器内气体的温度降至 45°F 时，求该密闭容器的最终压力。

2.5 某钻杆焊接装置需要使用乙炔(C_2H_2)，已知乙炔罐中含有 20lb 气体，并且罐需额外支付 10 美元。如果焊接工人每天需要使用 200ft³ 的气体(压力为 14.7psi(绝)+16oz 和温度为 85°F 时)，求每日的乙炔费用？当压力为 14.7psi(绝)和温度为 80°F 时，每立方英尺乙炔的费用是多少？

2.6 (1) 某容积为 55000bbl 的管道槽的直径为 110ft，高度为 35ft。管道槽内起初含有高度为 25ft 的原油，现使用泵向槽内吸入原油，泵的处理能力为每天 20000bbl。槽内为了保持真空，将呼吸阀和安全阀关闭。如果槽的顶部每平方英尺只能承受 3/4oz 的压力，求顶部能够支撑多久。已知气压为 29.1 英尺汞柱，计算时不考虑顶部或其他部位的泄漏。
(2) 计算槽坍塌时顶部的总作用力。
(3) 如果初始状态下槽内的油量变多，那么坍塌所需的时间是变长还是变短？

2.7 (1) 某气体只含有甲烷和乙烷，若其相对密度为 0.65，分别求其甲烷的质量百分数和体积百分数。
(2) 解释为什么甲烷的体积百分数要大于其质量百分数。

2.8 某容器在压力为 50psi(绝)和温度为 50°F 时，含有 50ft³ 的气体。与另一含有气体的容器相连，初始时压力为 25psi(绝)和温度为 50°F，当两者连接的阀门打开时，压力平衡至 35psi(绝)，温度保持为 50°F。求第二个容器中气体的体积。

2.9 当压力为 14.4psi(绝)和温度为 80°F 时，天然气的订价为每立方英尺 6 美元，求同样气量的气体在压力为 15.025psi(绝)和温度为 60°F 时的价格。

2.10 某储罐内有一防漏活塞，并且罐上刻有体积刻度，可以读出活塞处于任一位置时的刻度。将该活塞罐至于恒定的水浴中，温度保持在 160°F，与 Sabine 气藏的地层温度相

---

❶ oz 指盎司每平方英寸，代表英文 ounce-orce per square inch，即 oz/in²，1oz/in² = 0.0125psi(绝) = 0.4309223kPa。

同。将45000mL的气体注入罐中,其体积是在压力为14.7psi(绝)和温度为60°F的条件下测得的。储罐内气体的体积按照如下步骤减小,当温度达到平衡时利用自重测试仪测定相应的压力如表所示。

V,mL	2529	964	453	265	180	156.5	142.2
p,psi(绝)	300	750	1500	2500	4000	5000	6000

(1)计算初始体积为45000mL的气体在不同压力和温度为160°F的条件下测得的理想体积和气体偏差因子,并以表格的形式表示。

(2)以ft^3/ft^3为单位,计算不同压力时的气体体积系数。

(3)在同一图中,分别作出气体偏差因子和题(2)中求得的气体体积系数关于压力的曲线。

2.11 (1)如果Sabine气藏天然气的比重为0.65,计算温度为160°F下,气体从压力为0增加至6000psi(绝)过程中的气体偏差因子。已知压力的增幅为1000lb,气体的重度关系式见图2.2。

(2)使用表2.1中的临界压力和临界温度,计算Sabine气藏天然气在不同压力和温度为160°F条件下的气体偏差因子,并作图。气体的组分分析如下:

组分	C_1	C_2	C_3	iC_4	nC_4	iC_5
摩尔分数	0.875	0.083	0.021	0.006	0.008	0.003

组分	nC_5	C_6	C_{7+}
摩尔分数	0.875	0.083	0.021

使用C_8的分子质量、临界温度和临界压力来替代C_{7+}的物性参数。在同一图上作出2.10(a)和2.11(a)的数据,并作对比。

(3)当温度为160°F时,压力低于多少时,Sabine气藏的天然气能够使用理想气体定律计算并使其误差范围在2%之内。

(4)相同条件下,以ft^3为单位计算时,是真实气体的储层体积大,还是理想气体的大?并作解释。

2.12 某高压罐的体积为0.330ft^3,并在压力为2500psi(绝)和温度为130°F时含有气体,此时气体的偏差因子为0.75。通过湿测试仪从罐中释放出43.6ft^3的气体(测试压力为14.7psi(绝)和温度为60°F)后,压力下降至1000psi(绝),而温度仍然保持在130°F。求压力为1000psi(绝)和温度为130°F时的气体偏差因子。

2.13 某干气气藏处于初始状态时,平均地层压力为6000psi(绝),地层温度为160°F,气体的相对密度为0.65。当一半体积(以ft^3为单位)的原始天然气被采出时,求此时的平均地层压力。假设储层内气体所占据的体积不变。若储层初始状态时含有$1 \times 10^6 ft^3$的天然气,求当最终压力为500psi(绝)时产出的气量。

2.14 在温度为150°F时,某储层内天然气的气体偏差因子如下:

p, psi(绝)	0	500	1000	2000	3000	4000	5000
z	1.00	0.92	0.86	0.80	0.82	0.89	1.00

作 z–p 图,并由图判断其压力分别为 1000psi(绝)、2200psi(绝)和 4000psi(绝)时的斜率。然后利用公式(2.19),求出在这些压力时气体的压缩系数。

2.15 某伴生气在压力为5000psi(绝)和温度为203°F时的相对密度为0.70,利用公式(2.9)和公式(2.10)和图2.2计算该气体的压缩系数。

2.16 利用公式(2.21)和图2.2的气体偏差因子图,求在拟对比温度为1.30和拟对比压力为4.00时的拟对比压缩系数。并在图2.4中检查此值。

2.17 估算凝析气在压力为7000psi(绝)和温度为220°F时的黏度。已知其气体相对密度为0.90,并含有2%的N_2、4%的CO_2和6%的H_2S。

2.18 对 LaSalle 油田的储层流体的井底流样进行实验,来获得其溶解气和原油地层体积系数与压力的关系。已知储层的原始井底压力为3600psi(绝),井底温度为160°F,且所有的实验都在温度160°F下进行。测试所得的数据如下:

压力 psi(绝)	溶解气,ft^3/bbl [14.7psi(绝)和60°F时]	地层体积系数 bbl/bbl
3600	567	1.310
3200	567	1.317
2800	567	1.325
2500	567	1.333
2400	554	1.310
1800	436	1.263
1200	337	1.210
600	223	1.140
200	143	1.070

(1)原油中气体溶解度的影响因素。
(2)作出溶解气油比与压力的关系图。
(3)初始状态时,储层处于饱和状态还是未饱和状态,试解释。
(4)初始状态时,储层中是否存在气顶。
(5)压力范围在200~2500psi(绝)时,以 ft^3/bbl/psi 为单位,由图确定该储层中溶解气的溶解能力。
(6)假设该储层中每桶储罐油中含有的气体为1000ft^3,而不是567ft^3。估算压力为

3600psi(绝)时原油中的溶解气量。那么此时储层中的原油处于饱和状态还是未饱和状态。

2.19 井底流样与题2.18相同。
(1)作出原油地层体积系数与压力的曲线。
(2)解释曲线中出现折点的原因。
(3)为什么高于泡点压力时,斜率为一负值,并且其绝对值小于压力低于泡点压力时的斜率(为一正数)。
(4)若初始状态时,储层中含有 250×10^6 bbl 原油,求以 bbl 为单位计算时的原油地质储量。
(5)求储层中的原始溶解气量。
(6)如果储罐油的膨胀系数为 0.0006/°F,求当井底压力达到大气压时的原油地层体积系数。

2.20 如果 Big Sandy 油藏的储罐油重度为30°API,其溶解气的重度为0.80°API,当压力为2500psi(绝)和温度为165°F时,估算其溶解气油比和单相地层体积系数。已知泡点压力为2800psi(绝)。

2.21 当温度为120°F时,某体积为1000ft³的容器中含有85bbl的原油和20000ft³天然气。达到平衡时,即天然气完全溶于原油中时,容器的压力为500psi(绝)。如果该原油的溶解能力为0.25(ft³/bbl)/psi,且在压力为500psi(绝)和温度为120°F的条件下气体的偏差因子为0.90,求压力为500psi(绝)和温度为120°F时液体的原油地层体积系数。

2.22 某原油的压缩系数为 20×10^{-6} psi^{-1},泡点压力为3200psi(绝)。假设压缩系数为常数,计算在压力为4400psi(绝)时原油的相对体积因子(即体积与泡点压力下体积的比值)。

2.23 (1)估算某原油在压力为3000psi(绝)和温度为130°F时的黏度。已知温度为60°F时,该原油在储罐中的重度为35°API,并在泡点压力3000psi(绝)时其溶解气油比为750ft³/bbl。
(2)估算原始地层压力为3000psi(绝)时的原油黏度。
(3)若压力为1000psi(绝)时的溶解气油比约为300ft³/bbl,估算此时原油的黏度。

2.24 实验数据如下:

容器压力,psi(绝)	原油体积,mL	气体体积,mL	容器温度,°F
2000	650	0	195
1500(泡点压力)	669	0	195
1000	650	150	195
500	615	700	195
14.7	500	44500	60

计算题中给定压力时的 R_{so}、B_o 和 B_t。已知在压力为1000psi(绝)和压力为500psi(绝)时的气体偏差因子分别为0.91和0.95。

2.25 (1) 在压力为 4000psi(绝) 和温度为 150°F 时,某地层束缚水的固体含量为 20000mg/L,求其等温压缩系数。

(2) 求题(1)中地层水的体积系数。

2.26 (1) 在室温和大气压时,求纯水的近似黏度。

(2) 当温度为 200°F 时,求纯水的近似黏度。

2.27 在压力为 6000psi(绝) 和温度为 180°F 时,容器的体积为 500mL,并装满纯水。

(1) 当压力降至 1000psi(绝) 时,从容器中能排出的水量。

(2) 如果液体的矿化度为 20000mg/L,当液体中不含有气体时,求从容器中排出的水量。

(3) 假设初始状态时水被气体所饱和,并在压力的变化过程中所有的气都溶在水中。重新计算题(2)。

(4) 估算此时水的黏度。

参 考 文 献

[1] R. P. Monicard, Properties of Reservoir Rocks: Core Analysis, Gulf Publishing Co., 1980.

[2] B. J. Dotson, R. L. FSlobod, P. N. McCreery, and James W. Spurlock, "Porosity-Measurement Comparisons by Five Laboratories," Trans. AlME (1951), 192, 344.

[3] N. Ezekwe, Petroleum Reservoir Engineering Practice, Pearson Education, 2011.

[4] W. van der Knaap, "Non-linear Elastic Behavior of Porous Media," presented before the Society of Petroleum Engineers of AlME, Oct. 1958, Houston, TX.

[5] G. H. Newman, "Pore-Volume Compressibility of Consolidated, Friable, and Unconsolidated Reservoir Rocks under Hydrostatic Loading," Jour. of Petroleum Technology (Feb. F1973), 129–134.

[6] J. Geertsma, "The Effect of Fluid Pressure Decline on Volumetric Changes of Porous Rocks," Jour. of Petroleum Technology (1957), 11, No. 12, 332.

[7] Henry J. Gruy and Jack A. Crichton, "A Critical Review of Methods Used in the Estimation of Natural Gas Reserves," Trans. AlME (1949), 179, 249–263.

[8] R. P. Sutton, "Fundamental PVT Calculations for Associated and Gas/Condensate Natural-Gas Systems," SPE Res. Eval. & Eng. (2007), 10, No. 3, 270–284.

[9] Marshall B. Standing and Donald L. Katz, "Density of Natural Gases," Trans. AlME (1942), 146, 144.

[10] P. M. Dranchuk and J. H. Abou-Kassem, "Calculation of Z Factors for Natural Gases Using Equations of State," Jour. of Canadian Petroleum Technology (July–Sept. 1975), 14, No. 3, 34–36.

[11] R. W. Hornbeck, Numerical Methods, Quantum Publishers, 1975.

[12] C. Kenneth Eilerts et al., Phase Relations of Gas-Condensate Fluids, Vol. F10, US Bureau of Mines Monograph 10, American Gas Association, 1957, 427–434.

[13] E. Wichert and K. Aziz, "Calculate Z's for Sour Gases," Hyd. Proc. (May 1972), 119–122.

[14] A. S. Trube, "Compressibility of Natural Gases," Trans. AlME (1957), 210, 61.

[15] L. Mattar, G. S. Brar, and K. Aziz, "Compressibility of Natural Gases," JCPT (Oct.–Dec. F1975), 77–80.

[16] T. A. Blasingame, J. L. Johnston, and R. D. Poe Jr., Properties of Reservoir Fluids, Texas A&M University, 1989.

[17] N. L. Carr, R. Kobayashi, and D. B. Burrows, "Viscosity of Hydrocarbon Gases under Pressure," Trans. AlME (1954), 201, 264-272.

[18] A. L. Lee, M. H. Gonzalez, and B. E. Eakin, "The Viscosity of Natural Gases," Jour. of Petroleum Technology (Aug. 1966), 997-1000; Trans. AlME (1966), 237.

[19] W. D. McCain, J. P. Spivey, and C. P. Lenn, Petroleum Reservoir Fluid Property Correlations, PennWell Publishing, 2011.

[20] P. P. Valko and W. D. McCain, "Reservoir Oil Bubble-Point Pressures Revisited: Solution Gas-Oil Ratios and Surface Gas Specific Gravities," Jour. of Petroleum Science and Engineering (2003), 37, 153-169.

[21] J. J. Velarde, T. A. Blasingame, and W. D. McCain, "Correlation of Black Oil Properties at Pressures below Bubble Point Pressure-A New Approach," CIM 50-Year Commemorative Volume, Canadian Institute of Mining, 1999.

[22] J. P. Spivey, P. P. Valko, and W. D. McCain, "Applications of the Coefficient of Isothermal Compressibility to Various Reservoir Situations with New Correlations for Each Situation," SPE Res. Eval. & Eng. (2007), 10, No. 1, 43-49.

[23] A. J. Villena-Lanzi, "A Correlation for the Coefficient of Isothermal Compressibility of Black Oil at Pressures below the Bubble Point," master's thesis, Texas A&M University, 1985, College Station, TX.

[24] E. O. Egbogah, "An Improved Temperature-Viscosity Correlation for Crude Oil Systems," paper 83-34-32, presented at the 1983 Annual Technical Meeting of the Petroleum Society of CIM, May 10-13, 1983, Alberta, Canada.

[25] H. D. Beggs, "Oil System Correlations," Petroleum Engineering Handbook, ed. H. C. Bradley, Society of Petroleum Engineers, 1987.

[26] H. D. Beggs and J. R. Robinson, "Estimating the Viscosity of Crude Oil Systems," Jour. of Petroleum Technology (Sept. 1975), 1140-1141.

[27] G. E. Petrosky and F. F. Farshad, "Viscosity Correlations for Gulf of Mexico Crude Oils," paper SPE 29468, presented at the SPE Production Operations Symposium, 1995, Oklahoma City.

[28] W. D. McCain Jr., "Reservoir-Fluid Property Correlations: State of the Art," SPERE (May 1991), 266.

[29] T. L. Osif, "The Effects of Salt, Gas, Temperature, and Pressure on the Compressibility of Water," SPERE (Feb. 1988), 175-181.

3 物质平衡方程通式

3.1 引言

随着油藏中流体不断的被采出,其储层空间不会形成空缺。这是由于在流体产出过程中,随着地层压力的下降,会引起流体和(或)岩石的膨胀或附近供水区域水的侵入,填补产出流体的空间。地面条件下产油体积可以帮助油藏工程师判断出储层的膨胀量与流体的侵入量。物质平衡方法可以用来解释储层流体在储层内和产出至地面过程中的流动情况,也可以用来计算由于储层流体膨胀、岩石膨胀或水侵等作用产出的流体体积。常规物质平衡方程可以运用于本章中涉及的所有油藏类型。物质平衡方程需要考虑不同流体的压缩性差异、气体在液相中的饱和度和边水的侵入情况。本章中讨论的油藏类型已在第1章中进行了描述,相应的特定条件下各种油藏的物质平衡方程将在后面的章节中分别进行介绍。

1993年Schilthuis[1]利用物质守恒原理首先建立了油藏物质平衡方程式,随着计算机和复杂多维计算模型的广泛使用,在油藏应用中,Schilthuis的零维物质平衡方程式也逐渐被取代[2],但充分理解Schilthuis物质平衡方程式会给油藏工程师们很多启示。本章首先介绍了油藏物质平衡方程通式的建立,然后讨论了Havlena和Odeh[3,4]提出的物质平衡方程应用方法。

3.2 油藏物质平衡方程通式的建立

随着油气藏中油、气和部分水的不断被采出,地层压力不断降低,造成剩余在孔隙中的油气的体积膨胀,填补产出流体的空间。当含油层和含气层与体积较大的含水层相连时,生产过程中压力的降低会引起边水不断的侵入到储层内,如图3.1所示。边水的侵入降低了剩余油气的膨胀程度,从而延缓了地层压力的下降。由于油气储层的温度在开采过程中始终保持不变,剩余油气的膨胀程度取决于压力的变化和油气的组成。通过对井底的储层流体进行取样,并测定它们在地层温度和压力条件下的相对体积,可以预测出地层压力下降过程中储层流体的变化情况。

由第6章可以看出,尽管束缚水的压缩系数和地层的压缩系数都非常小,但压力高于泡点压力时,它们与储层流体的压缩系数有关,对泡点压力时的油气产量有较大的影响。表3.1给出了储层岩石压缩系数和储层流体的压缩系数的数值范围,可以看出水和储层岩石压缩系数的范围不大。对于气藏、含有气顶的储层和低于泡点压力时的未饱和油藏,储层中都含有一定数量的溶解气。基于此以及物质平衡方程的复杂性,除了当未饱和油藏的生产压力大于饱和压力时外,水和储层岩石的压缩系数一般忽略不计。由于水和储层具有压缩性,推导物质平衡方程的过程中加入了水和储层岩石的体积改变量这一项,油藏工程师们可根据实际情况对这些数据进行取舍。通常忽略地层水中的含气饱和度,这是由于产出水的地层体积系数的数值精度较差,一般很难准确获得地层水的产量。

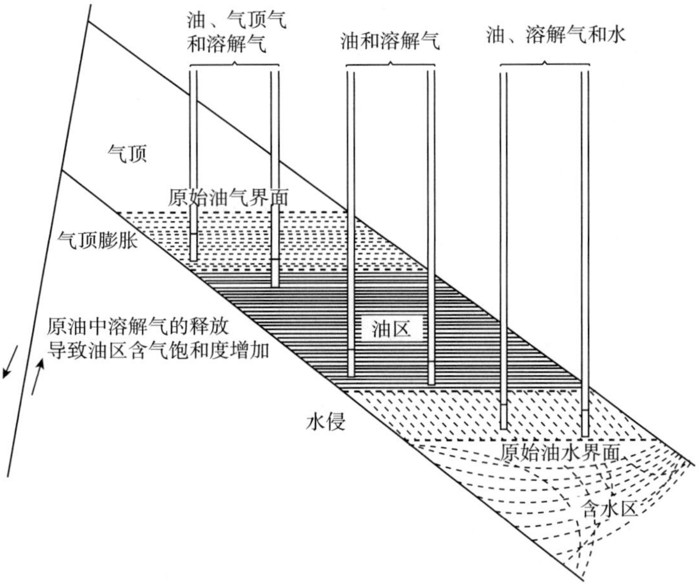

图 3.1 综合驱动方式下油藏的流体分布(来自参考文献 5)

表 3.1 压缩系数的范围

储层岩石	$(3\sim10)\times10^{-6}\text{psi}(绝)$
水	$(2\sim4)\times10^{-6}\text{psi}(绝)$
未饱和原油	$(5\sim100)\times10^{-6}\text{psi}(绝)$
天然气[压力为 1000psi(绝)时]	$(900\sim1300)\times10^{-6}\text{psi}(绝)$
天然气[压力为 5000psi(绝)时]	$(50\sim200)\times10^{-6}\text{psi}(绝)$

通用物质平衡方程是按照体积平衡进行推导的,它假设储层的体积为一常数,即原油、自由气、水和岩石的体积变化的代数和为零。例如,当原油和天然气的地层体积都减少时,这两者体积的减少量之和必定由相同体积的地层水和储层岩石体积变化量来平衡。如果该假设中任意时刻原油和其中的溶解气达到完全平衡,那么物质平衡方程通式中包含产油量、产气量、产水量、平均地层压力、水侵量和原始油气地质储量。在进行这些计算时,需要如下生产数据、储层数据和实验室数据。

(1)原始地层压力和生产开始后连续间隔内的平均地层压力。

(2)任意时间或任意生产间隔内,在压力为 1atm 和温度 60°F 条件下测得的产油量。

(3)以标准立方英尺为单位的总产气量。当气体注入地层中,注入的气量为总产气量与进入油藏中的气量之差。

(4)原始状态气顶占的孔隙体积与原始状态油占的体积的比值,记为 m:

$$m = \frac{原始状态气顶占的孔隙体积}{原始状态油占的体积}$$

若 m 的值可以合理精确地确定时,对于定容气顶油藏仅有一个未知数 N,对于水驱油藏则有两个未知数 N 和 W_e。m 的值的大小由测井、岩心和完井资料确定,m 的值通常能够用于判断气油界面和水油界面。在大多数情况下,m 的值比气顶体积和油区的绝对体积更加精确。例如,当气顶驱的岩石和油区的岩石一样时,m 为净体积或总体积的百分比,此时无须知道平均束缚水饱和度和储层平均孔隙度。

(5)气体的地层体积系数、原油的地层体积系数和溶解气油比。这些参数均为压力的函数,并能在实验室条件下由井底流体样品的差分和闪蒸实验测得。

(6)累计产水量。

(7)天然水侵量。

为了方便,推导的过程分为自生产开始至任何时间 t 内的油、气、水和储层岩石体积的变化量。储层岩石的体积变化量表示为储层岩石孔隙体积的变化量,为储层岩石体积变化量的相反数。在建立物质平衡方程的通式时,需要使用如下参数:

N——原始原油地质储量,bbl;

B_{oi}——原始原油地层体积系数,bbl/bbl;

N_p——t 时刻的累计产油量,bbl;

B_o——原油地层体积系数,bbl/bbl;

G——原始气体地质储量,ft^3;

B_{gi}——原始天然气地层体积系数,bbl/ft^3;

G_f——自由气体积,ft^3;

R_{soi}——原始溶解气油比,ft^3/bbl;

R_p——累计产出气油比,ft^3/bbl;

R_{so}——溶解气油比,ft^3/bbl;

B_g——天然气地层体积系数,bbl/ft^3;

W——水的初始体积,bbl;

W_p——累计产水体积,bbl;

B_w——水的地层体积系数,bbl/bbl;

W_e——天然水侵量,bbl;

c——总等温地层压缩系数,psi^{-1};

$\Delta\bar{p}$——储层平均压力变化量,psi;

S_{wi}——束缚水饱和度;

V_f——储层原始孔隙体积,bbl;

C_f——储层等温地层压缩系数,psi^{-1}。

(1)油区油的体积变化如下:

在原始压力下,原油在油藏中占据的体积为 NB_{oi},t 时刻压力降到 p 时,原油在油藏中占据的体积为 $(N-N_p)B_o$;

那么,原油在油藏中占据体积的变化量为

$$NB_{oi} - (N - N_p)B_o \tag{3.1}$$

(2)气顶区气的体积变化如下：

原始状态时气顶占的孔隙体积与原始状态油占的体积的比值 m 为

$$m = \frac{GB_{gi}}{NB_{oi}}$$

在原始压力下，自由气在油藏中占据的体积为 $GB_{gi} = NmB_{oi}$，t 时刻压力降到 p，以标准立方英尺为单位时，自由气地质储量=原始气体地质储量（自由气和溶解气）-产气量-溶解气量：

$$G_f = \frac{NmB_{oi}}{B_{gi}} + NR_{soi} - N_p R_p - [(N - N_p)R_{so}]$$

则 t 时刻压力降到 p 时，自由气的地下体积为

$$\left[\frac{NmB_{oi}}{B_{gi}} + NR_{soi} - N_p R_p - (N - N_p)R_{so}\right]B_g$$

那么，自由气在油藏中占据体积的变化量为

$$NmB_{oi} - \left[\frac{NmB_{oi}}{B_{gi}} + NR_{soi} - N_p R_p - (N - N_p)R_{so}\right]B_g \tag{3.2}$$

(3)水的体积变化如下：

在原始压力下，水在油藏中占据的体积为 W，t 时刻压力降到 p 时，累计产水量为 W_p，则累计产出水在油藏中占据的体积为 $B_w W_p$，又 t 时刻压力降到 p 时，天然水侵量为 W_e；

那么，水在油藏中占据体积的变化量为

$$W - (W + W_e - B_w W_p + Wc_w \Delta \bar{p}) = -W_e + B_w W_p - Wc_w \Delta \bar{p} \tag{3.3}$$

(4)储层岩石孔隙的体积变化如下：

储层原始孔隙体积为 V_f，则孔隙体积的变化量为

$$V_f - (V_f - V_f c_f \Delta \bar{p}) = V_f c_f \Delta \bar{p} \tag{3.4}$$

由于储层岩石孔隙体积的变化量为储层岩石体积变化量的相反数，那么，储层岩石体积的变化量为 $V_f c_f \Delta \bar{p}$。

将(3)水的体积变化项和(4)岩石的体积变化项变化合并为一项，即

$$-W_e + B_w W_p - Wc_w \Delta \bar{p} - V_f c_f \Delta \bar{p}$$

又 $W = V_f S_{wi}$ 和 $V = \dfrac{NB_{oi} + NmB_{oi}}{1 - S_{wi}}$，代入上式，则上式变为

$$-W_e + B_w W_p - \left(\frac{NB_{oi} + NmB_{oi}}{1 - S_{wi}}\right)(c_w S_{wi} + c_f)\Delta \bar{p}$$

或

$$- W_e + B_w W_p - (1 + m)NB_{oi}\left(\frac{c_w S_{wi} + c_f}{1 - S_{wi}}\right)\Delta \bar{p} \tag{3.5}$$

由于油和气的体积变化量是水和岩石体积变化量的相反数,则

$$NB_{oi} - NB_o + N_p B_o + NmB_{oi} - \left(\frac{NmB_{oi}B_g}{B_{gi}}\right) - NR_{soi}B_g + N_p R_p B_g$$

$$+ NB_g R_{so} - N_p B_g R_{so} = W_e - B_w W_p + (1 + m)NB_{oi}\left(\frac{c_w S_{wi} + c_f}{1 - S_{wi}}\right)\Delta \bar{p}$$

在等式左侧同时加入和减去 $N_p B_g R_{soi}$,得

$$NB_{oi} - NB_o + N_p B_o + NmB_{oi} - \left(\frac{NmB_{oi}B_g}{B_{gi}}\right) - NR_{soi}B_g + N_p R_p B_g + NB_g R_{so}$$

$$- N_p B_g R S_{so} + N_p B_g R_{soi} - N_p B_g R_{soi} = W_e - B_w W_p + (1 + m)NB_{oi}\left(\frac{c_w S_{wi} + c_f}{1 - S_{wi}}\right)\Delta \bar{p}$$

整理得:

$$NB_{oi} + NmB_{oi} - N((R_{soi} - R_{so})B_g) + N_p((R_{soi} - R_{so})B_g) + (R_p - R_{soi})B_g N_p$$

$$- \left(\frac{NmB_{oi}B_g}{B_{gi}}\right) = W_e - B_w W_p + (1 + m)NB_{oi}\left(\frac{c_w S_{wi} + c_f}{1 - S_{wi}}\right)\Delta \bar{p}$$

取 $B_{oi} = B_{ti}$ 和 $[B_o + (R_{soi} - R_{so})B_g] = B_t$,其中 B_t 为油气两相体积系数,由方程(2.29)定义,则

$$N(B_{ti} - B_t) + N_p[B_t + (R_p - R_{oi})B_g] + NmB_{ti}\left(1 - \frac{B_g}{B_{gi}}\right)$$

$$= W_e - B_w W_p + (1 + m)NB_{ti}\left(\frac{c_w S_{wi} + c_f}{1 - S_{wi}}\right)\Delta \bar{p} \tag{3.6}$$

上式为物质平衡方程的通式。为了便于分异,可整理为

$$N(B_t - B_{ti}) + \frac{NmB_{ti}}{B_{gi}}(B_g - B_{gi}) + (1 + m)NB_{ti}\left(\frac{c_w S_{wi} c_f}{1 - S_{wi}}\right)\Delta \bar{p} + W_e$$

$$= N_p[B_t + (R_p - R_{soi})B_g] + B_w W_p \tag{3.7}$$

方程(3.7)左侧反映的是流体的产出方式,右侧反映的是烃类或水的产出量。为了方便理解,方程(3.7)可以写成如下关系:

油的膨胀量+气的膨胀量+束缚水和孔隙体积的膨胀量+天然水侵量=油气产量+产水量

(3.7a)

通式的左侧为地层内流体的膨胀量和水侵量,右侧为因左侧变化而产出的流体的体积。油的膨胀量来源于原始原油地质储量和油中两相体积系数的变化。气的膨胀量很小,已知原始原油地质储量时,还需要知道自由气和溶解气的溶解气油比才能确定原始天然气地质储量。束缚水和孔隙体积膨胀量可以分为三小部分:原始油气地质储量的产出量、束缚水和储层岩石的膨胀量和平均地层压力的变化量。

通式的右侧,油气的产出量为地层条件下原油的产出量,原油的产出量乘以原油中两相地层体积系数和由于压力下降释放的自由气的地层体积系数之和。产水量为产出的水量与其地层体积系数的乘积。

方程(3.7)通过变形,可以应用于第1章中所讨论的不同油气藏类型。方程(3.7)中每项都考虑时,为具有气顶的饱和油藏,此类油藏将在第7章进行讨论。当储层中不存在原始气顶时,如未饱和油藏(将在第6章进行讨论),则 $m=0$,方程(3.7)可简化为

$$N(B_t - B_{ti}) + NB_{ti}\left(\frac{c_w S_{wi} + c_f}{1 - S_{wi}}\right)\Delta \bar{p} + W_e = N_p(B_t + (R_p - R_{soi})B_g) + B_w W_p \quad (3.8)$$

对于气藏,由于 $N_p R_p = G_p$ 和 $NmB_{ti} = GB_{gi}$,代入方程(3.7)得

$$N(B_t - B_{ti}) + G(B_g - B_{gi}) + (NB_{ti} + GB_{gi})\left(\frac{c_w S_{wi} + c_f}{1 - S_{wi}}\right)\Delta \bar{p}$$
$$+ W_e = N_p B_t + (G_p - NR_{soi})B_g + B_w W_p \quad (3.9)$$

在气藏的生产过程中,由于原始原油地质储量为0,N 和 N_p 均等于0。可以得到气藏的物质平衡方程

$$G(B_g - B_{gi}) + GB_{gi}\left(\frac{c_w S_{wi} + c_f}{1 - S_{wi}}\right)\Delta \bar{p} + W_e = G_p B_g + B_w W_p \quad (3.10)$$

气藏和凝析气藏的物质平衡方程将在第4章和第5章中进行讨论。

对于同时包含弹性驱动、气顶驱和天然水驱3种天然驱动能量的储层,有必要判断各种天然能量在驱动中所占的比例。Pirson[6]对方程(3.7)进行整理,提出了3种油藏驱动指数,分别为弹性驱动指数 DDI、离析(气顶气)驱动指数 SDI 和水驱指数 WDI,且三者之和等于1。

当总采油气能量中包含这三种驱动方式时,方程(3.7)中岩石和水的压缩系数项可以忽略不计和省略。将产水量移项至方程的左侧,得

$$N(B_t - B_{ti}) + \frac{NmB_{ti}}{B_{gi}}(B_g - B_{gi}) + (W_e - B_w W_p) = N_p[B_t + (R_p - R_{soi})B_g]$$

方程的左右均除以方程的右侧项,得

$$\frac{N(B_t - B_{ti})}{N_p[B_t + (R_p - R_{soi})B_g]} + \frac{\frac{NmB_{ti}}{B_{gi}}(B_g - B_{gi})}{N_p[B_t + (R_p - R_{soi})B_g]}$$
$$+ \frac{(W_e - B_w W_p)}{N_p[B_t + (R_p - R_{soi})B_g]} = 1 \quad (3.11)$$

方程(3.11)左侧的分数中的分子分别为油区油的膨胀量、气区气的膨胀量和净水侵量。共同的分母为生产压力下油气产出量的地层孔隙体积,它等于气顶和油区油气膨胀量与净水侵量之和。Pirson方程的简式表示为:

$$DDI + SDI + WDI = 1$$

该方程的计算与应用将在第7章进行详细介绍。

3.3 物质平衡方程式的应用及其局限性

前一节中的物质平衡方程已被广泛使用,主要表现为:

(1)判断原始烃类地质储量;

(2)计算水侵量；

(3)预测地层压力。

虽然有时可以同时获得原始烃类储量和水侵量，但一般情况下，其中之一并不是由物质平衡方程式计算得到的，而是通过现场资料或其他方法得到。物质平衡方程最主要的应用之一就是预测累计产量和（或）气、水注入量对压力的影响，因此，有必要事先通过岩心和测井资料获得原始原油地质储量和 m 值。含水层存在通常由地质资料进行判断。但假设水侵量为 0 时，通过物质平衡方程式计算连续生产间隔内的原始烃类产量，可以判断是否存在水驱。不考虑其他复杂因素时，如果 N 和（或）G 的计算值保持不变，表明该储层为定容储层，若 N 和 G 的计算值不断变化，则表明有水驱的存在。

计算值的精度取决于代入方程中数据的准确度和一些方程隐含的假设条件。其中一个假设条件为储层中原油与其溶解气达到热力学平衡状态。Wieland 和 Kennedy[7]发现随着地层压力的下降，液相中溶解气保持过饱和状态。对于 Texas 东部油田，流体和岩心实验测得饱和压力与物质平衡方程测得的饱和压力之间的差值为 19psi，Slaughter 油田的差值为 25psi。过度饱和现象导致某一产出体积的地层压力低于达到饱和平衡时的地层压力。

其次，物质平衡方程中由气体分异过程获得的 PVT 数据与地层、油井或地面分离器中气体分异过程获得的数据一样。这一情况将在第 7 章进行详细介绍，这里需要指出的是，PVT 数据的不同将导致错误的物质平衡计算结果和应用。

另一错误主要来源于任意生产间隔结束时平均压力的确定。除了测量时会产生误差并很难获取真实静态压力和最终恢复压力外，通常也很难得到每口井正确的加权或平均压力。对于高渗透率低黏度的厚层油藏，精确的最终恢复压力能容易获得，当整个储层的压力差很小时，准确的平均地层压力也能容易获得。但对于低渗透率高黏度的薄层油藏，精确的最终恢复压力很难获得，通常整个储层内的压力变化也很大。将等压线图覆盖在等厚线图上，来获取平均地层压力，这一方法通常能够给出可信的结果，但当井底的测量压力不稳定时，无法作出其等压线。产生这些差别的主要原因是由于地层厚度、渗透率、油井产量和生产速率的变化。并且，当储层中含有两个或多个垂直非均质地带或岩层时，由于生产能力的不同，平均压力也很难获得。在这种情况下，低产能岩层的压力较大，由于测量的压力值接近于高产能岩层的压力值，静态压力的测量值会偏低，犹如储层内的含油量变少一样。Schilthuis 认为，高产能区块的原油采出程度高，由于低产能区块的油气慢慢膨胀，抑制储层的压力下降，高产能区块的可采储量随着时间的增加而增加。混合储层区块产能评估时的不确定性也对储层开发管理策略的监管有一定的限制作用。未完全开发油田的可采石油量也会有类似的净增长，这是由于只有当压力高于未开发区块的压力时，净平均地层压力为开发区域的平均值。

当对原始原油地质储量和水侵量进行计算时，由压力产生的误差大小取决于与地层压力下降相关误差的大小，这是因为压力主要以差值的方式代入物质平衡方程中，如 (B_o-B_{oi})、$(R_{si}-R_s)$ 和 (B_g-B_{gi}) 等。由于水侵作用和气顶的膨胀作用抵消了部分压力的下降，对于衰竭式开采的未饱和油藏，压力的误差更加严重。对于底水气顶驱动能力非常活跃的、且底水区体积大于油区体积的油藏，由于地层压力降很小，无法使用物质平衡方程计算其原始原油地质储量。在定容气藏和未饱和气藏的原始天然气地质储量和原始原油地质储量的计算方面，

Hutchinson[8]对静态压力数据误差产生的影响进行了定量研究,并对准确获得静态压力的重要性进行了阐述。

同样,原始状态时气顶占的孔隙体积与原始状态油占的体积的比值 m 的不确定性也影响着方程的计算。如前所述,气顶的体积越大,压力的下降越不明显,原始原油地质储量、水侵量或压力的计算值会随着 m 的增加而增加。对于气顶区体积远大于油区体积的油藏,通过对油区产出量进行稍微修改,物质平衡方程将达到气相平衡。m 的值来源于岩心资料和测井资料,并可计算气体和原油的净产出量、储层平均孔隙度和间隙水饱和度。由于气顶区也通常具有含油饱和度,那么含油区必须包括这部分油,而相应地降低了原始气顶气体积。在测定 m 值和判断气油界面和水油界面时,试井方法非常有用。由于含水层中水的运动,这些相接触面并不是水平的,而是倾斜的,或由于定容油藏低渗透岩石中毛细管力的作用,相接触面呈蝶形。

然而,一般能够很准确的获得累计产油量,但相应的累计产气量和累计产水量通常不能够精确获得,使得物质平衡方程式的计算产生误差,特别是当累计产气量和累计产水量不是直接测得时,而应该通过每口井定期试井获得的气油比和含水率求得。当两口或两口以上的井在不同的储层部位完井,但同时进行开采时,除非每口井都有单独的测量装置,否则得到的是总产油量,而非每个储层的单井产量。对于大多数油田,累计产气量和累计产油量的误差在 10% 以内,有时甚至会更大。随着天然气资源越来越重要,越来越多的天然气随着石油一起售出,天然气的价值也越来越受到重视。

3.4 物质平衡方程的应用:Havlena-Odeh 方法

早在 1953 年,van Everdingen、Timmerman 和 McMahon[9]就发现,物质平衡方程的数据可以组成一条直线,Havlena 和 Odeh[3,4]对这一方法进行发表时,才开始得到广泛的关注。使用物质平衡方程式时,工程师们通常将各个压力及其对应的生产数据当做相互独立的点。由每个单独的点计算出因变量,有时也将计算的数据进行平均化。Havlena-Odeh 方法使用了所有的数据点,并且这些点需要满足物质平衡方程的解,从而满足直线关系,最后求得自变量的解。

运用线性方法求解时,首先将物质平衡方程转换成:

$$N_p[B_t + (R_p - R_{soi})B_g] + B_w W_p - W_I - G_I B_{Ig}$$
$$= N\left[(B_t - B_{ti}) + B_{ti}(1 + m)\left(\frac{c_w S_{wi} + c_f}{1 - S_{wi}}\right)\Delta \bar{p} + \frac{m B_{ti}}{B_{gi}}(B_g - B_{gi})\right] + W_e \quad (3.12)$$

即将累计注水量 W_I、累计注气量 G_I 和注入气的地层体积系数 B_{Ig} 代入方程(3.7)中。在早期的 Havlena-Odeh 方法应用中,通常忽略储层气顶区域的地层压缩系数和束缚水压缩系数,后来的应用中考虑压缩系数的存在,并将压缩系数 N 相乘,而不是与 $N(1+m)$ 相乘。方程(3.12)中为满足完整性,压缩系数与 $N(1+m)$ 相乘,在特定的应用中,可以选择忽略乘数(1+m),Havlena 和 Odeh 定了如下概念,并改写方程(3.12)为:

$$F = N_p[B_t + (R_p - R_{soi})B_g] + B_w W_p - W_I - G_I B_{Ig}$$

$$E_o = B_t - B_{ti}$$

$$E_{f,w} = \frac{c_w S_{wi} + c_f}{1 - S_{wi}} \Delta \bar{p}$$

$$E_g = B_g - B_{gi}$$

$$F = NE_o + N(1+m)B_{ti}E_{f,w} + \frac{NmB_{ti}}{B_{gi}}E_g + W_e \tag{3.13}$$

方程(3.13)中,F 表示储层的净产量,E_o、$E_{f,w}$ 和 E_g 分别表示原油、地层和水以及天然气的膨胀系数。Havlena 和 Odeh 通过对不同油藏类型的案例进行研究,验证了该方程的可行性,并发现该方程呈线性。例如,对于无原生气顶和无水侵储层,不考虑地层和地层水的压缩系数时,方程(3.13)简写成:

$$F = NE_o \tag{3.14}$$

该式表明,以 F 为 y 轴和 E_o 为 x 轴时,方程为一直线,其斜率为 N,截距为 0,并将在第 7 章进行详细论述。

一旦获得了线性关系,数据点就可以用来预测未来生产情况。接下来几章中的例子将详细介绍 Havlena-Odeh 方法的应用方法。

参 考 文 献

[1] Ralph J. Schilthuis, "Active Oil and Reservoir Energy," Trans. AlME (1936), 118, 33.

[2] L. P. Dake, Fundamentals of Reservoir Engineering, Elsevier, 1978, 73–102.

[3] D. Havlena and A. S. Odeh, "The Material Balance as an Equation of a Straight Line: Part Ⅰ," Jour. Fof Petroleum Technology (Aug. 1963), 896–900.

[4] D. Havlena and A. S. Odeh, "The Material Balance as an Equation of a Straight Line: Part Ⅱ—Field Cases," Jour. of Petroleum Technology (July 1964), 815–822.

[5] L. D. Woody Jr. and Robert Moscrip Ⅲ, "Performance Calculations for Combination Drive Reservoirs," Trans. AlME (1956), 207, 129.

[6] Sylvain J. Pirson, Elements of Oil Reservoir Engineering, 2nd ed., McGraw-Hill, 1958, 635–693.

[7] Denton R. Wieland and Harvey T. Kennedy, "Measurements of Bubble Frequency in Cores," Trans. AlME (1957), 210, 125.

[8] Charles A. Hutchinson, "Effect of Data Errors on Typical Engineering Calculations," presented at the Oklahoma City meeting of the AlME petroleum branch, 1951.

[9] A. F. van Everdingen, E. H. Timmerman, and J. J. McMahon, "Application of the Material Balance Equation to a Partial Water-Drive Reservoir," Trans. AlME (1953), 198, 51.

4 单相气藏

4.1 引言

本章对如图1.4所示的单相气藏进行了讨论。单相气藏中的储层流体通常称为天然气,在整个生产过程中始终保持为非伴生天然气状态。由于在整个气藏的开采过程中,在地层中不会形成凝析液体,该类储层通常也被称为干气气藏。但是,很多单相气藏会产出凝析油,这是因为生产井和地面的温度与压力与地层中的温度与压力完全不同,导致产出天然气中的部分组分产生凝析,以液态形式产出。凝析油的数量,不仅受压力和温度的影响,还与天然气的组成有关。天然气主要由甲烷和乙烷组成,随着储层流体中重组分的增加,产至地面时越容易形成凝析油。

在对油气藏进行分析之前,需要获得一些特定的信息,来估算出储层的原始油气总地质储量。本章主要研究气藏,因此主要计算原始天然气地质储量。使用地震资料描绘出储层的图形,得到油藏的面积(地下岩层的总面积)和储层厚度,将储层的面积与厚度相乘得到储层的总体积。通过对评价井的岩样进行分析,可以得到储层的孔隙度和含油饱和度、含气饱和度和含水饱和度,通常分别用 S_o、S_g 和 S_w 表示。当加入下角标 i 时,表示原始饱和度。

在油气藏进行商业开采之前,第二个重要的信息是预测其单元采收率。单元采收率与原始天然气地质储量、废弃压力时的地层残余气量不同,它代表着储层的可采总产气量。通常也用采收率进行描述,表明采出气量占原始天然气地质储量的百分比,这对于油气藏开发过程中的经济决策非常重要。

采收率本身取决于储层的生产机制,本章中将主要讨论两种气藏生产机制。一种是气驱,由于气体的产出引起的地层压力的下降,导致储层内气体的膨胀。另一种是水驱,由于气体与含水层接触,地层水逐渐侵入气藏。气驱机制开采时,储层中不存在水侵,且储层在开采过程中无水采出,这类油藏也称为定容气藏。本章将介绍两种有关气藏原始天然气地质储量的计算方法。第一种方法为容积法,主要运用地质、地球物理和流体参数对气体的体积进行计算,第二种方法使用物质平衡法(第3章中推导的方法)。

4.2 利用容积法计算天然气储量

为了计算原始天然气地质储量,石油工程师们需要相关的地质资料,首先要考虑的是储层体积。体积的计算方法有很多,此处主要介绍其中的两种。

第一种储层体积计算方法[1,2]利用测井资料、岩心资料、试井资料和二维地震资料来计算储层体积。首先,油藏工程师们根据这些数据作出地下数字等厚线图,然后通过计算机软件计算出储层的体积[3]。

构造等高线图显示的是特定层位中高度相等点的连接线,因此能够表示出地质的结构特征。净等厚图显示的油藏中地层净厚度相等的点的连线,每条连线称为等厚线。当存在油水界面、气水界面或气油界面时,需要利用等高线图作出等厚线图,界面处的等厚线记为0。然后,对整个储层或目标储层单元的等厚线之间的面积进行积分,可以得到整个储层的体积。建立等厚线图的难点在于如何从测井资料解释出正确的净砂层厚度和如何根据构造等高线图中的流体界面、断层或阻渗层描绘出油田生产区域的轮廓。当对储层进行统一开发和油井控制良好时,储层净体积的误差一般在几个百分点之内。

第二种是利用计算机建模计算储层体积,该方法随着三维地震资料的发展变得越来越普及。首先,通过大量地震发射器和接收器来搜集三维地震资料,然后通过数字三维地质模型对数据进行集中、处理和显示。

这种方法仍然需要测井资料来校正其地震数据,随着地震数据的逐渐增加(从二维地震资料到三维地震资料),用于储层描述需钻的井数则逐渐减少。现代计算机工作站软件能够将地质模型的结果导入数值模拟软件中,进而计算出储层体积。

储层体积确定后,就可算得原始油气地质储量。前面提及的方法可以用来计算烃类地质储量,并将在第6章中作简要介绍。下面介绍单相气藏的原始天然气地质储量的计算方法。

在地层孔隙结构中体积为$V_g \text{ft}^3$气体的标准体积为V_g/B_g,其中B_g表示地面条件下气体的体积(标准立方米)与地层条件下气体的体积(立方米)的比值。由于气体体积系数B_g随着压力的改变而改变,则地层气体体积也会随压力的下降发生改变。如果有水侵入地层中,也会导致气体孔隙体积V_g发生改变。气体孔隙体积与储层总体积、孔隙度ϕ和平均含水饱和度S_w的大小有关。当储层体积V_b的单位为ac-ft(英亩-英尺),原始天然气地质储量G的表达式为

$$G = \frac{43560 V_b \phi (1 - S_w)}{B_g} \tag{4.1}$$

已知Bell油田气藏的面积为1500ac,平均厚度为40ft,因此原始储层体积为60000ac-ft。储层的平均孔隙度为22%,平均原生水饱和度为23%,原始地层压力为3250psi(绝)时,计算得到B_g为0.00533ft³/ft³。因此,原始天然气地质储量为

$$G = 43560 \times 60000 \times 0.22 \times (1 - 0.23) \div 0.00533 = 83.1 \times 10^9 \text{ft}^3$$

由于气体的地层体积系数在计算时,将压力14.7psi(绝)和温度60°F时的条件作为标准状态,因此原始天然气地质储量也是该标准状态时的计算值。

地层体积系数与平均地层压力有关,因此当油井开始生产时,需要测定每一时刻储层的平均压力,用来计算原始烃类地质储量。图4.1给出了Schuler油田Jones砂层的静态压力,由于从东至西的存在较大的地层压力梯度,需要对测得的地层压力进行平均化处理,以获得平均地层压力。平均油井压力、平均面积压力、平均体积压力的计算公式分别如下:

$$\text{平均油井压力} = \frac{\sum_0^n p_i}{n} \tag{4.2}$$

$$\text{平均面积压力} = \frac{\sum_{0}^{n} p_i A_i}{\sum_{0}^{n} A_i} \quad (4.3)$$

$$\text{平均体积压力} = \frac{\sum_{0}^{n} p_i A_i h_i}{\sum A_i h_i} \quad (4.4)$$

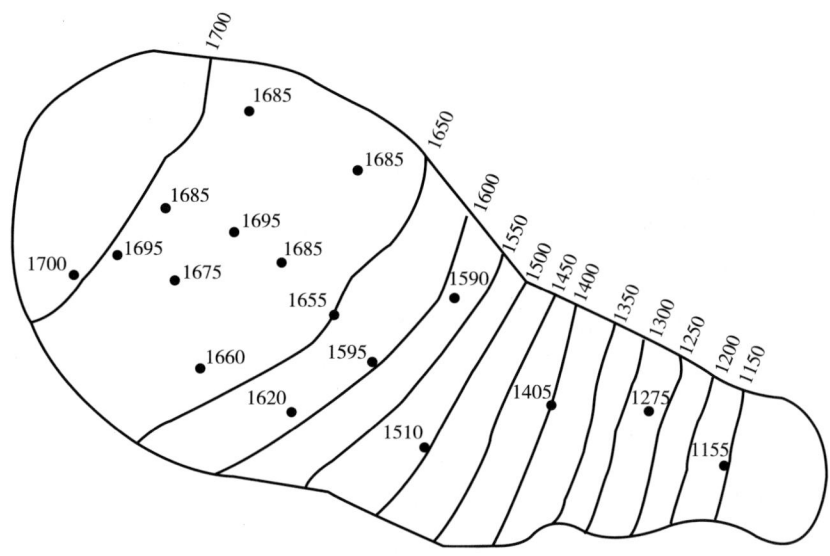

图4.1 地层压力分布及其地层等压线[单位为psi(绝),选自参考文献4]

其中,公式(4.2)中 n 表示井的数量,公式(4.3)和公式(4.4)中 n 表示油藏单元的数量。

烃类的平均压力是一个非常重要的参数,在计算烃类地质储量时,需要利用公式(4.4)来计算储层的平均体积压力。当地层压力梯度较小时,由公式(4.2)和公式(4.3)计算得到的平均压力相近,当地层压力梯度较大时,不同公式计算得到的平均压力之间有一定的差距。例如,图4.1中Jones砂层的平均体积压力为1658psi(绝),而平均油井压力为1598psi(绝)。

表4.1给出了不同平均压力计算方法。表中第3栏数据为油井的预测渗流面积,由于油藏的边界因素,渗流面积的大小会随着油井空间位置的变化而发生变化。由于Jones砂层的压力梯度较小,三种平均地层压力的大小较为接近。

表4.1 Jones砂层平均压力的计算

油井编号	压力 p psi(绝)	渗流面积 A ac	$p \times A$	储层估算厚度 h ft	$p \times A \times h$	$A \times h$
1	2750	160	440000	20	8800000	3200
2	2680	125	335000	25	8375000	3125
3	2840	190	539600	26	14029600	4940
4	2700	145	391500	31	12136500	4495

油井编号	压力 p psi(绝)	渗流面积 A ac	p×A	储层估算厚度 h ft	p×A×h	A×h
总计	10970	620	1706100		43341100	15760
平均油井压力 = $\frac{10970}{4}$ = 2743psi(绝)						
平均面积压力 = $\frac{1706100}{620}$ = 2752psi(绝)						
平均体积压力 = $\frac{43341100}{15760}$ = 2750psi(绝)						

大多数油藏工程师都会首先作出地层等压图,然后对等高线间的区域进行面积积分,最后,通过计算机软件计算出储层的平均体积压力。

4.2.1 定容气藏的单元采收率计算

对于大多数气藏,特别是在生产阶段,地层的体积是未知的。在这种情况下,应将储层划分成储层单元进行计算,一般为体积 1ac-ft 的储层岩石。每单位(或 1ac-ft)储层岩石体积包括:

束缚水体积:$43560 \times \phi \times S_w \text{ft}^3$;

地层气体体积:$43560 \times \phi \times (1-S_w) \text{ft}^3$;

地层孔隙体积:$43560 \times \phi \text{ft}^3$。

储层单元内的原始天然气地质储量为

$$G = \frac{43560\phi(1-S_{wi})}{B_{gi}}\text{ft}^3 \tag{4.5}$$

当气体地层体积系数 B_{gi} 的单位为 ft^3/ft^3(地面)时,原始天然气地质储量 G 的单位为 ft^3[参考公式(2.16)]。此时的标准状态主要用来计算气体的地层体积系数 B_{gi},这一标准状态可以根据理想气体定律转变成其他任意标准状态。孔隙度 ϕ 为地层体积的一部分,束缚水饱和度 S_{wi} 为地层孔隙体积的一部分。对于定容气藏,束缚水饱和度不变,则气藏中气体体积保持不变。假设气藏处于废弃压力时的气体地层体积系数为 B_{ga},则达到废弃压力时的储层单元内的天然气地质储量为

$$G_a = \frac{43560\phi(1-S_{wi})}{B_{ga}}\text{ft}^3 \tag{4.6}$$

单元采收率为地面条件下原始天然气单元地质储量与保持废弃压力生产时天然气单元地质储量的差值,表示为

$$\text{单元采收率} = 43560\phi(1-S_{wi})\left(\frac{1}{B_{gi}} - \frac{1}{B_{ga}}\right)\text{ft}^3/\text{ac-ft} \tag{4.7}$$

单元采收率也称为原始单元可采储量,它的数值通常比原始天然气单元地质储量小。气藏压力衰竭开采的过程中,剩余可采储量为原始地质可采储量与产量的差值,因此采收率可

表示为原始天然气地质储量的百分比形式,即

$$采收率 = \frac{100(G - G_a)}{G}\% = \frac{100\left(\dfrac{1}{B_{gi}} - \dfrac{1}{B_{ga}}\right)}{\dfrac{1}{B_{gi}}}\% \quad (4.8)$$

或

$$采收率 = 100\left(1 - \frac{B_{gi}}{B_{ga}}\right)\% \quad (4.9)$$

定容气藏的采收率一般为 80%~90%。天然气管道公司一般认为每 1000ft 深的废弃压力的改变值为 100psi。

已知 Bell 气田在原始地层压力时的气体地层体积系数为 0.00533ft³/ft³,压力为 500psi(绝)时为 0.03623ft³/ft³。定容式开采至废弃压力 500psi(绝)时的原始单元可采储量(即单元采收率)和采收率分别为

$$单元采收率 = 43560 \times 0.22 \times (1 - 0.23)\left(\frac{1}{0.00533} - \frac{1}{0.03623}\right)$$
$$= 1181 \times 10^3 \text{ft}^3/\text{ac-ft}$$

$$采收率 = 1 - \frac{0.00533}{0.03623} = 85\%$$

只有当气藏储层单元中没有流体流出或邻近储层单元流体流入时,上述采收率的计算公式才有效。

4.2.2 水驱气藏的单元采收率计算

初始条件下,每单位(或 1ac-ft)储层岩石体积包括:

束缚水体积:$43560 \times \phi \times S_{wi}$ ft³;

地层气体体积:$43560 \times \phi \times (1 - S_{wi})$ ft³;

地面气体体积:$43560 \times \phi \times (1 - S_{wi}) \div B_{gi}$ ft³(标准)。

水驱气藏的初始阶段,随着压力的逐渐下降,水以等同于气体产出的速率进入气藏中,以使气藏的压力保持稳定。在这种情况下,稳定时的压力即为水驱气藏的废弃压力。假设 B_{ga} 为气藏废弃压力时的气体地层体积系数,S_{gr} 为残余气饱和度,为孔隙体积的百分比。当水进入单元体积中,则气藏处于废弃压力时每单位(或 1ac-ft)储层岩石体积包括:

束缚水的体积:$43560 \times \phi \times (1 - S_{gr})$ ft³;

地层气体体积:$43560 \times \phi \times S_{gr}$ ft³;

地面气体体积:$43560 \times \phi \times S_{gr} \div B_{ga}$ ft³(标准)。

单元采收率为地面条件下原始天然气单元地质储量与保持废弃压力生产时天然气单元地质储量的差值,即

$$单元采收率 = 43560\phi\left(\frac{1 - S_{wi}}{B_{gi}} - \frac{S_{gr}}{B_{ga}}\right) \text{ft}^3/\text{ac-ft} \quad (4.10)$$

采收率可表示为原始天然气地质储量的百分比形式,即

$$采收率 = \frac{100\left[\frac{(1-S_{wi})}{B_{gi}} - \frac{S_{gr}}{B_{ga}}\right]}{\frac{(1-S_{wi})}{B_{gi}}}\% \tag{4.11}$$

假设 Bell 气田在生产过程中存在水驱,水驱后储层的压力稳定在 1500psi(绝)。假设储层的残余气饱和度为 24%,1500psi(绝)压力时的气体地层体积系数为 0.01122ft³/ft³,则原始单元可采储量(即单元采收率)为

$$单元采收率 = 43560 \times 0.22 \times \left[\frac{(1-0.23)}{0.00533} - \frac{0.24}{0.01122}\right]$$
$$= 1179 \times 10^3 \text{ft}^3/\text{ac-ft}$$

该条件下的采收率为

$$采收率 = \frac{100\left[\frac{(1-0.23)}{0.00533} - \frac{0.24}{0.01122}\right]}{\frac{1-0.23}{0.00533}}\% = 85\%$$

在这些条件下,水驱的采收率与定容衰竭式开采时的一样,这一解释将在第 4.3 节进行阐述。如果水驱非常活跃,地层的压力有可能不会下降,则单元采收率与采收率分别为

$$单元采收率 = 43560 \times \phi \times (1 - S_{wi} - S_{gi}) \div B_{gi} \text{ft}^3/\text{ac-ft} \tag{4.12}$$

$$采收率 = \frac{100(1-S_{wi}-S_{gi})}{(1-S_{wi})}\% \tag{4.13}$$

对于 Bell 气藏,假设储层的残余气饱和度为 24%,则

$$单元采收率 = 43560 \times 0.22 \times (1-0.23-0.24) \div 0.00533 = 953 \times 10^3 \text{ft}^3/\text{ac-ft}$$

$$采收率 = \frac{100 \times (1-0.23-0.24)}{(1-0.23)}\% = 69\%$$

由于残余气饱和度的大小与压力无关,因此标准压力越低,采收率越大。

可在实验室条件下测得代表性的岩样的残余气饱和度。表 4.2 给出了一系列水平井岩样和人工岩样的残余气饱和度。残余气饱和度的数值范围为 16%~50%,平均值接近于 30%,这些数值能够解释某些水驱气藏具有很低采收率的原因。例如,某气藏的原始含水饱和度为 30%,残余气饱和度为 35%,活跃底水驱时(如气藏压力保持在原始气藏压力下)的采收率仅有 50%。对于均质水驱气藏而言,这一采收率具有代表性,若考虑驱替类型和水锥或舌进的影响时,需要对采收率进行修正。对于非均质水驱气藏而言,如果高渗透层与低渗透层连通性很好,水首先沿高渗透率的方向流动,过多的产水量将导致气井废弃,此时大量的气体将残留在较低渗透率层,不被采出。由于上述原因,通常水驱气藏的采收率低于定容气藏衰竭式开采的采收率;但是,这一结论对于油藏的采收率并不适用。与气藏衰竭式开采不同,水驱气藏由于水的侵入气藏能保持较高的压力能使其具有较高的井口流压和油井流动速率。

表4.2 岩心段塞内水驱后的残余气饱和度(选自参考文献5)

孔隙介质	地层	残余气饱和度（孔隙体积的百分比）	备注
非胶结砂岩		16	13-ft 岩心柱
微固结砂岩(合成)		21	1个岩样
人工胶结砂岩	Selas 脆性地层	17	1个岩样
	Norton 氧化铝岩层	24	1个岩样
固结良好的砂岩	Wilcox	25	3个岩样
	Frio	30	1个岩样
	Nellie Bly	30~36	12个岩样
	Frontier	31~34	3个岩样
	Springer	33	3个岩样
	Frio	30~38	14个岩样
			平均值34.6
	Torpedo	34~37	6个岩样
	Tensleep	40~50	4个岩样
灰岩	Canyon 礁灰岩	50	2个岩样

对特定储层区块或储层单元气藏的储量计算而言,区块中油井能够开采的气体量比区块中原始气体总可采储量更为重要,后者中的一些储量可能会被相邻的井采出。若定容气藏中每个区块(或井)的可采气量相同,如果每口井的生产速率相同,则每口井的采收率也相同。另外,如果产气速率相等,但由于每个区块(或井)的地层厚度不同,则每个区块(或井)的可采气量不同。地层厚度越大,计算得到的区块原始天然气地质储量与实际的可采储量相比越少。

水驱气藏中,当压力保持在原始地层压力时,处于地层最低位置的井可视为将其原始气体可采储量分给同一倾斜层中位置较高的井。例如,假设倾斜层中有三口井,处于各自储层单元的上升断块边缘,若每个单元的气体储量相等,在生产周期一样的情况下,若三口井的产气速率相同,则位置最低的井仅能产出大约其原始气体地质储量1/3的气量。如果井位于储层单元中心的更低部位,产气量会更少。如果地层压力稳定在某一低于原始地层压力的压力时,低部位井的采收率会增加。例4.1给出了储层单元面积为160ac的定容气藏分别进行定容衰竭开采、部分水驱开采和完全水驱开采时的原始天然气地质储量计算方法。

例4.1 单元面积为160ac的Bell气藏分别进行定容衰竭开采、部分水驱开采和完全水驱开采时的原始天然气可采储量计算。

已知：

平均孔隙度=22%；

束缚水饱和度=23%；

水驱后残余气饱和度=34%；

$B_{gi} = 0.00533 \text{ft}^3/\text{ft}^3$ [当 $p_i = 3250\text{psi}$(绝)时]

$B_g = 0.00667 \text{ft}^3/\text{ft}^3$ [当压力为 2500psi(绝)时]

$B_{ga} = 0.03623 \text{ft}^3/\text{ft}^3$ [当压力为 500psi(绝)时]

储层面积=160ac；

储层净生产厚度=40ft。

解：

储层孔隙体积=$43560 \times 0.22 \times 160 \times 40 = 61.33 \times 10^6 \text{ft}^3$；

原始天然气地质储量 G_1 为：

$$G_1 = 61.33 \times 10^6 \times (1 - 0.23) \div 0.00533 = 8860 \times 10^6 \text{ft}^3；$$

定容衰竭开采至压力为2500psi(绝)时的原始天然气地质储量 G_2 为：

$$G_2 = 61.33 \times 10^6 \times (1 - 0.23) \div 0.00667 = 7080 \times 10^6 \text{ft}^3；$$

定容衰竭开采至压力为500psi(绝)时的原始天然气地质储量 G_3 为：

$$G_3 = 61.33 \times 10^6 \times (1 - 0.23) \div 0.03623 = 1303 \times 10^6 \text{ft}^3；$$

水驱至压力为3250psi(绝)时的原始天然气地质储量 G_4 为：

$$G_4 = 61.33 \times 10^6 \times 0.34 \div 0.00533 = 3912 \times 10^6 \text{ft}^3；$$

水驱至压力为2500psi(绝)时的原始天然气地质储量 G_5 为：

$$G_5 = 61.33 \times 10^6 \times 0.34 \div 0.00667 = 3126 \times 10^6 \text{ft}^3；$$

衰竭开采至压力为500psi(绝)时的原始天然气可采储量(G_1-G_3)为：

$$G_1 - G_3 = (8860 - 1303) \times 10^6 = 7557 \times 10^6 \text{ft}^3；$$

水驱至压力为3250psi(绝)时的原始天然气可采储量(G_1-G_4)为：

$$G_1 - G_4 = (8860 - 3912) \times 10^6 = 4948 \times 10^6 \text{ft}^3；$$

水驱至压力为2500psi(绝)时的原始天然气可采储量(G_1-G_5)为：

$$G_1 - G_5 = (8860 - 3126) \times 10^6 = 5734 \times 10^6 \text{ft}^3；$$

如果有一口井处于构造上倾部位，那么水驱至压力为3250psi(绝)时的原始天然气可采储量 $\frac{1}{2}(G_1-G_4)$ 为：

$$\frac{1}{2}(G_1 - G_4) = \frac{1}{2} \times (8860 - 3912) \times 10^6 = 2474 \times 10^6 \text{ft}^3$$

由此，得到定容衰竭开采、部分水驱开采和完全水驱开采的采收率分别 85%、65% 和 56%。这些采收率数据非常具有代表性，并且可以做如下解释。水侵入地层中，与无水侵时相比，地层压力保持在更高的压力，导致水驱气藏的废弃压力较大。由于气藏开采的主要机理是压力衰竭造成的气体体积膨胀，因此水驱气藏的采收率较低，如例 4.1 所示。

Agarwal、Al-Hussainy 和 Ramey[6]通过相关理论研究发现，对于水驱气藏，生产速率越大，气体采收率越大，并且进行了成功的矿场试验。Matthes、Jackson、Schuler 和 Marudiak[7]发现，将德国西部的 Bierwang 气田的生产速率从 50 增加到 $75×10^6 ft^3/d$ 时，其最终采收率从 69% 上升到 74%。Lutes、Chiang、Brady 和 Rossen[8]研究发现，墨西哥沿岸的强底水驱气藏的生产速率增加时，最终采收率增加 8.5%。

Arcaro 和 Bassiouni[9]介绍了矿场应用中的第二种技术，即合采技术。合采技术指的是将天然气和水同时采出。在合采阶段，随着倾斜层下部气井水淹，气井逐渐转变为高产水的生产井，倾斜层上部气井继续保持产气。这一技术通过了多种方法来提高气体的产量。第一，倾斜层下部生产井中的高含水率使得水体的压力下降，阻止底水侵入到产气层，延长了整个储层的生产寿命。第二，高产水速率使得储层的平均地层压力下降，气体的膨胀量增加，产气量因此增加。第三，当地层压力下降时，储层中水波及区域的不可流动气体变得可以流动。在储层被完全水侵之前，合采技术的采收率最高。Arcaro 和 Bassiouni 发现在路易斯安那州墨西哥湾沿岸的 Eugene Island 区块 305 气藏使用合采技术取代常规的开采方法，气体采收率从 62% 上升到 83%。水驱气藏将在第 9 章中进行详细介绍。

4.3 利用物质平衡方程式计算原始天然气地质储量

在前面的章节中，可由体积为 1ac-ft 的生产层岩石的孔隙度和束缚水饱和度计算出原始天然气单元地质储量，若要计算储层中某些特定部分的原始天然气地质储量，还需要知道该部分的体积。如果孔隙度、束缚水饱和度和(或)体积的数据不合理或不准确，不能够使用上述方法。此时，可以利用物质平衡方程来计算原始天然气地质储量，但由于定容气藏和水驱气藏中气体会不断地运移，因此这一方法只有将储层作为整体时才能使用。

第 3 章中给出了气藏的物质平衡方程

$$G(B_g - B_{gi}) + GB_{gi}\left(\frac{c_w S_{wi} + c_f}{1 - S_{wi}}\right)\Delta \bar{p} + W_e = G_p B_g + B_w W_p \tag{3.10}$$

公式(3.10)由储层和相关产量的质量守恒定律推导得到。

对于大多数气藏而言，气体的压缩系数比地层压缩系数和地层水压缩系数大得多，因此对公式(3.10)左侧的第二项可以忽略不计。

$$G(B_g - B_{gi}) + W_e = G_p B_g + B_w W_p \tag{4.14}$$

但当气藏的压力异常高时，第二项不能忽略。这种情况将在本章的后面部分进行详细介绍。

4.3.1 定容气藏的物质平衡方程式

对于定容气藏，公式(4.13)可以简化并转换成一条有关产气量、气体组成和地层压力的

直线。油藏工程师们经常利用这一直线关系来预测定定容气藏的采收率。当不存在水侵和产水量时,公式(4.14)可简化为

$$G(B_g - B_{gi}) = G_p B_g \tag{4.15}$$

结合公式(2.15),并将 B_g、B_{gi} 代入公式(4.15)中,得

$$G\left(\frac{p_{sc}zT}{T_{sc}p}\right) - G\left(\frac{p_{sc}z_iT_i}{T_{sc}P_i}\right) = G_p\left(\frac{p_{sc}zT}{T_{sc}p}\right) \tag{4.16}$$

又生产过程为等温过程,即地层温度保持不变,公式(4.16)可简化为

$$G\left(\frac{z}{p}\right) - G\left(\frac{z_i}{p_i}\right) = G_p\left(\frac{z}{p}\right)$$

整理得

$$\frac{p}{z} = -\frac{p_i}{z_i G} G_p + \frac{p_i}{z_i} \tag{4.17}$$

对于特定气藏,p_i、z_i 和 G 为常数,由公式(4.17)可以看出,以 p/z 为纵坐标,G_p 作为横坐标时,可以得到一直线。有

$$斜率 = -\frac{p_i}{z_i G}$$

$$y \text{ 轴截距} = \frac{p_i}{z_i}$$

该关系图如图 4.2 所示。

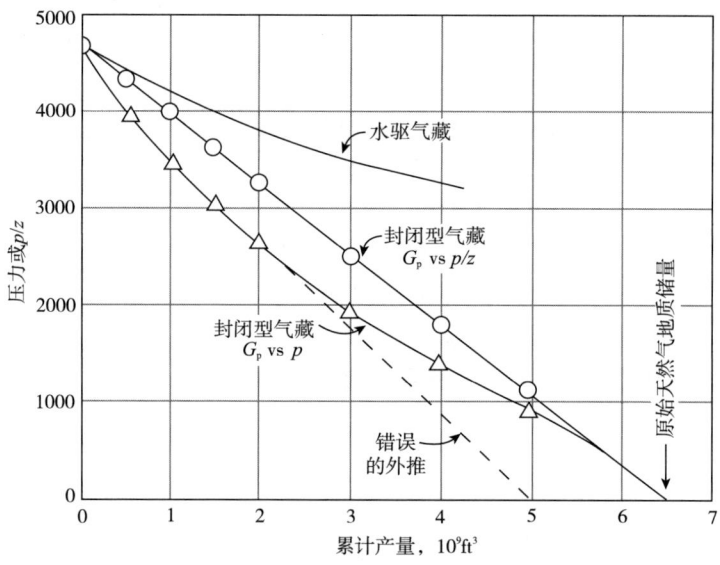

图 4.2 定容气藏的压力或 p/z 曲线

当 $p/z = 0$ 时,可以得到气藏的累计产气量 G_p,此时 G_p 等于原始天然气地质储量 G。也可以通过直线外推至废弃时的 p/z,求出原始天然气可采储量。通常,使用外推法时需要获得三

年及以上的压力衰竭和产气量数据。

图4.2也给出了累计产气量 G_p 与压力 p 之间的关系,由方程(4.17)可以看出,G_p 与 p 之间呈非线性关系,对压力−生产数据进行外推时误差可能很大。因为压力为2500psi(绝)左右时,天然气偏差因子出现最小值,则压力大于2500psi(绝)时外推法得到的产气量偏小,压力小于2500psi(绝)时外推法得到的产气量偏大。公式(4.16)可以用图解法求解原始天然气地质储量和任何废弃压力时的原始天然气可采储量,如图4.2所示。当如废弃压力为1000psi(绝)时,或 $p/z=1220$ 时,原始天然气可采储量为 $4.85×10^9 ft^3$,而当废弃压力为2500psi(绝)时,或 $p/z=3130$ 时,原始天然气可采储量为 $(4.85-2.20)×10^9=2.65×10^9 ft^3$。

4.3.2 水驱气藏的物质平衡方程式

由公式(4.14)和公式(4.17)可以看出,水驱气藏的 G_p 与 p/z 之间呈非线性关系。由于底水的侵入,生产过程中的压力下降速率没有定容气藏的大,如图4.2中最上面的曲线所示。因此,定容气藏的外推法对于水驱气藏并不适用。对于水驱气藏,衰竭开采过程中计算得到的原始天然气地质储量一直很高,而对于定容气藏,计算得到的原始天然气地质储量逐渐降低,这是因为水驱气藏在计算时压力保持不变,为一常数。

公式(4.14)也可通过原始孔隙体积 V_i 表示,由 $V_i=GB_{gi}$ 和 B_g 和 B_{gi} 的计算公式(2.15),得

$$V_i\left(\frac{z_f T p_i}{p_f z_i T}-1\right)=\frac{z_f T p_{sc} G_p}{p_f T_{sc}}+B_w W_p-W_e \tag{4.18}$$

如前所述,对于定容气藏,公式(4.18)可以简化、整理为

$$\frac{p_{sc} G_p}{T_{sc}}=\frac{p_i V_i}{z_i T}-\frac{p_f V_i}{z_f T} \tag{4.19}$$

例4.2、例4.3和例4.4将对气藏计算的各种方程进行了解释。

例4.2 利用压力—产量数据计算定容气藏的原始天然气地质储量和原始天然气可采储量。

已知:

基准压力 = 15.025psi(绝);

原始地层压力 = 3250psi(绝);

地层温度 = 213°F;

标准压力 = 15.025psi(绝);

标准温度 = 60°F;

气体累计产量 = $1.00×10^9 ft^3$;

平均地层压力 = 2864psi(绝);

压力为3250psi(绝)时的天然气偏差系数 $z_i=0.910$;

压力为2864psi(绝)时的天然气偏差系数 $z_f=0.888$;

压力为500psi(绝)时的天然气偏差系数 $z_a=0.951$。

解:

气藏的原始孔隙体积 V_i 可根据公式(4.19)求解:

$$\frac{15.023 \times 1.00 \times 10^9}{520} = \frac{3250 \times V_i}{0.910 \times 673} - \frac{2864 V_i}{0.888 \times 673}$$

$$V_i = 56.17 \times 10^6 \text{ft}^3$$

由真实气体状态方程可求得原始天然气地质储量 G 为

$$G = \frac{p_i V_i}{z_i T} \times \frac{T_{sc}}{p_{sc}} = \frac{3250 \times 56.17 \times 10^6 \times 520}{0.910 \times 673 \times 15.025}$$

$$= 10.32 \times 10^9 \text{ft}^3$$

当废弃压力为 500psi(绝)时,残余气量 G_a 为

$$G_a = \frac{p_a V_i}{z_a T} \times \frac{T_{sc}}{p_{sc}} = \frac{500 \times 56.17 \times 10^6 \times 520}{0.951 \times 673 \times 15.025}$$

$$= 1.52 \times 10^9 \text{ft}^3$$

当废弃压力为 500psi(绝)时,原始天然气可采储量 G_r 为原始天然气地质储量 G 与残余气量 G_a 的差值,即

$$G_r = G - G_a = (10.32 - 1.52) \times 10^9$$

$$= 8.80 \times 10^9 \text{ft}^3$$

例 4.3 将利用物质平衡方程求解已知原始天然气地质储量 G 时的水侵量 W_e。同时也给出了水侵时预测残余气饱和度 S_{gr} 的方法,并由等压图估算出水侵量的体积。例 4.3 中计算得到的储层岩石的残余气饱和度 S_{gr} 包括水侵区域中未被水波及的低渗透岩石和水淹井附近的较高渗透率岩石的残余气饱和度。但对于一些气藏中未被水侵的岩石区域,仍使用平均残余气饱和度。

例 4.3 计算水驱气藏的水侵量和残余气饱和度。

已知:

原始储层体积 = $415.3 \times 10^6 \text{ft}^3$;

平均孔隙度 = 0.172;

平均束缚水饱和度 = 0.25;

原始地层压力 = 3200psi(绝);

压力为 14.7psi(绝)和温度为 60°F 时,$B_{gi} = 0.005262 \text{ft}^3/\text{ft}^3$;

最终压力 = 2925psi(绝);

压力为 14.7psi(绝)和温度为 60°F 时,$B_{gf} = 0.005700 \text{ft}^3/\text{ft}^3$;

累计产水量 = 15200bbl(地面体积);

$B_w = 1.03$bbl/bbl(地面体积);

压力为 14.7psi(绝)和温度为 60°F 时,$G_p = 935.4 \times 10^6 \text{ft}^3$;

压力为 2925psi(绝)时的水侵量 $W_e = 13.04 \times 10^6 \text{ft}^3$;

解:

$$\text{原始天然气地质储量} = G = \frac{415.3 \times 10^6 \times 0.172 \times (1 - 0.25)}{0.005262}$$

$$= 10180 \times 10^6 \text{ft}^3 \text{(标准状态下)}$$

代入公式(4.13),求得 W_e:

$$W_e = 935.4 \times 10^6 \times 0.005700 - 10180 \times 10^6$$
$$(0.005700 - 0.005262) + 15200 \times 1.03 \times 5.615$$
$$= 960400 \text{ft}^3$$

体积为 $13.04 \times 10^6 \text{ft}^3$ 水侵入到岩石时,因束缚水饱和度为 25%,则储层中波及部分的最终含水饱和度为

$$S_w = \frac{\text{束缚水体积} + \text{水侵量} - \text{产出水体积}}{\text{孔隙体积}}$$
$$= \frac{(13.04 \times 10^6 \times 0.172 \times 0.25) + 960400 - 15200 \times 1.03}{13.04 \times 10^6 \times 0.172}$$
$$= 0.67 \text{ 或 } 67\%$$

则残余气饱和度 S_{gr} 为 33%。

例 4.4 利用 p/z 图预测累计产气量。

某干气气藏的气体组成如下:

组分	摩尔分数
甲烷	0.75
乙烷	0.20
正己烷	0.05

原始地层压力为 4200psi(绝),温度为 180°F。气藏生产了一段时间,在不同的时间内测量了两个压力时的有关数据:

p/z, psi(绝)	G_p, 10^9ft^3
4600	0
3700	1
2800	2

(1)求当平均地层压力下降到 2000psi(绝)时的累计产气量;
(2)假设储层的孔隙度为 12%,含水饱和度为 30%,储层厚度为 15ft,求储层面积。

解:

组分	摩尔分数	p_c	T_c	Yp_c	YT_c
甲烷	0.75	673.1	343.2	504.8	257.4
乙烷	0.20	708.3	504.8	141.7	110.0
正己烷	0.05	440.1	914.2	22.0	45.7
总计				668.5	413.1

(1)求压力为2000psi(绝)时的G_p，先求出z和p/z，使用准临界性质：

$$p_r = \frac{2000}{668.5} = 2.99$$

$$T_r = \frac{640}{413.1} = 1.55$$

$$z = 0.8$$

$$p/z = \frac{2000}{0.8} = 2500$$

将图4.3中的数据曲线图进行线性回归，得到如下直线方程：

$$p/z = -9 \times 10^{-7} G_p + 4600$$

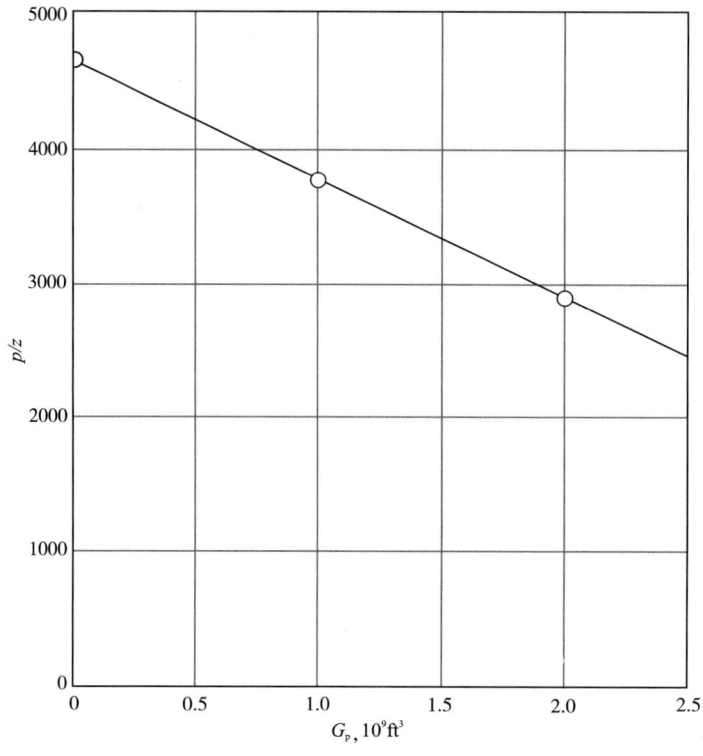

图4.3 例4.4中的p/z-G_p图

将$p/z = 2500$代入以上公式中，得

$$2500 = -9 \times 10^{-7} G_p + 4600$$

则

$$G_p = 2.33 \times 10^9 \text{ft}^3$$

(2)将$p/z = 0$代入直线方程中，如果所有的原始天然气地质产量都被产出时可求得产气量，即此p/z时的产气量G_p与原始天然气地质产量相等。

$$0 = -9 \times 10^{-7} G_p + 4600$$

$$G_p(p/z = 0) = G = 5.11 \times 10^9 \text{ft}^3$$

由 $V_i = GB_{gi}$ 和 $B_{gi} = 0.02829(z_i/p_i)T$，得

$$V_i = GB_{gi} = 5.11 \times 10^9 \left[\frac{0.02829 \times (180 + 460)}{4600}\right] = 20.1 \times 10^6 \text{ft}^3$$

又

$$V_i = Ah\phi(1 - S_{wi})$$

$$A = \frac{20.1 \times 10^6}{15 \times (0.12) \times (1 - 0.30)} = 15.95 \times 10^6 \text{ft}^2$$

4.4 凝析油和产出水的天然气等效法

上一节中，默认气藏中的流体在任何压力下时都处于单(气)相状态。但大多数气藏都会采出烃类液体，通常称之为凝析油，其含量一般表示为每百万标准立方英尺天然气含有几至几百桶凝析油。只要气藏一直保持单(气)相状态，都可以使用前面所述的计算方法，但此时累计产气量 G_p 包括了产出的凝析液量。另外，若烃类液体在地层中就开始形成，那么前面的计算公式不再适用，这类反凝析气藏的计算将在第 5 章进行介绍。

前面提到的储层累计产气量 G_p 必须包括分离器的气量、油罐中的气量和油罐中凝析油的天然气当量(GE)。图 4.4 给出了两种气体分离方式。一种是二级油气分离系统，如图 4.4(b)所示，这种分离方式已经在第 1 章中进行了介绍。另一种是图 4.4(a)表示三级油气分离系统，由初级分离器、二级分离器和储油罐三个部分组成。井底流体从初级分离器流入，与二级油气分离系统类似，大多数的气体在此处被产出，而初级分离器中的液体将进入二级分离器中，再分离出一部分气体，闪蒸二级分离器中的液体最后进入储罐中。储罐中的液体量为 N_p，储罐内的气体，加上初级分离器和二级分离器中产出的气量之和为地面状态下的总产气量 $G_{p(\text{地面})}$。

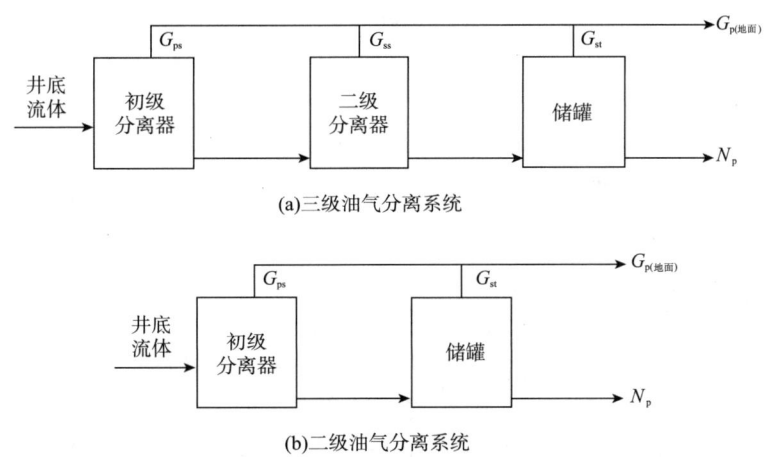

图 4.4 地面油气分离系统原理图

将产出的烃类流体转换成相应的天然气当量 GE，在闪蒸过程中假设气体为理想气体。假定压力为 14.7psi(绝)和温度为 60°F 时的状态为标准状态，则标准状态下，1bbl 储罐凝析油的天然气当量 GE(单位为 ft^3/bbl)为

$$GE = V = \frac{nR'T_{sc}}{p_{sc}} = \frac{350.5 \times \gamma_o \times 10.73 \times 520}{M_{wo} \times 14.7} = 133000\frac{\gamma_o}{M_{wo}} \quad (4.20)$$

若凝析液的相对密度为0.780(水的相对密度为1),分子质量为138,则每桶的天然气当量 GE 为752ft³。其中的相对密度可由API重度计算得到,若无法测得凝析油的摩尔质量,可以根据冰点下降法来估算凝析油的摩尔质量,即

$$M_{wo} = \frac{5954}{p_{o,APt} - 8.811} = \frac{42.43\gamma_o}{1.008 - \gamma_o} \quad (4.21)$$

体积为 N_p bbl 凝析油的总天然气当量为 $GE(N_p)$。三级分离系统得到的总产气量 G_p 由公式(4.22)计算,二级分离系统得到的总产气量 G_p 由公式(4.23)计算:

$$G_p = G_{p,swf} + GE(N_p) = G_{ps} + G_{ss} + G_{st} + GE(N_p) \quad (4.22)$$

$$G_p = G_{p,swf} + GE(N_p) = G_{ps} + G_{st} + GE(N_p) \quad (4.23)$$

当储层内气相中的水蒸气在地面条件下时凝析出来,这类液体也应该转换成相应的气体当量,并添加至总产气量中。由于水的相对密度为1.00,分子质量为18,则其水蒸气的气当量 GE_w 为

$$GE_w = \frac{nR'T_{sc}}{p_{sc}} = \frac{350 \times 1.00}{18} \times \frac{10.73 \times 520}{14.7}$$
$$= 7390 \text{ft}^3/\text{bbl}$$

McCarthy、Boyd 和 Reid[10]研究表示,在常见的地层温度和压力下,天然气藏中的水汽当量不超过 1bbl/10⁶ft³,而墨西哥湾沿岸气藏的生产数据表明其水汽当量只有 0.64bbl/10⁶ft³。不同之处在于,McCarthy、Boyd 和 Reid 假设在分离器的温度和压力条件下,水一直保持蒸汽状态,脱水作用可以除去气相中的大量水分,使其水汽当量低于 6lb/10⁶ft³。随着气藏压力的下降,水含量会上升,水汽当量有时会达到 3bbl/10⁶ft³,这些凝析液量主要源自束缚水的蒸发。因此,如果产水量超过了原始含水量,则应该将这一部分体积视为产水量 W_p 的一部分而非 G_p 的一部分。如果水具有矿化度,则其毫无疑问为产出水,但它也包含了一部分水蒸气的天然气当量。若产气量计算时,基于脱水后的气体体积,由于水蒸气的天然气当量(不考虑地层压力的下降)的存在,原始地层压力和温度下气体的体积会增加,那么产水量需减去原始含水量,这将使产气量增加约 0.05%。

4.5 储气库概念

人们对天然气的需求是季节性的,冬天为了取暖时对天然气的需求量大,夏天时对天然气的需求量小。为了满足不同季节的需求,天然气公司采取了一系列的气体储集措施。目前最好的气体储集措施就是利用枯竭气藏作为储气库。夏季时,将过剩的产出气体注入枯竭气藏中,然后在冬季气量不足时产出并利用。Katz 和 Tek[11]对这一方法进行了概述。

Katz 和 Tek 列出了设计和实施储气库的三个主要目标:(1)确保足够的库存量;(2)防止气体四处运移;(3)保证足够的产能。其中,"确保有足够的库存量"指的是掌握储层的气体储集能力与压力之间的关系,即需要了解其 p/z 曲线或物质平衡方程等。"防止气体运移"指

的是利用检测系统随时把握注入气体在储气库里的状态。显然,气体在套管等中的泄露对储集过程是非常不利的。最后,必须确保在急需天然气的时候,储气库能够有足够的产能,需要重点留意水侵作用对产气量的影响。综上所述,枯竭的定容气藏是储气库的最佳选择。对于枯竭的定容气藏而言,其 p/z-G_p 曲线一般已知,且不需考虑气藏中的水侵问题。

Ikoku[12]定义了储气库中的3种气体类型。第1种是基准气或缓冲气,即达到基准压力时的残余气,基准压力为生产停止时和注入开始时的地层压力。第2种是工作气或工作储存气,即循环生产过程中产出和注入的气体。第3种是未使用气,及处于储层未使用空间的气体。图4.5 在 p/z 曲线图上定义了这3种气体类型。

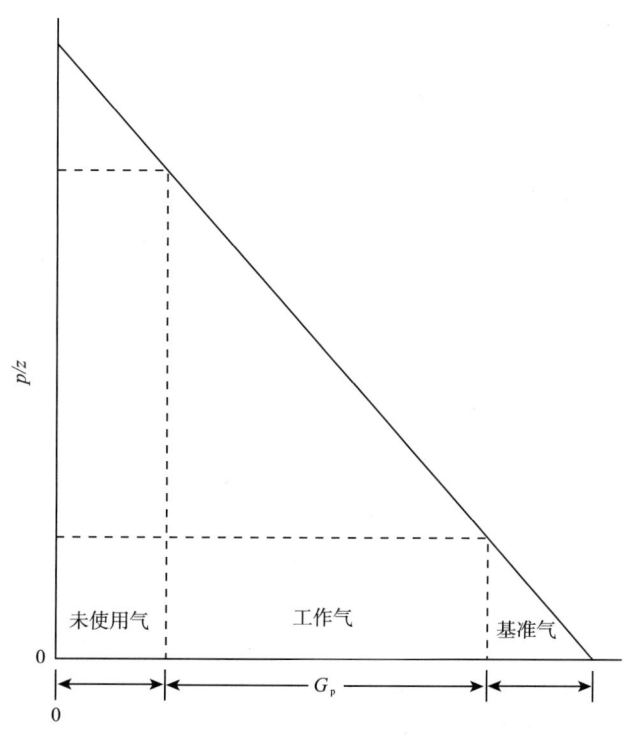

图4.5 储气库中由 p/z 曲线表示的不同气体类型

基准压力和基准气是由产能的需求来决定的。气体从气藏到输送管线的过程中,需要保持充足的压力。夏天气体的注入压力由经济因素决定,压缩的成本也需充分考虑冬天的供应与需求情况。理论上,对于定容气藏,注入和生产的周期如上所述,在 p/z-G_p 曲线所允许的压力之间来回波动。

在某些应用中,也会使用到"压力增量"这一概念[11]。压力增量被定义为气体最大存储压力与原始地层压力的差值。在适当的条件下,气体的存储体积可能大于原始天然气地质储量,当然这是由特定的经济条件决定的。

Hollis[13]介绍了将北海 Rough 气田转化为储气库的案例。存储与输送速率的设计都充分考虑了该区域会出现严寒天气的可能性,且假定严寒天气出现的概率为1/50。Hollis 得到的结论是近海岸储气库与陆上储气库的差别主要取决于经济因素,并强调设计近海岸储气库时,需要进行全面综合规划。

气藏的储集应用很广。如有必要,希望读者查阅更多的相关资料。

4.6 超高压气藏

气藏的正常压力梯度为 0.4~0.5psi/ft,对于超高压气藏,压力梯度高达 0.7~1.0psi/ft[14-17]。Bernard[17]报道称仅墨西哥湾沿岸就有 300 多个气藏在大于 10000ft 深时的原始压力梯度超过 0.65psi/ft。

当物质平衡方程中水和地层的压缩系数忽略不计时,对于定容气藏 p/z 与累计产气量 G_p 之间呈直线关系,如图 4.2 所示。但高压气藏中水和地层的压缩性不能忽略,如图 4.6 所示,给出了 p/z 曲线图。

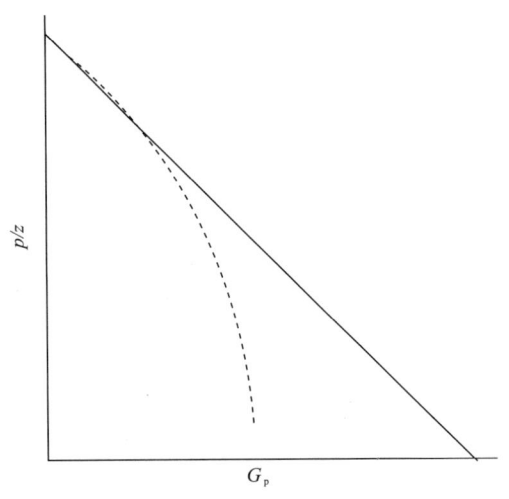

图 4.6　超高压气藏的非线性 p/z 曲线

对于超高压定容气藏,在生产初期时 p/z 数据线为一直线,但在随后的生产阶段,p/z 数据线为一向下凹的曲线,如果将早期的数据进行外推,可以得到原始天然气地质储量 G 或废弃压力时的产气量 G_p,但这种外推法是不正确的。

Harville 和 Hawkins[14]假设了一种"岩崩"理论,用来解释超高压气藏的 p/z 数据线,该理论认为在超高压力时岩石的压缩系数很大,而在普通地层压力下时岩石的压缩系数很低。但 Jogi 等人[18]和 Sinha 等人[19]测得高压时超高压气藏岩样的岩石压缩系数为 $(2~5)\times10^{-6}/\text{psi}$,与低压时测得的岩石压缩系数相近,说明岩石的压缩系数随压力的变化不大。Ramagost 和 Farshad[20]研究发现,在某些情况下,考虑地层水和岩石的压缩系数时可使 p/z 数据呈直线关系。Bourgoyne、Hawkins、Lavaquial 和 Wickenhauser 研究发现,页岩储层的水侵会造成 p/z 数据的非线性[21]。

Bernard[17]对超高压气藏的 p/z 曲线进行了分析,并根据废弃压力时的 p/z 数值求得原始天然气地质储量 G 和产气量 G_p。这一方法包括两个步骤,首先根据生产早期 p/z 数据的直线关系,Bernard 给出了实际天然气地质储量与表观天然气地质储量的关系图,如图 4.7 所示。

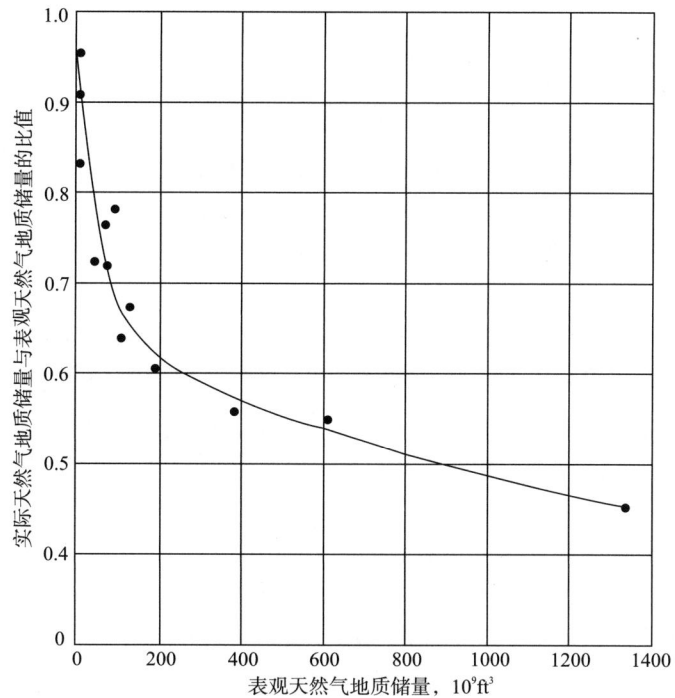

图 4.7　原始天然气地质储量的拟合图(选自参考文献 17)

其次，表观天然气地质储量由早期的 p/z 数据外推得到，然后应用图 4.7，得到真实天然气地质储量与表观天然气地质储量的比值，Bernard 也对该关系图的合理性进行了证明。在随后的生产阶段，p/z 数据线不再成直线关系，Bernard 在公式(4.24)中引入了常数 C'。

$$\frac{p}{z}(1 - C'\Delta p) = \frac{p_i}{z_i} - \frac{p_i}{z_i G}G_p \tag{4.24}$$

其中　C'——常数；

　　Δp——储层的总压力降，即 $p_i - p$。

在公式(4.24)中，只有 C' 和 G 是未知的，Bernard 也提出如下方法求解 C' 和 G。首先，计算下面的 A' 和 B'。

$$A' = \frac{\left(\dfrac{P}{z} - \dfrac{p_i}{z_i}\right)}{\Delta p(p/z)} \qquad B' = \frac{\left(\dfrac{p_i}{z_i}\right) G_p}{\Delta p(p/z)}$$

当 p/z-G_p 图中存有 n 个数据点时，C' 和 G 可以通过以下公式计算得到：

$$G = \frac{\sum B' \sum B'/n - \sum (B'^2)}{\sum A'B' - \sum A' \sum B'/n}$$

$$C' = \sum A'/n + \left(\frac{1}{G}\right) \sum B'/n$$

4.7 计算公式的局限性及其误差

由容积法计算气藏原始天然气可采储量的准确性取决于计算数据的精确程度，即取决于储层的平均孔隙度、束缚水饱和度、地层压力和天然气偏差因子，甚至还包括生产储层体积的准确性。由强均质性储层的岩心资料和测井资料求得的原始天然气地质储量的误差一般大于5%，有时甚至达到100%或更高。误差的大小主要取决于储层的均质程度和岩心和测井资料的数量和质量。

原始天然气可采储量为天然气地质储量与采收率的乘积。对于定容气藏，在任意废弃压力时，整个气藏原始天然气可采储量的精度与原始天然气地质储量的精度一样。而对于水驱气藏而言，需要对废弃压力时的水侵量和平均残余气饱和度进行估算。当储层的渗透率纵向上存在级差时，估算难度会加大，计算的精度会降低。总而言之，进行原始天然气可采储量的计算时，定容气藏的计算精度要比水驱气藏的精度大。当计算一口井或一区块的储量时，由于驱替作用的影响，定容气藏和水驱气藏的计算精度都会降低。

利用物质平衡方程方法计算原始天然气地质储量时，方程中主要包括一系列的气体地层体积系数。当然，计算的精度也与这些气体地层体积系数的误差有关。产气量G_p的误差主要来源于气体的计量方法、气体使用与泄漏情况和低压分离器中气体体积或储罐气体体积。有时由于失败的套管固井、套管腐蚀或在泄漏的区间双重完井等，会造成储层中气体泄漏。当两个储层中的气体在地面条件下进行混合并计量时，两个油藏产气量的比例将主要参考储层的周期试井资料，这也会给原始天然气可采储量的计算带来误差。通常，产气量的精度为1%，因此，即使气藏的储层条件非常好，其产气量的精度也不会接近2%，平均精度一般在几个到数个百分点的范围内。

地层压力的误差主要有测量误差和压力平均化时产生的误差，特别是对于地层压差较大的储层。当地层压力是根据所测的井口压力估算得到时，这一误差也会影响计算的精确程度。当气田未被完全开发时，地层平均压力为已开发部分的平均压力，与整个地层压力相比偏小。当气井的产水量很小时，可以对这一误差忽略不计，为了获得精确值，一般可以通过周期试井获得地层压力。

即使储层条件处于最佳状态，根据物质平衡方程计算得到的原始天然气地质储量的精度也很少低于5%，有时甚至还会更大。当然，气藏原始天然气可采储量的计算也与之类似。

思 考 题

4.1 已知某定容气藏的原始地层压力为4200psi(绝)，孔隙度为17.2%，束缚水饱和度为23%。压力为4200psi(绝)时的气体地层体积系数为0.003425ft³/ft³，压力为750psi(绝)时的气体地层体积系数为0.01852ft³/ft³。
(1) 以标准立方英尺为单位计算原始天然气地质储量；
(2) 以标准立方英尺为单位计算原始气体可采储量，假设该气藏的废弃压力为750psi(绝)；
(3) 解释为什么原始气体可采储量的计算与废弃压力的选取有关；
(4) 假设储层的单元面积为640ac，平均净产出层厚度为34ft，计算此时的原始天然气可

采储量,假设废弃压力为750psi(绝);

(5)计算废弃压力为750psi(绝)时该气藏的采收率。

4.2 图4.8为Echo Lake气田的构造地质图,其中1号井为探井,2号井和4号井为产气井,深度为7500ft。由三口井的电测解释资料显示,储层的东北部存在一断层。根据1、2、4、5和6号井的测井资料绘制出图4.8,并用来判断其气水界面和平均净砂层厚度。在6号井钻到气水界面之前,气藏的生产时间为18个月。在钻6号井之前,井筒的平均静态压力一直保持不变,约为3400psi(绝)。由电测井、岩样分析等得到的数据如下:

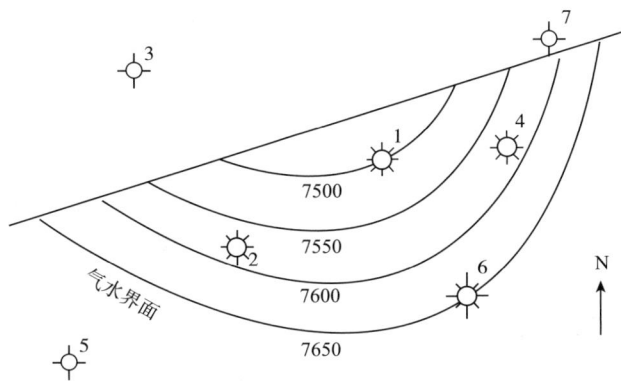

平均井深=7500ft;

井筒处的平均静态压力=3400psi(绝);

地层温度=175°F;

天然气的相对密度=0.700;

储层平均孔隙度=27%;

平均束缚水饱和度=22%;

标准状态为压力14.7psi(绝)和温度60°F;

6号井开始钻时的生产储层岩石的体积=22500ac-ft。

(1)计算地层压力;

(2)计算天然气偏差因子和气体地层体积系数;

(3)计算6号井开钻时的可采储量,假设残余气饱和度为30%;

(4)根据气体的整体采收率,讨论1号井的位置;

(5)讨论砂层均质性对整体采收率的影响。例如,均质砂层与其储层厚度相等的非均质砂层,渗透率分别为500mD和100mD。

4.3 M砂层为一很小的气藏,其原始井底压力为3200psi(绝),井底温度为220°F。分3个生产阶段来开采原始天然气地质储量。其压力—产量的历史数据和气体地层体积系数如下表所示:

压力,psi(绝)	累计产气量,$10^6 ft^3$	气体地层体积系数,ft^3/ft^3
3200	0	0.0052622
2925	79	0.0057004

续表

压力,psi(绝)	累计产气量,$10^6 ft^3$	气体地层体积系数,ft^3/ft^3
2525	221	0.0065311
2125	452	0.0077360

(1)假设气藏为定容气藏,根据每一生产层段结束时的生产数据计算原始天然气地质储量;

(2)解释为何通过某些计算结果可以判断出该气藏为水驱气藏;

(3)绘制 p/z 与 G_p 的关系曲线,并表示出水驱的存在;

(4)基于 M 砂层的电测井和岩心数据,由容积法计算其原始天然气地质储量为 $1018×10^6 ft^3$。如果砂层内存在部分水驱,求每一生产层段结束时的水侵量。此时不考虑产水。

4.4 Sabine 气田完井后开始投产时,地层压力为 1700psi(绝)、温度为 160°F。当产气量为 $5.00×10^9 ft^3$ 时,地层压力下降至 1550psi(绝)。假设该气藏为定容气藏,天然气的气体偏差因子同思考题 2.10,计算:

(1)气藏的烃类孔隙体积;

(2)以标准立方英尺为单位计算压力分别下降到 1550、1400、1100、500 和 200psi(绝)时的产气量,并绘制 p/z 与累计产气量 G_p 的关系曲线;

(3)以标准立方英尺为单位计算原始天然气地质储量;

(4)根据所作关系图,求出不使用压缩机,将气体直接输送到输气管道时的气量。已知管道中的压力为 750psi(绝);

(5)储层每产出 $1×10^9 ft^3$ 天然气时的压力变化值;

(6)若产气量的精度为±5%,平均压力的精度为±12psi,求最小原始天然气可采储量。

4.5 Sabine 气田完井后开始投产时,地层压力为 1700psi(绝)、温度为 160°F。当产气量为 $5.00×10^9 ft^3$ 和水侵量为 $4.00×10^6 bbl$ 时,地层压力下降至 1550psi(绝),天然气的气体偏差因子同思考题 2.10,计算原始天然气地质储量,并与思考题 4.4(3)中的结果进行对比。

4.6 (1)St. John 油田的地层压力下降到 634psi(表)时,其气顶体积为 17000ac-ft。由岩心分析数据可知,储层的平均孔隙度为 18%,平均间隙水饱和度为 24%。通过注气,使气顶的压力增加至 1100psi(表)来提高原油采收率。假设在注气的过程中没有额外的溶解气进入原油中,以 ft^3 为单位时计算注气量。已知温度为 130°F 时,地层天然气和注入气的气体偏差因子相同,压力为 634psi(表)时为 0.86,压力为 1100psi(表)时为 0.78;

(2)假设压力为 634psi(表)时,注入气的气体偏差因子为 0.94,压力为 100psi(表)时为 0.88,地层条件时的气体偏差因子与题(1)相同,求注气量;

(3)"在注气过程中没有额外的溶解气进入原油中"的假设是否成立;

(4)当气体注入过程中有额外的气体溶进原油中并且有一定的产油量时,题(1)中的注气量为最大值还是最小值,并解释;

(5)解释题(4)中注入气的气体偏差因子(接近于1)大于储层气体的气体偏差因子的

原因。

4.7 某定容油藏的生产数据如下：

压力,psi(绝)	累计产气量,$10^9 ft^3$
5000	200
400	420

已知原始地层温度为237°F,储层气体的重度为0.7,计算：
(1) 压力为2500psi(绝)时的累计产气量；
(2) 压力为2500psi(绝)时的采收率；
(3) 原始地层压力。

4.8 (1) 在某油藏一孤立断块区域的气顶部位钻一口井,并进行循环注气。当注入$50×10^6 ft^3$的气体时,地层压力从2500psi(绝)增加至3500psi(绝)。已知压力为3500psi(绝)时气体偏差因子为0.90,压力为2500psi(绝)时气体偏差因子为0.80,井底的温度为160°F。计算该断层内气体的存储空间体积；
(2) 已知该储层的平均孔隙度为16%,平均束缚水饱和度为24%,平均砂层厚度为12ft,求该断层的面积。

4.9 Holden油田P砂岩储层的生产面积为2250ac,通过其电测井和岩心数据求得的原始天然气地质储量为$200×10^9 ft^3$,已知原始地层压力为3500psi(绝),地层温度为140°F,其压力和产量数据见下表：

压力,psi(绝)	产气量,$10^9 ft^3$	气体偏差系数(140°F时)
3500(原始)	0.0	0.85
2500	75.0	0.82

(1) 不存在水驱时的原始天然气地质储量；
(2) 假设储层的砂层厚度、孔隙度和束缚水饱和度一致,且认为由压力—产量数据算得的原始天然气地质储量是正确的,估算P砂层的最大储层面积；
(3) 存在水驱时,假设由压力—产量数据算得的原始天然气地质储量是正确的,求当产气量为$75×10^9 ft^3$时的水侵量。

4.10 为什么气藏衰竭式开采初期时计算得到的原始天然气地质储量误差较大,试分析这些影响因素对产气量大小的影响。

4.11 假设某气藏为部分水驱气藏,当平均地层压力从3000psi(绝)下降到2200psi(绝)时,产气量为$12.0×10^9 ft^3$,根据水侵区域的面积,预测出水侵量为$5.20×10^6 bbl$。已知地层温度为170°F,压力为3000psi(绝)时的气体偏差系数为0.88,压力为2200psi(绝)时的气体偏差系数为0.78,求压力为14.7psi(绝)和温度为60°F时的原始天然气地质储量。

4.12 已知某均质产气层的厚度为32ft,孔隙度为19%,束缚水饱和度为26%。原始地层压力为4450psi(绝)和地层温度为175°F时的气体偏差因子为0.83。

(1) 计算原始天然气的单元地质储量;
(2) 假设地层面积为 640acres、产气速率为 $3\times10^6 ft^3/d$ 时,求开采 50% 原始天然气地质储量需要的时间;
(3) 假设存在活跃的底水驱动,此时,地层压力降可以忽略不计,当产气量为 $50.4\times10^9 ft^3$ 时,水侵面积为 1280acres,求水驱采收率;
(4) 求水侵后储层中的含气饱和度。

4.13 某干气气藏总产量为 $50\times10^9 ft^3$ 时的地层压力为 3600psi(绝)。假设由你们公司负责将该气田设计成储气库。注入相对密度为 0.75 的天然气直至储层平均压力达到 4800psi(绝)。假设该气藏为定容气藏,求将地层压力从 3600psi(绝)增加至 4800psi(绝)时所需的气量。已知原始地层压力为 6200psi(绝)和地层温度为 280°F 时的储层气相对密度为 0.75。

4.14 某定容气藏的生产数据如下表所示:

p/z, psi(绝)	G_p, $10^9 ft^3$
6553	0.393
6468	1.642
6393	3.226
6329	4.260
6246	5.504
6136	7.538
6080	8.749

计算:
(1) 原始天然气地质储量;
(2) 当 $p/z=1000$ 时的采收率;
(3) 夏季时,将该气藏设计成储气库以满足冬季的需求。若气藏的废弃压力为当 $p/z=1000$ 时,为了达到 $50\times10^9 ft^3$ 的产气量,储气时的 p/z 应达到多少。

4.15 考虑某气藏的凝析液量和水的天然气当量时,计算其日产气量。其生产资料如下:

分离器产气量 = $6\times10^6 ft^3$;
凝析液产量 = 100bbl;
储罐产气量 = $21\times10^3 ft^3$;
产水量 = 10bbl;
原始气藏压力 = 6000psi(绝);
当前气藏压力 = 2000psi(绝);
水汽含量 = $0.86bbl/10^6 ft^3$ [压力为 6000psi(绝)、温度为 225°F 时];
凝析液重度 = 50°API。

参 考 文 献

[1] Harold Vance, Elements of Petroleum Subsurface Engineering, Educational Publishers, 1950.

[2] L. W. LeRoy, Subsurface Geologic Methods, 2nd ed., Colorado School of Mines, 1950.

[3] M. Shepherd, "Volumetrics," Oil Field Production Geology: AAPG Memoir 91 (2009), 189–193.

[4] H. H. Kaveler, "Engineering Features of the Schuler Field and Unit Operation," Trans. AlME (1944), 155, 73.

[5] T. M. Geffen, D. R. Parrish, G. W. Haynes, and R. A. Morse, "Efficiency of Gas Displacement from Porous Media by Liquid Flooding," Trans. AlME (1952), 195, 37.

[6] R. Agarwal, R. Al-Hussainy, and H. J. Ramey, "The Importance of Water Influx in Gas Reservoirs," Jour. of Petroleum Technology (Nov. 1965), 1336–142.

[7] G. Matthes, R. F. Jackson, S. Schuler, and O. P. Marudiak, "Reservoir Evaluation and Deliverability Study, Bierwang Field, West Germany," Jour. of Petroleum Technology (Jan. 1973), 23.

[8] T. L. Lutes, C. P. Chiang, M. M. Brady, and R. H. Rossen, "Accelerated Blowdown of a Strong Water Drive Gas Reservoir," paper SPE 6166, presented at the 51st Annual Fall Meeting of the Society of Petroleum Engineers of AlME, Oct. 3–6, 1976, New Orleans, LA.

[9] D. P. Arcano and Z. Bassiouni, "The Technical and Economic Feasibility of Enhanced Gas Recovery in the Eugene Island Field by Use of the Coproduction Technique," Jour. of Petroleum Technology (May 1987), 585.

[10] Eugene L. McCarthy, William L. Boyd, and Lawrence S. Reid, "The Water Vapor Content of Essentially Nitrogen-Free Natural Gas Saturated at Various Conditions of Temperature and Pressure," Trans. AlME (1950), 189, 241–242.

[11] D. I. Katz and M. R. Tek, "Overview on Underground Storage of Natural Gas," Jour. of Petroleum Technology (June 1981), 943.

[12] Chi U. Ikoku, Natural Gas Reservoir Engineering, Wiley, 1984.

[13] A. P. Hollis, "Some Petroleum Engineering Considerations in the Changeover of the Rough Gas Field to the Storage Mode," Jour. of Petroleum Technology (May 1984), 797.

[14] D. W. Harville and M. F. Hawkins Jr., "Rock Compressibility and Failure as Reservoir Mechanisms in Geopressured Gas Reservoirs," Jour. Of Petroleum Technology (Dec. 1969), 1528–1530.

[15] I. Fatt, "Compressibility of Sandstones at Low to Moderate Pressures," AAPG Bull. (1954), No. 8, 1924.

[16] J. O. Duggan, "The Anderson 'L'—An Abnormally Pressured Gas Reservoir in South Texas," Jour. of Petroleum Technology (Feb. 1972), 132.

[17] W. J. Bernard, "Reserves Estimation and Performance Prediction for Geopressured Reservoirs," Jour. of Petroleum Science and Engineering (1987), 1, 15.

[18] P. N. Jogi, K. E. Gray, T. R. Ashman, and T. W. Thompson, "Compaction Measurements of Cores from the

Pleasant Bayou Wells," presented at the 5th Conference on Geopressured – Geothermal Energy, Oct. 13 – 15, 1981, Baton Rouge, LA.

[19] K. P. Sinha, M. T. Holland, T. F. Borschel, and J. P. Schatz, "Mechanical and Geological Characteristics of Rock Samples from Sweezy No. 1 Well at Parcperdue Geopressured/Geothermal Site," report of Terra Tek, Inc. to Dow Chemical Co., US Department of Energy, 1981.

[20] B. P. Ramagost and F. F. Farshad, "P/Z Abnormally Pressured Gas Reservoirs," paper SPE 10125, presented at the Annual Fall Meeting of SPE of AlME, Oct. 5 – 7, 1981, San Antonio, TX.

[21] A. T. Bourgoyne, M. F. Hawkins, F. P. Lavaquial, and T. L. Wickenhauser, "Shale Water as a Pressure Support Mechanism in Superpressure Reservoirs," paper SPE 3851, presented at the Third Symposium Abnormal Subsurface Pore Pressure, May 1972, Baton Rouge, LA.

5 凝析气藏

5.1 引言

凝析气藏是介于油藏和气藏之间的一种气藏。在油藏中,每桶油的溶解气含量从零(死油)到几千立方英尺,单在气藏中,每桶油(凝析油)至少可以蒸发成十万标准立方英尺的气体,在地面分离器中可以获得少量或可忽略不计的液态烃类。凝析气藏的产物主要是气体,但是会有部分气体在地面分离器中凝析成液体,因此命名为凝析气。这种液体有时也被称作为馏分油,或简称为油。凝析气藏可以大致被定义为:产出液量为重度大于45°API的浅色或无色液体且溶解气油比的范围在 $5000ft^3/bbl$ 与 $10000ft^3/bbl$ 之间的气藏。Alene[1]曾指出储层分类没有统一的标准,基本上是根据地面条件时的气油比进行分类。如第1章所述,储层的分类应该取决于(1)地下烃类聚集的组成,(2)地下烃类聚集的温度和压力。

随着新油田勘探的不断进行,钻井的深度越来越深,使得一些以气藏和凝析气藏为主的新储层被发现。图5.1来源于 Ira Rinehart 年刊中的试井数据,给出了1952年至1956年间美国路易斯安那州西南部17个地方行政区内油气资源的勘探趋势[2]。根据试井时的气油比和产出液体的API重度,将这些储层分为油藏和气藏或凝析气藏。油藏主要集中在深度不到8000ft

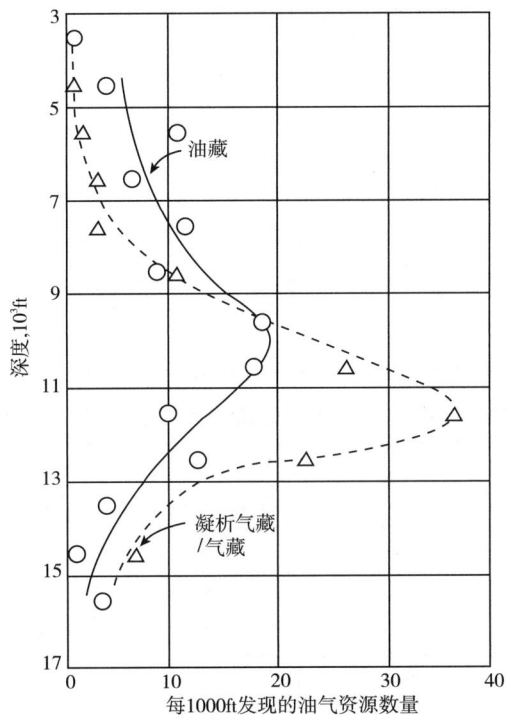

图5.1 1952年至1956年美国路易斯安那州西南部17个地方行政区内油气资源的发现频率与深度之间的关系(选自参考文献2)

的部位,而气藏和凝析气藏主要集中在 10000ft 以下。深度 12000ft 以下储层数量下降是由于钻到该深度时的数量很少,而不是因为烃类聚集的数量在减少。图 5.2 给出了 1955 年时这些储层的气油比与深度之间的关系。从标记有"油藏"的虚线可以看出随着压力(深度)的增加气体在油中溶解量呈增加的趋势,图的右下部包围的区域为气藏和凝析气藏。

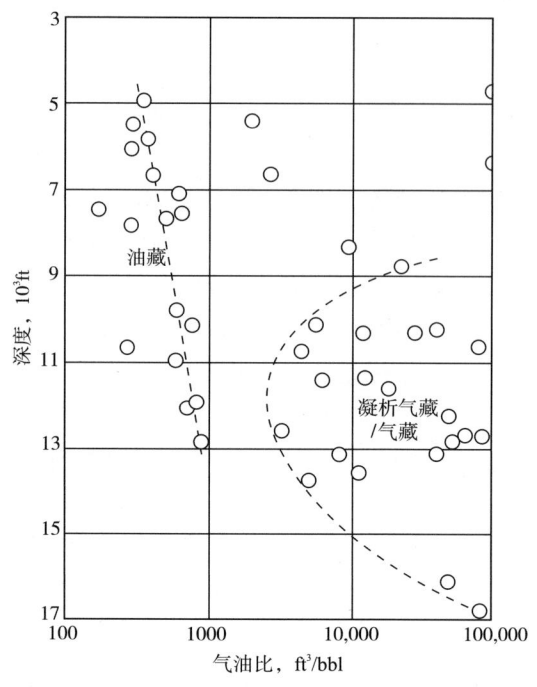

图 5.2 1955 年美国路易斯安那州西南部 17 个地方行政区内储层的气油比与深度之间的关系(选自参考文献 2)

Muskat[3]、Standing[4]、Thornton[5] 和 Eilerts[6] 对凝析气藏的物性和相态特征进行了研究。表 5.1 来自于 Eilerts 的研究成果,给出了美国得克萨斯州、路易斯安那州和密西西比州中 172 个气藏和凝析气藏的气油比和储罐油 API 重度的分布,他们发现气油比与储罐油的 API 重度之间没有关联。

表 5.1 美国得克萨斯州、路易斯安那州和密西西比州中 172 个气藏和凝析气藏的气油比和储罐油 API 重度的分布范围

液气比 GPM[a]	气油比 $10^3 ft^3/bbl$	油气资源数量			总计	总百分比
		得克萨斯州	路易斯安那州	密西西比州		
<0.4	>105	38	12	7	57	33.1
0.4~0.8	52.5~105	33	18	4	55	32.0
0.8~1.2	35.0~52.5	12	15	5	32	18.6
1.2~1.6	26.2~35.0	1	8	1	10	5.8
1.6~2.0	21.0~26.2	1	3	1	5	2.9
>2.0	<21.0	2	5	6	13	7.6

续表

液气比 GPMa	气油比 $10^3 \text{ft}^3/\text{bbl}$	油气资源数量			总计	总百分比
		得克萨斯州	路易斯安那州	密西西比州		
总计		87	61	24	172	100
储罐油 API 重度(°API)						
	<40	2	1	0	3	1.8
	40~45	4	2	0	6	3.6
	45~50	12	12	0	24	14.6
	50~55	23	17	7	47	28.5
	55~60	24	13	12	49	29.7
	60~65	19	8	3	30	18.2
	>65	3	1	2	6	3.6
		87	54	24	165	100

a GPM 指的是 $\text{gal}/10^3 \text{ft}^3$。

在凝析气藏中,最初的相态是气态,但通常具有商业利益的流体是反凝析液。最大化反凝析液开采量的方法是将凝析气藏和单相气藏区分开。例如,在单相气藏中,降低地层的压力可以提高采收率,水驱的存在会降低采收率。在凝析气藏中,降低地层的压力至露点压力以下时会降低凝析气藏的采收率,因此若水驱使地层压力保持在露点压力以上,将有可能增加凝析气藏的采收率。同样,提高凝析气藏采收率方法不同于提高油藏采收率方法,特别是对于油藏,注水会保持地层压力并将原油驱替至生产井中,但是对于凝析气藏,最好使用气体来维持地层压力和驱替储层流体。这一章将会帮助工程师设计出提高凝析气藏采收率的方案,试图将储层中有价值成分的产量最大化。

5.2 凝析气藏的原始油气地质储量

凝析气藏的原始油气地质储量,包括反凝析气顶气藏和非反凝析气顶气藏,可以根据获得的矿场数据,将产出的气体和原油按正确的比例重新组合,并假设凝析气藏在原始条件下处于单相,获得井中总流体的平均相对密度(空气相对密度为1.00),然后结合图1.3所示的两级分离系统,由公式(5.1)给出了井中总流体的平均相对密度:

$$\gamma_w = \frac{R_1 \gamma_1 + 4602\gamma_o + R_3 \gamma_3}{R_1 + \frac{133316\gamma}{M_{wo}} + R_3} \tag{5.1}$$

式中 R_1, R_3——分别为分离器(1)中和储罐(3)中的生产气油比;

γ_1, γ_3——分离器和储罐中气体的相对密度;

γ_o——储罐中油的相对密度(水的相对密度为1.00),公式如下:

$$\gamma_o = \frac{141.5}{\rho_{o,API} + 131.5} \tag{5.2}$$

M_{wo}——储罐油的相对分子质量,公式如下:

$$M_{wo} = \frac{5954}{\rho_{o,API} - 8.811} = \frac{42.43\gamma_o}{1.008 - \gamma_o} \tag{4.21}$$

例5.1 利用公式(5.1)和油田生产数据来计算1ac-ft体积凝析气藏的原始天然气地质储量和原始凝析油地质储量。本章节中的三个例子给出了计算方法,工程师可以根据实验室测得的凝析气藏储层流样数据来进行计算。样品报告中包括附加的计算,这些附加的计算也可以从商业实验室PVT实验数据中获得。工程师在计算凝析气藏时,需要获得这些样品报告来补充本章中相关计算所需的参数。原始地层温度和压力时的天然气偏差因子可以根据凝析油和天然气混合物的气体比重估算得到,如第2章所述。根据估算得到的气体偏差因子和地层温度、压力、孔隙度和束缚水饱和度可以计算1ac-ft体积储层中烃类的摩尔数,进而算得凝析气藏的原始天然气地质储量和原始凝析油地质储量。

例5.1 计算凝析气藏每英亩-英寸的原始原油和天然气地质储量。

已知:

原始地层压力=2740psi(绝);
地层温度=215°F;
平均束缚水饱和度=30%;
储罐中每日产油量=242bbl;
凝析油的重度=48.0°API(温度为60°F时);
分离器中每日产气量=3100ft³;
分离器中气体的相对密度=0.650;
储罐中每日产气量=120ft³;
储罐中气体的相对密度=1.20。

解:

$$\gamma_o = \frac{141.5}{48.0 + 131.5} = 0.788$$

$$M_{wo} = \frac{5954}{P_{o,API} - 8.811} = \frac{5954}{48.0 - 8.811} = 151.9$$

$$R_1 = \frac{3100000}{242} = 12810$$

$$R_2 = \frac{120000}{242} = 496$$

$$\gamma_w = \frac{12.180 \times 0.650 + 4602 \times 0.788 + 496 \times 1.20}{12810 + \dfrac{133316 \times 0.788}{151.9} + 496} = 0.896$$

由公式(2.11)和式(2.12),可得 $P_c=636$psi(绝)、$T_c=430°R$ 和 $T_r=1.57,P_r=4.30$,利用图(2.2),可得原始状态的气体偏差因子为 0.815。因此,1ac-ft 体积储层中凝析气藏的原始总流体地质储量为:

$$G = \frac{379.4pV}{zR'T} = \frac{379.4 \times 2740 \times 43560 \times 0.25 \times 1 - 0.30}{0.815 \times 10.73 \times 675} = 1342 \times 10^3 \text{ft}^3/\text{ac-ft}$$

由于气体的体积分数等于其摩尔分数,则地面产出的总气体体积分数为

$$f_g = \frac{n_g}{n_g + n_g} = \frac{\dfrac{R_1}{379.4} + \dfrac{R_3}{379.4}}{\dfrac{R_1}{379.4} + \dfrac{R_3}{379.4} + \dfrac{350\gamma_o}{M_{wo}}} \tag{5.3}$$

$$f_g = \frac{\dfrac{12810}{379.4} + \dfrac{496}{379.4}}{\dfrac{12810}{379.4} + \dfrac{496}{379.4} + \dfrac{350 \times 0.788}{151.9}} = 0.951$$

因此:

$$\text{原始天然气单元地质储量} = 0.951 \times 1342 = 1276 \text{ft}^3$$

$$\text{原始凝析油单元地质储量} = \frac{1276 \times 10^3}{12810 + 496} = 95.9 \text{bbl}$$

因为气体产量占产出总流体摩尔数的 95.1%,则以 ft³ 为单位时,每日凝析气藏的总流体产量为

$$\Delta G_p = \frac{\text{每日产气量}}{0.951} = 3386 \times 10^3 \text{ft}^3/\text{d}$$

根据真实气体定律,每日总产层亏空体积为

$$V = 3386000 \frac{675 \times 14.7 \times 0.815}{520 \times 2740} = 19220 \text{ft}^3/\text{d}$$

在地层温度和压力下的井中总流体的气体偏差因子可以通过其组成计算得到。将生产得到的气体和液体按照生产时的比例进行重新组合,然后通过分析来计算井中总流体的组成。当储罐中液体的组成已知时,一单位这种液体必须与分离器和储罐中产出的适量气体进行重新组合,分离器和储罐中的气体组成各不相同。当第一个或较高压力分离器中的气体和液体组成已知时,必须测量和监测分离器中液体通过储罐时的收缩率,以便知道分离器中气体和液体的正确比例。例如,如果分离器中液体的地层体积系数是 1.20(分离器)bbl/(储罐)bbl,测得的气油比为 20000(分离器)ft³/(储罐)bbl。则分离器中气体和液体样品应该按 20000ft³ 的天然气和 1.20bbl 的分离器液体的比例进行重新组合,因为 1.20bbl 的分离器液体在储罐中的体积缩减成 1.00bbl。

例 5.2 通过对高压分离器中天然气和液体进行了分析,假定井中流体与储层流体是一样的,计算凝析气藏原始天然气地质储量和原始凝析油地质储量。计算方法与例 5.1 类似,但储层流体的气体偏差因子时根据拟对比温度 T_r 和拟对比压力 P_r 得到的,即气体偏差因子由井

中总流体的组成得到,而不是由井中总流体的比中得到的。图5.3给出了通过C_{7+}组分的相对分子质量和相对密度来估算拟临界温度T_c和拟临界压力P_c。

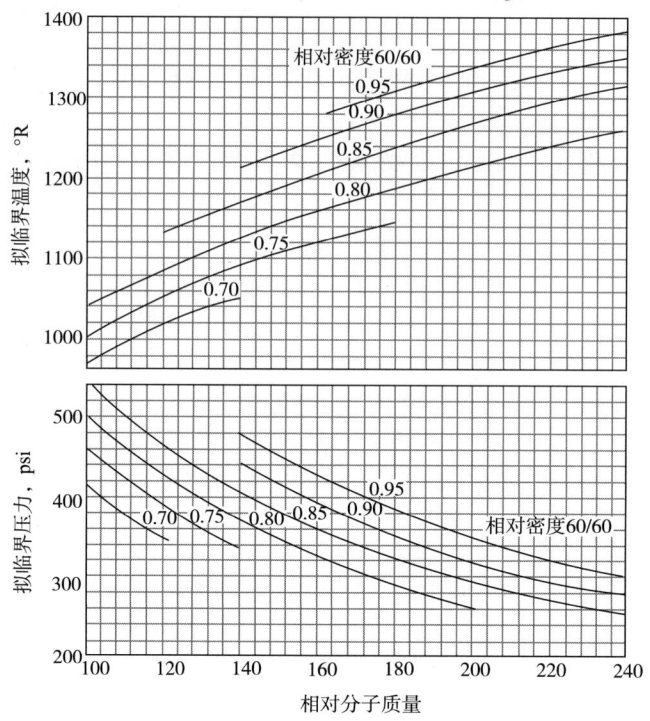

图5.3 根据C_{7+}组分的相对分子质量和相对密度来

估算拟临界温度和拟临界压力(选自参考文献7)

例5.2 根据高压分离器中气体和液体的组成来计算原始油气地质储量。

已知:

地层压力 = 4350psi(绝);

地层温度 = 217°F;

烃类孔隙度 = 17.4%;

标准状况 = 15.025psi(绝)和60°F;

分离器中每日产气量 = 842600ft³/d;

储罐中每日产油量 = 31.1bbl/d;

分离器中C_{7+}组分的相对分子质量 = 185.0;

分离器中C_{7+}组分的相对密度 = 0.8343;

分离器中液体的相对密度 = 0.7675[压力880psi(绝)和温度60°F时];

分离器中液体的地层体积系数 = 1.235bbl/bbl[压力880psi(绝)和温度60°F时];

高压分离器中气体和液体组成如表5.2中第2、第3栏所示;

摩尔体积 = 371.2ft³/mol[压力15.025psi(绝)和温度60°F时]。

表 5.2　例 5.2 中凝析气藏流体参数的计算

(1)	(2)	(3)	(4)	(5)	(6)	(7)	(8)
	分离器中流体的摩尔分数		摩尔质量	(3)×(4) lb/mol	每个组分的液体量 bbl/mol	(3)×(6) 每个组分每摩尔分离器液体的体积 bbl	(2)×59.11 以摩尔数59.11为基准时每个组分的气体摩尔数
	气相	液相					
CO_2	0.0120	0.0000					0.7093
C_1	0.9404	0.2024	16.04	3.2465	0.1317	0.0267	55.5870
C_2	0.0305	0.0484	30.07	1.4554	0.1771	0.0086	1.8029
C_3	0.0095	0.0312	44.09	1.3756	0.2480	0.0077	0.5615
iC_4	0.0024	0.0113	58.12	0.6568	0.2948	0.0033	0.1419
nC_4	0.0023	0.0196	58.12	1.1392	0.2840	0.0056	0.1360
iC_5	0.0006	0.0159	72.15	1.1472	0.3298	0.0052	0.0355
nC_5	0.0003	0.0170	72.15	1.2266	0.3264	0.0055	0.0177
C_6	0.0013	0.0384	86.17	3.3089	0.3706	0.0142	0.0768
C_{7+}	0.0007	0.6158	185	113.923	0.6336[a]	0.3902	0.0414
总计	1.0000	1.0000		127.4791		0.4671	59.1100

(9)	(10)	(11)	(12)	(13)	(14)	(15)
(2)×59.11 以摩尔数2.017为基准时每个组分的液体摩尔数	(8)+(9) 以摩尔数61.217为基准时每个组分的气体和液体摩尔数	(8)÷61.217 井中总流体的摩尔分数	临界压力 psi(绝)	(11)×(12) 部分临界压力 psi(绝)	临界温度 °R	(11)×(14) 部分临界温度 °R
0.0000	0.7093	0.0116	1070	12.3981	548	6.3497
0.4265	56.0135	0.9150	673	615.7944	343	313.8447
0.1020	1.9050	0.0311	708	22.0321	550	17.1153
0.0657	0.6277	0.0103	617	6.3265	666	6.8290
0.0238	0.1658	0.0027	529	1.4327	735	1.9907
0.0413	0.1773	0.0029	550	1.5929	766	2.2185
0.0335	0.0685	0.0011	484	0.5416	830	0.9287
0.0358	0.0538	0.0009	490	0.4306	846	0.7435
0.0809	0.1579	0.0026	440	1.1349	914	2.3575
1.2975	1.3385	0.0219	300[b]	6.5595	1227[b]	26.8282
2.1070	61.2170	1.0000		668.2434		379.2058

a　185lb/mol÷(0.8343×350lb/bbl)=0.6336bbl/mol。
b　由图5.3(选自参考文献7)得到,假设C_{7+}的相对分子质量为185和相对密度为0.8342。

解：
(注：求解步骤中的栏数参照表5.2)

1. 第1、第2和第3栏中的数据已知。这些通常全部来自实验室对分离器中样品的测试，第4栏是附加资料，可以从表2.1中获得，根据这些资料可以计算摩尔组成，来对分离器中的天然气和液体进行重新组合。将液体每个组分的摩尔分数（第3栏）乘以其对应的摩尔质量（第4栏）可以得到第5栏，第5栏的总和为127.48为分离器中液体的相对分子质量。接下来，需要知道每个组分每摩尔液体的体积分数，这个数据可以从表2.1中找到，表2.1中最后一栏数据的单位是gal/lb·mol，将这些单位转换成bbl/mol即可。接下来的几步需要将产出的液体与气体的量进行匹配，来确定井中总流体的成分，而不只是液体或气体的成分。因为分离器中液体在压力880psi（绝）和温度60°F时的相对密度为是0.7675，则每桶液体的摩尔数是：

$$\frac{0.7675 \times 350 \text{lb/bbl}}{127.48 \text{lb/mol}} = 2.107 \text{mol/bbl}$$

分离器中液体产量是31.1bbl/d×1.235（分离器）bbl/bbl，所以分离器中的气油比为

$$\frac{842600}{31.1 \times 1.235} = 21940 \text{ft}^3$$

因为21940ft³经过单位换算，折算成摩尔单位时为21940/371mol=59.11mol，所以分离器中气体和液体必须按59.11mol气体和2.107mol液体的比例进行重新组合。

如果分离器中液体的相对密度未知，每桶液体的摩尔数可以按如下方法计算。将分离器中液体每个组分的摩尔分数（第3栏）乘以每摩尔液体对应的桶数（第6栏，数据由表2.1中的数据获得），然后将计算结果录入第7栏中，第7栏的总和为0.46706，是每摩尔分离器中液体所占的体积（桶），它的倒数是2.141mol/bbl（测量值为2.107）。

2. 既然产出的气体与液体的比例已经得到，将59.11mol天然气与2.107mol液体进行重新组合。将分离器中气体每个组分的摩尔分数（第2栏）乘以59.11mol，将计算结果录入第8栏中。将分离器中液体每个组分的摩尔分数（第3栏）乘以2.107mol，将计算结果录入第9栏中。将分离器中总流体（气体和液体）每个组分的摩尔数相加，将计算结果录入第10栏中。第10栏的每个数据都除以第10栏的总和（即61.217），将计算结果录入第11栏中，这一栏是总井总流体的摩尔分数。第12栏是每个组分的临界压力，可以从表2.1中获得。根据这个数据，可以得到部分临界压力（第13栏）。同样第14栏和第15栏中关于温度的计算与之类似。根据组成计算得到部分临界温度的总和和部分临界压力的总和，即总流体的拟临界温度为379.23°R和拟临界压力为668.23psi（绝）。通过拟对比参数经验公式，得到拟对比参数，最后得到在压力4350psi（绝）和温度217°F时的气体偏差因子为0.963。

3. 计算1ac-ft体积储层中的原始天然气地质储量和原始凝析油地质储量。根据真实气体定律，在烃类孔隙体积为17.4%时，1ac-ft体积储层中的初始摩尔数为：

$$\frac{PV}{zRT} = \frac{4350 \times 43560 \times 0.174}{0.963 \times 10.73 \times 677} = 4713 \text{mol/ac-ft}$$

$$\text{气体摩尔分数} = \frac{59.11}{59.11 + 2.107} = 0.966$$

$$\text{原始天然气地质储量} = \frac{0.966 \times 4713 \times 371.2}{1000} = 1690 \times 10^3 \text{ft}^3/\text{ac-ft}$$

$$原始凝析油地质储量 = \frac{(1-0.966) \times 4713}{2.107 \times 1.235} = 61.6 \text{bbl/ac-ft}$$

因为高压分离器中气体占总生产摩尔数的96.6%,则以 ft^3 为单位时,每日凝析气藏的总流体产量为

$$\Delta G_\text{p} = \frac{日产气量}{气体摩尔分数} = \frac{842600}{0.966} = 872200 \text{ft}^3/\text{d}$$

压力为4350psi(绝)时每日总产层亏空体积为

$$\Delta V = 872200 \times \frac{677}{520} \times \frac{15.025}{4350} \times 0.963 = 3777 \text{ft}^3/\text{d}$$

5.3 定容型储层动态分析

第4章中介绍了单相气藏的生产动态特征。由于储层内没有液相生成,且地层温度在临界凝析温度之上,计算过程可以被简化。当地层温度低于临界凝析温度且地层压力低于露点压力时,由于等温反常凝析现象,储层中开始形成液体,即便是定容型储层,对于凝析气藏的研究也是相当复杂的。

其中一个方法是通过对具有代表性的原始单相储层流体样品进行实验研究,尽可能地模拟储层的压力衰竭开采过程。将流体样品置于高压容器中,温度为地层温度,压力为原始地层压力。在压力衰竭的过程中,容器的体积保持不变来模拟定容型储层。只将容器中的气态烃类分离出来,这是因为对于大多数凝析气藏,凝析油形成后,会成为不可流动的液相,并被圈闭在储层岩石孔隙中。

实验结果表明,对于大多数的储层岩石,当岩石孔隙中的含油相饱和度达到10%~20%时油相基本不能流动,这取决于原始储层岩石的孔隙体积和束缚水饱和度。大多数凝析油的液相饱和度很少超过10%,所以对于大多数凝析气藏,假设油相基本不能流动是合理的。值得注意的是,井筒附近的凝析油饱和度经常会增加,会产生两相(天然气和凝析油)流动。当单相气体接近井筒时,压力的降低会导致液相饱和度增加。流体的继续流动会增加凝析油的饱和度,直至液相开始流动。虽然这个现象并不会严重影响整个储层的生产动态或现在的储层动态预测,但是会(1)减少凝析气藏生产井的流速,有时会很严重,(2)影响井中样品的精确度,因为假设中井筒内只存在单相流动。

定容容器中气相(只存在气相)的压力连续衰竭过程可以通过下面更便捷的方法进行近似模拟。某活塞容器的活塞下部是泵,活塞上部(容器中)是气体,通过退汞,当容器中压力比原始压力低数百磅每平方英寸时,容器中气体的体积会增加。气相和反凝析液之间达到平衡需要一定的时间,液体出现在容器的底部,因此气态烃类可以从容器的顶部分离出来。通过控制汞从活塞下部的注入速度和气体从容器顶部分离的速度来保持容器中的压力恒定。因此,在低压(即分离器中)和容器(储层)温度条件下测得的分离气体的体积等于当烃类(现在是两相)体积转化成容器中在初始体积时汞的注入体积。体积膨胀至下一个更低的压力时,再次分离出气体,依次循环下去,直至压力达到设定时的废弃压力。每一次被分离出的气体增量都需要对其组成进行认真的分析,并且在真空下测量每一次被分离出的气体增量体积,

然后根据理想气体定律确定其在标准状态下的体积。由此,可以根据真实气体定律,计算在容器压力和温度时的气体偏差因子,或者可以根据气体增量的组成来计算容器压力和温度时的气体偏差因子。

图5.4和表5.3给出了原始地层压力下凝析气藏的流体组成和从PVT装置中经过5次分离得到的气体组成,分离过程如前所述。表5.3同时也给出了容器中反凝析液体在每个压力时的体积和在容器压力和温度时每一次被分离出的气体的偏差因子和体积。如图5.4所示,随着容器压力的下降,被分离出的气体组成也在发生变化。例如,与压力3000psi(绝)时相比,当压力为2500psi(绝)时C_{7+}组分的摩尔分数显著地下降,C_6组分(己烷)的下降幅度次之,C_5组分(戊烷)的下降幅度更小,依次往下。在相同的时间间隔内,较轻烃类组分的摩尔分数相应地增加,较重烃类组分会在容器的底部进行凝析,因此它们将不被产出。压力到达某点,如图1.4中的点B_2所示,随着容器中能量的继续衰竭,较重烃类组分开始再蒸发成气相。因此,如图5.4和表5.3所示,压力1000psi(绝)下降至500psi(绝)时,较重烃类组分的摩尔分数增加,较轻组分的摩尔分数减小。

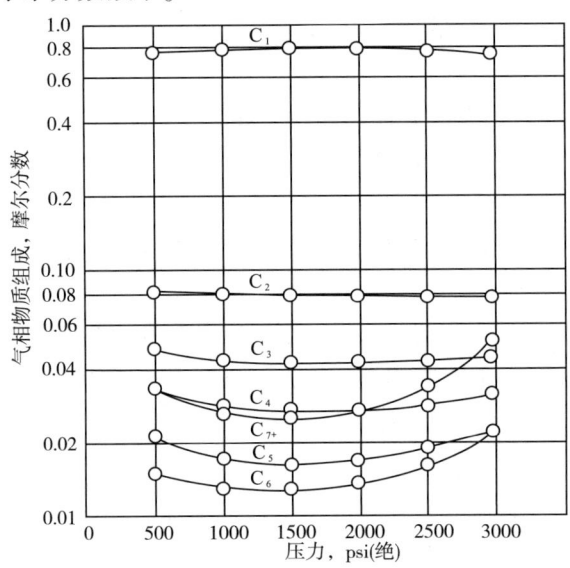

图5.4 某凝析气藏产出流体的气相组成随压力下降的变化情况(数据来自表5.3)

表5.3 凝析气藏储层流体的体积、组成和气体偏差因子

(1)	(2)	(3)	(4)	(5)	(6)	(7)	(8)	(9)	(10)	(11)	(12)
压力 psi(绝)	产出气相的组成(摩尔分数)							产出气体的体积(温度195°F和容器压力)	反凝析液量(容器体积为947.5cm³)cm³	反凝析液体积(占容器体积的比例)	气体偏差因子(温度195°F和容器压力)
	C_1	C_2	C_3	C_4	C_5	C_6	C_{7+}				
2960	0.752	0.077	0.044	0.031	0.022	0.022	0.052	0.0	0.0	0.0	0.771

续表

(1)	(2)	(3)	(4)	(5)	(6)	(7)	(8)	(9)	(10)	(11)	(12)
压力 psi(绝)	产出气相的组成(摩尔分数)							产出气体的体积(温度195°F和容器压力)	反凝析液量(容器体积为947.5cm³) cm³	反凝析液体积(占容器体积的比例)	气体偏差因子(温度195°F和容器压力)
	C_1	C_2	C_3	C_4	C_5	C_6	C_{7+}				
2500	0.783	0.077	0.043	0.028	0.019	0.016	0.034	175.3	62.5	6.6	0.794
2000	0.795	0.078	0.042	0.027	0.017	0.014	0.027	227	77.7	8.2	0.805
1500	0.798	0.079	0.042	0.027	0.016	0.013	0.025	340.4	75	7.9	0.835
1000	0.793	0.08	0.043	0.028	0.017	0.013	0.026	544.7	67.2	7.1	0.875
500	0.768	0.082	0.048	0.033	0.021	0.015	0.033	1080.7	56.9	6.0	0.945

表5.4 例5.3中每英尺–英亩的气体采收率和液体采收率

(1)	(2)	(3)	(4)	(5)	(6)	(7)	(8)	(9)	(10)	(11)
压力 psi(绝)	总流体产量 $10^3 ft^3$	Σ(2) 累计总流体产量 $10^3 ft^3$	残余气体增量 $10^3 ft^3$	Σ(4) 累计残余气体增量 $10^3 ft^3$	产液量增量 bbl	Σ(6) 累计产液量 bbl	(4)÷(6) 平均气油比增量 ft^3/bbl	(3)×100 /1580 累计总流体采收率,%	(5)×100 /1441 累计残余气体采收率,%	(7)×100 /143.2 累计液体采收率,%
2960	0	0	0	0	0	0	0	0	0	0
2500	239.7201	239.7201	224.7376	224.7376	15.3182	15.3182	14671	15.1722	15.5959	10.6971
2000	248.3352	488.0553	235.2356	459.9731	13.2680	28.5863	17729	30.8896	31.9204	19.9625
1500	279.2951	767.3504	265.4700	725.4431	13.9622	42.5485	19013	48.5665	50.3430	29.7127
1000	297.9476	1065.2980	282.6778	1008.1209	15.4188	57.9673	18333	67.4239	69.9598	40.4800
500	295.5682	1360.8662	276.9474	1285.0683	18.8721	76.8394	14675	86.1308	89.1789	53.6588

将容器中分离出的气体通过微型分离器时,可以测得其液相采收率,或根据油田常用的分离方法或汽油装置分离方法得到的组成进行计算。使用汽油装置分离方法要比油田分离方法得到的C_{7+}组分的液相采收率简单来说,表5.3中气体增量产生的液相采收率大,且C_3组分(丙烷)和C_4组分(丁烷)的采收率更大,丙烷和丁烷通常被称为液化石油气(LPG)。例5.3中计算了气体增量的液相采收率。假定25%的丁烷、50%的丙烷、75%的己烷和的C_{7+}组分以液相的形式采出。

例5.3 计算某凝析气藏的定容衰竭开采动态。该凝析气藏由实验测得的流体物性参数见表5.3。

已知：

  原始地层压力(露点压力)=2960psi(绝);

  地层废弃压力=500psi(绝);

  地层温度=195°F;

  束缚水饱和度=30%;

  孔隙度=25%;

  标准状态=压力14.7psi(绝)和温度60°F;

  初始容器体积=947.5cm³;

  原始储层流体中 C_{7+} 的分子质量=114lb/lb·mol;

  原始储层流体中 C_{7+} 的相对密度=0.755(温度为60°F 时);

  表 5.3 中给出了该凝析气藏储层流体的体积、组成和气体偏差因子;

假设所有产出的气体中 C_{7+} 组分相对分子质量和相对质量都相同。假定 25% 的丁烷、50% 的丙烷、75% 的己烷和的 C_{7+} 组分以液相的形式采出。

解：

(注:求解步骤中的栏数参照表5.4)

1. 以 $10^3 ft^3/ac-ft$(净岩石储层体积)为单位计算总流体产量增量。首先，计算 V_{HC}，即 1ac-ft储层岩石体积中的烃类体积:

$$V_{HC} = 43560 \times 0.25 \times (1 - 0.30) = 7623 ft^3/ac-ft$$

例如,压力从 2960psi(绝)下降至 2500psi(绝)时,将烃类体积乘以产出气体体积(见表5.3)与容器体积的比值,可以得到产气量增量,然后将该部分体积转换成标准状态时的体积,计算过程如下：

$$\Delta V = 7623 \times \frac{175.3 cm^3}{947.5 cm^3} = 1410 ft^3/ac-ft [2500 psi(绝), 195°F]$$

$$G_p = \frac{379.4 pV}{1000 zRT} = \frac{379.4 \times 2500 \times 1410}{1000 \times 0.794 \times 10.73 \times 655} = 239.7 \times 10^3 ft^3/ac-ft$$

将计算结果录入到第 2 栏中,然后计算累计产气量 $G_p = \sum \Delta G_p$,然后计算结果录入到第 3 栏中。

2. 以 $10^3 ft^3$ 为单位计算累计残余气产量和以 bbl 为单位计算累计产液量,并将计算结果分别录入第 4 栏和第 6 栏中。假定 25% 的丁烷、50% 的丙烷、75% 的己烷和的 C_{7+} 组分以液相的形式采出。

例如,压力从 2960psi(绝)下降至 2500psi(绝)时,产气量增量为 $239.7 \times 10^3 ft^3$,由于被采出液体的摩尔分数为

$$\Delta n_L = 0.25 \times 0.028 + 0.50 \times 0.019 + 0.75 \times 0.016 + 0.034$$
$$= 0.0070 + 0.0095 + 0.0120 + 0.034 = 0.0625$$

由于气相的摩尔分数与气体体积分数相等,产气量增量为 $239.7×10^3ft^3$ 时,被采出液体的气相当量体积:

$$\Delta G_L = 0.0070 \times 239.7 + 0.0095 \times 239.7 + 0.0120 \times 239.7 + 0.034 \times 239.7$$
$$= 1.681 + 2.281 + 2.281 + 8.163 = 14.981 \times 10^3 ft^3$$

利用表 2.1 中 C_4 组分、C_5 组分和 C_6 组分的相关数据(单位为 $gal/10^3ft^3$),可以将气体体积单位(10^3ft^3)转换成液相体积单位(bbl)。其中 C_4 组分和 C_5 组分的数值使用其正构体和异构体的平均值。

对于 C_{7+} 组分,有

$$\frac{114 lb/lb \cdot mol}{0.379 \times 10^3 ft^3/lb \cdot mol \times 8.337 lb/gal \times 0.755} = 47.71 gal/10^3 ft^3$$

式中,$0.3794 \times 10^3 ft^3/lb \cdot mol$ 为压力 14.7psi(绝)和温度 60°F(标准状态)时的摩尔体积。当产气量增量为 $239.7 \times 10^3 ft^3$ 时,产液量增量为

$$1.681 \times 32.04 + 2.281 \times 36.32 + 2.881 \times 41.03 + 8.163 \times 47.71$$
$$= 53.9 + 82.8 + 118.2 + 389.5 = 644.4 gal = 15.3 bbl$$

此时,残余气产量增量为

$$239.7 \times 10^3 ft^3 \times (1 - 0.0625) = 224.7 \times 10^3 ft^3。$$

根据第 4 栏和第 6 栏的结果计算出累计残余气产量和累计产液量,将计算结果分别录入第 5 栏和第 7 栏中。

3. 以 ft^3(残余气)/bbl 为单位时,计算总流体的平均气油比增量,将计算结果分别录入第 8 栏中。例如,压力从 2960psi(绝)下降至 2500psi(绝)时,总流体的平均气油比增量为

$$\frac{224.7 \times 1000}{15.3} = 14686 ft^3/bbl$$

4. 计算累计总流体采收率、累计残余气体采收率和累计液体采收率。将计算结果分别录入第 9 栏、第 10 栏和第 11 栏中。该凝析气藏原始总流体地质储量为:

$$\frac{379.4 pV}{1000 zRT} = \frac{379.4 \times 2960 \times 7623}{1000 \times 0.771 \times 10.73 \times 655} = 1580 \times 10^3 ft^3/ac\text{-}ft$$

其中,液体的摩尔分数是 0.088,根据第 2 部分的原始油气组成算得总液体采收率为 $3.808 gal/10^3 ft^3$(原始总流体地质储量),所以

$$G = (1 - 0.088) \times 1580 = 1441 \times 10^3 ft^3(残余气/ac\text{-}ft)$$

$$N = \frac{3.808 \times 1580}{42} = 143.2 bbl/ac\text{-}ft$$

当压力为 2500psi(绝)时,有

$$总流体采收率 = \frac{100 \times 239.7}{1580}\% = 15.2\%$$

$$残余气体采收率 = \frac{100 \times 224.7}{1441}\% = 15.6\%$$

$$液体采收率 = \frac{100 \times 15.3}{143.2}\% = 10.7\%$$

图 5.5 给出了实验测定结果和例 5.3 的计算结果与地层压力之间的关系。在压力 1600psi(绝)附近,气油比从 10060ft³/bbl 急剧上升到 19000ft³/bbl,但此刻并为达到反凝析液量和气油比的最大值。引起这一现象的原因,前文也有所提及,凝析液量的体积比储罐中的体积大很多,压力 500psi(绝)时 6.0% 凝析液量的储罐油体积比压力 1500psi(绝)时 7.9% 凝析液量的储罐油体积大。压力低于 1600psi(绝)时凝析液的再蒸发过程能够降低气油比。但是,储层中再蒸发过程能否达到平衡是一直备受争议的。通常油田的实际气油比要比预测的气油比要大,这主要是由于在低压和较高温度下分离器中的液体采收率较低。较低的分离器温度会出现在较高的井筒压力时,这是由于气体在流经油嘴时会发生自由膨胀,产生很好的降温效果。尽管在废弃压力 500psi(绝)时总流体采收率为 86.1%,而由于反凝析现象,液体采收率只有 53.7%,由于压力和储层流体组成的变化而引起气体偏差因子的变化,使得累计产液量直线出现部分的弯曲。

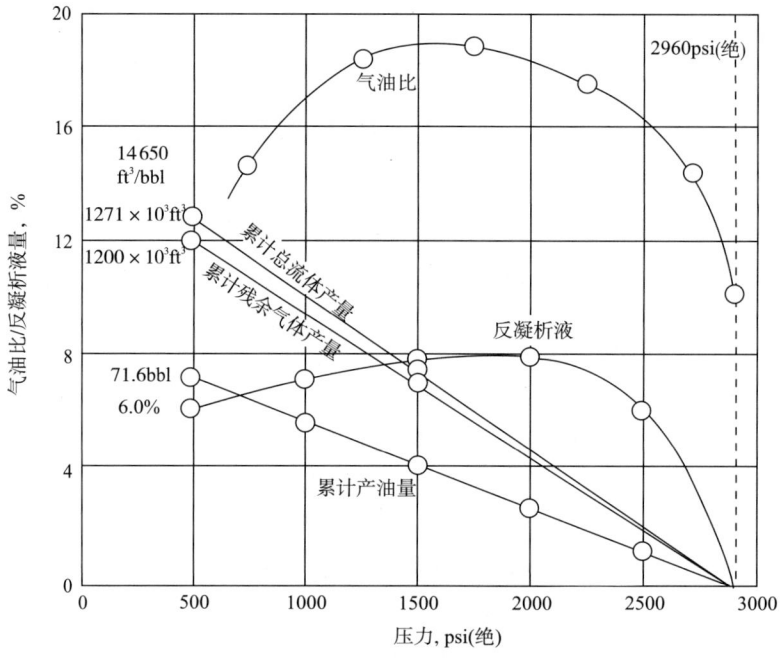

图 5.5 凝析气藏衰竭开采中的气油比、反凝析液量和采收率(数据来自表 5.3 和表 5.4)

凝析气藏反凝析流体的容积式衰竭动态特征,如例 5.3 中所述,也可根据原始单相储层流体的组成,利用平衡比进行计算。平衡比 K 是任一组分在蒸汽相中的摩尔分数 y 与其在液相中的摩尔分数 x 的比值,即 $K=y/x$,这个比值的大小取决于地层温度和压力,还取决于整个体系的组成。对于给定的凝析气藏,可以找到一系列的平衡比,那么可以计算出任何压力和地层温度下的液相和蒸汽相的摩尔分数之比和分离蒸汽相与液相的组成,如图 5.4 所示。根据每一相的组成和总摩尔数,能够以合理的精度计算出任何压力下液相和蒸汽相的体积。

用平衡比对反凝析的动态特征进行预测是一个专项技术。Standing[4]、Rodgers[8]、Harrison 和 Regier 等[11-14]给出了现有的校正凝析体系平衡比数据的方法,使其能够应用于不同组成的体系。他们还给出了定容储层的逐步计算法,并从单位体积的已知组成的原始储层蒸汽相开始计算,假定在常压下将蒸汽相物质的增量从原始体积中分离出来,而剩余流体膨胀至原始体积。压力平衡时,根据校正的平衡比对蒸汽相体积、反凝析液体积以及蒸汽相与反凝析液各自的组成进行计算。

第二次分离得到的蒸汽相增量在更低的压力下分离出来,此压力时,体积和组成的计算方法与前面一样。保存每个组分的生产时的摩尔数,这样,在任何压力时任何组分的总摩尔数可以通过与初始摩尔数的差值得到。这个计算已知会持续到压力到达废弃压力的时候,如实验室技术一样。

Standing[4]指出仅根据平衡比率来预测凝析气藏的动态误差会较大,应该使用一些现有的实验室数据检查调整平衡比的准确性。事实上,由于储藏或容器中体系的组成是不断变化的,那么平衡比也会不断地发生变化,特别是 C_{7+} 组分的组成变化对计算的影响很大。Rodgers、Harrison 和 Regier[8]指出,为了提高计算的整体精度,有必要对较重烃类组分平衡比的计算方法进行改善。

Jacoby、Koeller 和 Berry[15]研究了 8 种干气凝析气藏储罐油与气体形成的混合物的相态变化,温度范围在 100°F 与 250°F 之间时,重新组合的比例范围在 2000ft³/bbl 与 25000ft³/bbl 之间。结果对于那些通过实验无法研究的凝析气藏衰竭动态的预测很有用。他们认为,从挥发性油藏到富凝析气藏,地面的生产动态是逐渐变化的。当气油比的范围在 2000ft³/bbl 与 6000ft³/bbl 之间时,区分露点气藏和溶解气驱油藏的实验测试是非常有必要的。

5.4 物质平衡方法在凝析气藏中的应用

例 5.3 中反凝析流体的实验分析本身就是对被取样气藏的定容衰竭开采进了了物质平衡研究。例 5.3 中的基本数据和计算数据在定容型储层中的应用是很简单的。例如,假设平均地层压力从原始地层压力 2960pis(绝)下降至 2500pis(绝)时,油井中总流体产量为 $12.05 \times 10^9 \text{ft}^3$。根据表 5.4,压力为 2500pis(绝)时定容衰竭开采获得的采收率相当于原始总流体地质储量的 15.2%,则原始总流体地质储量为

$$G = \frac{12.05 \times 10^9}{0.152} = 79.28 \times 10^9 \text{ft}^3$$

从表 5.4 可知,当压力降到废弃压力 500pis(绝)时,累计采收率是 80.4%,所以原始可采总流体体积或原始总流体可采储量为

$$原始总流体可采储量 = 79.28 \times 10^9 \times 0.804 = 63.74 \times 10^9 \text{ft}^3$$

由于已经采出了 $12.05 \times 10^9 \text{ft}^3$ 的原始总流体地质储量,则在压力 2500pis(绝)时的总流体可采储量是

在压力2500pis（绝）时的总流体可采储量 = (63.74-12.05)×10⁹ = 51.69×10⁹ft³

这些计算的精度取决于样本的精确度及实验方法模拟真实定容衰竭开采的方法。通常，储藏内部的压降梯度意味着储层内部各处能量衰竭的程度不同，这是由于孔隙度减小和(或)净产层厚度的减小导致某些部位的压降增加和(或)可采储量降低。因此，油井的气油比各部不同，在任意平均地层压力下储层总流体的平均组成与相同压力下容器中流体的组成并不完全一样。

尽管定容型储层的总流体生产历史数据与实验室的测试结果大体相近，但残余气体和液体的各自产量的精度较差，如前所述，这是由于储藏各个部位衰竭程度各不不同，同样实验室测定的储层液体采收率与油田生产中采出液相的分离器实际效果之间存在差异。

前面的介绍仅仅适用于定容型单相凝析气藏。但是大部分凝析气藏在在发现时的原始地层压力为露点压力，而不是高于露点压力。这意味着通常存在一个含油带与凝析气顶相连，且含油带的大小很小，几乎可以忽略不计，或与气顶的大小相当或更大。小型含油带的存在会影响到基于单相研究的计算精度，并且含油带越大，影响越严重。当含油带大小与气顶一致时，这两个必须同时被考虑，当作成两相储层来对待，此种情况将在第7章中进行介绍。

许多凝析气藏在生产过程中存在部分或完全水驱。如同其他储层一样，当地层压力稳定或停止下降时，采收率取决于稳定时的压力值和侵入水驱替岩石中气相的驱替效率。发凝析液量越多时，液相采收率越低，这是因为反凝析液通常无法流动，并且在水驱前缘的后方会与一些气体一起被圈闭起来。渗透率的变化也会降低液相渗透率，这是因为在低渗透储层衰竭开采之前油井就被水淹并不得不关井停产。通常，水驱时的采收率比定容衰竭开采时的采收率低，在第4章第4.3节对其进行了解释。

当含油带不存在或忽略不计时，物质平衡方程可以应用于定容型凝析气藏和水驱凝析气藏，与单相非凝析气顶气藏一样，公式如下

$$G(B_g - B_{gi}) + W_e = G_p B_g + B_w W_p \tag{4.14}$$

公式(4.14)可以用来计算水侵量W_e或原始天然气地质储量G。公式中包括低压时的气体偏差因子z，它被包含在公式(4.14)中气体地层体积系数B_g中。因为这个气体偏差因子用于剩余在储层中的反凝析流体，当凝析气藏的地层压力低于露点压力时，气体偏差因子是一个两相气体偏差因子。公式(2.7)中的实际体积包括气体体积和液体体积，理想体积是假设为理想气体时根据气体和液体的总摩尔数计算得到的。对于定容型储层，两相气体偏差因子也可以从实验室数据中获得，如例5.3所示。例如，从表5.5中可知，压力下降到2000psi（绝）时的单位体积总流体产量为485.3×10³ft³/ac-ft，而单位体积原始总流体地质储量为1580×10³ft³/ac-ft。由于单位体积原始烃类孔隙体积为7623ft³/ac-ft（例5.3），因此，在压力2000psi（绝）和温度195°F时，根据真实气体定律算得流体的两相气体偏差因子为

$$z = \frac{379.4 \times pV}{(G - G_p)R'T} = \frac{379.4 \times 2000 \times 7623}{(1580 - 485.3) \times 10^3 \times 10.73 \times 655} = 0.752$$

表5.5给出了当压力下降至500psi（绝）时储藏中剩余流体的两相气体偏差因子，凝析油藏流体的计算如例5.3所示。当有水侵入时，这些数据不是非常适用，这是因为气体偏差因子取决

于容器的动态,即容器中的气相与剩余液相之间需要保持蒸汽平衡状态。然而在有些储层中,部分气体和反凝析液被侵入的水包围并阻止它们与储层中的剩余烃类达到平衡。因此,表5.5中的气体偏差因子(第4栏)适用于定容型凝析气藏,用于水驱油藏时其精确度会下降。

当例5.3中给出的实验室数据未知时,原始储层气体的气体偏差因子可根据储层中剩余流体的气体偏差因子粗略估算。最好是在实验室中进行测量,但也可以使用拟对比参数关系式对原始总流体的相对密度或井中流体的组成对气体偏差因子进行估算。虽然例5.3中原始总流体的气体偏差因子测量值未知,但是一般认为它们更接近表5.5中第4栏的两相气体偏差因子,而不是第5栏中假设成单相气体时使用拟对比参数计算得到的数据。产出气相的气体偏差因子如第6栏所示,用作对比之用。

表5.5 例5.3中凝析气藏反凝析流体的两相气体偏差因子和单相气体偏差因子

(1)	(2)	(3)	(4)	(5)	(6)
压力 psi(绝)	G_p [a] $10^3 \text{ft}^3/\text{ac-ft}$	$(G-G_p)$ [a] $10^3 \text{ft}^3/\text{ac-ft}$	气体偏差因子		
			两相[b]	原始气相[c]	产出气体[a]
2960	0.0	1580.0	0.771	0.780	0.771
2500	240.1	1339.9	0.768	0.755	0.794
2000	485.3	1094.7	0.752	0.755	0.805
1500	751.3	828.7	0.745	0.790	0.835
1000	1022.1	557.9	0.738	0.845	0.875
500	1270.8	309.2	0.666	0.920	0.945

a 来自于表5.4和例5.3。
b 根据表5.4和例5.3中的数据计算得到。
c 使用拟对比参数关系图根据原始总流体(气相)的组成计算得到。

5.5 定容型凝析气藏的预测和实际生产情况对比

Allen和Roe[13]曾报道过美国得克萨斯州东部某凝析气藏Bacon石灰岩储层的生产动态。该凝析气藏的生产历史如图5.6和图5.7所示。它形成于白垩纪时期的玫瑰谷构造的底部,深度约为7600ft(以海底7200ft为基准),储层面积为3100ac。由厚度约为50ft的含化石的致密透明白云岩组成,在渗透率较高的夹层,平均储层渗透率为30~40mD,估测的平均孔隙度为10%,束缚水饱和度大约为30%,地层温度大约为220°F,原始地层压力为3691psi(绝)。考虑到该储层的孔隙度和渗透率,该凝析气藏的非均质性非常严重,且观测井之间的连通性非常差,循环注气开采(见第5.6节)被认为是不可行的,因此依靠地层压力衰竭生产,使用三级分离过程来获得凝析油。压力为600psi(绝)时产量为 $20500 \times 10^6 \text{ft}^3$ 气体和830000bbl凝析液,累计(平均)气油比为24700ft³/bbl或1.70GPM。由于原始溶解气油比大约为12000ft³/bbl或3.50GPM,则压力为600psi(绝)时凝析液的采收率为 $100\% \times 1.7/3.5 = 48.6\%$ 的原始液体地质储量。基于平衡比的理论计算结果为1.54GPM(即气油比为27300ft³/bbl)和采收率为44%,在前者的基础上下降了10%。

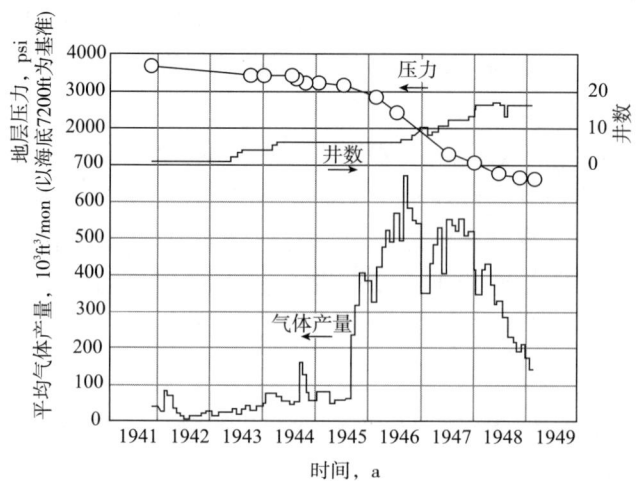

图 5.6　美国得克萨斯州东部某凝析气藏 Bacon 灰岩储层的生产动态（选自参考文献 13）

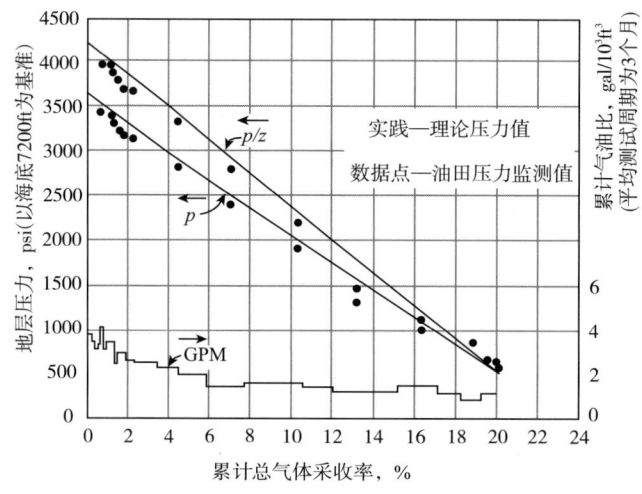

图 5.7　美国得克萨斯州东部某凝析气藏 Bacon 灰岩储层计算和测量的地层压力和 p/z 值与累计总流体采收率之间的关系（选自参考文献 13）

实际采收率与预测采收率之间的差别可能是由于样品误差。由于储层流体到达井桶时的反凝析现象,原始流体样品中较重烃类组分的含量会减少(见第 5.3 节)。Allen 和 Roe 认为另一个原因可能是计算的过程中忽略了气体组成中的氮气。储层生产周期中许多流体样品中都包含有少量的氮气。最后他们认为凝析气藏中反凝析液的流动是可能导致实际的液体采收率高于预测的液体采收率的原因,因为在计算的过程中,假设反凝析液是不流动的。考虑影响使用平衡比计算采收率和油田实际生产动态的各种变量时,这两者的认可度最好。

图 5.8 中给出了两组有关 C_{7+} 组分的数据,一组是根据两口井产出流体的组成计算得到的,另一组是根据平衡比计算得到的。以 C_{4+} 组分表示的液相含量高于储罐的 GPM(见图 5.7),因为不是所有的 C_4 组分或所有的 C_{5+} 组分能被油田分离器分离出来。压力下降至 1600psi(绝)的过程中,实际的 C_{4+} 组分含量较高,这与前面用来解释实际储罐总流体采收率高于由平衡比计算得到的采收率的原因是一样的。图 5.7 中的储罐 GPM 数据显示没有发生再蒸发现象,但是从图 5.8 中压力低于 1600psi(绝)时井中流出物的组成可以明显地

看出 C_{4+} 组分被再蒸发,因此 C_{5+} 组分可能构成大部分的分离器液体。压力低于 1600psi(绝)时储层内反凝析液的再蒸发现象是非常明显的,只是会被低压时分离器的效率降低抵消掉。

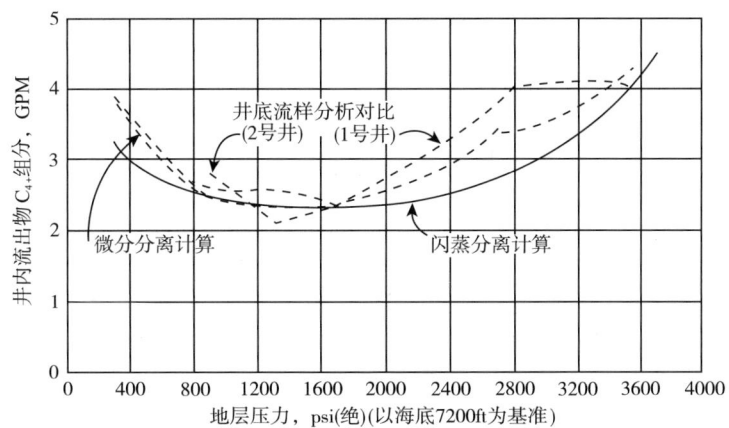

图5.8 美国得克萨斯州东部某凝析气藏 Bacon 灰岩储层的油井流出物中 C_{4+} 组分的计算和测量值(选自参考文献13)

图5.8同时也对比了微分分离过程算得的液体采收率和由闪蒸分离过程算得液体采收率。在微分分离过程中,只有气体被产出,因此在储层中气相不与液相接触。在闪蒸过程中,所有的气体与反凝析液体已知保持接触。因此,随着压力的下降,体系的体积必须增加。因此微分分离过程是恒定体积时改变组成,而闪蒸分离过程是恒定组成时改变体积。闪蒸分离过程中基于平衡比的实验研究和计算更加简单,只是因为体系中所有的组成都保持不变,但是凝析气藏的定容衰竭开采过程实质上时一个微分分离过程。第5.3节和例5.3中基于平衡比的使用和实验研究,是通过一系列的逐步闪蒸分离过程来使其接近微分分离过程的。由图5.8可以看出,当压力低于1600psi(绝)时闪蒸分离和微分分离的计算结果相近。压力低于1600psi(绝)时油井的生产动态与微分分离的计算结果也很接近,这是因为假设储层的产出物中只有气相物质(即反凝析液不能流动)时,储层的生产过程在很大程度上遵循微分分离过程。

由图5.9可以看出,对于美国犹他州圣胡安地区深度为5775ft的 Parodox 灰岩储层中一个小型(一口井)非商业性的凝析气聚集,其储层流体数据与实验室数据之间具有良好的一致性。这给 Rodgers、Harrison 和 Regier 一个很好的机会,使他们能够将实验室PVT研究和基于平衡比的研究与实际可以控制与观测的油田压力衰竭过程进行对比[8]。实验室中,体积为 $4000cm^3$ 的实验装置中在地层温度和原始地层压力条件下装满了具有代表性的井中流体样品。容器中的压力衰竭以至于只有气体能够分离出来,且分离出来的气体通过微型的三级分离器,三级分离器的操作条件为优化的油田压力和温度。如前所述,假设为微分分离过程时,可以通过包含平衡比的公式计算得到储层的生产动态。Rodgers 等人认为通过实验室模型研究可以充分地复制和预测凝析气藏的生产动态。同时,他们发现如果具有代表性的平衡比数据已知时,可以通过原始储层流体的组成计算凝析气藏的生产动态。

表 5.6 对比了 Bacon 石灰岩储层和 Paradox 石灰岩储层的原始储层流体的组成。由于 Bacon 石灰岩储层流体中 C_{5+} 组分的含量较高,因此其气油比相对较低。

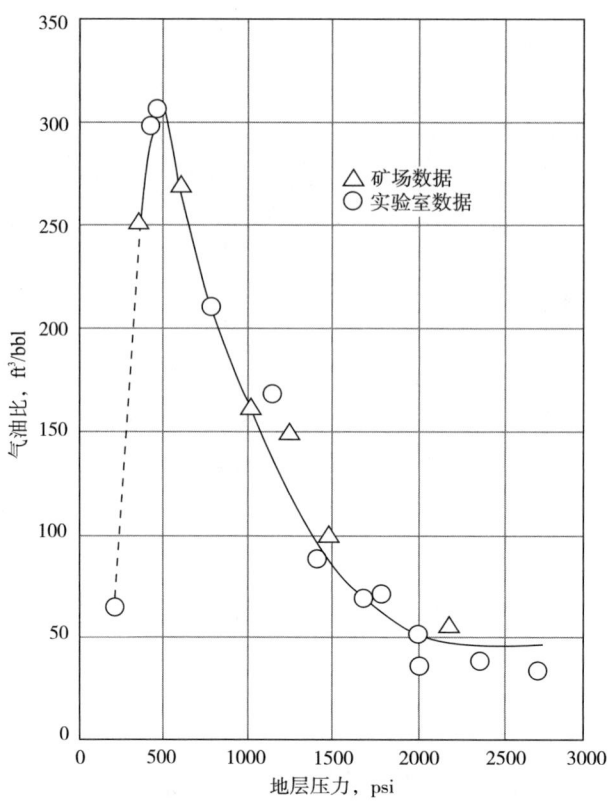

图 5.9　美国犹他州 Parodox 灰岩储层中某凝析气藏的矿场数据与实验数据对比(选自参考文献 8)

表 5.6　Bacon 石灰岩储层和 Paradox 石灰岩储层原始储层流体组分对比

流体组分	Bacon 石灰岩储层	Paradox 石灰岩储层
N_2		0.0099
CO_2	0.0135	0.0000
C_1	0.7690	0.7741
C_2	0.0770	0.1148
C_3	0.0335	0.0531
C_4	0.0350	0.0230
C_5	0.0210	0.0097
C_6	0.0150	0.0054

续表

液体组分	Bacon 石灰岩储层	Paradox 石灰岩储层
C_{7+}	0.0360	0.0100
总计	1.0000	1.0000
C_{7+} 组分相对分子质量	130	116.4
C_{7+} 组分的相对密度(60°F)	0.7615	0.7443

5.6 凝析气藏的循环注干气开发和水驱

由于许多凝析气藏的液体是烃类聚集中很有价值的和最重要的部分，并且因为反凝析作用大部分的液体在废弃压力时会剩余在储层中，因此许多凝析气藏采用循环注干气方法。在循环注气过程中，凝析液从产出(湿)气中分离出来，通常发生在汽油分离装置中，而残余气体或干气会通过注入井返回到储层中。注入气体可以维持地层压力和减缓反常凝析现象。同时，将湿气驱替至生产井中。由于被分离的液体代表了部分湿气体积，除非注入额外的气体，地层压力将会缓慢下降。循环注气结束时(即当生产井中有干气侵入时)，地层压力开始衰竭，来开采未被开采的气体和部分未被波及区域的剩余液体。

虽然循环注干气开发对凝析气藏来说是很理想的解决办法，但是当考虑一系列的实际因素时，它就不那么吸引人了。首先，天然气的销售收入会推迟，可能不会生产天然气 10~20 年。其次，循环注入过程需要额外的开支，通常需要钻更多的井、配置气体压缩机和注入井的配电系统以及液体回收装置等。第三，必须清楚地认识到，即使地层压力保持在露点压力之上，通过循环注气开发的采收率可能远低于 100%。

循环注气开发的采收率可以拆分为三个采收率因子或采收率系数。当干气置换储层岩石孔隙中的湿气时，微观驱油效率的范围在 70% 与 90% 之间。其次，由于生产井和采出井的位置和流速，当生产井被干气侵入时，储藏中有部分区域未被干气波及，导致波及系数的范围在 50% 与 90% 之间(即 50% 到 90% 的原始孔隙体积被干气波及)。最后，许多储层在成藏过程中，某些区域的渗透率较其他地方高很多，因此干气在它们中的波及速度非常快。尽管相当多的湿气仍剩余在较低渗透率的通道中，但干气将会通过渗透性比较好的通道进入生产井中，最终减少分离器中气体的含液量，以至于没有任何经济利益。

现在，假设某个特殊凝析气藏的驱替效率为 80%，波及系数为 80%，渗透率变异系数为 80%。根据这些采收率因子，可以得到循环注干气开发时凝析气藏的整体采收率为 51.2%。在这种情况下，循环注干气开发也就没那么吸引人了，因为定容衰竭开采时凝析油的损失很少超过 50%。然而，循环注干气后，随着地层压力的衰竭，一些额外的液体会从储层波及到的和未波及到的部位采出。同样，汽油分离装置中丙烷和丁烷的液体采收率比低温分离器中的液体回收率高，当不采用循环注干气方法时，可能会使用到低温多级分离器。如前所述，是否采用循环注干气方法很明显存在很多影响因素，在作出合理的决定前，必须要对其进行认真地研究。

循环注干气开发同样应用于气顶气藏,特别是当含油区的底部存在活跃的水体时。如果气顶气和原油同时产出,由于水会驱替含油带进入收缩的气顶区中,那么不能采出的剩余油不仅包括原始含油带中的原油,还包括被原油波及的部分气顶区中的原油。另一方面,如果在原始地层压力时对气顶进行循环注干气,那么活跃的水体会将原油以最大的采收率驱替至生产井中。同时,气顶中一些有价值的液体也会通过循环注干气被采出。如果气顶区中是凝析气,那么开发效果会更好。当不存在水驱时,气顶和含油带同时衰竭开采会降低原油的采收率,但当含油带先衰竭开采来使气顶膨胀并波及含油带时,采收率会增加。

当凝析气藏在活跃水驱下生产时,地层压力会略微低于原始地层压力,只有产出少量或不产生反凝析液,产物流体的气油比基本上保持不变。采收率与相同状态下气藏的采收率一样,取决于(1)束缚水饱和度 S_{wi},(2)残余气饱和度 S_{gr}(占被水侵入储层的比例)和(3)被水侵的总储层体积分数 F。因为地层压力没有下降,以 ft^3/ft^3 为单位时的气体地层体积分数 B_{gi} 基本保持不变,所以采收率为

$$RF = \frac{V_i \phi (1 - S_{wi} - S_{gr}) B_{gi} F}{V_i \phi (1 - S_{wi}) B_{gi}} = \frac{(1 - S_{wi} - S_{gr}) F}{(1 - S_{wi})} \tag{5.4}$$

式中　V_i——原始总流体地质储量;

　　　S_{gr}——残余气饱和度;

　　　S_{wi}——束缚水饱和度;

　　　F——被水侵的总储层体积分数。

由表4.3可以看出,水驱后残余气饱和度的范围在20%与50%之间。在任何时候或废弃压力时,被水侵的总储层体积分数主要取决于:边水驱时井的位置和渗透率变异系数的影响和底水驱时井距和水锥程度的影响。

表5.7给出了利用公式(5.4)计算得到的采收率因子,假定废弃压力时,束缚水饱和度、残余气饱和度和被水侵的总储层体积分数的值都处在合理的范围内。采收率因子对于单相气藏和凝析气藏都适用,这是因为存在活跃的水驱时,不存在反凝析液的损失。

表5.7　利用公式(5.4)计算得到的完全水驱储层的采收率因子

S_{gr}	S_w	$F=40$	$F=60$	$F=80$	$F=90$	$F=100$
20	10	31.1	46.7	62.2	70.0	77.8
	20	30.0	45.0	60.0	67.5	75.0
	30	28.6	42.8	57.1	64.3	71.4
	40	26.7	40.0	53.4	60.0	66.7
30	10	26.7	40.0	53.4	60.0	66.7
	20	25.0	37.5	50.0	56.3	62.5
	30	22.8	34.3	45.7	51.4	57.1
	40	20.0	30.0	40.0	45.0	50.0

续表

S_{gr}	S_w	F=40	F=60	F=80	F=90	F=100
40	10	22.2	33.3	44.4	50.0	55.6
	20	20.0	30.0	40.0	45.0	50.0
	30	17.1	25.7	34.2	38.5	42.8
	40	13.3	20.0	26.6	30.0	33.3
50	10	17.7	26.6	35.5	40.0	44.4
	20	15.0	22.5	30.0	33.8	37.5
	30	11.4	17.1	22.8	25.7	28.5
	40	6.7	10.0	13.6	15.0	16.7

表 5.8 对比了例 5.3 中凝析气藏在原始地层压力 2960psi(绝)时分别通过(1)定容衰竭开采方式、(2)水驱开采方式和(3)压力保持在 2000psi(绝)时部分水驱开采方式时的采收率。通过例 5.3、表 5.3 和表 5.4 可知，假定废弃压力为 500psi(绝)时，原始总流体采收率、气体采收率和反凝析液采收率。若残余气饱和度为 20%，束缚水饱和度为 30%，废弃压力时被水侵的总储层体积分数为 80%，则完全水驱后的采收率为 57.1%，可由公式(5.4)或表 5.7 获得。由于不存在反凝析液的损失，所以这个数据同样适用于原始总流体采收率、气体采收率和反凝析液采收率。

表 5.8 凝析气藏分别通过定容衰竭开采方式、完全水驱开采方式和部分水驱开采方式时的采收率对比(基于表 5.3、表 5.4 和例 5.3 中的数据。假定 $S_w=30\%$，$S_{gr}=S_{or}+S_{gr}=20\%$ 和 $F=80\%$)

表 5.8 凝析气藏 3 种开采方式(定容衰竭、完全水驱和部分水驱)采收率对比

生产机制	液体采收率		气体采收率		总流体采收率	
	bbl/ac-ft	百分比	$10^3 ft^3$/ac-ft	百分比	$10^3 ft^3$/ac-ft	百分比
原始地层	143.2	100.0	1441	100.0	1580	100.0
衰竭开采至压力 500psi(绝)	71.6	50.0	1200	83.3	1271	80.4
水驱[压力 2960psi(绝)]	81.8	57.1	823	57.1	902	57.1
衰竭开采至压力 2000psi(绝)	28.4	19.8	457	31.7	485	30.7
水驱[压力 2000psi(绝)]	31.2	21.8	553	38.4	584	37.0
部分水驱的总和，(a)+(b)	59.6	41.6	1010	70.1	1069	67.7

当存在部分水驱时,地层压力最终会保持在某一稳定值,此处为2000psi(绝),采收率约为压力衰竭至压力稳定时的采收率加上稳定压力时完全水驱时剩余流体的采收率。由于稳定压力时反凝析液是不流动的,并被侵入的水圈闭起来,残余烃类(气体加反凝析液)的饱和度与单相气藏的差不多,在本例中约为20%。表5.8中压力衰竭至2000psi(绝)时的采收率由表5.4中的数据获得。压力2000psi(绝)时水驱的额外采收率可用表5.9中的数据进行解释。压力2000psi(绝)时,反凝析液的体积为625ft³/ac-ft,或8.2%的原始烃类孔隙体积(7623ft³/ac-ft),8.2%这一数值来源于表5.3中的PVT数据。如果水驱后残余烃类(气体加反凝析液)的饱和度为20%,与之前完全水驱时假定的残余气体饱和度一样,则水驱后水的体积为80%的10890ft³/ac-ft或8712ft³/ac-ft。剩余的20%(即2178ft³/ac-ft)假定压力保持在2000psi(绝)时,将包括625ft³/ac-ft的凝析液和1553ft³/ac-ft的自由气。水驱前压力2000psi(绝)时凝析气藏中蒸汽相的体积为:

$$\frac{2000 \times 6998 \times 379.4}{1000 \times 0.805 \times 10.73 \times 655} = 938.5 \times 10^3 \text{ft}^3/\text{ac-ft}$$

压力2000psi(绝)时,通过完全水驱时,蒸汽相的采收率因子为:

$$\frac{6998 - 1553}{6998} = 0.778 \text{ 或 } 77.8\%$$

如果$F=0.80$或废弃压力时每英尺-英亩平均只有80%的体积被水侵入,则压力2000psi(绝)时整体采收率会降为0.80×0.778,或62.2%的蒸汽相体积(即$584 \times 10^3 \text{ft}^3/\text{ac-ft}$)。由表5.4可以看出,压力2000psi(绝)时分离后总流体与剩余气体的比为245.2~232.3,剩余气的气油比为17730ft³/bbl。因此$584 \times 10^3 \text{ft}^3$体积的总流体中包含残余气的体积为:

$$584 \times \frac{232.3}{245.2} = 553 \times 10^3 \text{ft}^3/\text{ac-ft}$$

储罐或地面凝析液量为:

$$553 \times \frac{1000}{17730} = 31.2 \text{bbl/ac-ft}$$

由表5.8可以看出,对于例5.3中的凝析气藏,用假定的F和S_{gr}值时,通过直接的定容衰竭开采方法可以得到最高的采收率。获得最高凝析气藏采收率的方法是水驱,因为此时没有反凝析液形成。然而产出物的价值取决于气体和凝析液的售价。

表5.9 例5.3中1ac-ft体积储层岩石中水、天然气和凝析油的采出体积

流体	原始总流体体积 ft³/ac-ft	压力衰竭至2000psi(绝)时的体积 ft³/ac-ft	压力2000psi(绝)时水驱后的体积 ft³/ac-ft
水	3267	3267	8712
天然气	7623	6998	1553
凝析油		625	625
总计	10890	10890	10890

5.7 凝析气藏注氮气保持压力

循环注干气开采时的最大缺陷是销售干气的收入可能会延迟几年。因此,有学者建议使用氮气取代干气[16]。然而氮气与湿气之间的相态特征和干气与湿气之间的相态特征是不一样的。研究人员发现将氮气与某种具有代表性的湿气混合时会使混合后的露点压力高于原始湿气的露点压力[17,18],对干气也是如此,但是露点压力上升的比氮气的高[17]。在油藏条件下,如果地层压力没有一直保持高于其露点压力,将会发生反凝析现象,此时的凝析液量可能与不使用循环注干气时一样或更多。但是研究发现,储层中注入气体与储层原始气体基本不混合[17,18],混合过程的发生是由于分子扩散和弥散,而一般混合区的宽度只有数英尺[19,20]。在混相区,露点压力可能会上升,由于混合区的体积很小,因此只有很少量的凝析液产生。Vogel 和 Yarborough[18]认为在一定的条件下,氮气可使反凝析液再蒸发,他们的研究结果表明在循环注干气开采时可以使用氮气替代干气。

Kleinsteiber、Wendschlag 和 Calvin[21]对美国犹他州 Summit 县和怀俄明州 Uinta 县的 Anschutz Ranch 东部油田的能量衰竭开采方案进行了优化研究[21]。Anschutz Ranch 东部油田发现于 1979 年,是在(由墨西哥至美国的)上冲断层地带西部发现的最大烃类聚集。试验结果表明,原始烃类地质储量超过 $8×10^6$ bbl(油当量)。对一些地面重新组合的流体样品进行了实验研究,结果表明该储层流体为富凝析气。储层流体的露点压力只有 150~300psi(绝),低于原始地层压力 5310psi(绝)。露点压力与储层的构造位置有关,当流体接近油水界面时,露点压力约为 300psi(绝),远低于原始地层压力,而位于构造顶部时,露点压力只有 150psi(绝)。根据恒定组成的膨胀实验,当低于露点压力时液相饱和度迅速地增加,这表明储层能量的衰竭和随之的地层压力下降可能会损失大量的发凝析液。由于可能会失去这些具有价值的烃类,因此他们对最佳的开采方法进行了优化[21]。

为了开展这项工作,他们使用了修正的 Redlich-Kwong 状态方程对实验相态数据进行了校正[17,22],并将该公式用于储层组分模拟器中。同时考虑了多种能量衰竭方式,包括一次能量衰竭和部分或全部的压力保持。注入的潜在流体包括:湿气、干气、CO_2、烟道气和氮气。由于 CO_2 和烟道气较难获得且成本较高,因此不被考虑使用。研究结果表明,应使用全部压力保持方法进行开采,且干气的液体采收率要比氮气的高。但在注入干气前先注入 10%~20% 孔隙体积的氮气,液体采收率与前者基本一致。综合经济分析数据和实验模拟结果,最终决定使用氮气作为注入介质进行全部压力保持开采,在注氮气前,先注入 10% 孔隙体积的缓冲气体能够提高液体采收率,缓冲气体包括 35% 的 N_2 和 65% 的湿气。

Kleinsteiber、Wendschlag 和 Calvin 的研究方法可以适用于评价任何凝析气藏。对于不同成分储层气体的凝析气藏而言,注入介质和是否使用缓冲气体可能都不一样。

思 考 题

5.1 某凝析气藏中单位体积的原始残余气体(干气或天然气)储量为 $1300×10^3 ft^3$/ac-ft 和原始凝析油储量为 115bbl/ac-ft。衰竭开采时,气体采收率为 85%,反凝析液采收率为

58%。如果凝析油的售价为 \$95.00/bbl,气体的售价为 \$6.00/1000ft^3,计算原始气体和凝析油的可采储量。

5.2 某井每天生产 45.3bbl 凝析油和 742×10^{3}ft^3 销售气体。温度为 60°F 时,凝析液的相对分子质量为 121.2,重度为 52.0°API。
(1)以干气为基准时,计算气油比;
(2)以干气为基准和以 bbl/10^{6}ft^3 为单位时,计算液体的体积;
(3)以干气为基准和以 GPM 为单位时,计算液体的体积;
(4)重复(1)~(3),分别计算以湿气、总流体为基准时的液体体积。

5.3 某凝析气藏的初始日产量为 186bbl 的凝析油、3750×10^{3}ft^3 的高压气体和 95×10^{3}ft^3 的储罐气。温度为 60°F 时,储罐油的重度为 51.2°API,分离器气的相对密度为 0.712,储罐气的相对密度为 1.30。原始地层压力为 3480psi(绝),地层温度为 220°F,平均孔隙度为 17.2%。假定标准状态为压力 14.7psi(绝)和温度 60°F。
(1)产出气体的平均相对密度;
(2)原始溶解气油比;
(3)估算凝析油的相对分子质量;
(4)计算总产出流体的相对密度(空气的相对密度=1.00);
(5)计算原始地层压力时原始储层流体(蒸汽相)的气体偏差因子;
(6)计算单位体积(1ac-ft)总流体的原始摩尔数;
(7)计算原始储层流体中气体的摩尔分数;
(8)计算单位体积(1ac-ft)销售气体储量和凝析油储量。

5.4 (1)当压力为 5820psi(绝)和温度为 265°F 时,某凝析气藏的储层流体组成见表 1.3,计算储层流体的气体偏差因子。使用 C_8 组分的临界参数替代 C_{7+} 组分的临界参数。
(2)如果一半的 C_4 组分及所有的 C_{7+} 组分以液体形式采出,计算原始产出流体的气油比。并与测量值进行对比。

5.5 根据表 5.3 和表 5.4 及例 5.3 中的数据,计算地层压力 2500psi(绝)时反凝析液的组成。假设此时 C_{7+} 组分的相对分子质量与原始储层流体中 C_{7+} 组分的相对分子质量相同。

5.6 假设例 5.3 中的凝析气藏在部分水驱作用时压力一直保持在 2500psi(绝),估算该凝析气藏的气体采收率和凝析油采收率。假设残余烃类饱和度为 20% 和 $F=52.5\%$。

5.7 计算某凝析油藏循环注干气开采时的采收率。假设驱替效率为 85%,波及系数为 65% 和渗透率变异系数为 60%。

5.8 以下数据来源于一项重新组合流体样品的 PVT 测试,该样品由分离器中的天然气及凝析油组合而成,PVT 容器的体积为 3958.14cm^3。湿气的 GPM(gal/10^{3}ft^3)和残余气油比可以通过分离器产物的平衡比计算得出,分离器条件为压力 300psi(绝)和温度 70°F。原始地层压力为 4000psi(绝),接近露点压力,地层温度为 186°F。
(1)在原始湿气地质储量为 1.00×10^{6}ft^3 的基础上,计算每个压降间隔时湿气、剩余气和凝析油的采收率。
(2)在原始湿气地质储量为 1.00×10^{6}ft^3 的基础上,计算原始干气地质储量和原始凝析油地质储量。

(3)计算每个压力下的累计采收率和湿气、剩余气和凝析油的采出百分比。

(4)当废弃压力为605psi(绝)时,计算单元体积(1ac-ft)的采收率。已知孔隙度为10%,束缚水饱和度20%。

组分的摩尔百分比						
压力,psi(绝)	4000	3500	2900	2100	1300	605
CO_2	0.18	0.18	0.18	0.18	0.19	0.21
N_2	0.13	0.13	0.14	0.15	0.15	0.14
C_1	67.72	63.10	65.21	69.79	70.77	66.59
C_2	14.10	14.27	14.10	14.12	14.63	16.06
C_3	8.37	8.25	8.10	7.57	7.73	9.11
iC_4	0.98	0.91	0.95	0.81	0.79	1.01
nC_4	3.45	3.40	3.16	2.71	2.59	3.31
iC_5	0.91	0.86	0.84	0.67	0.55	0.68
nC_5	1.52	1.40	1.39	0.97	0.81	1.02
C_6	1.79	1.60	1.52	1.03	0.73	0.80
C_{7+}	6.85	5.90	4.41	2.00	1.06	1.07
C_{7+} 相对分子质量	143	138	128	116	111	110
湿气的气体偏差因子(温度186°F)	0.867	0.799	0.748	0.762	0.819	0.902
湿气产量 cm^3(容器压力和温度)	0	224.0	474.0	1303	2600	5198
湿气 GPM(计算结果)	5.254	4.578	3.347	1.553	0.835	0.895
残余气油比	7127	8283	11621	26051	49312	45872
凝析油量(占容器体积的百分比)	0	3.32	19.36	23.91	22.46	18.07

5.9 如果例5.8油藏中的凝析油在饱和度为15%时变得可以流动,这将对凝析油的采收率产生何种影响?

5.10 如果例5.8中凝析气藏的原始地层压力为5713psi(绝),露点压力为4000psi(绝),计算单位体积(1ac-ft)中额外的湿气、剩余气和凝析油产量。假设压力为5713psi(绝)时的气体偏差因子为1.107,且压力在5713psi(绝)与4000psi(绝)之间的 GPM 和 GOR 与压力 4000psi(绝)时的相同。

5.11 计算通过表5.8中各种机制进行生产时的产品价格。假设:(1)凝析油的价格为 \$85.00/bbl,天然气的价格为 \$5.50/$10^3 ft^3$;(2)凝析油的价格为 \$95.00/bbl,天然气的价格为 \$6.0/$10^3 ft^3$;(3)凝析油的价格为 \$95.00/bbl,天然气的价格为 \$6.50/$10^3 ft^3$。

5.12　在某凝析气藏流体的 PVT 实验中,容器压力 2500psi(绝)和温度 195°F 时测得的湿气(蒸汽相)体积 17.5cm³,迁移至一个容积为 5000cm³ 的低温真空接收装置中,接收装置的温度一直保持在 250°F 以确保膨胀过程中没有液相生成。如果该油藏的压力增加到 620mmHg 柱,容器压力 2500psi(绝)和温度 195°F 时气体的偏差因子是多少？假设接收装置中的气体为理想气体。

5.13　使用例 5.3 的假设及表 5.3 中的数据,试演算压力从 2000psi(绝)降至 1500psi(绝)的过程中凝析油的采收率为 14.0bbl/ac-ft 和残余气油比为 19010ft³/bbl。

5.14　某储罐凝析油的重度为 55°API。以 ft³ 为单位估算在地层压力 2740psi(绝)和温度 215°F 时凝析油在地层(单相气体状态)中占据的体积。已知储层中湿气的相对密度为 0.76。

5.15　某凝析气藏的面积为 200ac,储层平均厚度为 15ft,平均孔隙度为 0.18,束缚水饱和度为 0.23。使用 PVT 容器来模拟储层的生产过程,获得的数据如下:

压力 psi(绝)	湿气产量 mL	湿气的气体偏差因子 z	由分离器得到的凝析油量 摩尔数,mol
4000(露点)	0	0.75	1
3700	400	0.77	0.0003
3300	450	0.81	0.0002

已知原始容器体积为 1800mL,原始气体中包含 0.002mol 凝析油。原始地层压力为 4000psi(绝),地层温度为 200°F。计算压力 3300psi(绝)时储层中产出的干气体积(ft³)及凝析油体积(bbl)。假设凝析液的相对分子质量及相对密度分别为 145 和 0.8。

5.16　下表列出了某凝析气藏的生产数据。凝析油的相对分子质量及相对密度分别为 150 和 0.8,原始湿气地质储量为 35×10^9 ft³,原始凝析油地质储量为 2×10^6 bbl。假设为定容型储层,且凝析油和水的采收率一样,判断:

(1)压力为 3300psi(绝)时残余气的采收率;
(2)能否使用 PVT 实验模拟储层的生产动态,并给出原因。

压力,psi(绝)	4000	3500	3300
湿气的气体偏差因子 z	0.85	0.80	0.83
湿气的产量增量,ft³	0	2.4×10^9	2.2×10^9
凝析液的产量增量,bbl	0	80000	70000
水的产量增量,bbl		5000	4375

5.17　使用 PVT 容器来模拟凝析气藏的生产情况。原始容器体积为 1500mL,原始地层温度为 175°F。计算说明 PVT 数据能否充分地模拟油藏动态。PVT 实验数据及井史资料

如下：

压力,psi(绝)	4000	3600	3000
湿气的产量增量,mL	0	300	700
产出气的气体偏差因子	0.70	0.73	0.77
实际产量,$10^3 ft^3$	0	1000	2300

参 考 文 献

[1] J. C. Allen, "Factors Affecting the Classification of Oil and Gas Wells," API Drilling and Production Practice (1952), 118.

[2] Ira Rinehart's Yearbooks, Vol. 2, Rinehart Oil News, 1953-1957.

[3] M. Muskat, Physical Principles of Oil Production, McGraw-Hill, 1949, Chap. F15.

[4] M. B. Standing, Volumetric and Phase Behavior of Oil Field Hydrocarbon Systems, Reinhold Publishing, 1952, Chap. 6.

[5] O. F. Thornton, "Gas-Condensate Reservoirs—A Review," API Drilling and Production Practice (1946), 150.

[6] C. K. Eilerts, Phase Relations of Gas-Condensate Fluids, Vol. 1, Monograph 10, US Bureau of Mines, American Gas Association, 1957.

[7] T. A. Mathews, C. H. Roland, and D. L. Katz, "High Pressure Gas Measurement," Proc. NGAA (1942), 41.

[8] J. K. Rodgers, N. H. Harrison, and S. Regier, "Comparison between the Predicted and Actual Production History of a Condensate Reservoir," paper 883-G, presented at the AlME meeting, Oct. F1957, Dallas, TX.

[9] W. E. Portman and J. M. Campbell, "Effect of Pressure, Temperature, and Well-Stream Composition on the Quantity of Stabilized Separator Fluid," Trans. AlME (1956), 207, 308.

[10] R. L. Huntington, Natural Gas and Natural Gasoline, McGraw-Hill, 1950, Chap. 7.

[11] Natural Gasoline Supply Men's Association Engineering Data Book, 7th ed., Natural Gasoline Supply Men's Association, 1957, 161.

[12] A. E. Hoffmann, J. S. Crump, and C. R. Hocott, "Equilibrium Constants for a Gas-Condensate System," Trans. AlME (1953), 198, 1.

[13] F. H. Allen and R. P. Roe, "Performance Characteristics of a Volumetric Condensate Reservoir," Trans. AlME (1950), 189, 83.

[14] J. E. Berryman, "The Predicted Performance of a Gas-Condensate System, Washington Field, Louisiana," Trans. AlME (1957), 210, 102.

[15] R. H. Jacoby, R. C. Koeller, and V. J. Berry Jr., "Effect of Composition and Temperature on Phase Behavior and Depletion Performance of Gas Condensate Systems," paper presented at the Annual Conference of SPE of AlME, Oct. 5-8, 1958, Houston, TX.

[16] C. W. Donohoe and R. D. Buchanan, "Economic Evaluation of Cycling Gas-Condensate Reservoirs with Nitrogen," Jour. of Petroleum Technology (Feb. F1981), 263.

[17] P. L. Moses and K. Wilson, "Phase Equilibrium Considerations in Using Nitrogen for Improved Recovery from Retrograde Condensate Reservoirs," Jour. of Petroleum Technology (Feb. F1981), 256.

[18] J. L. Vogel and L. Yarborough, "The Effect of Nitrogen on the Phase Behavior and Physical Properties of Reservoir Fluids," paper SPE 8815, presented at the First Joint SPE/DOE Symposium on Enhanced Oil Recovery, Apr. F1980, Tulsa, OK.

[19] P. M. Sigmund, "Prediction of Molecular Diffusion at Reservoir Conditions. Part Ⅰ—Measurement and Prediction of Binary Dense Gas Diffusion Coefficients," Jour. of Canadian Petroleum Technology (Apr. –June 1976), 48.

[20] P. M. Sigmund, "Prediction of Molecular Diffusion of Reservoir Conditions. Part Ⅱ—Estimating the Effects of Molecular Diffusion and Convective Mixing in Multi-Component Systems," Jour. of Canadian Petroleum Technology (July–Sept. 1976), 53.

[21] S. W. Kleinsteiber, D. D. Wendschlag, and J. W. Calvin, "A Study for Development of a Plan of Depletion in a Rich Gas Condensate Reservoir: Anschutz Ranch East Unit, Summit County, Utah, Uinta County, Wyoming," paper SPE 12042, presented at the 58th Annual Conference of SPE of AlME, Oct. F1983, San Francisco.

[22] L. Yarborough, "Application of a Generalized Equation of State to Petroleum Reservoir Fluids," Equations of State in Engineering, Advances in Chemical Series, ed. K. C. Chao and R. L. Robinson, American Chemical Society, 1979, 385.

6 未饱和油藏

6.1 引言

在前文中，不同的烃类储层被细分为4个种类。本章主要对最初提到的只存在液相的储层进行讨论。下一章将对具有原始气顶的油藏进行讨论。这两种储层类型与气藏之间存在着明显的差异。这一差异来源于储层流体构成的不同，从而导致其一次采油方法不同，即为溶解气驱。与体积水驱相比，溶解气驱采油是一种很弱的一次采油方法，为了精确地预测油藏动态，需要考虑岩石和水的等温压缩系数等更多的因素。同样，也会使用物质平衡方程来预测未饱和油藏的动态，但是需要加入额外的计算项。

油藏的原始原油地质储量可以通过两种方法计算。如果条件容许，使用第4章中提到的方法和用测井、地震等数据计算原始原油地质储量。或者将有关压力和饱和度的油气生产数据运用于第3章中的物质平衡方程中。

未饱和油藏流体主要是碳氢化合物的复杂混合物，常包含氮气、二氧化碳和硫化氢等杂质。表6.1中给出了几种储层流体的组分摩尔百分比组成，以及储罐原油的重度、储层混合物的气油和其他流体物性[1]。储罐油的组成与储层流体的组成之间的差异很明显，主要是因为从地层到储罐压力的下降导致大部分的甲烷、乙烷从溶液中释放出来及相当大比例的丙烷、丁烷、戊烷汽化。由表可以看出，在一定的气油比范围内，即从只有22ft³/bbl 到4053ft³/bbl 之间，储层流体的溶解气油比与甲烷、乙烷在流体中占据的比例之间存在着很好的关系。

表6.1 储层流体的组成和性质（选自参考文献1）

组成或性质	California	Wyoming	South Texas	North Texas	West Texas	South Louisiana
C_1	22.62	1.08	48.04	25.63	28.63	65.01
C_2	1.69	2.41	3.36	5.26	10.75	7.84
C_3	0.81	2.86	1.94	10.36	9.95	6.42
iC_4	0.51	0.86	0.43	1.84	4.36	2.14
nC_4	0.38	2.83	0.75	5.67	4.16	2.91
iC_5	0.19	1.68	0.78	3.14	2.03	1.65
nC_5	0.19	2.17	0.73	1.91	3.83	0.83

续表

组成或性质	California	Wyoming	South Texas	North Texas	West Texas	South Louisiana
C_6	0.62	4.51	2.79	4.26	2.35	1.19
C_{6+}	72.99	81.60	41.18	41.93	33.94	12.01
C_{6+}密度,g/mL	0.957	0.920	0.860	0.843	0.792	0.814
C_{6+}摩尔质量	360	289	198	231	177	177
取样深度,ft	2980	3160	8010	4520	12400	10600
地层温度,°F	141	108	210	140	202	241
饱和压力,psi(表)	1217	95	3660	1205	1822	4730
GOR,ft³/bbl	105	22	750	480	895	4053
地层体积系数 bbl/ft³	1065	1031	1428	1305	1659	3610
储罐油重度 °API	16.3	25.1	34.8	40.6	50.8	43.5
气体相对密度 空气=1.00	0.669	—	0.715	1.032	1.151	0.880

有效收集储层流体样品的方法有很多种,可以使用钢丝绳将井下取样设备降至井底收集流体样品,或者将地面条件下获得的原油和天然气样品按取样时测得的气油比进行配制。应尽可能在油藏开发的早期取样,最好是在探井完井的时候进行取样,这样储层流体样品会更接近于原始储层流体。取样器中流体的类型取决于取样前的井史。除非取样前对油井进行合适的调整,否则无法获得具有代表性的储层流体样品。Kennedy 和 Reudelhuber[1,2] 描述了一个完整的油井调整过程。一般的流体样品分析可以得到以下物性:

(1)溶液及其变化过程中的溶解气油比和液相体积;
(2)地层体积系数,储罐油重度,多种分离器压力下分离器和油罐中流体的溶解气油比;
(3)储层流体的泡点压力;
(4)储层原油饱和时的等温压缩系数;
(5)储层原油黏度与压力之间的函数;
(6)套管顶部气相的组成分析和饱和储层流体的组成分析。

如果无法获得实验的数据,可以使用第2章中基于通常容易获得的数据得到的经验公式对储层流体的物性参数进行估算,可以得到令人满意的结果,并能用于储层流体的初步分析中。这些容易获得的数据包括储罐油的重度、产出气体的相对密度、初始生产气油比、储罐油的黏度、地层温度和原始地层压力。

对于大多数油藏,不同储层部位取得的储层流体样品的物性参数变化不大,主要受不同取样及分析技术变化的影响。然而,对于有些油藏,特别是具有大圈闭的油藏,流体物性变化很大。例如,在美国俄怀明州和蒙大拿州的 ElkBasin 油田[3],在原始地层条件下,构造脊部附近的每桶油样中溶解了 490ft^3 的气体,但是在低于海拔 1762ft 处的构造翼部处获得的样品其溶解气油比只有 134ft^3/bbl。溶解气梯度为 (20ft^3/bbl)/100ft。溶解气量对其他流体物性参数具有很大的影响,比如流体黏度、地层体积系数等。类似的变化在美国科罗拉多州的 Rangely 油田的 Weber 砂岩油藏及美国得克萨斯州的 Scurry Reef 油田也有报道,其溶解气梯度分别为 (25ft^3/bbl)/100ft 和 (46ft^3/bbl)/100ft[4,5]。这些流体物性的变化是由于以下因素:(1)温度梯度,(2)重力分异和(3)原油和溶解气之间的不平衡。Cook、Spencer、Bobrowski 和 Chin[5] 以及 McCord[6] 已经发表了流体物性发生显著变化时的计算处理方法。

6.2 利用静态资料计算未饱和油藏原始原油地质储量和采收率

油藏工程师的重要职责之一就是通过研究油藏机制,对储层中原油(或天然气)的原始地质储量和预期采收率进行循环估算。在一些石油公司中,这项工作是由一个专门的团队完成,他们根据油井产量,定期给出该公司的可采储量,并给未来的开采提供参考。公司的经济主要取决于原油的可采储量、可采储量的增加或减少快慢以及油井产量等。了解可采储量和油井产量对于油品的销售和交换同样无比重要。对于新发现的油藏,其可采储量的计算尤为重要,因为它能为合理的开发方案提供指导。同样地,由于油藏工程师们研究油藏动态的目标是计算和(或)提高原油一次采收率,因此,准确地了解储层的原始原油地质储量对油藏工程师们无比重要,因为这可以减少物质平衡方程中的一个未知量。

油藏可采储量通常可以通过原始原油地质储量和采收率的乘积获得,采收率是通过对特定的产量或油藏驱油机理进行分析,估算出来的可采原油体积占原始原油地质储量的百分数。采收率同样可以通过生产递减曲线得到,即利用油井或储层生产数据的经验或统计结果获得每 ac-ft 体积内的可采原油体积。原始原油地质储量可通过以下方法算得:(1)运用地质、地球物理和流体物性参数等数据;(2)通过物质平衡计算。在第 4 章中已经给出了气藏的两种计算方法,在本章及下章中将会介绍油藏原始原油地质储量的计算方法。对于油藏而言,采收率取决于:(1)洗油效率和(2)基于特殊类型油藏机制统计得到的关系式。流体分析数据用于确定原油体积系数。

第一种估算原始原油地质储量的方法首先使用第 4 章中介绍的方法估算总储层体积。即运用测井、岩心分析数据来确定总体积、孔隙度和流体饱和度,流体分析数据用于确定原油的体积系数。

初始条件下,1ac-ft 体积的产油岩石包括:

$$束缚水量 = 7758 \times \phi \times S_w;$$
$$储层中原油量 = 7758 \times \phi \times (1-S_w);$$

$$储罐中原油量 = \frac{7758 \times \phi \times (1 - S_w)}{B_{oi}}$$

其中 7758bbl 等值于 1ac-ft，ϕ 是孔隙度，为总体积的百分数，S_w 是束缚水饱和度，为孔隙体积的百分数，B_{oi} 是原始原油地层体积系数。运用某种平均值（即 $\phi = 0.20$，$S_w = 0.20$，$B_{oi} = 1.24$），储罐油的原始单元地质储量接近 1000bbl/ac-ft，或

$$储罐油的原始单元地质储量 = \frac{7758 \times 0.20 \times (1 - 0.20)}{B_{oi}} = 1000 \text{bbl/ac-ft}$$

对于体积驱动油藏，没有水侵来替代采出原油的原有体积，因而需要被油相或气相的膨胀体积所替代，随着含油饱和度的降低，含气饱和度会增大。若 S_g 为含气饱和度，B_o 为油井废弃时原油地层体积系数，此时，1ac-ft 体积的产油岩石包括

$$束缚水量 = 7758 \times \phi \times S_w;$$

$$储层中气量 = 7758 \times \phi \times S_g;$$

$$储层中原油量 = 7758 \times \phi \times (1 - S_w - S_g);$$

$$储罐中原油量 = \frac{7758 \times \phi \times (1 - S_w - S_g)}{B_o}$$

每 ac-ft 体积中，以 bbl 为单位时的原油采出量为

$$采出量 = 7758 \times \phi \times \left[\frac{(1 - S_w)}{B_{oi}} - \frac{(1 - S_w - S_g)}{B_o}\right] \tag{6.1}$$

此时，采收率为

$$RF = 1 - \frac{(1 - S_w - S_g)}{(1 - S_w)} \times \frac{B_{oi}}{B_o} \tag{6.2}$$

总的自由气饱和度可以通过岩心分析报告中的含油饱和度和含水饱和度进行估算[7]。该预测基于以下假设，当岩心被从井中取出时，因剩余油中释放出来的气体的膨胀作用使得岩心中的流体被驱出，且这一过程基本上与油藏衰竭开采过程类似。在一项有关井网的研究中，Craze 和 Buckley[8] 收集了包括 103 个油藏的大量统计数据，其中 27 个被认为是通过体积驱动进行开采的[9]。该类油藏中的大多数含气饱和度为孔隙体积的 20% 到 40%，平均饱和度为 30.4%。已知储层岩石和流体的物性参数时，可以算出衰竭开采时的采收率。

对于水驱油藏，地层压力没有明显的改变，对于油层很薄、相对陡峭的倾斜层（边水驱动），水会向内和平行于层面方向侵入，对于有底水的柱状产油层（底水驱动）。油井废弃时，原油依然残留在那些被水侵入的部分，每 ac-ft 体积中，以 bbl 为单位时，如下：

$$储层中原油量 = 7758 \times \phi \times S_{or};$$

$$\text{储罐中原油量} = \frac{7758 \times \phi \times S_{or}}{B_{oi}}$$

式中 S_{or}——水驱后的残余油饱和度。

假设地层压力由于水侵作用与原始地层压力一样,产油层的自由气饱和度不变,且油井废弃时原油地层体积系数仍为 B_{oi}。则活跃水驱的采出量为

$$\text{采出量} = 7758 \times \phi \times \frac{(1 - S_w - S_{or})}{B_{oi}} \text{bbl/ac-ft} \tag{6.3}$$

采收率为

$$RF = \frac{(1 - S_w - S_{or})}{(1 - S_w)} \tag{6.4}$$

根据对水基钻井液取心获得的岩样进行分析,通常认为岩心的含油饱和度可以对不可采油量进行合理的估算,这是因为在取心的过程中,岩样受到了部分水的驱替作用(通过钻井液滤液)和在取心过程中岩样的压力降至大气压时溶解气的膨胀作用产生的驱替作用[10]。如果将该数据用于公式(6.3)和公式(6.4)中的残余油饱和度,则应该加入原油地层体积系数。例如,当岩心分析得到的残余油饱和度为20%时,表明该油藏的实际残余油饱和度为30%,这是因为原油地层体积系数为1.50bbl/bbl。残余油饱和度也可以用表4.2中的数据进行估算,它既适用于残余油饱和度也适用于含气饱和度(即研究的胶结砂岩的残余油饱和度范围在25%到40%之间)。

在 Craze 和 Buckley[8] 所做的油藏分析中,103 个油藏中的 70 个是在完全或部分水驱的条件下进行生产的,残余油饱和度为孔隙体积的17.9%~60.9%。根据 Arps 所述,该数据显然与原油黏度和储层渗透率有关[7]。储层条件下,原油黏度与残余油饱和度之间的关系如表6.2所示。表6.2还包括了不同平均渗透率时偏差的矫正值。例如,某储层中原油黏度为2cP,平均渗透率为500mD,在储层条件下其残余油饱和度的估算值为孔隙体积的39%。

表6.2 储层内原油黏度、储层平均渗透率与残余油饱和度之间的关系(选自参考文献7,8)

储层内原油黏度,cP	残余油饱和度(孔隙体积的百分数),%
0.2	30
0.5	32
1.0	34.5
2.0	37
5.0	40.5
10.0	43.5
20.0	64.5

续表

储层平均渗透率,mD	残余油饱和度的偏差值(孔隙体积的百分数),%
50	+12
100	+9
200	+6
500	+2
1000	−1
2000	−4.5
5000	−8.5

由于 Craze 和 Buckley 的数据是使用估算的原始含油饱和度与油藏总体采收率的对比得到的,通过这种方法计算得到的残余油饱和度包含了波及效率和残余油饱和度,也就是说,该数据比部分水侵油藏废弃时的残余油饱和度还要高。波及效率反映井位置的影响,部分原油通过较低渗透储层时,由于很高的水油比,在储层所有区域驱替完成之前,很多区块由于边水驱和底水驱的影响而不得不废弃。

在一项关于 Craze 和 Buckley 水驱采收率数据的统计研究中,Guthrie 和 Greenberger[11]运用多元相关分析方法,发现了水驱采收率和 5 个影响砂岩油藏采收率变量之间的相关性,如下。

$$RF = 0.114 + 0.272 \lg K + 0.256 S_w - 0.136 \lg \mu_o - 1.5384 \phi - 0.00035 h \qquad (6.5)$$

当 $K=1000\text{mD}$,$S_w=0.25$,$\mu_o=2.0\text{cP}$,$\phi=0.20$ 和 $h=10\text{ft}$ 时,

$$RF = 0.114 + 0.272 \times \lg 1000 + 0.256 \times 0.25 - 0.136 \lg 2$$

$$-1.538 \times 0.20 - 0.00035 \times 10$$

$$= 0.642 \text{ 或 } 64.2\% \text{(原始原油储罐产量)}$$

式中 RF——采收率。

一项对该方程的测试表明,50%油田的采收率在公式(6.5)预测采收率的±6.2%范围以内,75%油田的采收率在±9.0%的范围以内,100%油田的采收率在±19.0%的范围以内。例如,前面实例中采收率为 64.2±9.0%的可能性为 75%。

虽然确定一个合理准确的油藏总体采收率通常是可行的,但对于特定的区块和油藏的一部分,数据可能时完全符合实际的,这是由于储层中流体的运移,也被称作油区泄油。例如,一个水驱油藏的倾斜油区可能有 50000bbl 的原始原油开采储量,但是油区中所有成排的位于构造上倾部位的油井可将可采储量划分成若干部分。流体运移的程度会影响不同油区内原油的最终采收率,如图 6.1 所示[12]。如果油井位于 40ac 的区域内,每口井的最大日产量相同,储层的渗透率相同,若储层存在一个活跃的水驱作用,水沿着水平面运移,则 A 区块的采收率只有可采地质储量的 1/7,而 G 区块的采收率是 A 区的 1/7,是 B 区块的 1/6,是 C 区块的 1/5,等等。油区泄油机理大体上比其他油藏机理的影响要小,但在某种程度上其在所有的油藏中都存在。

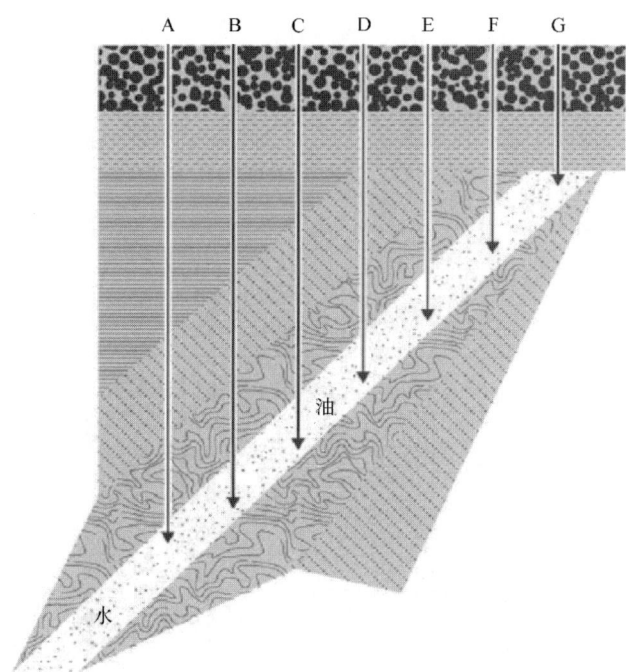

图 6.1 水驱对原油运移的影响(选自参考文献 12)

6.3 未饱和油藏的物质平衡方程式

第三章中已经建立了未饱和油藏的物质平衡方程式:

$$N(B_t - B_{ti}) + NB_{ti}\left(\frac{c_w S_{wi} + c_f}{1 - S_{wi}}\right)\Delta\bar{p} + W_e = N_p[B_i + (R_p - R_{soi})B_g] + B_w W_p \quad (3.8)$$

忽略岩石内部流体压力变化引起的岩石孔隙度的变化,这一影响将在稍后考虑,储层中没有或忽略水侵的影响时为定容型油藏。如果储层原油在原始条件下处于未饱和状态,则其原始条件下油藏中只包含地层水和原油,及其中含有的溶解气。地层水中溶解的气体很少,在当前问题中可以忽略不计。由于定容型油藏的产水量一般较少,或可被忽略,因而可认为其产水量为 0。从原始地层压力降到泡点压力的过程中,原油地层体积保持为一个常数,原油的产出主要依靠液体的体积膨胀。将以上这些假设应用于公式(3.8),得

$$N(B_t - B_{ti}) = N_p[B_i + (R_p - R_{soi})B_g] \quad (6.6)$$

当地层压力保持在泡点压力之上时,原油处于未饱和状态,油藏中只存在液相。地面生产的气体来源于原油流经井筒及地面设施时释放出的溶解气。所有的这些气体在油藏条件下是溶解于原油中。在此期间,由于溶解气油比恒定(见第二章)$R_p = R_{so} = R_{soi}$。物质平衡方程可变为

$$N(B_t - B_{ti}) = N_p B_t \quad (6.7)$$

通过变形,可得到采收率 RF,即

$$RF = \frac{N_p}{N} = \frac{B_t - B_{ti}}{B_t} \quad (6.8)$$

采收率一般被表示为原始原油地质储量的百分数。某油田 3-A-2 储层的 PVT 数据如图 6.2 所示。

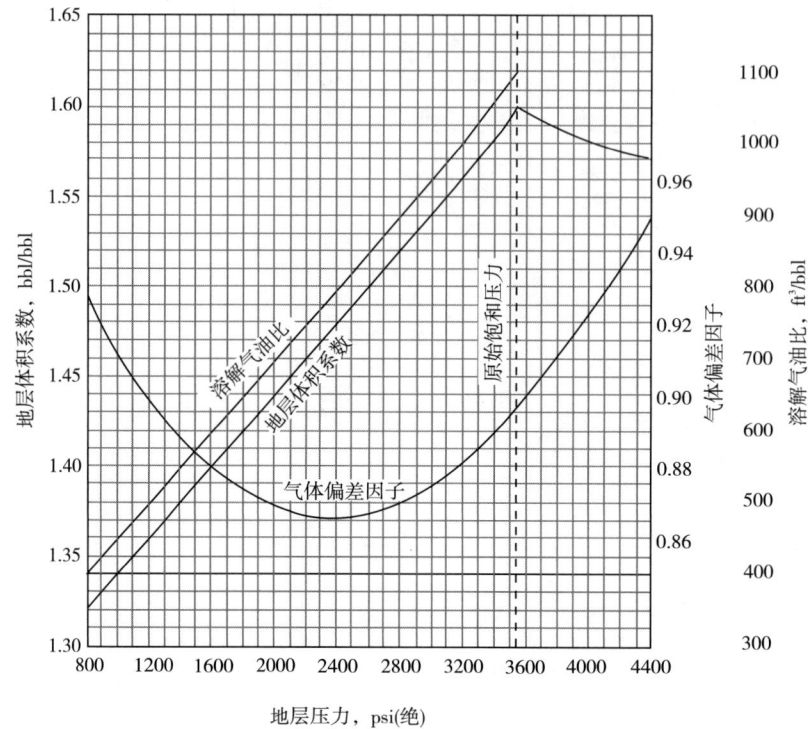

图 6.2　190°F 时,3-A-2 储层的 PVT 数据

图 6.2 中给出的地层体积系数是单相(原油)地层体积系数 B_o。物质平衡方程是由两相地层体积系数 B_t 推导出来的,B_o 和 B_t 的关系见公式(2.29):

$$B_t = B_o + B_g(R_{soi} - R_{so}) \quad (2.29)$$

显然,地层压力高于泡点压力时,R_{so} 是常数,且等于 R_{soi},因此 $B_o = B_t$。

在原始地层压力 4400psi(绝)下,储层流体的原油地层体积系数为 1.572bbl/bbl,在泡点压力 3550psi(绝)下为 1.600bbl/bbl。然后,由于容积式衰竭开采,压力为 3550psi(绝)时储罐油的采收率通过公式(6.8)计算:

$$RF = \frac{1.600 - 1.572}{1.600} = 0.0175 \text{ 或 } 1.75\%$$

如果当地层压力降到 3550psi(绝)时产油量为 680000bbl,则通过公式(6.7)计算得到的原始原油地质储量为

$$N = \frac{1.600 \times 680000}{1.600 - 1.572} = 38.8 \times 10^6 \text{bbl}$$

当地层压力低于 3550psi(绝)时,开始出现自由气相;对于不产水的未饱和定容式油藏,

油气孔隙体积保持不变，即

$$V_{oi} = V_o + V_g \tag{6.9}$$

图 6.3 显示了压力处于原始地层压力和低于泡点压力之间时储层中发生的变化。自由气相不一定会上升形成人工气顶，如果自由气以孤立的气泡分散在整个油藏中,则方程保持不变。对于任意地层压力低于泡点压力的未饱和油藏,公式(6.6)可以通过变形求出原始原油地质储量 N 的解和采收率 RF。

$$N = \frac{N_p [B_t + (R_p - R_{soi}) B_g]}{(B_t - B_{ti})} \tag{6.10}$$

$$RF = \frac{N_p}{N} = \frac{(B_t - B_{ti})}{[B_t + (R_p - R_{soi}) B_g]} \tag{6.11}$$

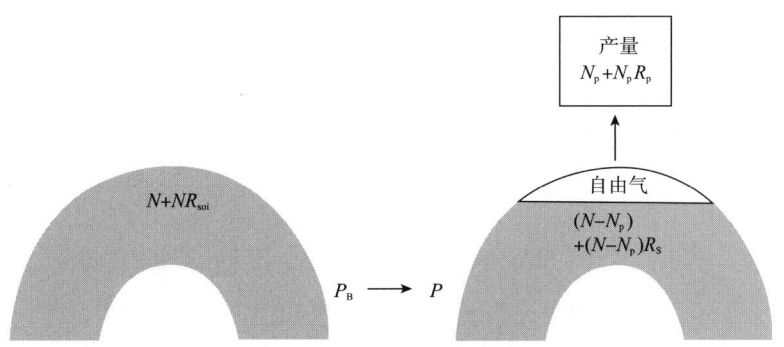

图 6.3 低于泡点压力时定容储层自由气相形成的示意图

净累计生产气油比 R_p 是储层的累计产气量 G_p 与累计产油量 N_p 的比值。在一些储层中,部分产出气体被回注到同一储层中,所以净产气体只是那些未被回注到储层中的气体。当生产的所有气体都被回注到储层中时,R_p 为零。

由公式(6.11)可以看出,除生产气油比 R_p 外所有的参数都只是压力的函数,也都是储层流体的物性参数。由于流体的性质是固定不变的,于是,储层流体的 PVT 特性及生产气油比决定了采收率 RF 是固定不变的。生产气油比作为公式(6.11)中的分母,生产气油比越大,采收率越低,反之亦然。

例 6.1 计算定容式未饱和油藏中生产气油比 R_p 对油藏采收率的影响。

已知：

　　3-A-2 储层的 PVT 数据(见图 6.2)；

　　压力 2800psi(绝)时的累计气油比 = 3300ft^3/bbl；

　　地层温度 = 190°F = 650°R；

　　标准状况 = 14.7psi(绝)和 60°F。

解：

通过图 6.2 可得以下数值：

原始地层压力 $p=4400\text{psi}(绝)$ 时,气油比 $R_{soi}=1100\text{ft}^3/\text{bbl}$;

原始地层压力 $p=4400\text{psi}(绝)$ 时,地层体积系数 $B_{oi}=1.572\text{bbl}/\text{bbl}$;

压力为 $2800\text{psi}(绝)$ 时,生产气油比 $R_{so}=900\text{ft}^3/\text{bbl}$,地层体积系数 $B_o=1.520\text{bbl}/\text{bbl}$;

压力为 $2800\text{psi}(绝)$ 时,累计生产气油比 $R_p=3300\text{ft}^3/\text{bbl}$;

压力为 $2800\text{psi}(绝)$ 时,偏差因子 $z=0.87$;

B_g 和 B_t 可通过公式(2.16)和公式(2.29)计算:

$$B_g = 0.00504 \times \frac{0.87 \times 650}{2800} = 0.00102 \text{bbl}/\text{ft}^3$$

$$B_t = B_t + B_g(R_{soi} - R_{so})$$

$$B_t = 1.520 + 0.00102 \times (1100 - 900) = 1.724 \text{bbl}/\text{bbl}$$

然后利用公式(6.11),压力为 $2800\text{psi}(绝)$ 时,

$$RF = \frac{1.724 - 1.572}{1.724 + 0.00102(3300 - 1100)}$$
$$= 0.0383 \text{ 或 } 3.83\%$$

如果将 2/3 的产出气体回注到油藏中,在相同的压力下[即 $2800\text{psi}(绝)$ 时], R_p 是 $1100\text{ft}^3/\text{bbl}$,则采收率为

$$RF = \frac{1.724 - 1.572}{1.724 + 0.00102(1100 - 1100)}$$
$$= 0.088 \text{ 或 } 8.8\%$$

公式(6.10)可以用于计算原始原油地质储量。例如,如果压力降至 $2800\text{psi}(绝)$ 时的累计产油量为 $1.486 \times 10^6 \text{bbl}$, $R_p=3300\text{ft}^3/\text{bbl}$,则原始原油地质储量为:

$$N = \frac{1.486 \times 10^6[1.724 + 0.00102(3300 - 1100)]}{(1.724 - 1.572)}$$
$$= 38.8 \times 10^6 \text{bbl}$$

从例 6.1 中有关 3-A-2 储层的计算结果可以看出,当 $R_p=3300\text{ft}^3/\text{bbl}$ 时,压力为 $2800\text{psi}(绝)$时采收率为 3.83%,但如果 R_p 只有 $1100\text{ft}^3/\text{bbl}$ 时,其采收率为 8.80%,忽略各种条件下由于压力降至泡点压力过程中液体膨胀产生的 1.75% 的采收率,生产气油比降到 1/3 时采收率大约提高 3 倍。因此,可以通过处理高气油比井来控制生产气油比,如关井或减少高生产气油比井的产量和(或)将产出的部分或全部气体回注到油藏中。如果油井在生产中出现了重力分异而形成气顶,如图 6.3 所示,若生产井在构造低部位出完井,从物质平衡的角度来简要分析,回注所有的气体时,可能会获得 100% 的采收率。但从流体力学的角度来看,当含气饱和度的上升值在 10%~40% 时,采收率会存在一个界限,因为储层中的气相渗透性增强,以至于回注的气体能很快的从注入井窜到生产井,只能驱替出少量的原油。因此,虽然对于溶解气驱油藏,控制气油比很重要,但由于产气速度大于产油速度,因而储层的采收率通常都较低。高于泡点压力时,能量储存于液体之中,用于产油的能量储存在溶解气中。当这些气体

被产出后,仅剩的自然能量就是重力泄油,原油向下排泄到井筒,然后通过泵输送到地面,且将会持续相当长的一段时间。

在下一节,提出了将物质平衡方程式用作预测工具的方法。该方法被油藏工程师应用于 Kelly-Snyder 油田 Canyon Reef 储层的计算。

6.4 物质平衡方程式在 Kelly-Snyder 油田 Canyon Reef 储层开采中的应用

位于美国得克萨斯州的 Kelly-Snyder 油田 Canyon Reef 储层于 1948 年被发现。在早期生产阶段,油藏工程师都担心油藏的压力会迅速下降;但是他们指出该油藏为定容型未饱和油藏,其原始地层压力为 3112psi(表),泡点压力只有 1725psi(表),二者均以海底 4300ft 为基准[13]。他们的进一步计算表明,达到泡点压力时,压力下降的速度变缓,该油藏在没有压力保持的情况下生产了数年,最后不得不采取压力保持措施。在此期间,通过压降及生产数据和进一步的储层研究,可以评价水侵的可能性、重力泄油及储层间的连通性。在此基础上,对岩心样品进行实验,可分别确定衰竭开采、气驱和水驱的采收率,能使油藏操作人员对压力保持项目的选择更加谨慎,或向他们证明压力压力保持项目可能不会成功。

虽然几年后可以利用附加及额外的油田生产数据,但以下计算都是 1950 年油藏工程师基于当年的有效生产数据所做的工作。表 6.3 给出了 Canyon Reef 储层的基本储层参数。地质学及其他的资料表明,该油藏为定容型油藏(即水侵可以忽略不计),因而所有计算都基于定容型油藏的机制。如果出现了一些水进入油藏中,将使计算结果更乐观,即在同样地地层压力下,采收率会更高。这是因为该油藏是未饱和的油藏,压力从原始地层压力降到泡点压力时的采收率主要来源于液体的膨胀能,泡点压力时的采收率为

$$RF = \frac{B_t - B_i}{B_t} = \frac{1.4509 - 1.4235}{1.4509} = 0.0189 \text{ 或 } 1.89\%$$

表 6.3 美国得克萨斯州 Kelly-Snyder 油田 Canyon Reef 储层的储层岩石与流体物性参数(选自参考文献 14)

原始地层压力	3112psi(表)(4300ft)
泡点压力	1725psi(表)(4300ft)
平均地层温度	125°F
平均孔隙度	7.7%
平均束缚水饱和度	20%
临界含气饱和度(估算)	10%

美国得克萨斯州标准石油公司测得的井底流样微分分离分析:

压力 psi(表)	B_o bbl/bbl	B_g bbl/ft³	溶解气油比 ft³/bbl	B_t bbl/ft³
3112	1.4235	—	885	1.4235
2800	1.4290	—	885	1.4290
2400	1.4370	—	885	1.4370
2000	1.4446	—	885	1.4446
1725	1.4509	—	885	1.4509
1700	1.4468	0.00141	876	1.4595
1600	1.4303	0.00151	842	1.4952
1500	1.4139	0.00162	807	1.5403
1400	1.3978	0.00174	772	1.5944

以原始原油地质储量的 1.4235(地下)bbl 或 1.00(地面)bbl 为基准时,采出量为 0.0189(地面)bbl。因为在压力降到 1725psi(表)的过程中,溶解气油比保持在 885ft³/bbl,在该压力下降过程中,生产气油比和累计生产气油比应该保持在 885ft³/bbl 附近。

当压力低于 1725psi(表)时,油藏中形成气相。只要该气相保持稳定,气相就不会流向井筒,也不会运移到油藏顶部形成气顶,而是分散在整个油藏中,随压力下降气体的体积会增大。因为在油藏孔隙中,气体引起的压力变化没有液体引起的压力变化迅速,压力低于在泡点压力时,油藏的压力下降速度会变得更慢。预计 Canyon Reef 储层的气相会保持稳定,直到含气饱和度接近 10%。当自由气开始流动时,计算变得相当复杂(见第 10 章);但只要自由气不具有流动性,可通过假设在任意压力下的生产气油比 R 等于该压力下的溶解气油比 R_{so} 来进行计算,此时到达井筒时的气体只有溶解在原油中的气体,即自由气是不流动的。两个压力 p_1 和 p_2 间的平均日生产气油比约为

$$R_{avg} = \frac{R_{so_1} + R_{so_2}}{2} \quad (6.12)$$

任意压力下的累计气油比为

$$R_p = \frac{\sum \Delta N_p \times R}{N_p}$$

$$\frac{N_{pb} \times R_{soi} + (N_{p1} - N_{pb})R_{avg1} + (N_{p2} - N_{p1})R_{avg2} + \text{etc.}}{N_{pb} + (N_{p1} - N_{pb}) + (N_{p2} - N_{p1}) + \text{etc.}} \quad (6.13)$$

以原始原油地质储量的 1.00(地面)bbl 为基准时,泡点压力 1725psi(表)下的累计产量 N_{pb} 为 0.0189bbl。压力在 1725 和 1600psi(表)之间的平均生产气油比为

$$R_{avg1} = \frac{885 + 842}{2} = 864 \text{ft}^3/\text{bbl}$$

压力为 1600psi(表)时的累计采油量 N_{p1} 是未知的;但是累计气油比 R_p 可以用公式 (6.13) 表示为

$$R_{p1} = \frac{0.0189 \times 885 + (N_{p1} - 0.0189)864}{N_{p1}}$$

压力为1600psi(表)时，R_{p1}的值和PVT值(表6.3)一起代入公式(6.11)中，得

$$N_{p1} = \frac{1.4952 - 1.4235}{1.4952 + 0.00151\left[\dfrac{0.0189 \times 885 + (N_{p1} - 0.0189)864}{N_{p1}} - 885\right]}$$

$$= 0.0486 \text{bbl}$$

运用相同的方式，可以计算1400psi(表)时的采收率，但只有当含气饱和度在临界含气饱和度之下时，计算结果才是有效的，在当前的计算中，假设临界含气饱和度为10%。

当从定容型未饱和油藏中采出N_p(储罐)桶原油时，假设油藏平均压力为p，则地层中剩余油的体积为$(N-N_p)B_o$。因油藏的原始孔隙体积V_p为

$$V_p = \frac{NB_{oi}}{(1 - S_{wi})} \tag{6.14}$$

又因含油饱和度等于原油体积除以孔隙体积，得

$$S_o = \frac{(N - N_p)B_o(1 - S_{wi})}{(NB_{oi})} \tag{6.15}$$

以原始原油地质储量的1.00(地面)bbl为基准时，N_p等于采收率RF(或N_p/N)，公式(6.15)可写成

$$S_o = (1 - RF)(1 - S_{wi})\left(\frac{B_o}{B_{oi}}\right) \tag{6.16}$$

式中S_{wi}是束缚水饱和度，对于定容型油藏，假设其保持恒定。压力为1600psi(表)时，其含油饱和度为：

$$S_o = (1 - 0.0486)(1 - 0.20)\left(\frac{1.4303}{1.4235}\right) = 0.765$$

含气饱和度为$(1-S_o-S_{wi})$，得

$$S_g = 1 - 0.765 - 0.200 = 0.035$$

图6.4给出了Kelly-Snyder油田压力下降至1400psi(表)过程的计算结果。压力低于该点后不再进行计算，因为含气饱和度约为10%，也就是假设的临界含气饱和度。由图可知，压力高于泡点压力时，压力下降迅速，压力低于泡点压力时压力下降平缓。表6.4中使用地层压力及生产数据进行计算，预测的结果与油田生产动态能很好吻合，得到原始原油地质储量为2.25×10^9bbl。和以前的理论预测的一样，第2列的生产气油比不降反升。这是由于油藏的某些部分的压力衰竭更迅速——如最早钻孔的区域、净生产油层厚度薄的区域及井筒附近的区域。就目前的预测而言，如果生产气油比为885ft³/bbl(即原始溶解度)这一假设在整个计算中保持不变，则前面的计算结果不会有很大的改变。

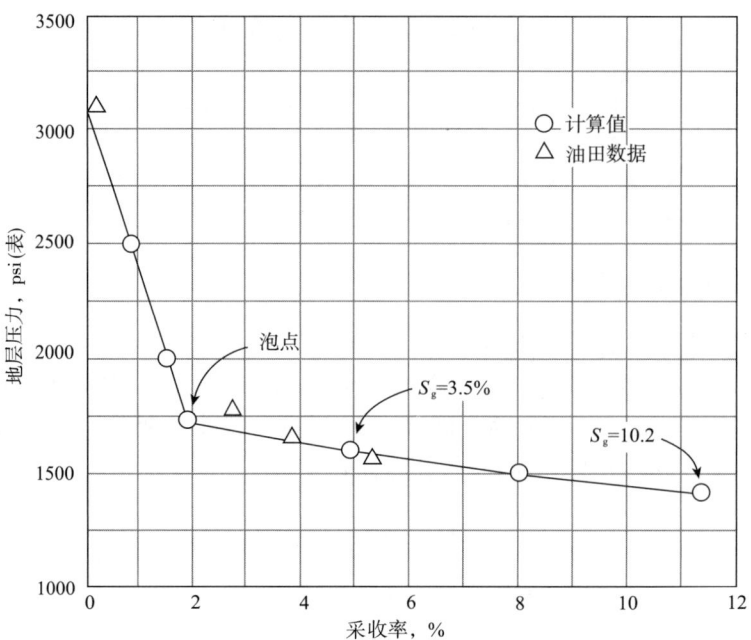

图 6.4　Kelly-Snyder 油田 Canyon Reef 储层的物质平衡计算及动态分析

表 6.4　基于 Kelly-Snyder 油田 Canyon Reef 储层的生产数据和测定的平均地层压力得到的采收率(假设原始原油地质储量为 2.25×10^9 bbl)

(1)	(2)	(3)	(4)	(5)
压力范围 psi(表)	平均生产气油比 ft^3/bbl	产油增量 10^6 bbl	累计产油量 10^6 bbl	采收率 $N=2.25\times10^9$ bbl
3312~1771	896	60.421	60.421	2.69
1771~1713	934	11.958	72.379	3.22
1713~1662	971	13.320	85.699	3.81
1662~1570	1023	20.009	105.708	4.70
1570~1561	1045	11.864	117.572	5.23

面积 40ac,净储层净厚为 200ft 的 Canyon Reef 储层单元的原始原油地质储量为

$$N = \frac{7758 \times 40 \times 200 \times 0.077 \times (1 - 0.20)}{1.4235} = 2.69 \times 10^6 \text{bbl}$$

1950 年,油井的日均产量为 92bbl/d,产出 11.35% 的原始原油地质储量的时间[即压力为 1400psi(表)下含气饱和度接近 10% 时]为

$$t = \frac{0.1135 \times 2.69 \times 10^6}{92 \times 365} \approx 9.1(a)$$

通过该计算结果,油藏工程师认为在当前情况下没有必要立刻削减产量,有充足的时间进行更进一步的储层研究,并仔细地设计出最佳的压力保持方案。油藏工程师做了全面详尽

的研究后,油田在1953年3月进行整合,并由一个开发委员会进行管理。计划实施的压力保持工程包括:(1)对油田纵向的油井实施水驱;(2)关闭高气油比井,将其可采储量转移至低气油比井。油田刚被整合时,关闭高气油比井,并于1954年开始注水开采。操作按计划实施后,约50%的原始原油地质储量被采出,并且增加了约$6×10^8$bbl的可采原油[15]。

6.5 物质平衡方程式在 Rodessa 油田 Gloyd–Mitchell 储层开发中的应用

一些油藏属于定容型未饱和油藏,其生产主要受溶解气驱机制的控制。在一些情况下,受原油和天然气重力分异、小型的水驱及压力保持等作用的影响,溶解气驱机制对生产的影响会变强或变弱。这种类型油藏的重要生产特征总结如下,且 Rodessa 油田 Gloyd–Mitchell 储层的特征如图 6.5 中所示。当压力高于泡点压力时,油藏通过液体膨胀作用进行生产,地层压力快速下降,采收率为原始原油地质储量的一至几个百分点。气油比较低且一般接近于原始溶解气油比。压力低于泡点压力时,形成气相,在大多数情况下,气相保持不流动状态,直至含气饱和度达到20%左右的临界含气饱和度。在此期间,油藏通过气体膨胀作用进行生产,其特征为压力下降很慢,气油比接近于原始溶解气油比或有时甚至低于原始溶解气油比。达到临界含气饱和度后,自由气相开始流动。使得原油产量降低,油藏进行衰竭开采,并以此为主要开采能量。通常含气饱和度达到15%到30%左右时,原油流量与气相(高气油比)相比很小,储层气体迅速枯竭。到废弃压力时,由溶解气驱得到的采收率通常在10%到25%范围内,但可以通过重力分异及控制高气油比井等方式来提高原油采收率。

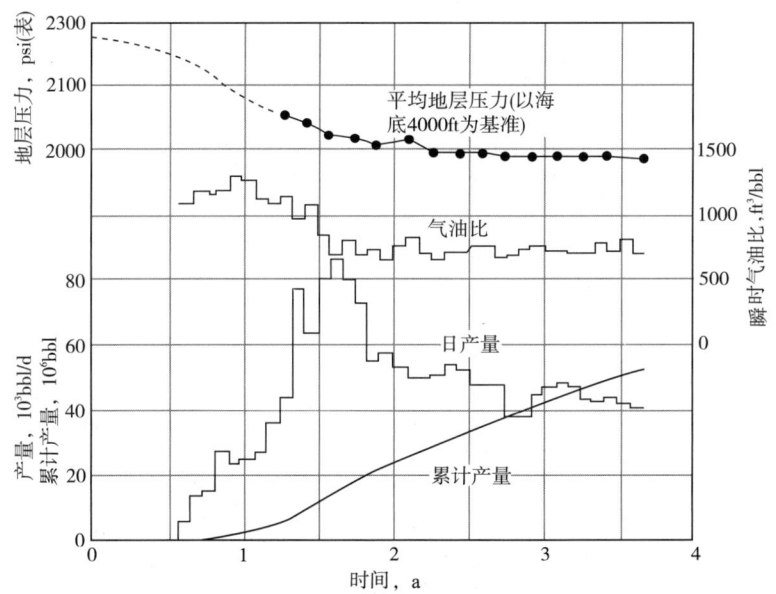

图 6.5 美国路易斯安那州 Rodessa 油田 Mitchell 储层的生产开发曲线

位于美国路易斯安那州的 Rodessa 油田 Gloyd–Mitchell 储层的生产状况是一个很好的例子,其大部分生产周期由溶解气驱机制进行开采[16]。该油藏合理准确的数据,如油气产量、地层压力下降、砂层厚度及生产井数量等,给溶解气驱机理的理论特征提供了很好的例子。Gloyd-Mitchell 储层基本水平,产出原油的重度为 42.8°API,在原始井底压力为 2700psi(表)的条件下,溶解气油比为 627ft³/bbl。原始状态时不存在自由气,且没有证据显示具有活跃的水驱。油井以高速率生产,产量下降很快。尽管一些数据显示出油藏在衰竭开采后期的采油机理发生了变化,但气油比、地层压力和产油量等数据都显示出溶解气驱的特征。最终的采收率预计为原始原油地质储量的 20%。

为了降低气油比,也进行了一些不成功的尝试,如关井或用套管隔离位于油藏高部位的生产井,只在低部位的砂岩层钻孔。减小气油比试验的失败是由于这是溶解气驱机制的典型问题,当达到临界含气饱和度时,气油比是地层压力下降或能量衰竭的函数,并不受产量和完井方法的影响。重力分异会形成人工气顶并导致高完井部位或储层顶部的气油比异常高,显然,重力分异在此时是忽略不计的。

表 6.5 给出了 Gloyd-Mitchell 储层的生产井数量、日均产油量、平均气油比和平均压力。从这些数据中可以计算得到单井日产油量、月产油量、累计产油量、月产气量、累计产气量及累计气油比。数据来源是非常有趣的,周期结束时生产井的数量是从油田钻井承包商那里获得的。完井记录资料是从美国国家监管机构获取的,当然也可从周期产能测试中获取。日均产油量是从提交给美国国家管理委员会的月生产报告中获得。精确的日均气油比数据只有当所有的产出气体被计量时才可获得,或者从产能测试中获得。为从产能测试中获得某月的日均气油比,需先将每口井的气油比乘以该井的日产油量或产量,就可以得到日总产气量。某月的日均气油比等于所有生产井的总日产气量除以总的日产油量。例如,如果井 A 的气油比为 1000ft³/bbl,日产量为 100bbl/d,井 B 的气油比为 4000ft³/bbl,日产量为 50bbl/d,则两井的日均气油比 R 为

$$R = \frac{1000 \times 100 + 4000 \times 50}{150} = 2000 \text{ft}^3/\text{bbl}$$

表 6.5　Rodessa 油田 Gloyd-Mitchell 储层的月平均生产数据

(1)	(2)	(3)	(4)	(5)	(6)	(7)	(8)	(9)	(10)	(11)
自生产起的月份	井数	日平均产油量 bbl	日平均气油比 (ft³/bbl)	平均压力 psi(表)	日单井产油量 (3)÷(2)	月单井产油量 30.4×(3)	累计产油量 Σ(7)	每月产气量 (4)×(7)	累计产气量 Σ(9)	累计气油比 (10)÷(8)
1	2	400	625	2700	200	12160	12160	7600	7600	625
2	1	500	750		500	15200	27360	11400	19000	694
3	3	700	875		233	21280	48640	18620	37620	773
4	4	1300	1000	2490	325	39520	88160	39520	77140	875
5	4	1200	950		300	36480	124640	34656	111796	897
6	6	1900	1000		316	57760	182400	57760	169556	930

续表

(1)	(2)	(3)	(4)	(5)	(6)	(7)	(8)	(9)	(10)	(11)
自生产起的月份	井数	日平均产油量 bbl	日平均气油比 (ft³/bbl)	平均压力 psi(表)	日单井产油量 (3)÷(2)	月单井产油量 30.4×(3)	累计产油量 ∑(7)	每月产气量 (4)×(7)	累计产气量 ∑(9)	累计气油比 (10)÷(8)
7	12	3600	1200	2280	300	109440	291840	131328	300884	1031
8	16	4900	1200		306	148960	440880	178752	479636	1088
9	21	6100	1400		290	185440	626240	259616	739252	1181
10	28	7500	1700	2070	268	228000	854240	387600	1127M	1319
11	48	9800	1800		204	297920	1152160	536256	1663M	1443
12	55	11700	1900		213	355680	1507840	675792	2339M	1551
13	59	9900	2100	1860	168	300960	1808800	632016	2971M	1643
14	65	10000	2400		154	304000	2112800	729600	3701M	1752
15	74	10200	2750		138	310080	2422880	852720	4554M	1880
16	79	11400	3200	1650	144	346560	2769440	1108992	5662M	2045
17	87	10800	4100		124	328320	3097760	1346112	7008M	2262
18	91	9200	4800		101	279680	3377440	1342464	8351M	2473
19	93	9000	5300	1250	97	273600	3651040	1450080	9801M	2684
20	96	8300	5900	1115	86	252320	3903360	1488688	11290M	2892
21	93	7200	6800	1000	77	218880	4122240	1488384	12778M	3100
22	93	6400	7500	900	69	194560	4316800	1459200	14237M	3298
23	95	5800	7600	825	61	176320	4493120	1340032	15577M	3467
24	94	5400	7700	740	57	164160	4657280	1264032	16841M	3616
25	95	5000	7800	725	53	152000	4809280	1185600	18027M	3748
26	92	4400	7500	565	48	133760	4943040	1003200	19030M	3850
27	94	4200	7300	530	45	127680	5070720	932064	19962M	3937
28	94	4000	7300	500	43	121600	5192320	887680	20850M	4016
29	93	3400	6800	450	37	103360	5295680	702848	21553M	4070
30	95	3200	6300	405	34	97280	5392960	612864	22165M	4110
31	91	3100	6100	350	34	94240	5487200	574864	22740M	4144
32	93	2900	5700	310	31	88160	5575360	502512	23243M	4169
33	92	3000	5300	390	33	91200	5666560	483360	23726M	4187
34	88	2900	5100	300	33	88160	5754720	449616	24176M	4201

续表

(1) 自生产起的月份	(2) 井数	(3) 日平均产油量 bbl	(4) 日平均气油比 (ft³/bbl)	(5) 平均压力 psi(表)	(6) 日单井产油量 (3)÷(2)	(7) 月单井产油量 30.4×(3)	(8) 累计产油量 ∑(7)	(9) 每月产气量 (4)×(7)	(10) 累计产气量 ∑(9)	(11) 累计气油比 (10)÷(8)
35	87	2000	4900	280	23	60800	5815520	297920	24474M	4208
36	90	2400	4800	310	27	72960	5888480	350208	24824M	4216
37	88	2100	4500	300	24	63840	5952320	287280	25111M	4219
38	88	2200	4500	325	25	66880	6019200	300960	25412M	4222
39	87	2100	4300	300	24	63840	6083040	274512	25687M	4223
40	82	2000	4000	275	24	60800	6143840	243200	25930M	4220
41	85	2100	3600	225	25	63840	6207680	229824	26160M	4214

这一数字小于其算术平均值 2500ft³/bbl。大量生产井的平均气油比可以表示为

$$R_{\text{avg}} = \frac{\sum R \times q_{\text{o}}}{\sum q_{\text{o}}} \tag{6.17}$$

式中 R 和 q_{o} 分别为单井的生产气油比和储罐油产量。

由图 6.5 可以知道生产井数、日气油比和单井日产量。还有压力与时间的平滑曲线。最初日产油量的增加是由于生产井数量的增加而非单井产能的提高。如果在所有的井都已完井并同时投入生产,则日产量将保持平稳,在所有井的产能达到其最大产能后,随后产量呈指数递减,图中显示油井生产 16 个月后发生该变化。由于井的最大日产能和日产量取决于井底压力和气油比,油田中完井较早的油井采收率更高。因为该类型油藏的主要影响因素是气体的流动,除非出现重力分异作用,否则产量对最终采收率没有重要的影响。同样,井距对采收率也没有影响;但是,井距和产量直接影响着经济收益。

针对 Rodessa 储层气油比的骤增问题,制定了一项气体保护措施。在该措施下,根据体积因素,油气产量被重新分配,来限制高气油比井的产量。油井的基本气油比为 2000ft³/bbl。对于生产气油比超过 2000ft³/bbl 的生产井,将每口井每天的容许产量乘以 2000 除以该井的气油比,这取决于泄油面积和压力。产量的削减使日产量曲线出现了两个峰值。

除生产历史与时间的关系曲线外,同样给出了生产历史与累计产油量的关系曲线。图 6.6 给出了 Gloyd-Mitchell 储层的数据,这些数据也可从表 6.5 中获取。该图表现了一些时间曲线中没有的特性。例如,地层压力曲线显示 Gloyd-Mitchell 储层依靠液体膨胀产出的原油体积为 200000bbl。随后一段时间是依靠气体膨胀生产,在这一期间自由气的流量有限。当累计产量接近 3×10^6bbl 后,气体流速开始比原油流速更快,导致了气油比迅速升高。在这一趋势期间,气油比曲线达到最大值,而后,随着气体衰竭,地层压力接近零。气油比的下降开始于累计产量约为 4.5×10^6bbl 后,主要是因为储层中的流动气体随地层压力的下降而发生膨胀。因此,生产气油比相等时,压力为 400psi(表)时气体流动速率大约是压力为 800psi(表)时的 2 倍。因此,地面条件下的气油比会下降,而在油藏条件下,气体流量与原油流量的比值继续增加。同样重力分异会减小气油比,此外,实际操作中,油井产气量的测量或汇报误差,

也会使低压气体的产量偏低。

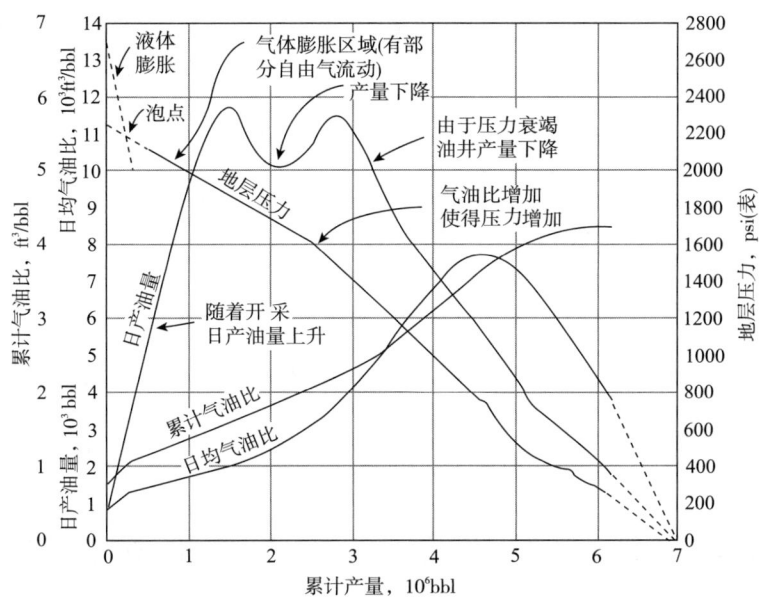

图 6.6　Rodessa 油田 Gloyd-Mitchell 储层的历史数据和累计产量之间的关系

Gloyd 储层井底样品的气体微分分离测试的结果显示溶解气油比为 624ft³/bbl，该值与原始生产气油比 625ft³/bbl 相符[17]。若缺乏井底样品的气体微分分离测试数据，不论是溶解气驱、气顶驱还是水驱油藏，使用正确完井方式的油井的原始溶解气油比都是可靠的。由图 6.6 可知，将压力、油井产量和生产气油比曲线外推，与累计产油量轴相交时，均表明最终采出量约为 $7×10^6$ bbl。但是，在时间曲线图中不可以用此类外推法（见图 6.5）。同样有趣的是，日产量与时间之间是指数曲线，与累计产油量之间是直线。

任意生产间隔内的平均气油比和累计气油比可以使用积分和典型的日生产气油比对累计产油量的曲线的阴影部分面积来表示，如图 6.7 所示。如果 R 代表任意时刻的日平均气油比，N_p 代表同一时刻的累计产量，则很小一段时间内的产量为 dN_p，这段时间的产气量为 RdN_p。当气油比发生变化时，则较长一段时间内的累计产气量为：

$$\Delta G_p = \int_{N_{p1}}^{N_{p2}} R dN_p \tag{6.18}$$

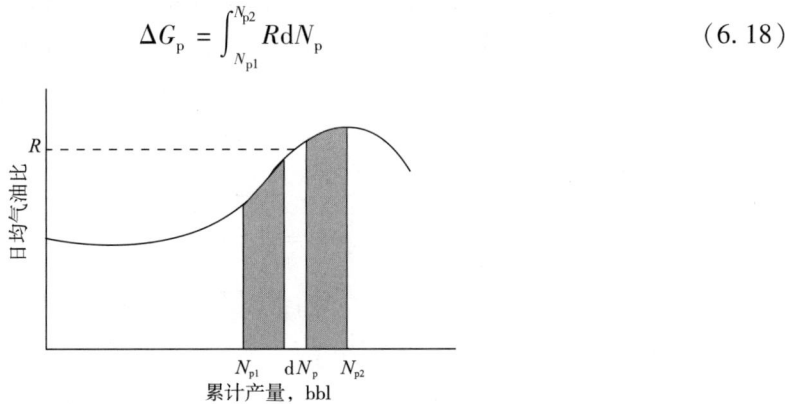

图 6.7　溶解气驱油藏的典型日生产气油比曲线

N_{p1} 和 N_{p2} 之间阴影部分的面积正比于这段时间的产气量。这段时间内的日均气油比等于气油比曲线坐标上的 N_{p1} 和 N_{p2} 之间的面积除以这段时间的产油量（$N_{p2}-N_{p1}$），即：

$$R_{\text{avg}} = \frac{\int_{N_{p1}}^{N_{p2}} R \, dN_p}{(N_{p2} - N_{p1})} \qquad (6.19)$$

累计气油比 R_p 等于总的净产气量除以总产油量，即

$$R_p = \frac{\int_0^{N_{p2}} R \, dN_p}{N_p} \qquad (6.20)$$

累计生产气油比可以使用表 6.5 中第 11 栏的方法进行计算。例如，第 3 周期结束时，

$$R_p = \frac{625 \times 12160 + 750 \times 15200 + 875 \times 21280}{12160 + 15200 + 21280} = 773 \text{ft}^3/\text{bbl}$$

6.6 考虑岩石和地层水压缩系数时的物质平衡方程式

在第 2 章已经指出，岩石及地层水压缩系数都是压力的函数。这表明实际上没有真正的体积油藏，即烃类储集空间保持不变。Hall[18] 发表了岩石压缩系数对定容型油藏计算的影响。定容型这一术语，一般是指这些油藏中不存在水侵，但如前文所述，油藏体积会随压力发生略有变化。

压力高于泡点压力时，首先研究压缩系数对计算原始原油地质储量 N 的影响。利用公式 (3.8)，压力高于泡点压力时 $R_p = R_{\text{soi}}$，公式变为

$$N(B_t - B_{ti}) + NB_{ti}\left(\frac{c_w S_{wi} + c_f}{1 - S_{wi}}\right)\Delta \bar{p} + W_e = N_p B_t + B_w W_p \qquad (6.21)$$

整理公式，解得 N 为

$$N = \frac{N_p B_t - W_e + B_w W_p}{B_t - B_{ti} + B_{ti}\left(\dfrac{c_w S_{wi} + c_f}{1 - S_{wi}}\right)\Delta \bar{p}} \qquad (6.22)$$

尽管该方程整体上很令人满意，但通常引入原油压缩系数 c_o，被定义为

$$c_o = \frac{V_o - V_{oi}}{V_{oi}(p_i - \bar{p})} = \frac{B_o - B_{oi}}{B_{oi}\Delta \bar{p}}$$

和

$$B_o = B_{oi} + B_{oi} c_o \Delta \bar{p} \qquad (6.23)$$

定义 c_o 时运用了单相地层体积系数，但是只要计算时压力高于泡点压力，则 $B_o = B_t$。若将公式 (6.23) 替换公式 (6.21) 中的第一项，则

$$N(B_{ti} - B_{ti}) + NB_{ti} c_o \Delta \bar{p} + NB_{ti}\left(\frac{c_w S_{wi} + c_f}{1 - S_{wi}}\Delta \bar{p}\right) = N_p B_t - W_e + B_w W_p \qquad (6.24)$$

将含有 c_o 的项的分子分母同时乘以和除以 S_o,由于压力高于在泡点压力时,不存在含气饱和度,则 $S_o = 1 - S_{wi}$,公式(6.24)变为

$$NB_{ti}\left(\frac{c_w S_o \Delta \bar{p}}{1 - S_{wi}}\right) + NB_{ti}\left(\frac{c_w S_{wi} + c_f}{1 - S_{wi}}\right)\Delta \bar{p} = N_p B_t - W_e + B_w W_p$$

或

$$NB_{ti}\left(\frac{c_w S_o + c_w S_{wi} + c_f}{1 - S_{wi}}\right)\Delta \bar{p} = N_p B_t - W_e + B_w W_p \tag{6.25}$$

公式(6.25)方括号中的部分称为有效流体压缩系数 c_e,包括原油压缩系数、地层水压缩系数和岩石压缩系数,即

$$c_e = \frac{c_o S_o + c_w S_{wi} + c_f}{1 - S_{wi}} \tag{6.26}$$

最后,公式(6.25)可写为

$$NB_t c_o \Delta \bar{p} = N_p B_t - W_e + B_w W_p \tag{6.27}$$

对于定容型油藏,$W_e = 0$,W_p 一般忽略不计,整理公式(6.27),求解 N

$$N = \frac{N_p}{c_e \Delta \bar{p}}\left(\frac{B_t}{B_{ti}}\right) \tag{6.28}$$

最后,如果岩石的等温压缩系数 c_f 和水的等温压缩系数 c_w 都等于零,则 c_e 只包含 c_o,公式(6.28)可简化为公式(6.8),压力高于泡点压力时的产量由第6章第3节推导:

$$\frac{N_p}{N} = \frac{B_t - B_{ti}}{B_t}$$

例6.2 给出了利用公式(6.22)和公式(6.28)及油藏的生产压力数据计算原始原油地质储量的方法,地质研究表明该油藏为定容型油藏(所有边界被不渗透岩石封闭)。由于两种方法使用的公式基本相同,得出了相同的原始原油地质储量 51.73×10^6 bbl。另一计算结果同时也说明忽略岩石的等温压缩系数和地层水的等温压缩系数时会有 61% 的误差。

例6.2 计算一个未饱和体积油藏的原始原油地质储量。

已知:

$B_{ti} = 1.35469$ bbl/bbl;

$B_t = 1.37500$ bbl/bbl,压力为 3600psi(表)时;

束缚水饱和度 $= 0.20$;

$c_w = 3.6 \times 10^6 \text{psi}^{-1}$;

$B_w = 1.04$ bbl/bbl,压力为 3600psi(表)时;

$c_f = 5.0 \times 10^6 \text{psi}^{-1}$;

$p_i = 5000$ psi(绝);

$N_p = 1.25 \times 10^6$ bbl;

$\Delta \bar{p} = 1400$ psi,压力为 3600psi(表)时;

$W_p = 32000 \text{bbl}$;

$W_e = 0$。

解：

代入公式(6.22)，得

$$N = \frac{1250000 \times 1.37500 + 32000 \times 1.04}{1.37500 - 1.35469 + 1.35469 + \left(\dfrac{3.6 \times 10^{-6} \times 0.20 + 5.0 \times 10^{-6}}{1 - 0.20}\right) \times 1400}$$

$$= 51.73 \times 10^6 \text{bbl}$$

平均原油压缩系数为

$$c_o = \frac{B_o - B_{oi}}{B_{oi}\Delta\bar{p}} = \frac{1.375 - 1.35469}{1.35469 \times (5000 - 3600)} = 10.71 \times 10^{-6} \text{psi}^{-1}$$

利用公式(6.26)计算有效流体压缩系数：

$$c_e = \frac{(0.8 \times 10.71 + 0.2 \times 3.6 + 5.0) \times 10^{-6}}{0.8} = 17.86 \times 10^{-6} \text{psi}^{-1}$$

利用公式(6.28)和公式(6.27)中的 W_p 计算原始原油地质储量：

$$N = \frac{1250000 \times 1.37500 + 32000 \times 1.04}{17.86 \times 10^{-6} \times 1400 \times 1.35469} = 51.73 \times 10^6 \text{bbl}$$

如果地层水和岩石的压缩系数忽略不计，则 $c_e = c_o$，原始原油地质储量 N 为

$$N = \frac{1250000 \times 1.37500 + 32000 \times 1.04}{17.71 \times 10^{-6} \times 1400 \times 1.35469} = 86.25 \times 10^6 \text{bbl}$$

由上例可见，压缩系数能显著地影响原始原油地质储量 N 的值。压力高于泡点压力时，油藏开采基于能量衰竭开采，或流体膨胀开采机理。到达泡点压力之后，地层水和岩石的压缩系数对计算的影响变得更小，因为此时气体的压缩系数非常大。

整理公式(3.8)，可得原始原油地质储量 N：

$$N = \frac{N_p[B_t + (R_p - R_{soi})B_g] - W_e + B_w W_p}{B_t - B_{ti} + B_{ti}\left(\dfrac{c_w S_{wi} + c_f}{1 - S_{wi}}\right)\Delta\bar{p}} \tag{6.29}$$

这是压力低于泡点压力时未饱和油藏的一般物质平衡方程式。且在该方程中考虑了地层水和岩石压缩系数。例 6.3 比较了未饱和油藏考虑和不考虑地层水压缩系数及岩石压缩系数时采收率 N_p/N 的计算结果。

例 6.3　计算封闭型未饱和油藏的 N_p/N。

注意，计算时分别考虑和不考虑地层水压缩系数及岩石压缩系数的影响。假设压力低于 2200psi(绝)时，达到临界含气饱和度。

已知：

$p_i = 4000 \text{psi}(绝)$;

$c_w = 3 \times 10^6 \text{psi}^{-1}$;

$p_b = 2500 \text{psi}(绝)$;

$c_f = 5\times10^6 \text{psi}^{-1}$；

$S_w = 30\%$；

$\phi = 10\%$。

压力,psi(绝)	R_{so}, ft³/bbl	B_g, bbl/ft³	B_t, bbl/ft³
4000	1000	0.00083	1.3000
2500	1000	0.00133	1.3200
2300	920	0.00144	1.3952
2250	900	0.00148	1.4180
2200	880	0.00151	1.4412

解：

(1) 首先考虑压缩系数的影响。利用公式(6.22)，W_p 等于零，W_e 忽略不计，整理公式，则泡点压力时的采收率为

$$\frac{N_p}{N} = \frac{B_t - B_{ti} + B_{ti}\left(\dfrac{c_w S_{wi} + c_f}{1 - S_{wi}}\right)\Delta\bar{p}}{B_t}$$

$$\frac{N_p}{N} = \frac{1.32 - 1.30 + 1.30\left(\dfrac{3\times10^{-6}\times0.3 + 5\times10^{-6}}{1 - 0.3}\right)1500}{1.32} = 0.0276$$

压力低于泡点压力时，利用公式(6.29)和公式(6.13)计算采收率：

和

$$\frac{N_p}{N} = \frac{B_t - B_{ti} + B_{ti}\left(\dfrac{c_w S_{wi} + c_f}{1 - S_{wi}}\right)\Delta\bar{p}}{B_t + (R_p - R_{soi})B_g}$$

$$R_p = \frac{\sum(\Delta N_p)R}{N_p} = \frac{\sum(\Delta N_p/N)R}{N_p/N}$$

压力从 2500psi(绝)下降到 2300psi(绝)时，得

$$\frac{N_p}{N} = \frac{1.3952 - 1.30 + 1.30\left(\dfrac{3\times10^{-6}\times0.3 + 5\times10^{-6}}{1 - 0.3}\right)1700}{1.3952 + (R_p - 1000)\times0.00144}$$

$$R_p = \frac{0.0276\times1000 + (N_p/N - 0.0276)R_{ave1}}{N_p/N}$$

其中 R_{ave1} 等于压力改变过程中溶解气油比的平均值：

$$R_{ave1} = \frac{1000 + 920}{2} = 960$$

联立以上 3 式,得

$$\frac{N_p}{N} = 0.08391$$

同理,压力从 2250 到 2200psi(绝)时的采收率 N_p/N:

$$\frac{N_p}{N} = 0.11754$$

(2)不考虑压缩系数的影响。在泡点压力时,可用公式(6.8)计算采收率:

$$\frac{N_p}{N} = \frac{B_t - B_{ti}}{B_t} = \frac{1.32 - 1.30}{1.32} = 0.01515$$

压力低于泡点压力时,利用公式(6.11)和公式(6.13)计算 N_p/N:

$$\frac{N_p}{N} = \frac{B_t - B_{ti}}{B_t + (R_p - R_{soi})B_g}$$

和

$$R_p = \frac{\sum (\Delta N_p)R}{N_p} = \frac{\sum (\Delta N_p/N)R}{N_p/N}$$

压力从 2500psi(绝)下降到 2300psi(绝)期间,得

$$\frac{N_p}{N} = \frac{1.3952 - 1.30}{1.3952 + (R_p - 1000) \times 0.00144}$$

$$R_p = \frac{0.01515 \times 1000 + (N_p/N - 0.001515)R_{ave1}}{N_p/N}$$

其中 R_{ave1} 为

$$R_{ave1} = \frac{1000 + 920}{2} = 960$$

联立以上 3 式,得

$$\frac{N_p}{N} = 0.07051$$

同理,计算压力从 2300psi(绝)到 2250psi(绝)期间的采收率为

$$\frac{N_p}{N} = 0.08707$$

对于压力从 2250psi(绝)到 2200psi(绝)期间的采收率为

$$\frac{N_p}{N} = 0.10377$$

图 6.8 给出了这两种情况的计算结果,即是否考虑压缩系数的影响。

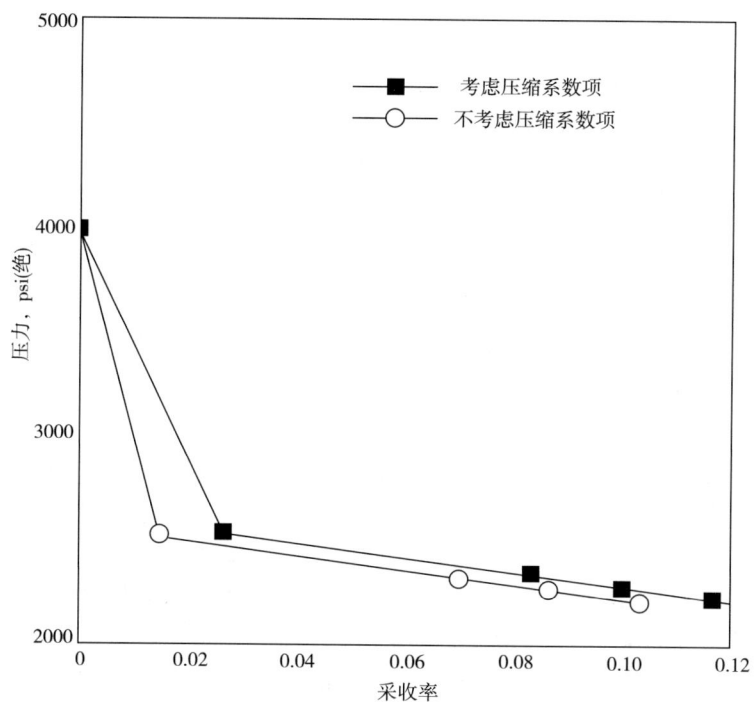

图 6.8 问题 6.4 中地层压力与计算得到的采收率之间的关系

计算结果表明压力低于泡点压力时，两种情况的的差别非常明显。其不同源于岩石及地层水的压缩系数与原油的压缩系数是同一数量级的。考虑压缩系数时，采收率会受到明显的影响。对于该类油藏，压力高于泡点压力时，运用岩石及地层水压缩系数进行计算与模拟真实产量很相近。这是由于真实的采油机理是原油、地层水及岩石的膨胀作用机理，不存在游离气相。

压力低于泡点压力时，通过两种方案计算的采收率大小仍不相同，差异在泡点压力处，计算表明压力低于泡点压力后，由于气相的压缩系数很大，地层水及岩石的压缩系数对计算采收率的影响并不很大。这也符合真实条件下的压力低于泡点压力时的产油机制，压力低于泡点压力时，气体逸出，自由气随地层压力的降低而发生膨胀。

例 6.4 的计算结果有助于读者理解未饱和油藏的基本生产机制。但不意味着对于特殊油藏情况可以忽视方程的限定条件会使计算变得简单。不管是否包含所有条件，计算过程都是相当容易的。几乎所有的计算都可以使用计算机来完成，因而没有必要忽略一些限定条件。

思 考 题

6.1 使用油藏工程的符号写出定容型未饱和油藏的以下关系式：
(1) 以(地面)bbl 为单位时油藏的原始原油地质储量；
(2) 产出 N_p bbl 原油后的采收率；
(3) 产出 N_p bbl 原油后剩余油(液体)体积；

(4)以 ft^3 为单位时的天然气产量;

(5)以 ft^3 为单位时的原始天然气地质储量;

(6)以 ft^3 为单位时溶解在剩余油中的天然气量;

(7)产出 N_p bbl 原油后,以 ft^3 为单位时的逸出或自由的天然气量;

(8)逸出气或自由气占据的体积。

6.2 3-A-2 油藏的物理特性如图 6.2 所示:

(1)计算当压力分别降到 3550psi(绝)、2800psi(绝)、2000psi(绝)、1200psi(绝)和 800psi(绝)时的采出程度。假设油藏可以保持恒定的累计气油比 1100ft^3/bbl 生产,画出采出程度与压力的关系曲线。

(2)为证明增加的气油比对采收率的影响,重新计算采出程度,假设累计生产气油比为 3300ft^3/bbl,在上一个问题的同一个图中画出采出程度与压力的关系曲线。

(3)说明生产气油比增加 3 倍时采收率的变化情况。

(4)为了提高采收率,对高气油比井进行关井或减产,这样做合理吗?

6.3 如果 3-A-2 油藏的累计生产气油比为 2700ft^3/bbl 时产出 1×10^6 bbl 的原油,求地层压力从原始地层压力 4400psi(绝)降到 2800psi(绝)时的原始原油地质储量。

6.4 以下数据来源于某个没有原始气顶和水侵的油藏:

油藏孔隙体积 = $75 \times 10^6 ft^3$;

原油中天然气的溶解度 = 0.42ft^3/bbl/psi;

原始井底压力 = 3500psi(绝);

井底温度 = 140°F;

油藏泡点压力 = 2400psi(绝);

压力在 3500psi(绝)时的储层体积系数 = 1.333bbl/bbl;

在 1500psi(绝)和 140°F 条件时天然气的压缩系数 = 0.95;

压力为 1500psi(绝)时的产油量 = 1.0×10^6 bbl;

净累计生产气油比 = 2800ft^3/bbl。

(1)以(地面)bbl 为单位时,计算原始原油地质储量;

(2)以(地面)ft^3 为单位时,计算原始天然气储量;

(3)计算油藏原始溶解气油比;

(4)计算压力 1500psi(绝)时,滞留在油藏中的天然气量;

(5)计算压力 1500psi(绝)时,油藏中的自由气量;

(6)计算压力 1500psi(绝)时,自由气的地层体积系数,标准状态为压力 14.7psi(绝)和温度 60°F;

(7)计算压力 1500psi(绝)时的地层体积;

(8)计算压力 1500psi(绝)时的总生产气油比;

(9)计算压力 1500psi(绝)时的溶解气油比;

(10)计算压力 1500psi(绝)时的液体地层体积系数;

(11)计算计算压力 1500psi(绝)时,两相地层体积系数和原油地层体积系数及其原始溶解气量。

6.5 (1) 继续 Kelly-Snyder 油田的计算,计算 1400psi(绝)时的采收率和含气饱和度。
(2) 气体在 1600psi(绝),125°F 下的偏差系数是多少?

6.6 R 储层为定容型油藏,其 PVT 特性如图 6.9 所示。当地层压力从原始地层压力 2500psi(绝)降到 1600psi(绝)时,累计产油量为 26×10^6 bbl。压力为 1600psi(绝)时的累计气油比为 954ft^3/bbl,此时的气油比为 2250ft^3/bbl。储层的平均孔隙度为 18%,平均束缚水饱和度为 18%。产出水量可忽略,标准状况为压力 14.7psi(绝)和温度 60°F。

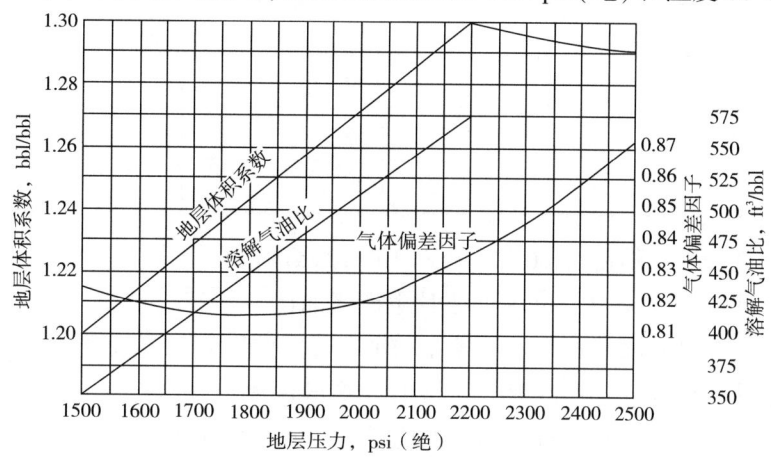

图 6.9 温度 150°F 时 R 砂层的 PVT 数据

(1) 计算原始原油地质储量;
(2) 计算压力 1600psi(绝)时油藏中逸出气体的体积;
(3) 计算压力 1600psi(绝)时油藏中的平均含气饱和度;
(4) 计算压力 1600psi(绝)时,如果回注所有产出的气体,可采出的原油量;
(5) 计算压力 1600psi(绝)时,两相地层体积系数;
(6) 假设自由气不流动,计算压力降到 2000psi(绝)时衰竭开采的采收率;
(7) 计算压力 2500psi(绝)时,油藏原始自由气量。

6.7 如果题 6.6 的油藏为水驱油藏,压力降到 1600psi(绝)时,水侵量为 25×10^6 bbl,计算原始原油地质储量。使用上题中瞬时气油比、累计气油比及 PVT 等数据,并假设不产水。

6.8 以下是某油藏的生产及注气数据。

累计产量 N_p	日平均气油比 R	累计注气量 G_j
10^6 bbl	ft^3/bbl	10^6 ft^3
0	300	0
1	280	0
2	280	0
3	340	0

累计产量 N_p	日平均气油比 R	累计注气量 G_j
10^6 bbl	ft^3/bbl	10^6 ft^3
4	560	0
5	850	0
6	1120	520
7	1420	930
8	1640	1440
9	1700	2104
10	1640	2743

(1) 计算产量间隔在 $6×10^6$ bbl 到 $8×10^6$ bbl 之间的平均生产气油比。

(2) 累计产量为 $8×10^6$ bbl 时的累计生产气油比。

(3) 计算产量间隔在 $6×10^6$ bbl 到 $8×10^6$ bbl 之间的净平均生产气油比。

(4) 累计产量为 $8×10^6$ bbl 时的净累计生产气油比。

(5) 在同一张图中画出日平均气油比、累计产气量、净累计产气量和累计注气量与累计产油量的关系曲线。

6.9 某未饱和油藏,生产阶段压力大于泡点压力,其原始地层压力为5000psi(绝),原油地层体积系数为1510bbl/bbl。当压力降到4600psi(绝)时,由于产出 $1×10^5$ bbl 的原油,原油地层体积系数变为1.520bbl/bbl。束缚水饱和度为25%,地层水压缩系数为 $3.2×10^{-6}$ psi^{-1},平均孔隙度为16%,岩石压缩系数为 $4.0×10^{-6}$ psi^{-1}。压力在5000psi(绝)到4600psi(绝)之间的平均原油压缩系数[相对5000psi(绝)时的体积]为 $17.00×10^{-6}$ psi^{-1}。

(1) 地质资料及不产水都说明该油藏为定容型油藏。假设如此,计算原始原油地质储量;

(2) 列出第二段期的原始原油地质储量。压力降至4200psi(绝),储层体积系数为1.531bbl/bbl,累计产油量为 $2.05×10^5$ bbl。如果平均原油压缩系数为 $17.65×10^{-6}$ psi^{-1},求其原始原油地质储量;

(3) 分析了所有的岩心及测井资料,预计其原始原油地质储量为 $7.5×10^6$ bbl。如果数据正确,求地层压力降到4600psi(绝)时的水侵量。

6.10 计算水驱砂岩油藏的采收率。已知其渗透率为1500mD,束缚水饱和度为20%,原油黏度为1.5cP,孔隙度为25%,平均储层厚度为50ft。

6.11 以下为某油藏的PVT数据,假设该定容型油藏的原始原油地质储量为 $275×10^6$ bbl,原始地层压力为3600psi(绝)。当前压力为3400psi(绝),累计产量为732800bbl。求当地层压力降至2700psi(绝)时的可采油量。

压力,psi(绝)	溶解气油比,ft³/bbl	地层体积系数,bbl/bbl
3600	567	1.310
3200	567	1.317
2800	567	1.325
2500	567	1.333
2400	554	1.310
1800	434	1.263
1200	337	1.210
600	223	1.140
200	143	1.070

6.12 未饱和油藏的生产数据及流体特性数据如下所示。测量结果显示油藏不产水,假设油藏中没有自由气体的流动,计算下列问题:

(1)地层压力为2258psi(绝)时的含油饱和度、含气饱和度及含水饱和度;

(2)有水侵现象发生吗,如果有,求水侵量。

已知:

气体相对密度=0.78;

地层温度=160°F;

原始含水饱和度=25%;

原始地质储量=180×10⁶bbl;

泡点压力=2819psi(绝)。

以下 B_o 和 R_{so} 关于压力的表达式都来自于实验室数据:

$B_o = 1.00 + 0.00015p$(单位:bbl/bbl);

$R_{so} = 50 + 0.42p$(单位:ft³/bbl)。

压力,psi(绝)	累计产油量,bbl	累计产气量,ft³	瞬时气油比,ft³/bbl
2819	0	0	1000
2742	4.38×10⁶	4.38×10⁶	1280
2639	10.16×10⁶	10.36×10⁶	1480
2506	20.09×10⁶	21.295×10⁶	2000
2403	21.02×10⁶	30.26×10⁶	2500
2258	34.29×10⁶	41.15×10⁶	3300

6.13 下表提供了某未饱和透镜型油藏的流体物性数据。其原始含水饱和度为25%,原始地层温度及压力分别为97°F和2110psi(绝),泡点压力为1700psi(绝)。压力从原始地层压力下降到泡点压力时的岩石和地层水的平均压缩系数分别为$4.0×10^{-6}\text{psi}^{-1}$和$3.1×10^{-6}\text{psi}^{-1}$。原始原油地层体积系数为1.256bbl/bbl。临界含气饱和度假设为10%。画出其采收率与压力的关系曲线。

压力,psi(绝)	原油地层体积系数,bbl/bbl	溶解气油比,ft³/bbl	气体地层体积系数,ft³/ft³
1700	1.265	540	0.007412
1500	1.241	490	0.008423
1300	1.214	440	0.009826
1100	1.191	387	0.011792
900	1.161	334	0.014711
700	1.147	278	0.019316
500	1.117	220	0.027794

6.14 Wildcat油藏发现于1970年。其原始地层压力为3000psi(绝),实验室数据表明泡点压力为2500psi(绝),束缚水饱和度为22%,计算压力从原始地层压力降到2300psi(绝)时的采收率N_p/N。计算时有如下假设:

　　孔隙度=0.165;
　　岩石压缩系数=$2.5×10^{-6}\text{psi}^{-1}$;
　　地层温度=150°F。

压力,psi(绝)	B_o,bbl/bbl	R_{so},ft³/bbl	z	B_g,bbl/ft³	黏度比,μ_o/μ_g
3000	1.315	650	0.745	0.000726	53.91
2500	1.325	650	0.680	0.000796	56.60
2300	1.311	618	0.663	0.000843	61.46

参 考 文 献

[1] T. L. Kennerly, "Oil Reservoir Fluids (Sampling, Analysis, and Application of Data)," presented before the Delta Section of AIME, Jan. 1953 (available from Core Laboratories, Inc., Dallas).

[2] Frank O. Reudelhuber, "Sampling Procedures for Oil Reservoir Fluids," Jour. of Petroleum Technology (Dec. 1957), 9, 15–18.

[3] Ralph H. Espach and Joseph Fry, "Variable Characteristics of the Oil in the Tensleep Sandstone Reservoir, Elk Basin Field, Wyoming and Montana," Trans. AIME (1951), 192, 75.

[4] Cecil Q. Cupps, Philip H. Lipstate Jr., and Joseph Fry, "Variance in Characteristics in the Oil in the Weber

Sandstone Reservoir, Rangely Field, Colo.," US Bureau of Mines R. I. 4761, U. S. D. I., Apr. 1951; see also World Oil (Dec. 1957), 133, No. 7, 192.

[5] A. B. Cook, G. B. Spencer, F. P. Bobrowski, and Tim Chin, "A New Method of Determining Variations in Physical Properties of Oil in a Reservoir, with Application to the Scurry Reef Field, Scurry County, Tex," US Bureau of Mines R. I. 5106, U. S. D. I., Feb. 1955, 12–23.

[6] D. R. McCord, "Performance Predictions Incorporating Gravity Drainage and Gas Cap Pressure Maintenance—LL–370 Area, Bolivar Coastal Field," Trans. AIME (1953), 198, 232.

[7] J. J. Arps, "Estimation of Primary Oil Reserves," Trans. AIME (1956), 207, 183–186.

[8] R. C. Craze and S. E. Buckley, "A Factual Analysis of the Effect of Well Spacing on Oil Recovery," API Drilling and Production Practice (1945), 144–155.

[9] J. J. Arps and T. G. Roberts, "The Effect of Relative Permeability Ratio, the Oil Gravity, and the Solution Gas-Oil Ratio on the Primary Recovery from a Depletion Type Reservoir," Trans. AIME (1955), 204, 120–126.

[10] H. G. Botset and M. Muskat, "Effect of Pressure Reduction upon Core Saturation," Trans. AIME (1939), 132, 172–183.

[11] R. K. Guthrie and Martin K. Greenberger, "The Use of Multiple Correlation Analyses for Interpreting Petroleum-Engineering Data," API Drilling and Production Practice (1955), 135–137.

[12] Stewart E. Buckley, Petroleum Conservation, American Institute of Mining and Metallurgical Engineers, 1951, 239.

[13] K. B. Barnes and R. F. Carlson, "Scurry Analysis," Oil and Gas Jour. (1950), 48, No. 51, 64.

[14] "Material–Balance Calculations, North Snyder Field Canyon Reef Reservoir," Oil and Gas Jour. (1950), 49, No. 1, 85.

[15] R. M. Dicharry, T. L. Perryman, and J. D. Ronquille, "Evaluation and Design of a CO_2 Miscible Flood Project—SACROC Unit, Kelly–Snyder Field," Jour. of Petroleum Technology, Nov. 1973, 1309–1318.

[16] Petroleum Reservoir Efficiency and Well Spacing, Standard Oil Development Company, 1943, 22.

[17] H. B. Hill and R. K. Guthrie, "Engineering Study of the Rodessa Oil Field in Louisiana, Texas, and Arkansas," US Bureau of Mines R. I. 3715, 1943, 87.

[18] Howard N. Hall, "Compressibility of Reservoir Rocks," Trans. AIME (1953), 198, 309.

7 饱和油藏

7.1 引言

本章介绍的储层类型是饱和油藏,在这类储层中既存在液体,也存在气体。第 6 章中未饱和油藏的物质平衡方程适用于没有原生气顶的定容型油藏和水驱油藏。而本章中的公式适用于存在原生气顶的油藏,这是因为地层压力低于泡点压力时原油和游离气发生重力分异,或者因为气体的注入(通常从油藏的高部位注入)。当油藏存在原生气顶时,即油藏在初始阶段处于饱和状态,可以忽略液体的膨胀能量。但是,存储在溶解气中的能量是由原生气顶提供的,因此在其他条件一致的情况下,存在气顶的油藏通常较不存在气顶的油藏有更大的采收率。本章将首先对饱和油藏采收率的影响因素和物质平衡方程的应用进行介绍。同时也应用了第 3 章中介绍的驱动指数,它们是最适用于该类油藏,并且能够定量地说明某种给定生产机理的影响比例。Havlena-Odeh 物质平衡方法可应用于油藏的早期生产动态预测,而且通过该方法能够了解和预测油藏中气体和液体的分离情况。在本章的最后将讨论挥发性油藏和最高采收率 MER 等概念。

对于有气顶的饱和油藏,随着产量的上升,地层压力会下降,气体的膨胀作用能使原油向下运移并进入生产井中,这种现象会出现在气油比上升和产量持续降低的井中。同时,由于气体的膨胀作用,气顶的压力缓慢下降,导致溶解在原油中的气体游离出来,因此可以通过降低生产井的气油比来提高石油采收率。在具有典型构造地形的储层中这种生产机制是最有效的,因为在这些标志性的构造地形中存在垂向的流体流量分量,因此可能会出现原油和游离气在砂体中发生重力分异作用[1]。具有原生气顶的定容油藏的采收率较未饱和油藏的采收率高,而且因为存在大型气顶、地层均质和良好重力分异等特性使得它们的采收率会更高。

(1)大型气顶。

气顶的大小通常被描述为与含油带大小的比值,用比例 m 表示,这一概念已在第 3 章中进行了定义。

(2)均质地层。

均质地层中低渗区膨胀气顶从原油前方和侧面窜流的通道会减少。

(3)良好的重力分异特性。

这些特性基本包括了:①很好的构造特征;②较低的原油黏度;③较高的渗透率;④较低的油井产量。

在描述油气生产过程中水通过流动进入储层的生产机制时,会用到水驱和液压控制等术语。侵入储层中的水可能是边水或底水,后者表明含油区处于具有足够厚度的含水区之上,使得水的流动是垂直的。水驱中最常见的能量源自水的膨胀和含水层岩石的压缩性,但这些也可能会导致井的自喷。水驱采油过程中重要的特征如下：

①由于水侵的影响，油藏的体积不断减少。侵入水的能量不包括高于泡点压力时的流体膨胀能量和储存在溶解气、游离气或气顶中的能量。

②井底压力和水侵量的大小与孔隙体积的比值有关。当孔隙体积略大于水侵量时，压力会轻微下降。当孔隙体积远大于水侵量时，压力的下降明显，此时与具有原生气顶的油藏或溶解气驱油藏情况类似。

③对于边水驱替油藏，区域性运移沿着高构造区域方向非常明显。

④当边水和底水同时侵入时，产水量增加，并且最终所有井中都会产出水。

⑤在合适及有利的条件下，原油采收率可以达到较高值。

7.2 饱和油藏的物质平衡方程式

Schilthuis 物质平衡方程通式是在第 3 章中提出的，如下

$$N(B_i - B_{ti}) + \frac{NmB_{ti}}{B_{gi}}(B_g - B_{gi}) + (1+m)NB_{ti}\left(\frac{c_w S_{wi} + c_f}{1 - S_{wi}}\right)\Delta \bar{p} + W_e$$

$$= N_p[B_t + (R_p - R_{soi})B_g] + B_w W_p \tag{3.7}$$

整理公式(3.7)，求解原始原油地质储量 N

$$N = \frac{N_p[B_t + (R_p - R_{soi})B_g] - W_e + B_w W_p}{B_t - B_{ti} + \frac{mB_{ti}}{B_{gi}}(B_g - B_{gi}) + (1+m)B_{ti}\left(\frac{c_w S_{wi} + c_f}{1 - S_{wi}}\right)\Delta \bar{p}} \tag{7.1}$$

如果地层和束缚水的压缩性造成的膨胀能量可以忽略不计，特别是在饱和油藏中它们经常可以忽略不计，则公式(7.1)变成

$$N = \frac{N_p[B_t + (R_p - R_{soi})B_g] - W_e + B_w W_p}{B_t - B_{ti} + \frac{mB_{ti}}{B_{gi}}(B_g - B_{gi})} \tag{7.2}$$

例 7.1 给出了利用公式(7.2)计算存在原生气顶水驱油藏的原始原油地质储量。计算时，首先将已知条件中的所有单位 bbl 转换成单位 ft³，然后将产量公式中的所有单位 ft³ 转换成 bbl。单位的选用对计算结果是没有影响的，只要方程中的参数所对应的单位一致即可。由于天然气地层体积系数的单位为 ft³/ft³ 或 bbl/ft³ 表示，因此计算时此处有时很容易出现错误。通常在油藏中，天然气地层体积系数的单位以 bbl/ft³ 表示，以确保计算时单位的正确性。

例 7.1 以 bbl 为单位，计算混合驱动油藏的原始原油地质储量。

已知：

含油带体积=112000ac-ft；

含气带体积=19600ac-ft；

原始地层压力=2710psi(绝)；

原始两相地层体积系数=1.340bbl/bbl；

原始气体地层体积系数 = 0.006266ft³/ft³；
原始溶解气油比 = 562ft³/bbl；
生产时期的产油量 = 20×10⁶bbl；
生产时期结束的地层压力 = 2000psi(绝)；
平均生产气油比 = 700ft³/bbl；
压力2000psi(绝)时的两相地层体积系数 = 1.4954bbl/bbl；
水侵量 = 11.58×10⁶bbl；
产水量 = 1.05×10⁶bbl；
水的地层体积系数 = 1.028bbl/bbl；
压力2000psi(绝)时的气体体积系数 = 0.008479ft³/ft³。

解：
公式(7.2)中：

$B_{ti} = 1.3400 \times 5.615 = 7.5241 \text{ft}^3/\text{bbl}$

$B_t = 1.4954 \times 5.615 = 8.3967 \text{ft}^3/\text{bbl}$

$W_e = 11.58 \times 10^6 \times 5.615 = 65.02 \times 10^6 \text{ft}^3$

$B_w = 1.028 \times 5.615 = 5.772 \text{ft}^3/\text{bbl}$

$B_w W_p = 1.028 \times 5.615 \times 1.05 \times 10^6 = 6.06 \times 10^6 (\text{地下})\text{ft}^3$

假设在含油带和含气带中的孔隙度和束缚水饱和度相等，则

$$m = \frac{GB_{gi}}{NB_{oi}} = \frac{原油地层体积}{气体地层体积} = \frac{19600}{112000} = 0.175$$

并代入公式(7.2)中，得

$$N = \frac{20 \times 10^6 \times [8.3967 + (700 - 562) \times 0.008479] - 65.02 \times 10^6 + 6.06 \times 10^6}{8.3967 - 7.5241 + 0.175 \times \frac{7.5241}{0.006266} \times (0.008479 - 0.006266)}$$

$= 99.0 \times 10^6 \text{bbl}$

当 B_t 的单位为 bbl/(地面)bbl, B_g 的单位为 bbl/(地面)ft³, W_e 和 W_p 的单位为 bbl 时，重新计算公式(7.2)得

$$N = \frac{20 \times 10^6 \times [1.4954 + (700 - 562) \times 0.001510] - 11.58 \times 10^6 + 1.05 \times 1.028 \times 10^6}{1.4954 - 1.3400 + 0.175 \times \frac{1.3400}{0.001116} \times (0.001510 - 0.001116)}$$

$= 99.0 \times 10^6 \text{bbl}$

在第3章中，驱动指数的概念首先由Pirson[2]在其油藏工程文献中提出的，为了说明这些驱动指数的用途，对美国得克萨斯州Conroe油田进行了计算。图7.1给出了Conroe油田的地层压力和生产历史资料，图7.2给出了储层流体中天然气的地层体积系数和两相地层体积系数。表7.1包含了其他的储层资料和生产资料，并且总结了3个不同生产时期相关参数的计算。

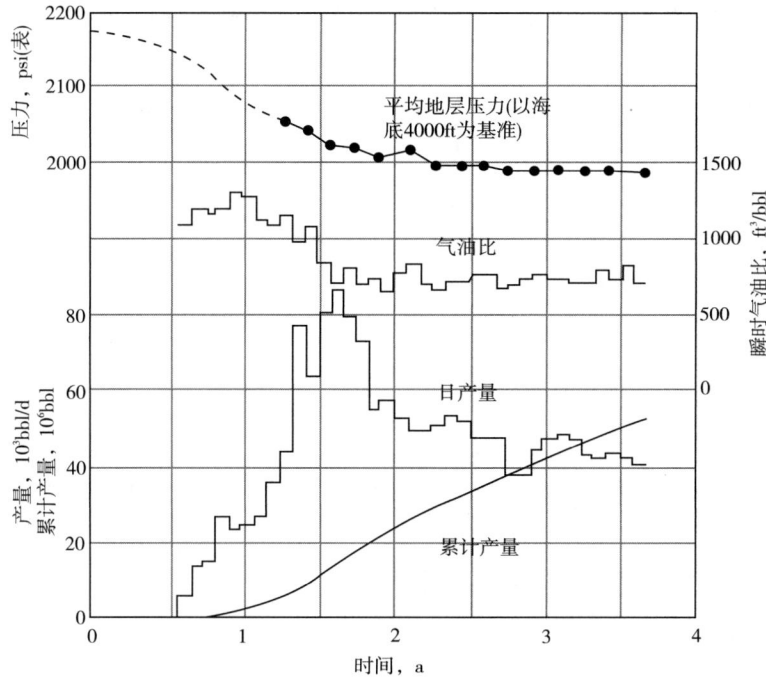

图 7.1　Conroe 油田的地层压力和生产数据(选自参考文献 3)

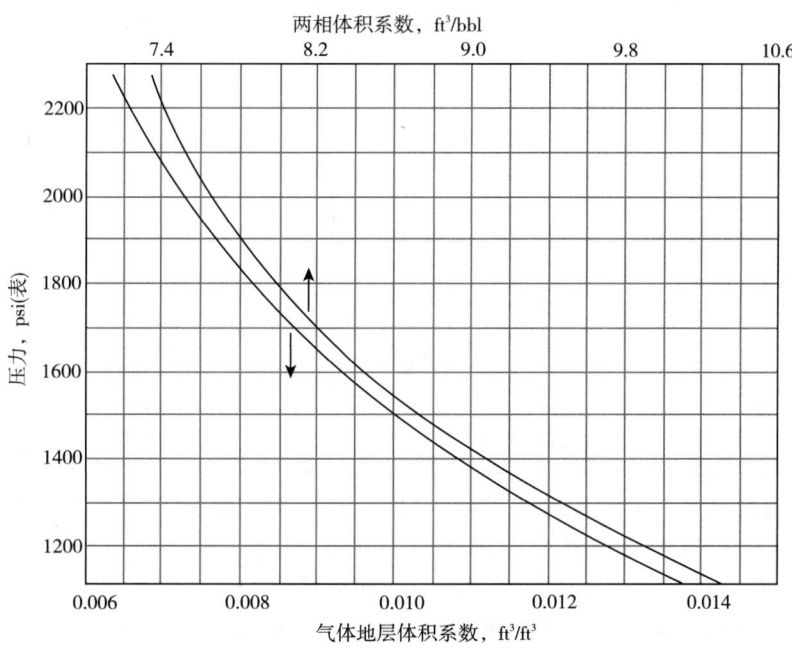

图 7.2　Conroe 油田的地层压力与两相地层体积系数和溶解于原油中气体的地层体积系数之间的关系(选自参考文献 3)

表7.1 在泡点压力下油藏中水侵量和原始原油地质储量的物质平衡计算

对于 Conroe 油田,

$B_{ti} = 7.37 \text{ft}^3/\text{bbl}$;

$B_{gi} = 0.00637 \text{ft}^3/\text{ft}^3$,压力 14.4psi(绝)和温度 60°F;

$m = \dfrac{181225 \text{ac-ft}}{8100000 \text{ac-ft}} = 0.224$;

$mB_{ti}/B_{gi} = 259 \text{ft}^3/\text{bbl}$;

$R_{soi} = 600 \text{ft}^3/\text{bbl}$。

行号	物理量	单位	投产时间,mon				
			12	18	24	30	36
1	N_p	10^6 bbl	9.070	22.34	32.03	40.18	48.24
2	R_p	ft^3/bbl	1630	1180	1070	1025	995
3	p	psi(表)	2143	2108	2098	2087	2091
4	B_g	ft^3/ft^3	0.00676	0.00687	0.00691	0.00694	0.00693
5	B_t	ft^3/bbl	7.46	7.51	7.51	7.53	7.52
6	$N_p R_p$	10^6ft^3	14800		34400		48100
7	$R_p - R_{soi}$	ft^3/bbl	1030		470		395
8	$(R_p - R_{soi}) B_g$	ft^3/bbl	6.95		3.24		2.74
9	(5)+(8)	ft^3/bbl	14.41		10.75		10.26
10	$B_g - B_{gi}$	ft^3/ft^3	0.00039		0.00054		0.00056
11	(10)×(mB_{ti}/B_{gi})	ft^3/bbl	0.101		0.137		0.145
12	$B_t - B_{ti}$	ft^3/bbl	0.09		0.14		0.15
13	(11)+(12)	ft^3/bbl	0.191		0.277		0.295
14	(1)×(9)	10^6ft^3	131		345		495
15	$W_e - W_p$	10^6ft^3	51.5		178		320
16	(14)−(15)	10^6ft^3	79.5		167		175
17	$N=(16)/(13)$	10^6 bbl	415		602		594
18	DDI	小数	0.285		0.244		0.180
19	SDI	小数	0.320		0.239		0.174
20	WDI	小数	0.395		0.516		0.646

表格形式的使用在油藏工程标准化计算中是非常常见的,但汇总计算也存在缺点,不能在间隔几个月后或更长时间内进行重新审阅。然而,电子表格的使用使得这些计算更加容易,并且能保持表格的形式。这些表格也能够让新接任的工程师利用最少时间来接手前任工程师的工作。表格形式也能够提供计算的组成部分,这些组成部分本身就很有意义,并且很容易将重要的因素与不太重要的因素区分开来,有些组成部分的变化趋势通常能够预测出油藏的动态。例如,表7.1第11行中的值显示由于地层压力的下降,Conroe 油田的气顶产生膨胀。第17行显示了3个生产时期计算所得的原始原油地质储量。图7.3给出了这些值和其他计算值与累计产量之间的关系,图中也包含了各个时期的采收率,即累计原油产量与原始

原油地质储量的比值。在区块的早期开采过程中,原始原油地质储量的增加值可以由第 3 章物质平衡方程的某些局限性来解释,特别是平均地层压力较低。在油藏的开发部分和高渗区中,平均地层压力越低,由于原油地层体积系数和气体地层体积系数的影响,原始原油地质储量的计算值会偏低。图 7.3 表明该油藏的原始原油地质储量约为 600×10^6 bbl,当大约 5% 的原油被采出时,才能得到原始原油地质储量的可靠值。该图并不简单,而取决于很多因素,特别是压力下降的数量。对于 Conroe 油田,如表 7.1 中的第 18、19、20 行所示,计算了 3 个生产时期的驱动指数。例如生产 12 个月后,计算所得的原始原油地质储量为 415×10^6 bbl,第 14 行中 $N_p[B_t+(R_p-R_{soi})B_g]$ 的值为 131×10^6 ft³。并且由公式(3.11)可得

$$\text{DDI} = \frac{N(B_t - B_{ti})}{N_p[B_t + (R_p - R_{soi})B_g]}$$

$$\text{DDI} = \frac{415 \times 10^6 (7.46 - 7.37)}{131 \times 10^6} = 0.285$$

$$\text{SDI} = \frac{\frac{NmB_{ti}}{B_{gi}}(B_g - B_{gi})}{N_p[B_t + (R_p - R_{soi})B_g]}$$

$$\text{SDI} = \frac{\frac{415 \times 10^6 \times 0.224 \times 7.37}{0.00637}(0.00676 - 0.00637)}{131 \times 10^6} = 0.320$$

$$\text{WDI} = \frac{(W_e - B_w W_p)}{N_p[B_t + (R_p - R_{soi})B_g]}$$

$$\text{WDI} = \frac{51.5 \times 10^6}{131 \times 10^6} = 0.395$$

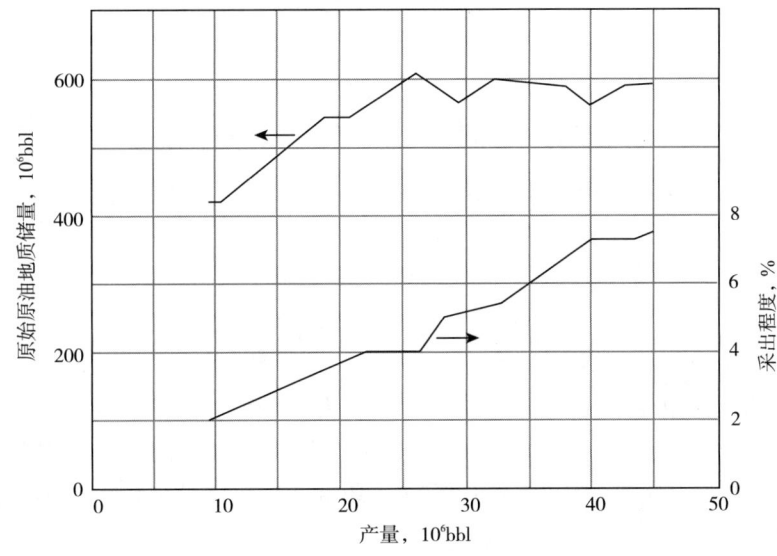

图 7.3 Conroe 油田的可采原油(选自参考文献 3)

由这些图可以看出,在最初的12个月中水驱得到的产量占39.5%的原始原油地质储量,由气顶的膨胀作用得到的产量为32%,由溶解气驱得到的产量为28.5%。在生产36个月时,此时压力达到稳定,当前的生产机制基本上是100%水驱,而整段生产时间的生产机制是64.6%水驱。如果能获得3种生产机制的油藏采收率,则总体采收率可使用驱动指数进行估算。溶解气驱指数和气顶气驱指数的增长可通过减小压力和增大气油比来反映,这也表明可以通过注水来补充天然水侵量,并使其采收率机制更倾向于水驱类型。

7.3 物质平衡方程式的线性表达式

第3章第4节中给出了Havlena-Odeh物质平衡方程通式[4,5],Havlena-Odeh物质平衡法比早期的油藏生产动态方法的优势更加明显,它增加了一些条件,这有助于理解油藏的生产机制,并有利于更准确的预测产量、压降以及总采收率。这种方法定义了几个新的变量(见第3章),并且重新整理了物质平衡方程式,如公式(3.13)所示:

$$F = NE_o + N(1+m)B_{ti}E_{f,w} + \left[\frac{NmB_{ti}}{B_{gi}}\right]E_g + W_e \tag{3.13}$$

为了特殊的应用,将该公式进一步简化,并整理成线性方程形式。最终,其斜率和截距能有助于参数N和m的确定。这种方法的有效性可以通过将上一节中的Conroe油田的数据带入这一方法中进行说明。

对于存在原生气顶的饱和油藏,如Conroe油田,忽略了压缩性$E_{f,w}$这一项,则公式(3.13)变为

$$F = NE_o + \frac{NmB_{ti}}{B_{gi}}E_g + W_e \tag{7.3}$$

如果将N从方程的右侧前两项中提出,方程两侧就会同时除以提出N后余下的数,可以得到

$$\frac{F}{E_o + \frac{mB_{ti}}{B_{gi}}E_g} = N + \frac{W_e}{E_o + \frac{mB_{ti}}{B_{gi}}E_g} \tag{7.4}$$

对于上一节中Conroe油田的例子,其产水量未知。为此,定义两个虚拟参数$F' = F - W_p B_w$和$W'_e = W_e - W_p B_w$,则公式(7.4)变为

$$\frac{F'}{E_o + \frac{mB_{ti}}{B_{gi}}E_g} = N + \frac{W'_e}{E_o + \frac{mB_{ti}}{B_{gi}}E_g} \tag{7.5}$$

公式(7.5)为理想状态下的公式,如果将$F'/(E_o + mB_{ti}E_g/B_{gi})$作为纵坐标,将$W'_e/(E_o + mB_{ti}E_g/B_{gi})$作为横坐标进行作图,就会得到斜率为1和截距为$N$的直线。表7.2给出了运用表7.1中Conroe油田的数据计算得到的纵坐标(第5行)和横坐标(第7行),这些值绘制出来的图如图7.4所示。

表 7.2　Conroe 油田中使用 Havlena-Odeh 方法计算得到的数据列表

行号	物理量	单位	投产时间,mon		
			12	24	36
1	F'	$10^6\,\text{ft}^3$	131	345	495
2	E_o	ft^3/bbl	0.09	0.14	0.15
3	E_g	ft^3/ft^3	0.00039	0.00054	0.00056
4	$E_o + m\dfrac{B_{ti}}{B_{gi}}E_g$	ft^3/bbl	0.191	0.280	0.295
5	(1)/(4)	$10^6\,\text{bbl}$	686	1232	1678
6	W'_e	$10^6\,\text{ft}^3$	51.5	178	320
7	(6)/(4)	$10^6\,\text{bbl}$	270	636	1085

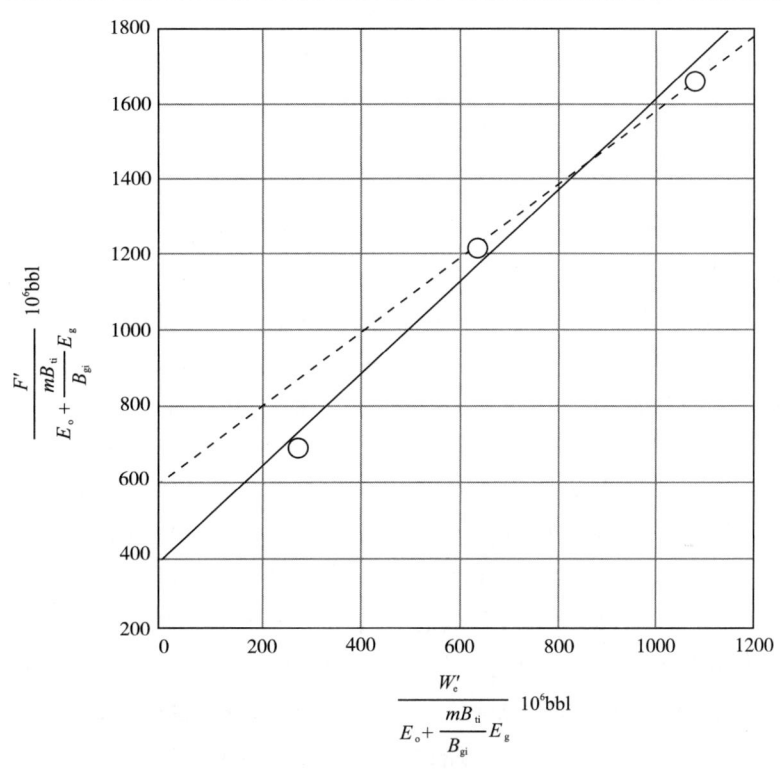

图 7.4　Conroe 油田的 Havlena-Odeh 数据图(图中实线代表直线通过所有生产时期的数据点,虚线代表直线通过后续生产时期的数据点。)

如果对表 7.2 中计算得到的 3 个数据点进行最小二乘法回归分析,结果如图 7.4 中的实线所示,该线的斜率是 1.21,截距 N 是 $396 \times 10^6\,\text{bbl}$。其斜率明显大于通过 Havlena-Odeh 物质平衡方法获得的斜率 1。如果我们忽略代表生产早期的第一个数据点,然后通过剩下的两个数据点作出直线(如图 7.4 中的虚线所示),得到斜率为 1,截距 N 为 $600 \times 10^6\,\text{bbl}$。此时,斜率的值满足 Havlena-Odeh 方法的使用要求。那么值得注意的是如何证明忽略第一个点是正确的。当产油量低于5%的原始原油地质储量时能够满足了斜率为1的要求,因此在分析中不包含第一个数据点是非常合理的。从分析中可以看出,Conroe油田的原始原油地质储量为600×10^6bbl。

读者可能会对该结论的分析中只有两个数据点进行怀疑。的确,应该使用更多的数据点进行分析,但在这一特殊的例子中没有其他可被使用的数据了。在收集更多的生产数据后,就会对图7.4进行重新处理,也需对N值重新计算。需要铭记的是,使用Havlena-Odeh物质平衡方法时斜率和截距的条件必须满足需要处理的特定情况。这就给数据带来了另一个限制,因此,可用于排除一些数据点,如Conroe油田实例所示。

7.4 闪蒸和微分分离技术以及地面分离器条件对储层流体物性的影响

在油藏工程计算中流体物性参数是非常重要的资料。因此熟悉并了解获得这些数据的方法是十分重要的,将这些方法与油藏中气体在液相中逐渐形成并最后从中释放的过程紧密联系起来也是重要的。这一节讨论了两种实验室脱气方法,并简要分析了地面分离器中压力和温度对储层流体物性的影响。

对于重质油而言,其溶解气基本上是甲烷和乙烷,相对而言其分离方法并不是特别重要。对于轻质油和重质气(即储层流体中存在较大比例的中间碳氢化合物,主要为丙烷、丁烷和戊烷),分离的方法显得非常重要。其本质主要在于这些中间碳氢化合物介于纯气体和纯液体之间,因此当它们分离成相应比例的气相和液相时主要受分离方法的影响。这种情况就需要利用实验室PVT分析中经常使用的两个被明确定义的等温脱气过程进行解释。在闪蒸分离过程中,压力下降时,气体溢出,和液相相接触并与其保持动态平衡,而在微分分离过程中,压力下降时,气体溢出时气体基本不与液相接触,也被尽可能快地释放出来。图7.5给出了微分分离过程中溶解气随着压力的变化情况以及不同压力时被释放气体的相对密度。由于压力下降到约800psi(绝)时气体的相对密度保持恒定,可以推测出在相同的温度下,压力下降至800psi(绝)的过程中,由闪蒸分离过程也可以释放出相近数量的气体。压力低于800psi(绝)时,中间碳氢化合物蒸馏过程的起始阶段可由图7.5判断出来。对于大多数挥发性原油,当压力更高时中间碳氢化合物才开始蒸发出来,反之亦然。蒸发过程可以通过气体相对密度的增加,气体释放速率的增加和斜率dR_{so}/dp陡峭程度的增加预来进行识别。如果被释放的气体压力降至400psi(绝),并与液相接触,则在闪蒸分离过程中释放出来的气体更多,这是由于在液相中的中间碳氢化合物被蒸发出来并进入气相中,与液相相接触直至达到平衡。由于在微分分离过程中形成的气体会尽可能快地被释放,因此,中间碳氢化合物只会发生少量的蒸发。温度相同时,闪蒸过程中的压力越低,溶解气的释放速度会进一步加快,这是因为更多的中间碳氢化合物损失降低了气体的溶解度。在有些闪蒸分离过程中,处于某一压力时脱气过程中的温度会降低,然而在地层温度下通常会出现微分分离现象。由于气体溶解度的上升以及较低温度下中间碳氢化合物的低挥发性,温度较低时闪蒸过程的脱气量会降低,而且会小于地层温度下微分分离技术得到的脱气量。

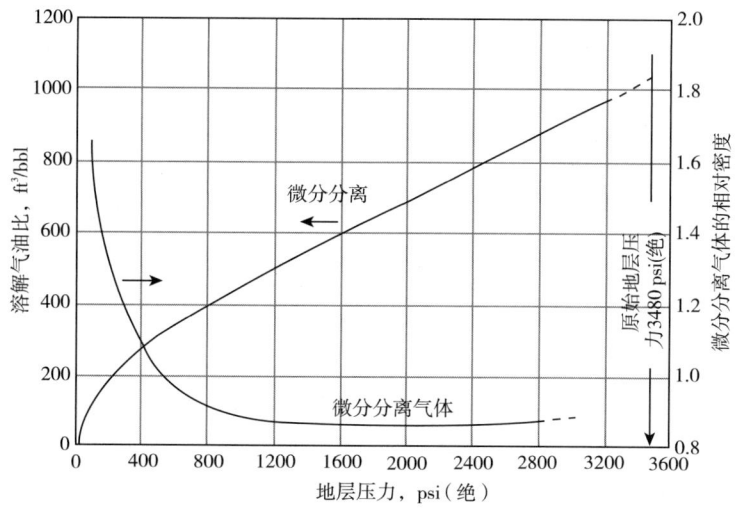

图7.5 美国阿肯色州Magnolia油田储层流体样品通过微分分离
技术测得的溶解气油比和天然气的相对密度(选自参考文献6)

表7.3给出了地层温度220°F时,储层流体样品通过实验室PVT分析获得的数据,第2栏中给出的是闪蒸分离过程得到的体积数,并如图7.6所示。低于泡点压力2695psi(表)时,体积数包含了被释放气体的体积数,因此是两相的相对体积因子。由于处于大气压条件下的储罐油的体积取决于压力、温度和更低压力时气体释放分离的过程,其体积数一般表示为其与泡点压力时体积V_b的比值。为了将油藏中的原油体积数与储罐中的原油体积数相关联,运用小型分离器对其他的样品进行了其他测试,并在油田油气分离时的不同压力和温度下进行了该项测试。表7.4给出了分离器压力分别为0、50、100和200psi(表)和分离温度由74°F到77°F时的四组实验测试结果。分离器的压力越低时其温度也越低,这是由于大量气体膨胀的冷却效果以及较低压力时中间碳氢化合物组分大量蒸发作用。在压力100psi(表)和温度76°F时,实验结果表明在分离器中有505ft³气体被分离出来,而在储罐中只有49ft³气体被分离出来,即原始溶解气油比R_{soi}为554ft³/bbl。实验结果也表明,在该分离条件时,1.335bbl流体在泡点压力时能产出1.000bbl原油。因此,泡点压力时的两相地层体积系数为1.335bbl/bbl,而且在压力为1773psi(表)时的两相地层体积系数为

$$B_{tf} = 1.335 \times 1.1814 = 1.577 \text{bbl/bbl}$$

表7.3 储层流体样品的数据表格(数据由美国CoreLaboratories公司的Kennerly提供)

压力 psi(表)	闪蒸分离(220°F) 相对体积因子 V/V_b	微分分离(220°F)		
		剩余油中被释放气体的气油比 ft³/bbl	剩余油中溶解气体的气油比 ft³/bbl	原油的相对体积 V/V_t
5000	0.9739			1.355
4700	0.9768			1.359
4400	0.9799			1.363

续表

压力 psi(表)	闪蒸分离(220°F) 相对体积因子 V/V_b	微分分离(220°F)		
		剩余油中被释放气体的气油比 ft^3/bbl	剩余油中溶解气体的气油比 ft^3/bbl	原油的相对体积 V/V_t
4100	0.9829			1.367
3800	0.9862			1.372
3600	0.9886			1.375
3400	0.9909			1.378
3200	0.9934			1.382
3000	0.9960			1.385
2900	0.9972			1.387
2800	0.9985			1.389
2695	1.0000	0	638	1.391
2663	1.0038			
2607	1.0101			
2512		42	596	1.373
2503	1.0233			
2358	1.0447			
2300		89	549	1.351
2197	1.0727			
2008		150	488	1.323
2000	1.1160	152	486	1.322
1773	1.1814			
1702		213	425	1.295
1550	1.2691			
1351	1.3792			
1315		290	348	1.260
1010		351	287	1.232
992	1.7108			
711	2.2404			
705		412	226	1.205
540	2.8606			
410	3.7149			
405		474	164	1.175
289	5.1788			

续表

压力 psi(表)	闪蒸分离(220°F) 相对体积因子 V/V_b	微分分离(220°F)		
		剩余油中被释放气体的气油比 ft³/bbl	剩余油中溶解气体的气油比 ft³/bbl	原油的相对体积 V/V_t
150		539	99	1.141
0		638	0	1.066
		剩余油的体积(温度 60°F 时) = 1.000		
		剩余油的重度 = 28.8°API		
		被释放气体的相对密度 = 1.0626		

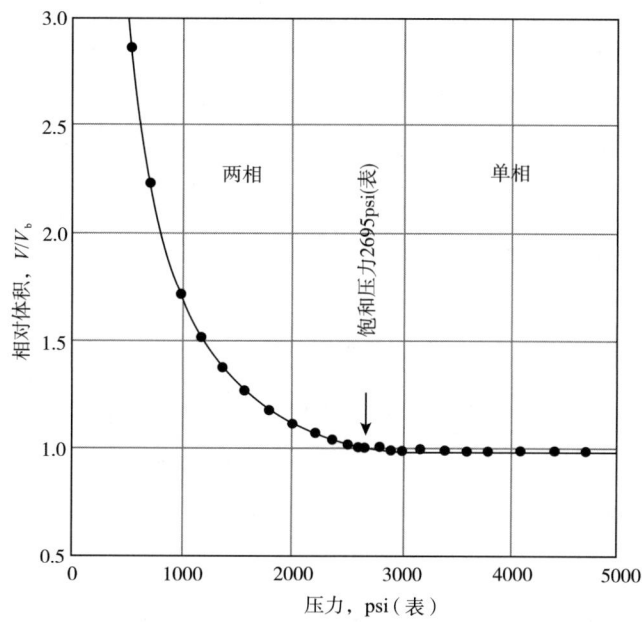

图 7.6 温度为 220°F 时油藏流体闪蒸分离的 PVT 数据
(数据由美国 CoreLaboratories 公司的 Kennerly 提供)

表 7.4 油藏流体样品的分离实验(数据由美国 CoreLaboratories 公司的 Kennerly 提供)

分离器压力 psi(表)	分离器温度°F	分离器中气油比[a] ft³/bbl	储罐中气油比[a] ft³/bbl	储罐油比重 60°F(°API)	地层体积因子[b] V_b/V_r	闪蒸分离气体的比重 (空气=1.00)
0	74	620	0	29.9	1.382	0.9725
50	75	539	23	31.5	1.340	
100	76	505	49	31.9	1.335	
200	77	459	98	31.8	1.337	

a 标准状况为 14.7psi(绝)和 60°F；
b 泡点压力 2695psi(表)和温度为 220°F 时原油桶数与标准状况时储罐油桶数的比值。

表 7.4 中的数据显示了选用最佳的分离器压力 100psi(绝)和减小流体组分的损失,并使其进入被分离气体中,特别是中间碳氢化合物,能够增加原油的相对密度和提高原油采收率。根据物质平衡计算,表中的数据也显示出地层体积因子和溶解气油比取决于气体和原油在地面时的分离方式。由于工艺的不同和井口流压的限制,不同油井的分离方式不同,下面对其进行进一步介绍。图 7.7 中显示了美国得克萨斯州中心西部区块和路易斯安那州油田南部区块的原油收缩率与分离器压力的关系。不同的原油存在其最佳的分离器压力,在该压力时原油的收缩性一般最小,而储罐油的相对密度最大。例如对于得克萨斯州中心西部油藏的原油,当分离器压力从大气压增加到 70psi(表)时,采收率会增加 7%,而对路易斯安那州油田南部区块的原油进行二级分离时,其采收率显示的效果呈三角形变化。

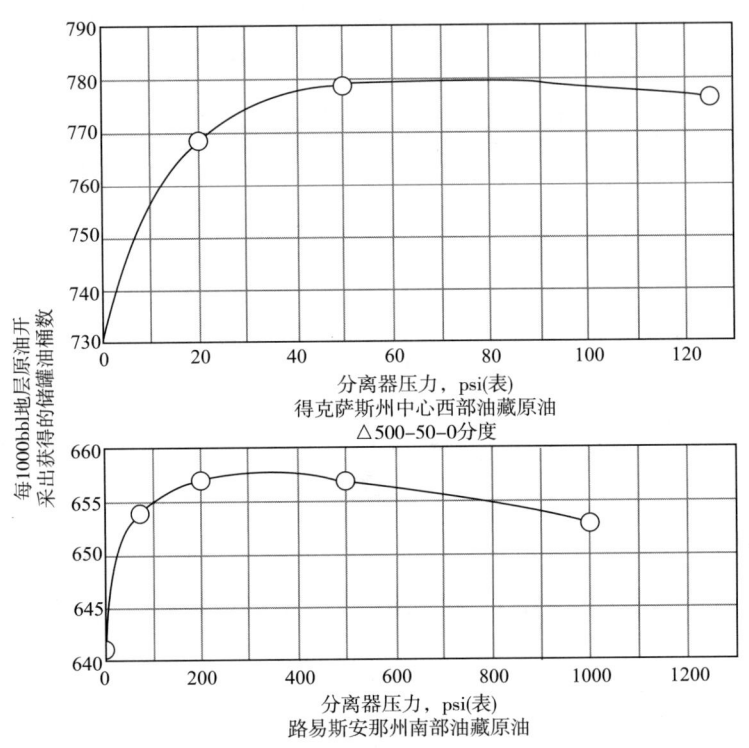

图 7.7　不同分离器压力时原油的储罐采收率
(数据由美国 CoreLaboratories 公司的 Kennerly 提供)

Cook、Spencer、Bobrowski 和 Chin[7,8] 研究了 Scurry Reef 油田分离器中压力和温度对储层原油气油比、原油重度和收缩率的影响。从现场得到的数据和实验室测试结果可以看出,原油生产时被释放的气量受分离器中温度和压力变化的影响。例如,当分离器温度降至 62.5°F 时,气油比从 1068ft^3/bbl 降至 844ft^3/bbl,而且油井产量从 125bbl/d 升至 135bbl/d,气油比降低了 21%,而产量上升了 8%。因此,为了产出相同体积的储罐油,当分离器在更高温度下运行时,需要多产出多于 8% 产量的油藏流体才行。

表 7.3 也给出了相同储层流体在 220°F 下微分分离的溶解气油比和原油相对体积。将所有的压力降至大气压,而闪蒸实验在压力 289psi(表)时停止,主要是受到 PVT 仪器体积的

限制。图7.8给出了每桶溶有游离气体储层原油的气油比（即微分分离至压力1atm，和温度220°F时原油仍保持压力1atm，和温度60°F）。通过对剩余油的热膨胀系数进行测量，可以得出原油相对体积从温度220°F时的1.066降到到温度60°F时的1.000。在某些情况下，通过微分分离得到的1桶剩余油接近于由特定闪蒸过程得到的1桶储罐油，且两者基本上相等。在目前情况下，通过闪蒸过程得到泡点压力时原油的相对体积为1.335bbl/(储罐)bbl，通过微分分离过程得到压力100psi(表)和温度76°F时原油的相对体积为1.391bbl/(储罐)bbl。它们的原始溶解气油比分别为554ft³/bbl和638ft³/(剩余油)bbl。

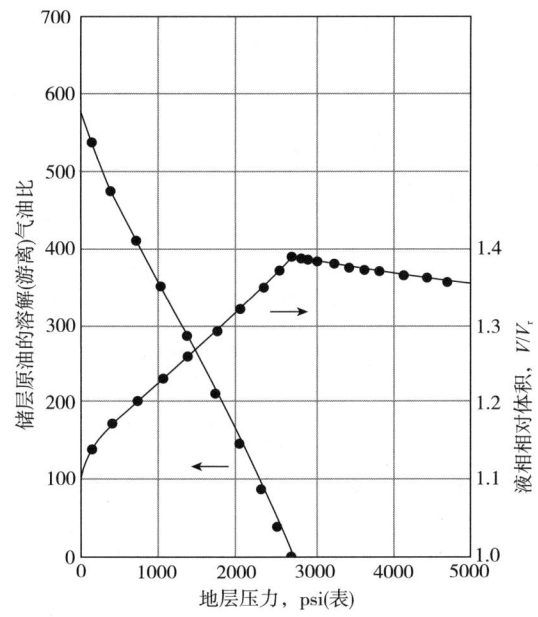

图7.8 温度为220°F时储层流体微分分离的PVT数据
（数据由美国CoreLaboratories公司的Kennerly提供）

除了表7.3中的体积数据外，PVT分析一般可以获取以下数值：(1)泡点压力时原油的比容，(2)饱和原油的热膨胀系数，(3)地层压力等于或高于泡点压力时储层流体的等温压缩系数。对于表7.3中的流体，温度220°F和压力2695psi(表)时储层流体的比容为0.02163ft³/lb，当温度为74°F和压力为5000psi(绝)时单位体积原油在温度220°F和压力5000psi(绝)时会膨胀为1.07741倍的单位体积，即热膨胀系数为每°F增加0.00053。未饱和液体的等温压缩系数已经在第2章第6节的表7.3中进行了讨论和计算，在温度220°F和压力介于4100psi(绝)和5000psi(绝)时，液体的等温压缩系数为$10.27 \times 10^{-6} \text{psi}^{-1}$。

可以对微分分离过程中释放出的气体的偏差因子进行测定，也可以通过其测得的相对密度数据来进行估算。或者运用一系列有效平衡常数行计算得到气体的组成，并由此计算出储层流体的组分和气体偏差因子。

7.5 根据微分分离与分离器实验数据计算原油地层体积系数和溶解气油比

结合表7.3和表7.4中的数据可以得到原油地层体积系数和溶解气油比。原油地层体

积系数可以通过公式(7.6)或公式(7.7)得到,这主要取决于压力与泡点压力之间的大小:

当压力高于泡点压力时,

$$B_o = REV(B_{ofb}) \tag{7.6}$$

当压力低于泡点压力时,

$$B_o = B_{od}\left(\frac{B_{ofb}}{B_{odb}}\right) \tag{7.7}$$

式中 REV——表7.3中闪蒸分离实验所测的相对体积,V/V_b;

B_{ofb}——表7.4中分离器实验所测泡点压力时的原油地层体积系数,V_b/V_r;

B_{od}——表7.3中微分分离实验所测的地层体积系数 V/V_r;

B_{odb}——微分分离实验所测泡点压力时的原油地层体积系数。

溶解气油比可以由公式(7.8)计算得到

$$R_{so} = R_{sofb}(R_{sofb} - R_{sod})\frac{B_{ofb}}{B_{odb}} \tag{7.8}$$

式中 R_{sofb}——表7.4中分离器实验所测的分离器气体和储罐气体的量;

R_{sod}——表7.3中微分分离实验所测的溶解气油比;

R_{sodb}——微分分离实验所测泡点压力时的 R_{sod}。

例如,压力为5000psi(绝)时,假设分离器的压力200psi(表)和温度77°F时,

$$B_o = 0.9739 \times 1.337 = 1.302 \text{bbl/bbl}$$

和

$$R_{so} = 459 + 98 = 557 \text{ft}^3/\text{bbl}$$

当压力高于泡点压力时,$R_{so} = R_{sob}$

当压力为2512psi(绝)时,压力低于泡点压力,则 B_o 和 R_{so} 为

$$B_o = 1.373 \frac{1.337}{1.391} = 1.320 \text{bbl/bbl}$$

和

$$R_{so} = 557 - \left[(638 - 596)\left(\frac{1.337}{1.373}\right)\right] = 516 \text{ft}^3/\text{bbl}$$

7.6 挥发性油藏

如果油藏中所有的气体是甲烷,所有的油为癸烷或重质烷,则油藏流体的PVT分析就会相当简单,这是因为这两者形成的混合物中原油和天然气的数量基本保持不变,不受温度、压力和气液分离过程类型的影响。较低挥发性的原油接近于这种动态特征,此类油藏的温度一般低于150°F,溶解气油比小于500ft³/bbl,储罐油的API度低于35°API。因为这类流体中丙

烷、丁烷和戊烷等的含量较低,所以挥发性较低。

但上述情况中接近于低挥发性流体的近似极限时,适当的PVT数据结合适当温度和压力条件下的分离器测试和上一节中讨论的闪蒸、微分实验得到的数据,也可以应用于物质平衡计算中。尽管这方法能适用于中等挥发性的流体,但当挥发性增强时这方法就不再适用,因此需要更加复杂、大量和精确的实验室测试来提供PVT数据,以便其能够在现实中得到应用,特别是对于衰竭式的油藏。

在当前的深井钻井技术下,许多高挥发性的油藏逐渐被发现,这些油藏也包含了第5章中讨论的凝析气藏。挥发性较高是因为储层埋深的温度更高,有些油藏甚至接近500°F,也因为流体组分影响,其组分中丙烷至癸烷的含量较高。挥发性油藏被认为是一种挥发性介于中等挥发性油藏和凝析气藏的油藏。Jacoby 和 Berry[9]大致定义了油藏的挥发类型,在地层温度接近或高于250°F时,储层中含有相当大比例的$C_2 \sim C_{10}$组分,具有较高的地层体积系数,储罐油的重度大于45°API。美国俄克拉荷马州的 Elk City 油田的储层流体可作为例子,储层流体在原始地层压力4364psi(绝)和地层温度180°F时地层体积系数为2.624bbl/bbl,溶解气油比为2821ft^3/bbl,这都与压力50psi(表)和温度60°F时通过单一分离器的产量有关。在此情况下储罐油的API度为51.4°API。Cook、Spencer 和 Bobrowski[10]对 Elk City 油田进行了描述,并提出了利用溶解气驱特征来预测原油采收率的方法与技术。Reudelhuber 和 Hinds[11]、Jacoby 和 Berry[9]也描述了类似的实验室技术,并提出了这些挥发性油藏溶解气驱特征的预测方法,该方法与第5章中用于凝析气藏的那些方法相类似。

挥发性油藏采收率估算的典型实验室方法如下,获取分离器中气体和液体样品,并对其组分进行分析,通过对这些样品的组分分析和分离器中气和油流的流动速度,可以计算得到油藏流体的组成。同样,将分离器中流体以适当的比例重新组合,就可以得到储层流体样品。将储层流体样品置于PVT仪器中,以达到油藏的温度和压力,此时进行几种测试,恒定组分的膨胀实验用来确定原油相对体积,这些数据即为表7.3中列出的微分分离所得的体积,对于单个分离的储层流体样品进行恒定体积膨胀实验,检测产出相的体积和组成,产出相通过了分离器系统来模拟地面设施条件。地层压力降低至油藏枯竭压力的过程中,原始储层流体膨胀也对油藏的实际生产过程进行了模拟,可类似于例子5.3中预测凝析气藏特征过程,使用实验室膨胀实验所测的数据来估算该类油田的产油量。

7.7 最高采收率

许多研究表明溶解气驱油藏一次采油的采收率基本上与单井产量以及油藏总产量都无关。Keller、Tracy 和 Roe[12]甚至认为对于渗透率严格分层的油藏亦如此,渗透率分层指的是层系之间被不渗透的岩层阻隔,而且油井之间只能通过水力系统连通。Rodessa 油田 Gloyd–Mitchell 区块(见第6章第5节)是一个溶解气驱油藏,但本质上对产量不敏感,(即在油藏生产进程中采收率与产量无关)。存在活跃水驱且渗透率极的均质油藏其采收率基本上也与产量无关。

但也有油藏的采收率是与产量是息息相关的,许多管理机构就设置一个额定产量来限制生产,就是为了保证井的最大总采收率,但这些许可值并不是典型的油藏特性,在传统的区块可能是受限制的。油藏工程师能够计算特定油藏的最高采收率MER,产量等于或低于这一值时,将得到最大的最终采收率,同时,产量高于这一值时,将使实际最终采收率显著降低[13,14]。当最高采收率被核实时,油田管理部门需要知道调整这些额定值。

产量敏感性油藏意味着在该类油藏开采过程中还存在一些其他的生产机制,在实际开采阶段,这些机制可以大幅度提高原始原油地质储量的采收率,这些生产机制包括(1)部分水驱,(2)重力分异,(3)油藏非均质性的影响。

当原始未饱和油藏存在部分水驱作用时,以完全大于天然水侵速率的消耗率开采,其生产类似于只有少量水侵修正后的溶解气驱油藏。假定水驱的采收率较溶解气驱的采收率大,即使含油带完全被水侵入,保持高产量开采原油时也会出现相当大的损失,这些损失是由原油黏度的增加引起的,在较低压力时原油地层体积系数会下降,废弃时间较早的油井必须通过人工举升方法进行开采。由于在较低压力时原油黏度更大,生产水油比就会升高,在相对较低的采收率时,就会达到其经济极限产量。由于在较低压力时原油地层体积系数相对较低,水侵区的残余油饱和度相同,在低压时会有更多的储罐油残余下来。当然,以这样的产量开采原油也有其优点,可以保持较高的地层压力。如果没有重力分异作用,并且油藏非均质性的影响较小,则部分水驱油藏的最高采收率主要受地层压力下净油藏亏空速率的影响,会受临界含气饱和度(即气油比)时压力的影响,从这些影响的研究中可以推测出最高采收率。最高采收率也可以从驱动指数的研究中推测出来。部分水驱油藏存在气顶时,是很难确定其最高采收率的,它受气顶的相对大小、气顶膨胀驱替原油的相对效率以及水侵的影响。

Rodessa油田Gloyd-Mitchell储层不是产量敏感性油藏,这是因为其不存在水侵作用,也不存在游离气和原油之间的重力分异作用。如果已经存在大量的油气分离,就会进行完井和修井来减少其气油比,这一措施对于很多溶解气驱油藏都是行之有效的。在某些情况下,气顶会在油藏的高部位形成,当油井的气油比较高时进行关井可以改善油藏的采收率,由公式(7.11)可知,生产气油比R_p会减小,在这种情况下,最高采收率就是重力分异速率对实际生产速率的贡献比例。

重力分异作用在许多气顶油藏中是非常重要的。气顶膨胀的驱替速率对采收率是有影响的,油气分异在第10章中进行讨论。Mile Six Pool油田的研究表明,在其生产速率下,采收率接近于52.4%,如果将生产速率加倍,采收率会减小至36.0%,若以更高的速率进行驱替,采收率会降至14.4%,此时忽略重力分异的影响。

重力分异作用也会在水驱油过程中发生,与油气分离过程类似,也是由时间决定的。与气顶驱相比,重力分异在水驱中的重要性相对较小,这是因为水驱本身能够得到较高的采收率。水驱油藏的最高采收率会使油井产量过高,会导致油气有效分离时间减少,因此,损失了大量可采油量。产量可以通过类似于第10章中气驱油的计算方法和实验研究得到。可以发现,在重力分异的过程中,地层压力并不是衡量最高采收率的指标。例如,存在活跃水驱的油藏中,产量变化几倍时,地层压力会下降,但下降幅度的差异并不大,而且低产量时采收率会大幅度提高,这是因为产量较低时,重力分异作用更加明显。

当水侵入非均质性油藏时,高渗透区域的驱替速率相对较快,如果驱替速率太快,大量的原油就会波及不到。但在较低驱替速率时水有足够的时间进入岩石的低渗区,采出更多区域的原油。当水位上升时,水有时会通过毛细管力作用进入低渗区,这有助于采出低渗透区域原油。由于水的吸入和毛细管力驱油不是瞬时完成的,若想通过这种机制采出额外的原油,驱替速率就应尽可能得低,尽管在这种情况下很难确定其最高采收率,但可以通过油藏非均质程度和储层岩石的毛细管压力特性进行推测。

基于最高采收率现有的讨论与分析,可以知道油藏采收率受油藏作用机制、流体注入、气油比和水油比的控制以及一些其他因素影响。很难断定产量敏感性机理与这些参数丝毫无关,也许在很多情况下这些参数会非常重要。

思 考 题

7.1 根据 Conroe 油田表 7.1 中第 14 行的数据,计算第 2 阶段和第 4 阶段的相应数值。

7.2 计算 Conroe 油田第 2 阶段和第 4 阶段的驱动指数。

7.3 如果 Conroe 油田的水驱采收率为 70%,气顶驱采收率为 50%,溶解气驱采收率为 25%,利用第 5 阶段的驱动指数,计算 Conroe 油田的最终采收率。

7.4 解释在对 Conroe 油田进行第一次物质平衡计算时,原始原油地质储量偏低的原因。

7.5 (1) 从表 7.3 和表 7.4 中给出的 PVT 数据,在地层压力为 1702psi(表),分离器条件为压力 100psi(表)和温度 76°F 时,计算储罐中原油的单相地层体积系数。
(2) 计算在相同分离器条件下,压力为 1702psi(表)时,储罐中原油的溶解气油比。
(3) 计算分离器条件为压力 100psi(表)和温度 76°F 时,在 1550psi(表)下进行闪蒸分离的两相地层体积系数。

7.6 当某油藏的岩心数据已知时,通过体积法计算其原始原油地质储量和原始天然气地质储量。然后,利用物质平衡方程,以 ft^3 为单位时计算第 4 阶段结束时的水侵量,生产数据如下:

压力 psi(绝)	B_t bbl/bbl	B_g ft^3/ft^3	N_p bbl	R_p ft^3/bbl	W_p bbl
3480	1.4765	0.0048844	0	0	0
3190	1.5092	0.0052380	11.17×10^6	885	224.5×10^3
3139	1.5159	0.0053086	13.80×10^6	884	534.2×10^3
3093	1.5223	0.0053747	16.41×10^6	884	1005.0×10^3
3060	1.5270	0.0054237	18.59×10^6	896	1554.0×10^3

平均孔隙度 = 16.8%;
束缚水饱和度 = 27%;
可采油区体积 = 346000ac-ft;
可采气区体积 = 73700ac-ft;
B_w = 1.025bbl/bbl;
地层温度 = 207°F;

原始地层压力=3480psi(绝)。

7.7 以下为美国犹他州 Aneth 油田的 PVT 数据：

压力 psi(绝)	B_o bbl/bbl	R_{so} ft³/bbl	B_g ft³/ft³	μ_o/μ_g
2200	1.383	727		
1850	1.388	727	0.00130	35
1600	1.358	654	0.00150	39
1300	1.321	563	0.00182	47
1000	1.280	469	0.00250	56
700	1.241	374	0.00375	68
400	1.199	277	0.00691	85
100	1.139	143	0.02495	130
40	1.100	78	0.05430	420

原始地层温度为133°F，原始地层压力为2200psi(绝)，泡点压力为1850psi(绝)，不存在活跃水驱，压力从1850psi(绝)到1300psi(绝)时，有 $720×10^6$ bbl 原油和 $590.6×10^9$ ft³ 气被采出。

(1) 求压力1850psi(绝)时的原始原油地质储量；

(2) 已知平均孔隙度为10%，束缚水饱和度为28%，储层面积为50000ac，以 ft 为单位时计算该油藏的平均储层厚度。

7.8 回顾溶解气驱和气顶气驱油藏的特征。试井和测井资料表明某示油藏含有一个大小为原始原油体积一半的气顶，原始地层压力和溶解气油比分别为2500psi(绝)和721ft³/bbl，利用体积法得到其原始原油地层储量为 $56×10^6$ bbl。但当分析时，会发现缺少需要分析的所有数据。在项目进行的过程中利用注气维持地层压力，而注气的时间和注气量都是未知的，该油藏不存在活跃水驱或产水量，PVT 数据和生产数据如下表所示：

压力 psi(绝)	B_g bbl/bbl	B_t bbl/ft³	N_p bbl	R_p ft³/bbl
2500	0.001048	1.498	0	0
2300	0.001155	1.523	$3.741×10^6$	716
2100	0.001280	1.562	$6.849×10^6$	966
1900	0.001440	1.620	$9.173×10^6$	1297
1700	0.001634	1.701	$10.99×10^6$	1623

续表

压力 psi(绝)	B_g bbl/bbl	B_t bbl/ft³	N_p bbl	R_p ft³/bbl
1500	0.001884	1.817	12.42×10⁶	1953
1300	0.002206	1.967	14.39×10⁶	2551
1100	0.002654	2.251	16.14×10⁶	3214
900	0.003300	2.597	17.38×10⁶	3765
700	0.004315	3.209	18.50×10⁶	4317
500	0.006163	4.361	19.59×10⁶	4839

(1) 压力为何值时需要开始维持地层压力？

(2) 当地层压力为 500psi(绝)时,有多少 ft³ 的气体被注入地层？假定储层中气体和注入气体的偏差因子相同。

7.9 油藏在泡点压力 3150psi(绝)时含有 $4×10^6$ bbl 原油,溶解气油比为 600ft³/bbl。当平均地层压力降至 2900psi(绝)时,溶解气油比变为 550ft³/bbl,B_{oi} 为 1.34bbl/bbl,B_o 在压力 2900psi(绝)时为 1.32bbl/bbl。

其他一些附加的数据如下：

$R_p = 600$ ft³/bbl [压力 2900psi(绝)时]；

$S_{wi} = 0.25$；

$B_g = 0.0011$ bbl/bbl [压力 2900psi(绝)时]；

该油藏是定容型油藏；

不存在原生气顶。

(1) 当压力降至 2900psi(绝)时,有多少原油(单位 bbl)将被采出？

(2) 计算压力 2900psi(绝)时油藏的含气饱和度。

7.10 实验室测得的数据、生产资料和测井资料如下,计算压力 2000psi(绝)时的水侵量和驱动指数：

储层面积 = 320ac；

净产层厚度 = 50ft,气油接触面高度距油藏顶部 10ft；

孔隙度 = 0.17；

净产层中原始含水饱和度 = 0.26；

净产层中含气饱和度 = 0.15；

泡点压力 = 3600psi(绝)；

原始地层压力 = 3000psi(绝)；

地层温度 = 120°F；

$B_{oi} = 1.26$ bbl/bbl；

$B_o = 1.37$ bbl/bbl(泡点压力时)；

$B_o = 1.19$ bbl/bbl,压力为 2000psi(绝)时；

$N_p = 2.0 \times 10^6 \text{bbl}$,压力为2000psi(绝)时;

$G_p = 2.4 \times 10^9 \text{ft}^3$,压力为2000psi(绝)时;

气体压缩系数 $z = 1.0 - 0.0001p$;

溶解气油比 $R_{so} = 0.2p$。

7.11 通过以下资料,确定:

(1)压力分别为3625psi(绝)、3530psi(绝)和3200psi(绝)时的累计水侵量;

(2)在(1)中各压力值下的水驱指数。

压力 psi(绝)	N_p bbl	G_p ft³	W_p bbl	B_g bbl/ft³	R_{so} ft³/bbl	B_t bbl/ft³
3640	0	0	0	0.000892	888	1.464
3625	0.06×10⁶	0.49×10⁶	0	0.000895	884	1.466
3610	0.36×10⁶	2.31×10⁶	0.001×10⁶	0.000899	880	1.468
3585	0.79×10⁶	4.12×10⁶	0.08×10⁶	0.000905	874	1.469
3530	1.21×10⁶	5.68×10⁶	0.26×10⁶	0.000918	860	1.476
3460	1.54×10⁶	7.00×10⁶	0.41×10⁶	0.000936	846	1.482
3385	2.08×10⁶	8.41×10⁶	0.60×10⁶	0.000957	825	1.491
3300	2.58×10⁶	9.71×10⁶	0.92×10⁶	0.000982	804	1.501
3200	3.40×10⁶	11.62×10⁶	1.38×10⁶	0.001014	779	1.519

7.12 已知某油藏存在气顶,其累计采油量为 N_p,累计气油比为 R_p,生产前10年的平均地层压力值如下表所示。运用 Havlena-Odeh 物质平衡法计算其原始原油地质储量和原始天然气(包括游离气和溶解气)地质储量。

压力 psi(绝)	N_p bbl	R_p ft³/bbl	B_o bbl/bbl	R_o ft³/bbl	B_g bbl/bbl
3330	0	0	1.2511	510	0.00087
3150	3.295×10⁶	1050	1.2353	477	0.00092
3000	5.903×10⁶	1060	1.2222	450	0.00096
2850	8.852×10⁶	1160	1.2122	425	0.00101
2700	11.503×10⁶	1235	1.2022	401	0.00107
2550	14.513×10⁶	1265	1.1922	375	0.00113
2400	17.730×10⁶	1300	1.1822	352	0.00120

7.13 利用以下数据,使用 Havlena-Odeh 物质平衡法确定原始原油地质储量。假定该油藏

不存在水侵和原生气顶,泡点压力为1800psi(绝)。

压力 psi(绝)	N_p bbl	R_p ft³/bbl	B_t bbl/bbl	R_{so} ft³/bbl	B_g bbl/ft³
1800	0	0	1.268	577	0.00097
1482	2.223×10^6	634	1.335	491	0.00119
1367	2.981×10^6	707	1.372	460	0.00130
1053	5.787×10^6	1034	1.540	375	0.00175

参 考 文 献

[1] Petroleum Reservoir Efficiency and Well Spacing, Standard Oil Development Company, 1934, 24.

[2] Sylvain J. Pirson, Elements of Oil Reservoir Engineering, 2nd ed., McGraw-Hill, 1958, 635-693.

[3] Ralph J. Schilthuis, "Active Oil and Reservoir Energy," Trans. AlME (1936), 118, 33.

[4] D. Havlena and A. S. Odeh, "The Material Balance as an Equation of a Straight Line," Jour. of Petroleum Technology (Aug. 1963), 896-900.

[5] D. Havlena and A. S. Odeh, "The Material Balance as an Equation of a Straight Line: Part Ⅱ—Field Cases," Jour. of Petroleum Technology (July 1964), 815-822.

[6] Charles B. Carpenter, H. J. Shroeder, and Alton B. Cook, "Magnolia Oil Field, Columbia County, Arkansas," US Bureau of Mines, R. I. 3720, 1943, 46, 47, 82.

[7] Alton B. Cook, G. B. Spencer, F. P. Bobrowski, and Tim Chin, "Changes in Gas-Oil Ratios with Variations in Separator Pressures and Temperatures," Petroleum Engineer (Mar. 1954), 26, B77-B82.

[8] Alton B. Cook, G. B. Spencer, F. P. Bobrowski, and Tim Chin, "A New Method of Determining Variations in Physical Properties in a Reservoir, with Application to the Scurry Reef Field, Scurry County, Texas," US Bureau of Mines, R. I. 5106, Feb. 1955, 10-11.

[9] R. H. Jacoby and V. J. Berry Jr., "A Method for Predicting Depletion Performance of a Reservoir Producing Volatile Crude Oil," Trans. AlME (1957), 201, 27.

[10] Alton B. Cook, G. B. Spencer, and F. P. Bobrowski, "Special Considerations in Predicting Reservoir Performance of Highly Volatile Type Oil Reservoirs," Trans. AlME (1951), 192, 37-46.

[11] F. O. Reudelhuber and Richard F. Hinds, "A Compositional Material Balance Method for Prediction of Recovery from Volatile Oil Depletion Drive Reservoirs," Trans. AlME (1957), 201, 19-26.

[12] W. O. Keller, G. W. Tracy, and R. P. Roe, "Effects of Permeability on Recovery Efficiency by Gas Displacement," Drilling and Production Practice, API (1949), 218.

[13] Edgar Kraus, "MER—A History," Drilling and Production Practice, API (1947), 108-110.

[14] Stewart E. Buckley, Petroleum Conservation, American Institute of Mining and Metallurgical Engineers, 1951, 151-163.

8 单相液体渗流理论

8.1 引言

前面4章介绍了第1章中定义的4种类型油藏的物质平衡方程,这些物质平衡方程可以用来计算油气产量与地层压力之间的关系。但对油藏工程师而言,他们更希望知道产量与生产时间的关系。因此,就需要建立一个包含时间和其他相关参数的模型,比如建立流量与时间相互关系的模型。

本章详细地介绍了适用于烃类储层的达西定律,包括流体流动的4种主要影响因素、它们对储层流体的影响以及运用达西定律对这4种影响因素进行解释。第1个主要影响因素是相数,在本章中只介绍单相流渗流机理,在随后的章节将探讨多相渗流的具体应用。第2个主要影响因素是流体的可压缩性。第3个主要影响因素是储层的几何形状,即平面平行渗流、平面径向渗流和球面向心流。第4个主要影响因素是与时间有关的渗流方式,首先考虑稳定渗流,其次是不稳定渗流、不稳定渗流后期和拟稳定渗流。本章最后介绍压力不稳定试井方法,它可以帮助油藏工程师获取地层信息,比如平均渗透率,井筒周围污染程度以及特定生产井的泄油面积。

8.2 达西定律与渗透率

1856年,法国水利学家达西通过对水在松散砂滤床流动的实验研究得出了以他的名字命名的定律——达西定律。在一定下,达西定律可用于描述其他流体在固结岩石和其他多孔介质中的流动,包括两相流体或多种不混相流体。达西定律表明,均匀流体在多孔介质中的流速和驱动力成正比,和流体黏度成反比,即

$$v = -0.001127 \frac{K}{\mu}\left(\frac{\mathrm{d}p}{\mathrm{d}s} - 0.433\gamma'\cos\alpha\right) \tag{8.1}$$

式中 v——表观流速,bbl/d-ft^2;

K——渗透率,mD;

μ——流体黏度,cP;

p——压力,psi(绝);

s——流动距离,ft;

γ'——流体的相对密度(相对于水);

α——由垂直向下方向到 s 正方向的逆时针夹角。

式中的这一项 $\left(\frac{\mathrm{d}p}{\mathrm{d}s} - 0.433\gamma'\cos\alpha\right)$ 代表的是驱动力。驱动力可能由流体的压力梯度 $\mathrm{d}p/\mathrm{d}s$ 和(或)重力 $0.433\gamma'\cos\alpha$ 产生。在实际情况下,尽管重力梯度一直存在,但相比于流体的压

力梯度而言很小,通常可以忽略不计。但在另一些情况时,特别对于通过泵开采地层压力衰竭油藏和具有很好的重力泄油特性的气顶油藏而言,重力梯度的影响是很重要的,因此计算时必须考虑重力梯度的影响。

表观流速 v 等于 qB/A,其中 q 为单位地层厚度的产量,单位是 bbl/d,B 为地层体积系数,A 是垂直于渗流方向的岩层横截面积,单位是 ft^2。A 包括压实的岩石面积和孔隙通道面积。流体的压力梯度 dp/ds 和 v、q 在同一方向上,公式中的常数 0.001127 前面的负号表明当流动方向沿 s 的正方向时,压力沿着这一方向下降,因此斜率 dp/ds 为负值。

达西定律只适用于低速且具有层流特征的区块,当压力梯度较大时,流速增大,渗流将过渡成为不规则的相互混杂的湍流形式。除了近井地带有相当大的产量或注入速度等特例外,达西定律适用于流体在储层中的流动及实验室中流体的流动,但天然气在井筒附近的流动更趋向非达西渗流。达西定律并不适用于单个孔隙通道中的渗流,但适用于岩石的部分区域渗流与孔隙通道相比,尺寸应足够大。换言之,达西定律是反映很多孔隙中平均流动的统计学定律。因此,对于均匀砂岩渗透率的测量只需要 1~2cm 长的岩心,但对于裂缝和溶洞型岩石其渗透率的测量则需要很长的岩心样品。

由于岩石的多孔特性、渗流通道的曲折程度和一些不存在流动的(死)孔隙空间,孔隙通道中实际流体的流速在岩心各处均不一样,但保持一平均值,即通常所谓的表观流速。由于实际流速一般是无法测量的,为了使孔隙度和渗透率分离,因此采用表观流速建立达西定律,这意味着当流体完全浸湿岩心时,流体的实际平均流速等于表观流速除以岩石孔隙度。

渗透率的基本单位是达西(d),其物理意义是:黏度为 1cP 的流体在 1atm/cm 的压力梯度下,以 1cm/s 的渗流速度在岩石中流动时该岩石的渗透率为 1 达西。对于大多数生产层而言,这是一个相当大的单位,因此,渗透率通常使用毫达西(mD 或 0.001D)来表示,在本文中,渗透率的单位均采用毫达西(mD)。常规油气砂岩的渗透率从几毫达西到几千毫达西不等,晶间灰岩的渗透率甚至可能低于 1mD,因此晶间灰岩储层只有当存在天然裂缝或人工压裂裂缝或其他孔洞时才能被经济可采。裂缝型和溶孔型岩石具有很大的渗透率,一些孔状灰岩具有与之相等的地下储量。近几年开发的非常规油气藏的渗透率甚至达到了微达西($1\mu D = 10^{-6}D$)及纳达西($1nD = 10^{-9}D$)的数量级。

实验室测得的岩心渗透率可能会与油藏整体或部分的平均渗透率之间存在相当大的差距。通常横向和纵向的渗透率也会有巨大的差异,在看似均质的岩心中每英寸的渗透率可能会变化数倍,通常情况下,层状岩石平行于层理方向测得的渗透率会比垂向渗透率大很多。同样,平行于层面的渗透率也存在着很大的差别,并与岩心的方向一致,这大概受沉积作用、胶结作用和溶蚀作用的影响。一些油气藏资料显示,总体渗透率有从一点变化到另一点的趋势,部分油气藏被低渗透岩石形成的边界全封闭或半封闭且上部被盖层封闭,部分或整个油藏中存在多个渗透率层也是非常常见的。在油气藏合理开发的过程中,通常在整个生产区域选择油井进行取心,测量获得岩样每英尺的渗透率和孔隙度,一般使用统计学方法对结果进行处理[1,2]。对于严重非均质性储层,特别是碳酸盐岩储层,由于储层中裂缝高度发育甚至岩石被破碎,所以很难获取最高产能岩层的岩心,因此对于该类储层,由岩样统计推导出的渗透率可能误差非常大。

温度 60°F 时储层的水力梯度从盐水的约为 0.500psi/ft 到淡水的 0.433psi/ft 不等,其大小取决于压力、温度和水的矿化度。储层原油、高压气体和凝析气体的压力梯度的范围在 0.10~0.30psi/ft 之间,其大小取决于压力、温度和流体的组成。低压气体的梯度很低,天然气在压力 100psi(绝)时其压力梯度约为 0.002psi/ft,以上数据都是垂向梯度的数据,当加入系数 cosα 时有效梯度会减少。例如,相对密度为 0.60 的储层原油的垂向梯度为 0.260psi/ft,如果被驱替流体沿倾角为 15°(即 α=75°)的岩层平面流动,则其有效水力梯度只有 0.26cos75° 或 0.067psi/ft。虽然与常规的地层压力相比时其水力梯度的值很小,但是除井筒附近外,储层流体的压力梯度同样较小,和水力梯度在同一数量范围。由于流向井筒,井筒附近数英尺内流体压力梯度可以达到十几磅力/英寸^2·英尺,但沿井的半径方向,流体的压力梯度会迅速减小。

通常,通过试井获得的静压力是通过储层流体梯度修正后得到的,对于给定的储层,使用相同的储层流体梯度时将被调整到同一基准。例 8.1 给出了表观流速(即渗流速度)的两种计算方法。第 1 种是运用水力梯度资料将油井压力修正到同一基准面,第 2 种是根据公式(8.1)计算。

例 8.1 通过油井的静态测试结果,计算基准面压力,压力梯度和渗流速度。

已知:

  井距(如图 8.1 所示);

  真实地层厚度 = 20ft;

  地层倾角 = 8°37′;

  油藏基准面 = 7600ft(海底);

  储层流体相对密度 = 0.693(水的相对密度 = 1.00);

  储层渗透率 = 145mD;

  储层流体黏度 = 0.32cP;

  1 号井的静态压力 = 3400psi(绝)(海底 7720ft);

  2 号井的静态压力 = 3380psi(绝)(海底 7520ft)。

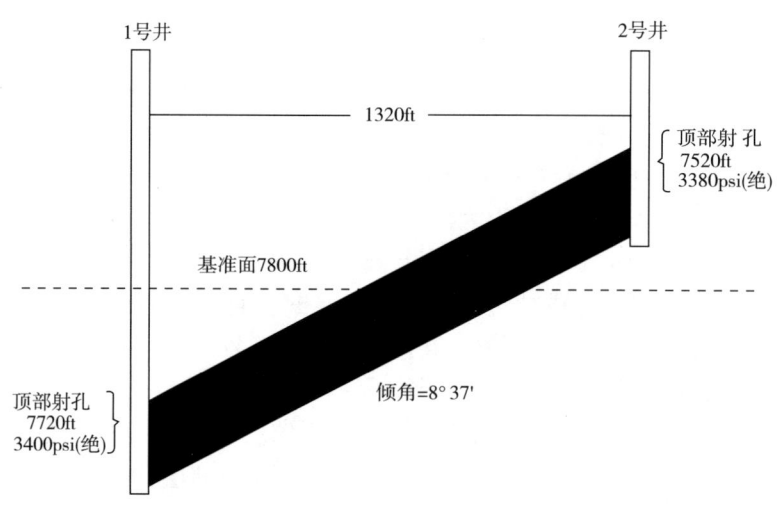

图 8.1 例 8.1 中两井间的横截面(放大了垂直比例)

解法一：

储层流体梯度=储层流体相对密度×淡水水力梯度=0.693×0.433=0.300psi/ft

p_1(7600ft)= 1 号井的静态压力-(1 号井与基准面的高度差×储层流体梯度)= 3400-120×0.30 = 3364psi(绝)

p_2(7600ft)= 2 号井的静态压力-(2 号井与基准面的高度差×储层流体梯度)= 3380+80×0.30 = 3404psi(绝)

压差 40psi(绝)的压差，表明流体从 2 号井到 1 号井的方向流动。两井的基准面方向井距为 1335ft，有效平均梯度是 40/1335=0.030psi/ft。流速如下：

$$v = 0.001127 \times (储层渗透率/储层流体黏度) \times 有效平均压降$$

$$v = 0.001127 \times \frac{145}{0.32} \times 0.030 = 0.0153 \text{bbl/d/ft}^2$$

解法二：

取 1 号井到 2 号井的方向为正方向。则 $\alpha = 98°37'$，$\cos\alpha = -0.1458$。

$$v = -0.001127 \frac{K}{\mu}\left(\frac{dp}{ds} - 0.433\gamma'\cos\alpha\right)$$

$$v = -\frac{0.001127 \times 145}{0.32}\left[\frac{(3380-3400)}{1335} - 0.433 \times 0.693 \times (-0.1458)\right]$$

$$v = -0.0153 \text{bbl/d/ft}^2$$

上式中的负号表示与流体流动方向相反(即从 2 号井流向 1 号井)。

公式(8.1)显示渗流速度和压力梯度与流度之间的相关。流度是渗透率与黏度的比值，即 K/μ，用符号 λ 表示，所有方程中的流度均表示流体在储层岩石中的单相流。当存在两种流体同时流动时，比如同一井筒中同时存在油和气的流动时，则通过气的流度 λ_g 与油的流度 λ_o 的比值来确定它们各自的流速。流度比 M(见第 10 章)是影响水驱油驱替效率的重要因素。一种流体驱替另一种流体时，流度比是驱替相的流度与被驱替相的流度的比值，对于水驱油而言，流度比是 λ_w/λ_o。

8.3 储层渗流类型

储层渗流类型通常根据以下几个方面进行分类：(1)流体的压缩性；(2)储层部分或整体的几何形状；(3)干扰后达到稳定状态时的相对渗流速度。

对于大多数工程应用，储层流体被分为(1)刚性流体；(2)微可压缩流体；(3)可压缩流体。刚性流体的概念是：流体的体积不随压力的变化而变化，它简化了很多方程的推导过程以及其最终的表达形式。当然，工程师需要意识到并不存在真正的刚性流体。

微可压缩流体，可以描述几乎所有的液体，其体积随压力的变化而改变的相对较小，可以用以下公式表示

$$V = V_R \mathrm{e}^{c(p_R - p)} \tag{8.2}$$

式中 R 表示参考状态。

对于公式(8.2)中的指数项,由于 $c(p_R-p)$ 的值较小,可以进一步进行展开和近似处理,即

$$V = V_R[1 + c(p_R - p)] \tag{8.3}$$

可压缩流体的体积受压力的影响很大,所有的气体都属于可压缩流体。在第 2 章中,通过真实气体状态方程描述了气体体积随压力的变化关系:

$$V = \frac{znR'T}{p} \tag{2.8}$$

与微可压缩流体不同,气体的等温压缩系数 c_g 在压力变化时并不是常数。等温压缩系数 c_g 的关系式如下

$$c_g = \frac{1}{p} - \frac{1}{z}\frac{\mathrm{d}z}{\mathrm{d}p} \tag{2.18}$$

尽管渗流类型主要由其压缩性确定,并且还可能分为单相渗流和多相渗流。许多系统中只存在气、油或水,但大多数剩余在储层中的流体为气油体系或油水体系,而本章的目的主要是讨论单相流体的渗流理论。

对于平面平行渗流,如图 8.2 所示,其流线是平行的且通过横截面的流量是恒定的。而平面径向流中,流线是向井点汇聚或从井点向外发散的直线,越靠近中心,通过横截面的流量越少。球形向心流的流线是向三维空间中的一个共同中心(点)流动的直线。虽然岩石孔隙空间各不规则,使得实际流体在岩石中的流动路径不规则,但是其整体或平均的流线可以看作是单相渗流、平面径向渗流或球形向心渗流中的直线。

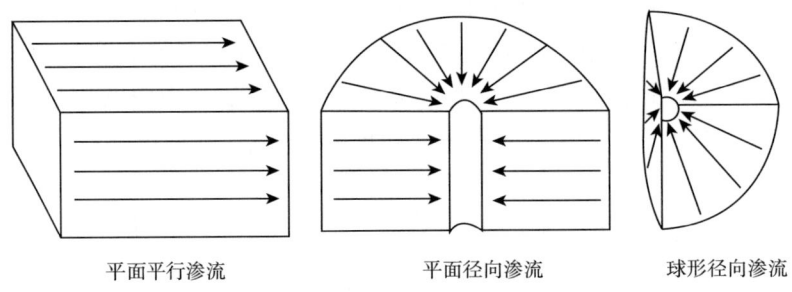

图 8.2 常见的渗流几何形状

事实上,在油藏中没有这样精准的几何形状,但是为了解决工程问题,可以用其中一个与其接近的理想模型表示真实的储层几何结构。对于一些油藏(例如注水开发油藏和循环注气油藏),这些理想化的模型并不适用,经常使用更复杂的模型取而代之。

储层岩石中的流动系可以依据它们与时间的相关性进行分类,可分为稳定渗流、不稳定渗流、不稳定渗流后期及拟稳定渗流。在整个油藏开发过程中,流动状态会发生多次改变,这就意味着为了选择合适的模型描述压力和渗流速度的关系,应尽可能多地了解流动系统。在稳定渗流中,整个系统中每一处的压力和液体饱和度是保持不变的。当油藏中采出的原油被外界其他等质量流体替换时,就可以近似地看作稳定渗流状态。在第 9 章中,水侵可被认

为基本满足这一要求,但事实上很少有系统可被看作是稳定渗流状态。

对于其他 3 种与时间相关的渗流类型,如图 8.3 所示,油藏中心有一口井,当流体的渗流速度改变时,会引起了油藏中压力的扰动,讨论时应作以下假设:(1)渗流系统由均质等厚地层组成;(2)圆形地层的半径为 r_e;(3)渗流速度变化前后油井的流量恒定。随着井口渗流速度的改变,远离井筒位置也开始出现压力的传播,压力传播是一种扩散现象,并可用压力系数方程(见第 8 章第 5 节)进行描述。地层压力以一定的速率进行传播时的导压系数 η:

$$\eta = \frac{K}{\phi \mu c_t} \tag{8.4}$$

式中 K——流动相的有效渗透率;

ϕ——总有效孔隙度;

μ——流动相的流体黏度;

c_t——综合压缩系数。

综合压缩系数由各相饱和度和各相压缩系数进行加权平均后再加岩石压缩系数得到,或可表示为

$$c_t = c_g S_g + c_o S_o + c_w S_w + c_f \tag{8.5}$$

岩石压缩系数 c_f 被定义为单位压降下单位岩石孔隙体积中孔隙体积的变化值。当压力以该速度进行传播时,流动状态为不稳定渗流状态。当压力处于该过渡区时,油藏的外边界对压力的传播没有影响,此时储层可以看作是无限大地层。

不稳定渗流后期是压力传播到储层外边界后且在地层压力达到稳定之前的一段时期。在这个时期,压力不再以与 η 成比例的速率进行传播,并且很难描述这一期间的压力变化。

第 4 个时期,即拟稳定渗流阶段,是储层中压力变化稳定后的阶段。在这个时期,储层中各点的压力以恒定的速率发生变化,并为时间的线性函数,但这段时期经常会被误认为是稳定渗流阶段。

图 8.3 所示的系统达到拟稳态所需的时间可由下式进行估算:

$$t_{pss} = \frac{1200 r_e^2}{\eta} = \frac{1200 \phi \mu c_t r_e^2}{K} \tag{8.6}$$

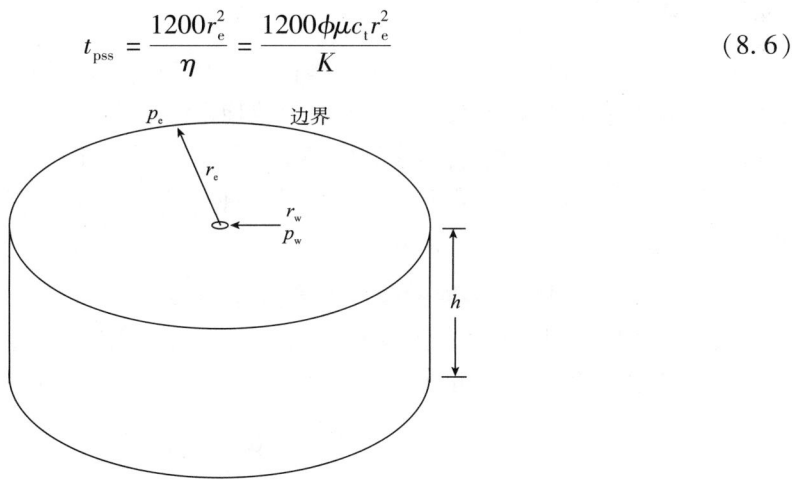

图 8.3 圆形储层中心一口井的示意图

t_{pss}表示到达拟稳态的时间,单位是小时[3]。已知某产油井为一半径为1000ft的圆形储层,原油黏度为1.5cP,储层的综合压缩系数为$15×10^{-6}psi^{-1}$,渗透率为100mD,总有效孔隙度为20%,其到达拟稳态的时间为

$$t_{pss} = \frac{1200 × 0.2 × 1.5 × 15 × 10^{-6} × 1000^2}{100} = 54h$$

这意味位于储层中心的生产井开井流动后或流量改变后,储层流体达到拟稳定状态时大约需要54h,即2.25d,同时也意味着若将油井关闭,油井泄油面积内的压力达到平衡大约也需要这些时间,因此测量的地下压力等于油井泄油面积内的平均压力。

这个标准也适用于气藏,但由于气体的压缩性更强,误差较大。对于天然气黏度为0.015cP,压缩系数为$400×10^{-6}psi^{-1}$的气藏而言,有

$$t_{pss} = \frac{1200 × 0.2 × 0.015 × 400 × 10^{-6} × 1000^2}{100} = 14.4h$$

因此,在相近的条件下(即r_e和K相同),气藏能比油藏更迅速地达到拟稳定渗流状态,这是因为气体的黏度更低,能抵消储层流体压缩系数增大带来的影响。另外,由于气藏采气井的井距更大,即采气井的r_e通常比采油井的大,因此到达拟稳态的时间会增加。对于许多气藏,如逆冲断裂带的气藏,其砂岩的渗透率很低。假设储层半径r_e为2500ft和渗透率为1mD,代表致密砂岩气藏,则其t_{pss}如下

$$t_{pss} = \frac{1200 × 0.2 × 0.015 × 400 × 10^{-6} × 2500^2}{1} = 9000h > 1a$$

计算结果表明,与典型的油藏相比,致密气藏到达拟稳定渗流状态需要更久的时间。与油藏产量变化的时间和油藏总的生产周期相比,到达拟稳定渗流状态所需的时间是很短的,大体上可认为已经达到拟稳定渗流了。但是有一些井不是以定产量进行生产,而是以定压进行生产,这些井在不稳定渗流期间,其压力扰动仍以相同的速度进行传播,当达到拟稳定渗流时,油井受到外边界的控制。

8.4 稳定渗流

前面回顾了达西定律,并且讨论了渗流系统的分类,因此可以建立渗流速度与地层压力之间关系的实际模型,接下来的几小节将讨论稳定渗流模型。由于单向稳定渗流及径向稳定渗流的应用较多,因此对它们的渗流模型进行了介绍。对于这两种渗流模型,均给出了3种常见流体(刚性流体、微可压缩流体和可压缩流体)的渗流公式。

8.4.1 刚性流体平面平行稳定渗流

图8.4表示通过恒定截面的线性渗流,其两端是完全打开的并且没有流体通过两侧、顶部和底部。如果是刚性流体或工程意义上的刚性流体,则其各点的流动速率相同,通过各界面的总流量相同,因此水平方向的渗流速度为

$$v = \frac{qB}{A_c} = -0.001127\frac{K}{\mu}\frac{dp}{dx}$$

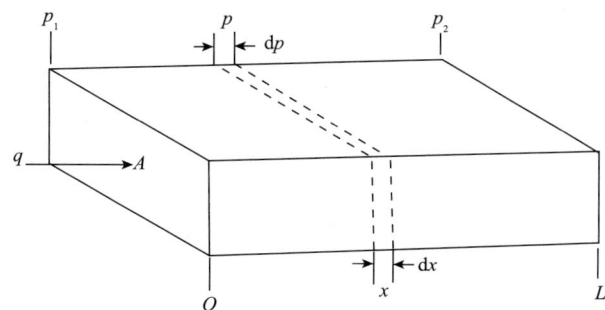

图 8.4 通过横截面积的线性渗流示意图

分离变量并对孔隙介质长度进行积分,得

$$\frac{qB}{A_c}\int_0^L \mathrm{d}x = -0.001127 \frac{K}{\mu}\int_{p_1}^{p_2} \mathrm{d}p$$

$$q = 0.001127 \frac{KA_c(p_1 - p_2)}{B\mu L} \tag{8.7}$$

例如,若压差为 100psi,渗透率为 250mD,流体黏度为 2.5cP,地层体积系数为 1.127bbl/bbl,长度为 450ft,横截面积为 45ft²,则其产量为

$$q = 0.001127 \frac{250 \times 45 \times 100}{1.127 \times 2.5 \times 450} = 1.0 \text{bbl/d}$$

在公式中,假设 B、q、μ 和 K 与压力无关,已从积分符号中提出。事实上,压力高于泡点压力渗流时,体积和流量都随压力变化,如公式(8.2)所示。地层体积系数和黏度也会随着压力发生改变,如第 2 章所述。Fatt 和 Davis[4] 研究了几种砂岩的净上覆地层压力与砂岩渗透率之间的变化,净上覆地层压力是总的内部流体压力,并给出了渗透率随着压力的变化关系,特别是浅层油藏。由于当压差为几百磅/英寸² 压力时,这些影响可以忽略不计,因此在大多数情况下使用平均压力时的数值。

8.4.2 弹性微可压缩流体平面平行稳定渗流

弹性微可压缩流体的渗流方程是在前一节方程的基础上改进得来的,因为弹性微可压缩流体的体积随压力的减小而增大。本章中前部分时候给出的公式(8.3),描述弹性微可压缩流体的压力与之间的关系,产量的单位为 bbl,地层体积系数与压力之间具有类似的相关性,则产量公式为

$$q_B = q_R[1 + c(p_R - p)] \tag{8.8}$$

其中 q_R 是相同基准压力 p_R 时的产量,如果将达西定律写成这种形式,通过分离变量并对多孔介质长度进行积分,可以得出以下公式

$$\frac{q_R}{A_c}\int_0^L \mathrm{d}x = -0.001127 \frac{K}{\mu}\int_{p_1}^{p_2} \frac{\mathrm{d}p}{1 + c(p_R - p)}$$

$$q_R = -\frac{0.001127KA_c}{\mu Lc}\ln\left[\frac{1+c(p_R-p_2)}{1+c(p_R-p_1)}\right] \tag{8.9}$$

上式中假设整个压力下降过程中的压缩系数是恒定的。例如压差为 100psi，渗透率为 250mD，流体黏度为 2.5cP，地层体积系数为 1.127bbl/bbl，长度为 450ft，横截面积为 45ft², 流体的压缩系数为 $65\times10^{-6}\text{psi}^{-1}$，选择 p_1 为参考压力时，其产量为

$$q_1 = \frac{0.001127\times250\times45}{2.5\times450\times65\times10^{-6}}\ln\left(\frac{1+65\times10^{-6}\times100}{1}\right) = 1.123\text{bbl/d}$$

与前一节中计算的产量相比，由于弹性微可压缩流体与刚性流体假设条件不同，因此两者流量 q 不同。另外，产量的单位为（地面）bbl，因为计算所用的压力为参考压力而非标准压力。如果选择 p_2 为参考压力，其计算结果为 q_2，由于体积取决于参考压力，因此，两次计算的产量也不同。

$$q_2 = \frac{0.001127\times250\times45}{2.5\times450\times65\times10^{-6}}\ln\left[\frac{1}{1+65\times10^{-6}(-100)}\right] = 1.131\text{bbl/d}$$

计算结果表明 q_1 与 q_2 没有太大的不同，这与前文所述相符：对于弹性微可压缩流体，体积受压力的影响并不大。

8.4.3 气体平面平行稳定渗流

同样在平面平行稳定渗流中，气体渗流速度的单位为 ft^3/d。由于气体体积随压力的下降而发生膨胀，出口端的气体流速比入口端的流速更大，因此，沿着出口端方向，压力梯度增加。在图 8.4 中的任意一点 x 的横截面储的压力为 p，根据天然气地层体积系数的定义，则其产量为

$$qB_g = \frac{qp_{sc}Tz}{5.615T_{sc}p}$$

代入达西公式，得

$$\frac{qp_{sc}Tz}{5.615T_{sc}pA_c} = -0.001127\frac{K}{\mu}\frac{dp}{dx}$$

分离变量并进行积分，得

$$\frac{qp_{sc}Tz\mu}{(5.615)(0.001127)KT_{sc}A_c}\int_0^L dx = -\int_{p_1}^{p_2}pdp = \frac{1}{2}(p_1^2-p_2^2)$$

即

$$q = \frac{0.003164T_{sc}A_cK(p_1^2-p_2^2)}{p_{sc}TzL\mu} \tag{8.10}$$

例如，当 $T_{sc}=60°F$，$A_c=45\text{ft}^2$，$K=125\text{mD}$，$p_1=1000\text{psi}$（绝），$p_2=500\text{psi}$（绝），$p_{sc}=14.7\text{psi}$（绝），$T=140°F$，$z=0.92$，$L=450\text{ft}$ 和 $\mu=0.015\text{cP}$ 时，有：

$$q = \frac{0.003164\times520\times45\times125\times(1000^2-500^2)}{14.7\times600\times0.92\times450\times0.015} = 126.7\times10^3\text{ft}^3/\text{d}$$

式中，T、K 和 μz 是与压力无关的变量，和前文一样，将其从积分中提出，此时也用其平均值。在此基础上，Wattenbarger 和 Ramey[5] 通过研究测定了天然气偏差因子和黏度是压力的函数。图 8.5 是某种真实气体的 μz 与压力的关系曲线，从图中可以看出，压力低于 2000psi（绝）时 μz 基本保持不变，当压力高于 2000psi（绝）时，$\mu z/p$ 的值基本保持不变。尽管不同气体在不同温度条件下的曲线略有不同，但大多数天然气主要受压力的影响，不同气体在曲线拐点处的压力不同，压力处于 1500psi（绝）~2000psi（绝）之间。这种变化表明公式（8.10）只适用于压力低于 1500psi（绝）~2000psi（绝）的情况，并且取决于流动气体的性质。高于这一压力范围时，$\mu z/p$ 为一定值，则

$$\frac{qp_{sc}T(z\mu/p)}{5.615 \times 0.001127KT_{sc}A_c}\int_0^L dx = -\int_{p_1}^{p_2} dp = p_1 - p_2$$

$$q = \frac{0.006328KT_{sc}A_c(p_1 - p_2)}{p_{sc}T(z\mu/p)} \tag{8.11}$$

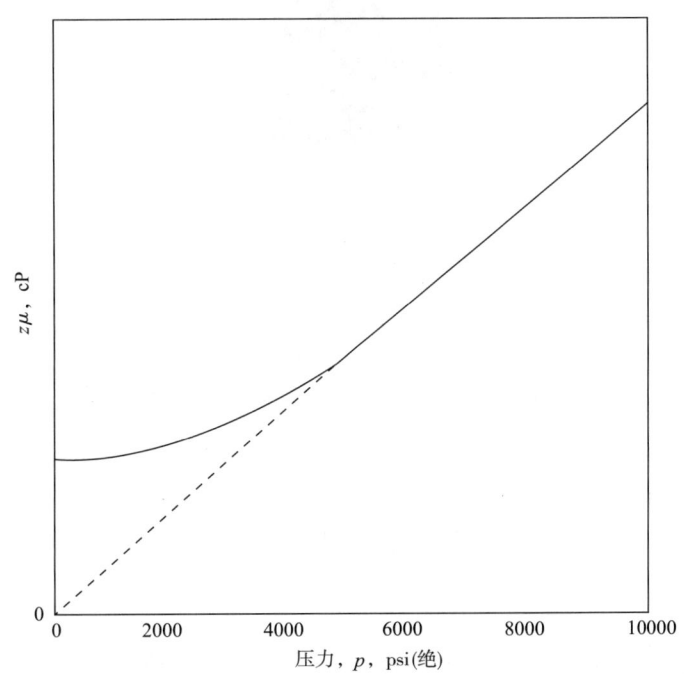

图 8.5　等温条件下 μz 与压力 p 之间的关系曲线

应用公式（8.11）计算 $\mu z/p$ 的值时，应取 p_1 和 p_2 之间的平均值。

Al-Hussainy、Ramey 和 Crawford[6] 以及 Russel、Goodrich、Perry 和 Bruskotter[7] 引入了一个转换变量，为解决气体稳定渗流问题提供了另一个方案，该变量为真实气体的拟压力 $m(p)$，以 $psia^2/cP$ 为标准单位，被定义为

$$m(p) = 2\int_{p_R}^{p} \frac{p}{\mu z} dp \tag{8.12}$$

其中 p_R 为参考压力，一般选用 14.7psi（绝）作为参考压力。使用真实气体的拟压力 $m(p)$

时,气体稳定渗流的产量公式为

$$q = \frac{0.003164 T_{sc} A_c K [m(p_1) - m(p_2)]}{p_{sc} T L} \tag{8.13}$$

运用公式(8.13)时需要知道真实气体的拟压力 $m(p)$,文献中给出了计算 $m(p)$ 值的步骤[8,9]。步骤包括了运用第2章中的方法计算有效压力范围内不同压力下的 μ 和 z,然后计算 $p/\mu z$ 的值,作出 $p/\mu z$ 与 p 的关系曲线,如图8.6所示。采用辛普森法则积分方法计算从参考压力 p_R 到压力 p_1 之间所围成的面积。给出 $m(p_1)$ 值与 p_1 之间的关系:

$$m(p_1) = 2 \times 面积_1$$

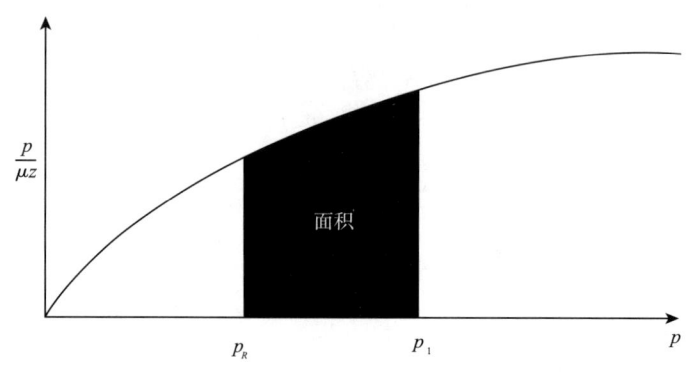

图 8.6 $m(p)$ 的图解测定法

式中

$$面积_1 = \int_{p_R}^{p_1} \frac{p}{\mu z} dp$$

如果数据是有效的,真实气体拟压力法也可以适用于任意的压力。

8.4.4 渗透率突变的平面平行渗流

假设地层模型由两个或两个以上截面积相等、但长度和渗透率不同的模型组成(如图8.7所示,模型串联),已知通过模型的产量均相等,假设流体为刚性流体,显然,此时压力降可以进行叠加,即:

$$(p_1 - p_4) = (p_1 - p_2) + (p_2 - p_3) + (p_3 - p_4)$$

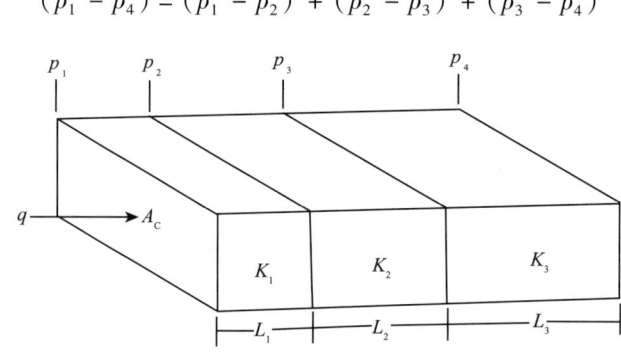

图 8.7 串联地层模型的平面平行渗流

利用公式(8.7)等价替换上式中的压力降,得

$$\frac{q_t B\mu L_t}{0.001127 K_{avg} A_c} = \frac{q_1 B\mu L_1}{0.001127 K_1 A_{c1}} + \frac{q_2 B\mu L_2}{0.001127 K_2 A_{c2}} + \frac{q_3 B\mu L_3}{0.001127 K_3 A_{c3}}$$

因为流量、横截面积、黏度和地层体积系数(忽视了压力变化的影响)在整个模型中都是相等的,则

$$\frac{L_t}{K_{avg}} = \frac{L_1}{K_1} + \frac{L_2}{K_2} + \frac{L_3}{K_3}$$

或

$$K_{avg} = \frac{L_t}{\frac{L_1}{K_1} + \frac{L_2}{K_2} + \frac{L_3}{K_3}} = \frac{\sum L_i}{\sum L_i/K_i} \tag{8.14}$$

公式(8.14)中定义的平均渗透率,可以估算多个不同几何形状和渗透率的地层模型的渗透率,并能算得同一压降下的总产量。

公式(8.14)是利用刚性流体渗流方程推导出的。渗透率是岩石本身的固有性质,与流经岩石的流体无关,除了低压气体外,平均渗透率应同样适用于气体渗流。当压力低于1500~2000psi(绝)时,有

$$(p_1^2 - p_4^2) = (p_1^2 - p_2^2) + (p_2^2 - p_3^2) + (p_3^2 - p_4^2)$$

利用公式(8.10)等价替换上式中的压力平方差,同样可得公式(8.14)。

假设模型的平均渗透率分别是10mD、50mD和100mD,长度分别为6ft、18ft和40ft,截面积相等,则

$$K_{avg} = \frac{\sum L_i}{\sum L_i/K_i} = \frac{6 + 18 + 40}{6/10 + 18/50 + 40/1000} = 64 \text{mD}$$

假设地层模型由两个或两个以上长度相等、但截面积和渗透率不同的模型组成时。在相同的压力梯度(从p_1到p_2)下,相同流体的平面平行渗流如图8.8所示。显然,总流量是各分流量之和,即

$$q_t = q_1 + q_2 + q_3$$

和

$$\frac{K_{avg} A_{ct}(p_1 - p_2)}{B\mu L} = \frac{K_1 A_{c1}(p_1 - p_2)}{B\mu L} + \frac{K_2 A_{c2}(p_1 - p_2)}{B\mu L} + \frac{K_3 A_{c3}(p_1 - p_2)}{B\mu L}$$

约分,得

$$K_{avg} A_{ct} = K_1 A_{c1} + K_2 A_{c2} + K_3 A_{c3}$$

$$K_{avg} = \frac{\sum K_i A_{ci}}{\sum A_{ci}} \tag{8.15}$$

假设所有模型的宽度均相等,则它们的横截面积正比于厚度,有

$$K_{avg} = \frac{\sum K_i h_i}{\sum h_i} \tag{8.16}$$

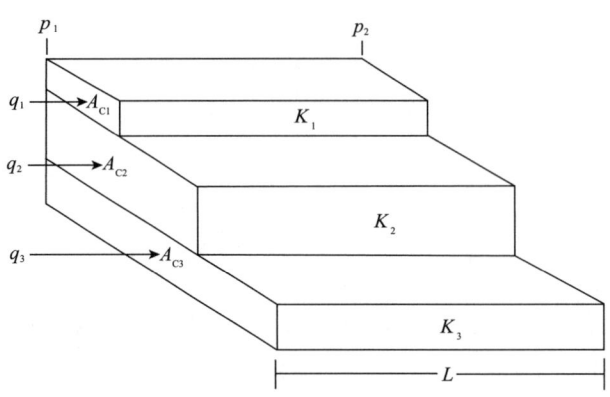

图 8.8　并联地层模型的平面平行渗流

如果并联模型中渗透率和流体都是均质的,则在相同距离下,模型中各处的压力和压力梯度都相等。由于流体压力的差异,层间没有窜流,但当在并联模型中进行水驱油时,渗透率较大储层的水驱前缘移动速度较快。由于驱替前缘处油的流度(K_o/μ_o)与水的流度(K_w/μ_w)不同,其压力梯度将会不同,在此情况下,通过岩心距离相同两点的压力会有所不同,如果储层没有被隔层分开,层间会出现窜流。在此情况下,严格来说,公式(8.15)和公式(8.16)不再适用,平均渗透率随着驱替的进行不断发生变化,水也会因毛细管作用从高渗层运移到低渗层,使得并联模型的渗流过程更加复杂。

假设模型的平均渗透率分别是 10mD、50mD 和 100mD,厚度分别长 6ft、18ft 和 40ft,若模型的宽度相等,则并联模型的平均渗透率为

$$K_{avg} = \frac{\sum K_i h_i}{\sum h_i} = \frac{10 \times 6 + 18 \times 50 + 36 \times 1000}{6 + 18 + 36} = 616 \text{mD}$$

8.4.5　毛细管和裂缝中的流动

尽管岩石孔隙空间很少是由笔直、平滑且直径相等的毛细管组成,但是为了便于研究,通常将孔隙空间看作由不同直径的毛细管束组成。假设毛细管的长度为 L 和内径为 r_o,黏度为 μ 的刚性流体在 (p_1-p_2) 的压差下在其中进行层流或黏性流动。流体力学中的 Poiseuille 定律描述了流经毛细管的总流量方程,可以表示为

$$q = 1.30 \times 10^{10} \frac{\pi r_o^4 (p_1 - p_2)}{B\mu L} \tag{8.17}$$

刚性流体在渗流模型中的线性渗流达西公式(8.7)和刚性流体在毛细管中流动的 Poiseuille 公式(8.15)十分相似:

$$q = 0.001127 \frac{KA_c(p_1 - p_2)}{B\mu L} \tag{8.7}$$

假设公式(8.7)中 $A_c = \pi r_0^2$，且两式相等，则

$$K = 1.15 \times 10^{13} r_0^2 \tag{8.18}$$

如果渗流通道由密集的毛细管组成，若每个毛细管半径 4.17×10^{-6} ft(即 0.00005in)，则岩石渗透率为 200mD。如果岩石只含有 25% 的孔隙通道(即孔隙度为 25%)，则其渗透率只有原来的 1/4，即 50mD。

刚性润湿性流体在光滑等宽裂缝中的黏性流动方程如下：

$$q = 8.7 \times 10^9 \frac{W^2 A_c (p_1 - p_2)}{B \mu L} \tag{8.19}$$

在公式(8.19)中，W 代表裂缝宽度，A_c 代表裂缝的横截面积，它等于裂缝宽度 W 和横向伸展的乘积，压差指的是长度为 L 裂缝两端的压差。联立公式(8.19)和公式(8.7)得到裂缝的渗透率公式：

$$K = 7.7 \times 10^{12} W^2 \tag{8.20}$$

宽度为 8.33×10^{-5} ft(即 0.001in)时裂缝的渗透率为 53500mD。

对于多数白云岩、石灰岩和砂岩而言，裂缝和溶洞是获得经济产量的主要因素，如果没有这些孔洞，这些储层很难得到经济开发。例如，假设某种岩石的基质渗透率很低，比如 0.01mD，但每平方英尺的岩石中平均包含宽度为 4.17×10^{-4} ft，长度为 1ft 的裂缝，假设裂缝方向与渗流方向一致，根据公式(8.15)并联模型的渗流规律，得

$$K_{avg} = \frac{0.01(1 - 1 \times 4.17 \times 10^{-4}) + (7.7 \times 10^{12} \times 4.17 \times 10^{-4})^2 \times 1 \times 4.17 \times 10^{-4}}{1}$$

$$K_{avg} = 558 \text{mD}$$

8.4.6 刚性流体平面径向稳定渗流

讨论水平均质等厚地层中，朝向半径为 r_w 的垂直井的平面径向渗流，如图 8.9 所示。如果是刚性流体，流经任一圆周面的流量是恒定的。当井的产量为 q bbl/d 时，井筒压力为 p_w，且半径为 r_e 处的边界压力为 p_e，半径为 r 的地方压力为 p，则在半径 r 处，有

$$v = \frac{qB}{A_c} = \frac{qB}{2\pi r h} = -0.001127 \frac{K \mathrm{d}p}{\mu \mathrm{d}r}$$

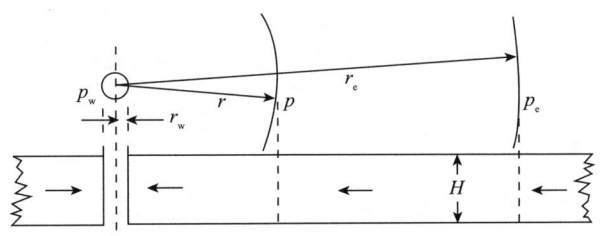

图 8.9 朝向垂直井的平面径向渗流示意图

假定沿着半径 r 正方向的流量为正 q。分离变量并对任意的半径 $r_1 \sim r_2$ 进行积分，两处的

压力分别为 p_1 与 p_2，则

$$\int_{r_1}^{r_2} \frac{qB\mathrm{d}r}{2\pi rh} = -0.001127 \int_{p_1}^{p_2} \frac{K}{\mu}\mathrm{d}p$$

$$q = \frac{-0.00708Kh(p_2 - p_1)}{\mu B\ln(r_2/r_1)}$$

负号通常可以省去，如果 p_2 大于 p_1，则流量是负的，即 r 的负方向或朝向井筒的方向，则

$$q = \frac{0.00708Kh(p_2 - p_1)}{\mu B\ln(r_2/r_1)}$$

将这两处的半径分别取井筒半径 r_w 和边界半径或泄油半径 r_e，得

$$q = \frac{0.00708Kh(p_e - p_w)}{\mu B\ln(r_e/r_w)} \tag{8.21}$$

边界半径通常是通过井距推算的，例如半径为 660ft 的圆可以被内接在面积为 40ac 的正方形中，所以面积 40ac 的井距常用 660ft 为边界半径。有时也认为边界半径为 745ft，因为该半径的圆的面积为 40ac。井筒半径通常由钻头直径、套管直径进行确定或用卡尺进行测量。事实上，无论是井筒半径还是边界半径都不能被精确测量，由于方程中的半径以对数形式出现，因此在方程中的误差比半径自身的误差要小。通常井筒半径为 1/3ft，间距为 40ac（r_e = 660ft），r_e/r_w 值一般取 2000，因为 ln2000 = 7.60 和 ln3000 = 8.00，因此，r_e/r_w 值每增大 50%，其对数值只增大 5.3%。

公式（8.21）中的边界压力 p_e 采用生产时间间隔内经修正后的地层静态压力，而井筒压力 p_w 为生产时间间隔中间时油井以一定产量 q 稳定生产时的井底流压。在天然水驱或保持压力开采作用下，地层压力稳定时，由于边界压力保持稳定，可以应用公式（8.21），此时，生产井从地层中采出液体的空间被通过边界的其他流体所取代，当然，此时的渗流也不再是严格意义上的径向渗流。

8.4.7 弹性微可压缩流体平面径向稳定渗流

再次利用公式（8.3）表示微可压缩流体产量随压力变化的关系。将这个公式代入平面径向流的达西公式，可得到下式

$$qB = \frac{q_R[1 + c(p_R - p)]}{2\pi rh} = -0.001127\frac{K}{\mu}\frac{\mathrm{d}p}{\mathrm{d}r}$$

分离变量，假设在整个压力下降的过程中压缩系数都是常量，对多孔介质的长度积分，得

$$q_R = \frac{0.00708Kh}{\mu c\ln(r_2/r_1)}\ln\left[\frac{1 + c(p_R - p_2)}{1 + c(p_R - p_1)}\right] \tag{8.22}$$

8.4.8 气体平面径向稳定渗流

图 8.9 表示气体在任一半径 r 处的渗流，此处的压力为 p，以 ft^3/d 为单位时，地下流量可以表示为

$$qB_g = \frac{qp_{sc}Tz}{5.615T_{sc}p}$$

代入平面径向流的达西公式,得到下式:

$$\frac{qp_{sc}Tz}{5.615T_{sc}p(2\pi rh)} = -0.001127\frac{K}{\mu}\frac{dp}{dr}$$

分离变量并积分,得

$$\frac{qp_{sc}Tz\mu}{5.615\times 0.001127\times 2\pi T_{sc}Kh}\int_{r_1}^{r_2}\frac{dr}{r} = -\int_{P_1}^{p_2}pdp = \frac{1}{2}(p_1^2 - p_2^2)$$

或

$$\frac{qp_{sc}Tz\mu}{0.01988T_{sc}Kh}\ln(r_2/r_1) = p_1^2 - p_2^2$$

得

$$q = \frac{0.01988T_{sc}Kh(p_1^2 - p_2^2)}{p_{sc}T(z\mu)\ln(r_2/r_1)} \tag{8.23}$$

推导公式(8.23)时假设 μz 的值为常数。8.4.3 节中指出,当压力低于1500psi(绝)~2000psi(绝)时这一假设通常有效。对于更高的压力,可假设 $\mu z/p$ 的值为常数,则:

$$q = \frac{0.03976T_{sc}Kh(p_1 - p_2)}{p_{sc}T(z\mu/p)\ln(r_2/r_1)} \tag{8.24}$$

利用公式(8.23)和公式(8.24)时,可由 p_1 和 p_2 的平均值计算 μz 和 $\mu z/p$ 的值。
如果使用真实气体拟压力 $m(p)$,则方程可变换为

$$q = \frac{0.01988T_{sc}Kh[m(p_1) - m(p_2)]}{p_{sc}T\ln(r_2/r_1)} \tag{8.25}$$

8.4.9 平面径向渗流的平均渗透率

许多生产层模型可能由渗透率和厚度变化很大的岩层或夹层组成,如图 8.10 所示。如果这些岩层处于相同的压降和泄油半径且产出液均流向同一井筒,则

$$q_t = q_1 + q_2 + q_3 + \cdots + q_n$$

$$\frac{0.00708K_{avg}h_1(p_e - p_w)}{\mu B\ln(r_e/r_w)} = \frac{0.00708K_1h_1(p_e - p_w)}{\mu B\ln(r_e/r_w)} + \frac{0.00708K_2h_2(p_e - p_w)}{\mu B\ln(r_e/r_w)} + \cdots$$

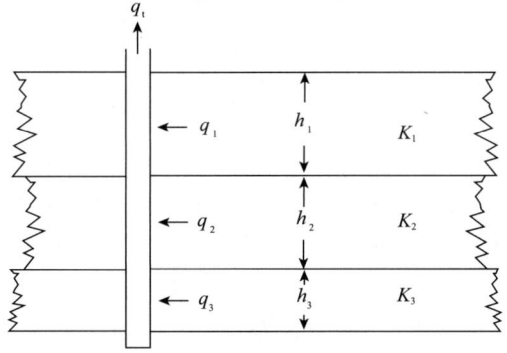

图 8.10 并联地层模型的平面径向渗流

然后进行约分,得

$$K_{avg}h_t = K_1h_1 + K_2h_2 + \cdots + K_nh_n$$

$$K_{avg} = \frac{\sum K_i h_i}{\sum h_i} \tag{8.26}$$

这个公式与相同宽度并联地层模型的平面平行渗流的公式相同。这里再次强调,平均渗透率意味着即使所有的模型都被替换掉时仍可以在相同压降下获得相同产量时的渗透率。Kh 的值称为产能系数或地层系数,生产层总产能系数为 $\sum K_i h_i$,其单位为 mD-ft 表示。如公式(8.21)所示,因为产量正比于产能系数,则其他变量相同时,长度为 10ft 和渗透率为 100mD 的地层与长度为 100ft 和渗透率为 10mD 的地层的产量相等。地层系数存在很多限制条件,低于这些值时的产量达不到经济要求,与净产层厚度一样,低于一定值时储层流体不能够被经济开采。对于两个具有相同产能系数和有效压降的地层,原油黏度较低的是经济可采的,而另一个却不是。若某储层的净砂厚度为 5ft,产能为几百毫达西-英尺,对其进行开采很可能是不经济的,但这也取决于其他影响因素,如有效压降、黏度、孔隙度、束缚水、油层深度及其他因素,或可能需要进行水力压裂。地层的产能和黏度在很大程度上决定着油井中的流体是否能够流动或油井是否需要使用人工举升进行开采,溶解气量也是一个重要影响因素,采用水力压裂(将在后面讨论)可以显著提高低产油藏的油井产能。

如图 8.11 所示,讨论等厚径向渗流,其中泄油半径 r_e 到半径 r_a 处的渗透率为 K_e,而半径 r_a 到井筒半径 r_w 处渗透率与其不同,为 K_a。将压降进行叠加,得

$$(p_e - p_w) = (p_e - p_a) + (p_a - p_w)$$

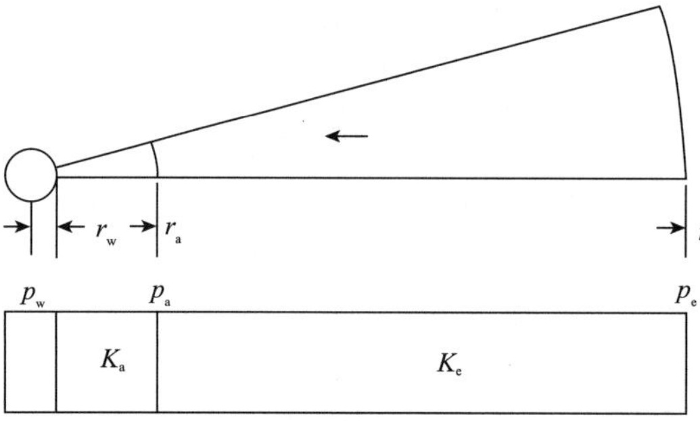

图 8.11 串联地层模型的平面径向渗流

由公式(8.21)得

$$\frac{q\mu B\ln(r_e/r_w)}{0.00708K_{avg}h} = \frac{q\mu B\ln(r_e/r_a)}{0.00708K_e h} + \frac{q\mu B\ln(r_a/r_w)}{0.00708K_a h}$$

约分,求得 K_{avg}:

$$K_{avg} = \frac{K_a K_e \ln(r_e/r_w)}{K_a \ln(r_e/r_a) + K_e \ln(r_a/r_w)} \tag{8.27}$$

公式(8.27)可以扩展到解决 3 个或多个串联地层模型的问题。这个公式对于研究储层

中渗透率变化对井筒产量的影响具有重要意义。

8.5　平面径向渗流的综合微分方程式

平面径向渗流的综合微分方程,是将常系数线性微分方程用于与时间相关的渗流系统。推导方法如下:考虑图 8.12 中所示的体积单元,该体积单元厚 Δr,位于距中心井 r 处,一段时间 Δt 内,允许一定质量流体流入流出体积单元,该体积单元处于均质等厚油藏中且只有径向渗流。使用下列与前文定义相同的术语:

q——产量(体积流量),对于刚性流体和微可压缩流体,单位 bbl/d;对可压缩流体,单位为 ft^2/d;

ρ——流体在储层条件下的密度,lb/ft^3;

r——距井筒的距离,ft;

h——油层厚度,ft;

v——流体的流速,$bbl/d\text{-}ft^2$;

t——时间,h;

ϕ——孔隙度,小数;

K——渗透率,mD;

μ——流体黏度,cP。

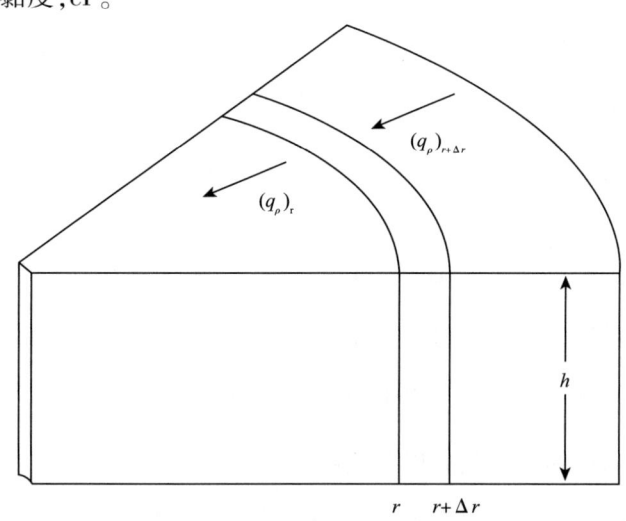

图 8.12　平面径向渗流综合微分方程推导过程中使用的体积单元

在这些假设及定义下,可以给出时间间隔 Δt 内体积单元的质量守恒方程。使用定义形式,则质量守恒方程为:

Δt 内流入体积单元的质量 − Δt 内流出体积单元的质量

= Δt 内体积单元质量的变化量

Δt 内流入体积单元的质量为

$$(qB\rho\Delta t)_{r+\Delta r} = 2\pi(r+\Delta r)h[\rho v(5.615/24)\Delta t]_{r+\Delta t} \tag{8.28}$$

Δt 内流出体积单元的质量为

$$(qB\rho\Delta t)_r = 2\pi rh[\rho v(5.615/24)\Delta t]_r \tag{8.29}$$

Δt 内体积单元质量的变化量为

$$2\pi r\Delta rh[(\phi\rho)_{t+\Delta t} - (\phi\rho)_t] \tag{8.30}$$

联立公式(8.28)、公式(8.29)和公式(8.30),得到

$$2\pi(r+r)h[\rho v(5.615/24)\Delta t]_{r+\Delta r} - 2\pi rh[\rho v(5.615/24)\Delta t]_r = 2\pi r\Delta rh[(\phi\rho)_{t+\Delta t} - (\phi\rho)_t]$$

如果将公式的两端同时除以 $2\pi rh\Delta r\Delta t$,由于 Δr 和 Δt 趋近于零,则

$$\frac{\partial}{\partial r}(0.234\rho v) + \frac{1}{r}(0.234\rho v) = \frac{\partial}{\partial t}(\phi\rho)$$

或

$$\frac{0.234}{r}\frac{\partial}{\partial r}(r\rho v) = \frac{\partial}{\partial t}(\phi\rho) \tag{8.31}$$

公式(8.31)是适用于平面径向流的连续性方程。为了得到与时间相关的平面径向流微分方程,需要引入压力,并消除公式(8.31)右侧偏导数项中的 ϕ。为此,引入达西公式来使渗流速度与压力关联起来,即

$$v = -0.001127\frac{K}{\mu}\frac{\partial p}{\partial r}$$

当流体在多孔介质中渗流时,可以省去达西公式中的负号。将达西公式代入公式(8.31),得

$$\frac{0.234}{r}\frac{\partial}{\partial r}\left(0.001127\frac{K}{\mu}\rho r\frac{\partial p}{\partial r}\right) = \frac{\partial}{\partial t}(\phi\rho) \tag{8.32}$$

通过展开右侧偏导数可以消除公式右侧偏导数项中的孔隙度,从而得到

$$\frac{\partial}{\partial t}(\phi\rho) = \phi\frac{\partial\rho}{\partial t} + \rho\frac{\partial\phi}{\partial t} \tag{8.33}$$

由于孔隙度与岩石压缩系数具有以下关系:

$$c_f = \frac{1}{\phi}\frac{\partial\phi}{\partial p} \tag{8.34}$$

对 $\partial\phi/\partial t$ 运用微分链式法则,有

$$\frac{\partial\phi}{\partial t} = \frac{\partial\phi}{\partial p}\frac{\partial p}{\partial t}$$

将公式(8.34)代入此式,得

$$\frac{\partial\phi}{\partial t} = \phi c_f\frac{\partial p}{\partial t}$$

最后,将上式代入公式(8.33),再将其结果代入公式(8.29),得

$$\frac{0.234}{r}\frac{\partial}{\partial r}\left(0.001127\frac{K}{\mu}\rho r\frac{\partial p}{\partial r}\right) = \rho\phi c_f\frac{\partial p}{\partial t} + \phi\frac{\partial \rho}{\partial t} \tag{8.35}$$

公式(8.35)是用于描述多孔介质中平面径向不稳定渗流综合微分方程式的一般形式。除最初的假设外,还引入了达西定律,这就意味着流动处于层流状态。另外,该方程并不受流体类型和特定时域的限制。

8.6 不稳定渗流

运用适当的边界条件和初始条件,可以研究前文推导出的偏微分方程的特解,这一特解可适用于微可压缩流体及可压缩流体在不稳定渗流和拟稳定渗流。由于油藏中不存在刚性流体,这里不讨论刚性流体的相关问题。因为径向渗流模型应用更广泛,这里只讨论径向渗流模型,如果读者对单向流感兴趣,可以参考 Matthews 和 Russell[10] 推导的方程。此外,由于不稳定渗流后期压力变化的复杂特征,不讨论此期间渗流偏微分方程的解,实际应用中大多数为不稳定渗流及拟稳态渗流,因此不考虑不稳定渗流后期的渗流模型。

8.6.1 弹性微可压缩流体平面径向不稳定渗流

如果公式(8.2)用密度 ρ 表示,由于 ρ 为比体积的倒数,可得到下式

$$\rho = \rho_R e^{c(p-p_R)} \tag{8.36}$$

其中 p_R 是参考压力,ρ_R 是参考压力下的密度。在此公式中假设流体的压缩系数为常数。对于解决特定压力范围内的问题,这是一个很好的假设。将公式(8.36)代入到公式(8.35)中,得

$$\frac{0.234}{r}\frac{\partial}{\partial r}\left\{0.001127\frac{K}{\mu}[\rho_R e^{c(p-p_R)}]r\frac{\partial p}{\partial r}\right\} = [\rho_R e^{c(p-p_R)}]\phi c_f\frac{\partial p}{\partial t} + \phi\frac{\partial}{\partial t}[\rho_R e^{c(p-p_R)}]$$

为简化上述方程,需要假设方程中的 K 和 μ 为一定值,即它们不随压力、时间和距离范围的变化而变化。K 的精确值不易得到,一般假设 K 是一定范围内的体积平均渗透率。另外,流体黏度随着压力的改变不发生显著的变化。通过这个假设,可以将方程中的 K/μ 提到导数外,通过整理并简化,得

$$\frac{\partial^2 p}{\partial r^2} + \frac{1}{r}\frac{\partial p}{\partial r} + \left(\frac{\partial p}{\partial r}\right)^2 = \frac{\phi\mu}{0.002637K}(c_f + c)\frac{\partial p}{\partial t}$$

或

$$\frac{\partial^2 p}{\partial r^2} + \frac{1}{r}\frac{\partial p}{\partial r} + \left(\frac{\partial p}{\partial r}\right)^2 = \frac{\phi\mu c_t}{0.002637K}\frac{\partial p}{\partial t} \tag{8.37}$$

公式(8.37)左侧的最后一项使得方程成为非线性方程,并且使其很难求解。然而研究发现,对于大多数实际流体而言,该项都很小。当公式(8.37)中忽略此项时,公式变为

$$\frac{\partial^2 p}{\partial r^2} + \frac{1}{r}\frac{\partial p}{\partial r} = \frac{\phi\mu c_t}{0.002637K}\frac{\partial p}{\partial t} \tag{8.38}$$

上式为径向渗流的热传导型偏微分方程。该名称来源于径向渗流的热传导应用。可渗透岩石中的热传导、电流和流体流动可以用同一数学形式描述。前文中已经定义 $\phi\mu c_t/K =$

$1/\eta$，其中 η 称为导压系数(见8.3节)，并在公式(8.6)中用该系数计算达到拟稳态渗流所需的时间。

为了求解公式(8.38)，首先需要知道一个初始条件和两个边界条件。初始条件为：时间 $t=0$ 时，地层压力等于原始地层压力 p_i。

若油井以定产量生产，第一个边界条件可以用达西公式给出

$$q = -0.001127 \frac{Kh}{B\mu}(2\pi r)\left(\frac{\partial p}{\partial r}\right)_{r=r_w}$$

第二个边界条件的给出基于要求解的问题处于不稳定渗流阶段。在这段时间，储层可看做无限大地层。假定 $r=\infty$ 时地层压力等于原始地层压力 p_i。在此条件下，Matthews 和 Russel 给出方程的解如下：

$$p(r,t) = p_i - \frac{70.6q\mu B}{Kh}\left[-E_i\left(-\frac{\phi\mu c_t r^2}{0.00105KT}\right)\right] \quad (8.39)$$

此处所有变量的单位与前文中定义的相一致，即 $p(r,t)$ 和 p_i 的单位为 psi(绝)，q 的单位为 bbl/d，μ 的单位为 cP，地层体积系数 B 的单位为 bbl/bbl，k 的单位为 mD，h 的单位为 ft，c_t 的单位为 psi^{-1}，r 的单位为 ft，t 的单位为 h。公式(8.39)称为热传导型偏微分方程的基本线性解，并且为时间和位置的函数，该公式可被用于预测地层压力。其中，数学函数 E_i 是幂积分函数，被定义为

$$E_i(-x) = -\int_x \frac{e^{-u}du}{u} = \left[\ln x - \frac{x}{1!} + \frac{x^2}{2(2!)} - \frac{x^3}{3(3!)} + \cdots\right]$$

该积分作为 x 的函数，表8.1中给出了其计算结果，并如图8.13所示。

表8.1 $-E_i(-x)$ 与 x 之间的关系

x	$-E_i(-x)$	x	$-E_i(-x)$	x	$-E_i(-x)$
0.1	1.82292	0.9	0.26018	1.7	0.07465
0.2	1.22265	1.0	0.21938	1.8	0.06471
0.3	0.90568	1.1	0.18599	1.9	0.05620
0.4	0.70238	1.2	0.15841	2.0	0.04890
0.5	0.55977	1.3	0.13545	2.1	0.04261
0.6	0.45438	1.4	0.11622	2.2	0.03719
0.7	0.37377	1.5	0.10002	2.3	0.03250
0.8	0.31060	1.6	0.08631	2.4	0.02844

续表

x	$-E_i(-x)$	x	$-E_i(-x)$	x	$-E_i(-x)$
2.5	0.02491	5.1	0.00102	7.7	0.00005
2.6	0.02185	5.2	0.00091	7.8	0.00005
2.7	0.01918	5.3	0.00081	7.9	0.00004
2.8	0.01686	5.4	0.00072	8.0	0.00004
2.9	0.01482	5.5	0.00064	8.1	0.00003
3.0	0.01305	5.6	0.00057	8.2	0.00003
3.1	0.01149	5.7	0.00051	8.3	0.00003
3.2	0.01013	5.8	0.00045	8.4	0.00002
3.3	0.00894	5.9	0.00040	8.5	0.00002
3.4	0.00789	6.0	0.00036	8.6	0.00002
3.5	0.00697	6.1	0.00032	8.7	0.00002
3.6	0.00616	6.2	0.00029	8.8	0.00002
3.7	0.00545	6.3	0.00026	8.9	0.00001
3.8	0.00482	6.4	0.00023	9.0	0.00001
3.9	0.00427	6.5	0.00020	9.1	0.00001
4.0	0.00378	6.6	0.00018	9.2	0.00001
4.1	0.00335	6.7	0.00016	9.3	0.00001
4.2	0.00297	6.8	0.00014	9.4	0.00001
4.3	0.00263	6.9	0.00013	9.5	0.00001
4.4	0.00234	7.0	0.00012	9.6	0.00001
4.5	0.00207	7.1	0.00010	9.7	0.00001
4.6	0.00184	7.2	0.00009	9.8	0.00001
4.7	0.00164	7.3	0.00008	9.9	0.00000
4.8	0.00145	7.4	0.00007	10.0	0.00000
4.9	0.00129	7.5	0.00007		
5.0	0.00115	7.6	0.00006		

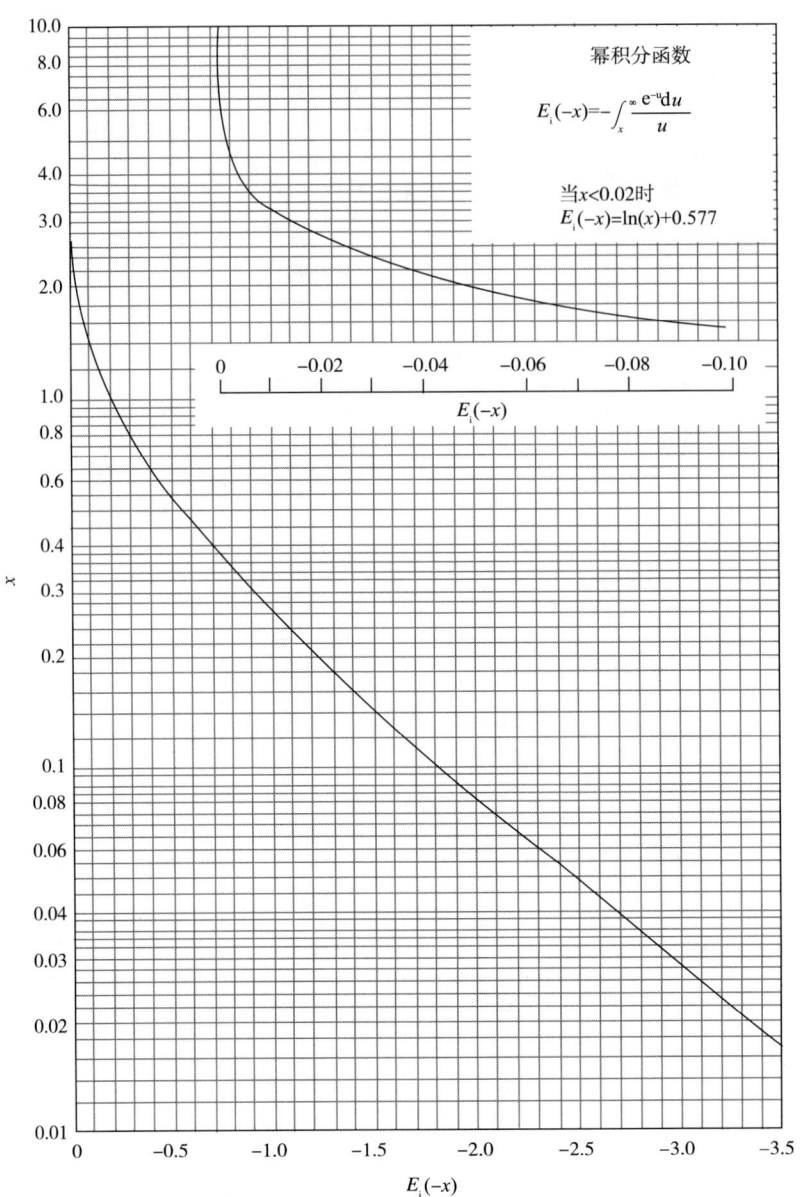

图 8.13　幂积分函数曲线

公式(8.39)可以用于计算生产井以定产量 q 生产 t 时间后任一半径处的压降(p_i-p)。例如，某生产储层中，$\mu_o = 0.72\text{cP}$，$B_o = 1.475\text{bbl/bbl}$，$K = 100\text{mD}$，$h = 15\text{ft}$，$c_t = 15 \times 10^{-6}\text{psi}^{-1}$，$\phi = 23.4\%$，$p_i = 3000\text{psi}$(绝)。当生产井以 200bbl/d 的产量生产 10d 后，半径为 1000ft 处的压力为：

$$p = 3000 - \frac{70.6 \times 200 \times 0.72 \times 1.475}{100 \times 15}\left[-E_i\left(\frac{-0.234 \times 0.72 \times 15 \times 10^{-6} \times 1000^2}{0.00105 \times 100 \times 10 \times 24}\right)\right]$$

得

$$p = 3000 + 10.0 E_i(-0.10)$$

从图 8.13 中可知，$E_i(-0.10)=-1.82$。从而得到

$$p = 3000 + 10.0 \times (-1.82) = 2981.8\text{psi}(\text{绝})$$

在相同渗流条件下，时间分别为 0.1d、1.0d、10d 和 100d 时的压力分布曲线如图 8.14 所示。

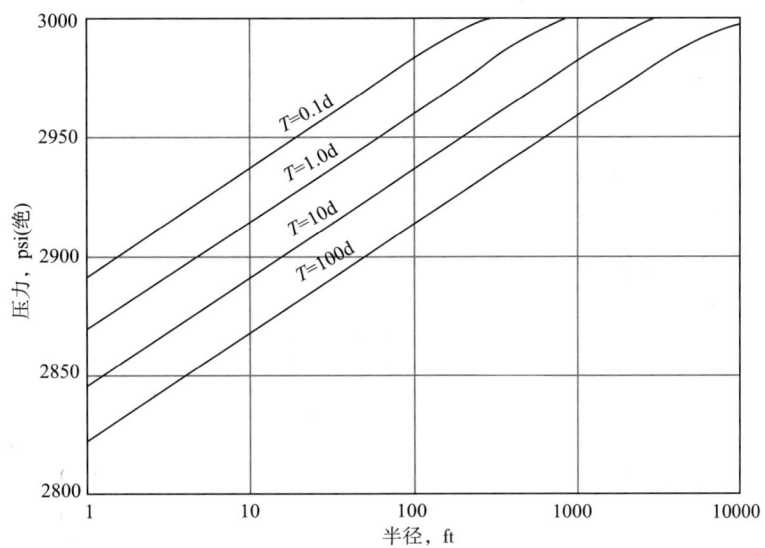

图 8.14　4 个不同生产时间时油井附近的压力分布

从 E_i 函数的值可知，当 x 小于 0.01 时，可以近似为下式：

$$-E_i(-x) = -\ln x - 0.5772$$

即：

$$\frac{\phi\mu c_t r^2}{0.00105Kt} < 0.01$$

整理该公式并对 t 进行求解，计算距生产井 1000ft 处的压力满足该近似值的时间为

$$t > \frac{0.234 \times 0.72 \times 15 \times 10^{-6} \times 1000^2}{0.00105 \times 100 \times 0.01} \approx 2400\text{h} = 100\text{d}$$

为判断 E_i 函数的近似值是否使用于生产井井底流压的计算，需要假设井筒半径 r_w（即 0.25ft），计算近似值的使用时间，得到下式

$$t > \frac{0.234 \times 0.72 \times 15 \times 10^{-6} \times 0.25^2}{0.00105 \times 100 \times 0.01} \approx 0.0002\text{h}$$

很显然，以上计算结果表明是否可用近似值取决于压力扰动点和需要测量的压力点的距离，此时为距生产井的距离。在实际应用中当计算干扰点处的压力时，该假设均成立。因此，不管是井筒还是其他任意地方，该假设均适用。公式（8.39）可以写成

$$p(r,t) = p_i - \frac{70.6q\mu B}{Kh}\left[\ln\left(-\frac{\phi\mu c_t r^2}{0.00105Kt}\right) - 0.5772\right]$$

以 lg 形式取代上式中的 ln 形式时，通过整理简化，可得

$$p(r,t) = p_i - \frac{162.6q\mu B}{Kh}\left[\lg\left(\frac{Kt}{\phi\mu c_t r^2}\right) - 3.23\right] \tag{8.40}$$

公式(8.40)是不稳定试井的理论基础,不稳定试井是一项非常有用的技术,将在本章后面部分进行详细介绍。

8.6.2 气体平面径向不稳定渗流

由第8章第5节中的公式(8.35)

$$\frac{0.234}{r}\frac{\partial}{\partial r}\left(0.001127\frac{K}{\mu}\rho r\frac{\partial p}{\partial r}\right) = \rho\phi c_f \frac{\partial p}{\partial t} + \phi\frac{\partial \rho}{\partial t} \tag{8.35}$$

该方程用于描述多孔介质中的径向渗流模型。为求公式(8.35)对可压缩性流体或气体的解,需要两个附加方程:(1)状态方程,一般为真实气体状态方程,即公式(2.8);(2)描述气体等温压缩系数随压力变化的公式(2.18)。

$$pV = znR'T \tag{2.8}$$

$$c_g = \frac{1}{p} - \frac{1}{z}\frac{dz}{dp} \tag{2.18}$$

联立上述3个方程,得

$$\frac{1}{r}\frac{\partial}{\partial r}\left(r\frac{p}{\mu z}\frac{\partial p}{\partial r}\right) = \frac{\phi C_t p}{0.0002637 Kz}\frac{\partial p}{\partial t} \tag{8.41}$$

在公式(8.41)中应用真实气体拟压力可得

$$\frac{\partial^2 m(p)}{\partial r^2} + \frac{1}{r}\frac{\partial m(p)}{\partial r} = \frac{\phi\mu c_t}{0.0002637 K}\frac{\partial m(p)}{\partial t} \tag{8.42}$$

公式(8.42)为可压缩流体的热传导型偏微分方程,与微可压缩流体的热传导型偏微分方程(8.38)的形式相近,两式形式唯一的不同在于公式(8.42)用真实气体拟压力 $m(p)$ 取代了 p。还有一个显著的不同在方程的形式中是看不出的,其不同是在公式(8.41)中关于 $(\partial p/\partial r)^2$ 大小的假定,为使公式(8.41)线性化,必对制该项的值进行限定,从而在方程中忽略它。该假设常用于液体的渗流,这个限制在气体方程中是没有必要的。由于产气井井筒附近的压力降非常大,变量的转换需要更实际有用的气体方程。

由于 μ 和 c_t 与压力或真实气体拟压力有关,因此公式(8.42)为非线性微分方程,故公式(8.42)没有解析解。Al-Hussainy 和 Ramey[11]运用差分法得到了公式(8.42)的近似解。他们对井筒(此处 E_i 的值可近似为对数形式)处压力的研究结果如下

$$m(p_{wf}) = m(p_i) - \frac{1637 \times 10^3 qT}{Kh}\left[\lg\left(\frac{Kt}{\phi\mu_i c_{ti} r_w^2}\right) - 3.23\right] \tag{8.43}$$

式中: p_{wf} 为井筒流压; p_i 为原始地层压力; q 是标准状态60°F和14.7psi(绝)下的产量,单位 ft^3/d; T 是地层温度,单位°R; K 以 mD 为单位; h 以 ft 为单位; t 以 h 为单位; μ_i 是原始地层压力 p_i 下的黏度,以 cP 为单位; c_{ti} 是原始地层压力下的压缩系数,以 psi^{-1} 为单位; r_w 是井筒半径,以 ft 为单位。公式(8.43)可用于计算气井的井底流压。

8.7 拟稳定渗流

对于前文所述的不稳定渗流,假设生产井处于无限大地层中,该假设可以避免注入井或生产井中流体的流动受到边界的影响。显然,这个假设的时间是有限的,而且这段时间一般很短。当渗流开始受边界影响时,渗流不再处于不稳定渗流状态,因此需要一个新的假设条件去求解平面径向渗流热传导型偏微分方程。下面讨论拟稳定渗流期间平面径向渗流热传导型偏微分方程的求解问题。

8.7.1 弹性微可压缩流体平面径向拟稳定渗流

一旦压力波传播到整个油藏(包括边界),油藏不再被看作是无限大地层,渗流也不再处于不稳定渗流状态。在这种情况下,公式(8.38)需要另一种解法,改变外边界处的边界条件。原始条件与前面一样,即当 $t=0$ 时整个油藏的压力为 p_i。油井以定产量生产。新的边界条件是油藏的外边界是封闭的,在外边界的法向渗流速度为0,因此外边界上的压力梯度为零,其数学形式表示为

$$\frac{\partial p}{\partial r} = 0 \, (r = r_e)$$

将这些条件运用到公式(8.38)中,则井筒压力的解变为

$$p_{wf} = p_i - \frac{162.6q\mu B}{Kh}\lg\left(\frac{4A}{1.781C_A r_w^2}\right) - \frac{0.2339qBt}{Ah\phi c_t} \tag{8.44}$$

式中 A——油井的泄油面积,ft^2;

C_A——形状因子。

表8.2中给出了几种油藏类型形状因子的值。公式(8.44)只适用于渗流时间足够长以达到拟稳定渗流状态时的情况。

表8.2 各种单井泄油面积的形状因子(选自参考文献3)

井的几何形状	C_A	$\ln C_A$	$\frac{1}{2}\ln\frac{2.2458}{C_A}$	当 t_{DA} 大于本栏值为精确解	当 t_{DA} 大于本栏值为误差小于1%的解	当 t_{DA} 小于本栏值用无限系统解,误差小于1%
圆形	31.62	3.4538	-1.3224	0.1	0.06	0.10
六边形	31.6	3.4532	-1.3220	0.1	0.06	0.10
三角形	27.6	3.3178	-1.2544	0.2	0.07	0.09

续表

井的几何形状	C_A	$\ln C_A$	$\frac{1}{2}\ln\frac{2.2458}{C_A}$	当 t_{DA} 大于本栏值为精确解	当 t_{DA} 大于本栏值为误差小于1%的解	当 t_{DA} 小于本栏值用无限系统解，误差小于1%
60°平行四边形	27.1	3.2995	−1.2452	0.2	0.07	0.09
直角三角形(1/3,1)	21.9	3.0865	−1.1387	0.4	0.12	0.08
三角形(3,4)	0.098	−2.3227	1.5659	0.9	0.60	0.015
正方形	30.8828	3.4302	−1.3106	0.1	0.05	0.09
正方形四分	12.9851	2.5638	−0.8774	0.7	0.25	0.03
正方形四分偏	4.5132	1.5070	−0.3490	0.6	0.30	0.025
矩形六分	3.3351	1.2045	−0.1977	0.7	0.25	0.01
2×1矩形	21.8369	3.0836	−1.1373	0.3	0.15	0.025
2×1矩形	10.8374	2.3830	−0.7870	0.4	0.15	0.025
2×1矩形	4.5141	1.5072	−0.3491	1.5	0.50	0.06

续表

井的几何形状	C_A	$\ln C_A$	$\frac{1}{2}\ln\frac{2.2458}{C_A}$	当 t_{DA} 大于本栏值为精确解	当 t_{DA} 大于本栏值为误差小于1%的解	当 t_{DA} 小于本栏值用无限系统解，误差小于1%
▢ 1:2	2.0769	0.7309	0.0391	1.7	0.50	0.02
▢ 1:2	3.1573	1.1497	−0.1703	0.4	0.15	0.005

达到拟稳定渗流之后，油藏中各点处压力的变化速率相同，即油藏的平均压力以相同的速度在变化。若将体积平均地层压力表示为 $\bar{p}$，应用质量守恒方程中流体物理性质的计算，被定义为

$$\bar{p} = \frac{\sum_{j=1}^{n} \bar{p}_j V_j}{\sum_{j=1}^{n} V_j} \tag{8.45}$$

其中 p_j 是第 j 个泄油体积的平均地层压力，V_j 是第 j 个泄油体积的体积。代入平均地层压力 $\bar{p}$，则公式(8.44)变为

$$p_{wf} = \bar{p} - \frac{162.6q\mu B}{Kh}\lg\left(\frac{4A}{1.781 C_A r_w^2}\right) \tag{8.46}$$

对于圆形油藏中心一口井的情况，储层外边界的半径为 r_e 时公式(8.46)可化简为

$$p_{wf} = \bar{p} - \frac{70.6q\mu B}{Kh}\left[\ln\left(\frac{r_e^2}{r_w^2}\right) - 1.5\right]$$

整理，解得 q 为

$$q = \frac{0.00708Kh}{\mu B}\left[\frac{\bar{p} - p_{wf}}{\ln(r_e/r_w) - 0.75}\right] \tag{8.47}$$

8.7.2 气体平面径向拟稳定渗流

公式(8.42)中已经给出了可压缩流体的真实气体拟压力形式的渗流微分方程。在公式(8.42)中运用适当的边界条件，可以得到关于拟稳定渗流时期油井的产量 q 的解为

$$q = \frac{19.88 \times 10^{-6} Kh T_{sc}}{T p_{sc}}\left[\frac{m(\bar{p}) - m(p_{wf})}{\ln(r_e/r_w) - 0.75}\right] \tag{8.48}$$

8.8 采油指数

液体的产量(单位为 bbl/d)与生产层段中部的压降之比，称为采油指数，记为 J，即

$$J = \frac{q}{\bar{p} - p_{wf}} \tag{8.49}$$

采油指数 PI 是一项衡量油井产能的指标,也是一种常见的测量油井产能方法。通过试井可以计算 J,但必须使油井生产足够长的时间以使流动达到拟稳定渗流状态,只有在拟稳定渗流状态时 $\bar{p}$ 与 p_{wf} 的差值才为常数。公式(8.3)中已经指出达到拟稳定渗流状态时油藏中各点处压力变化的速率相同,但在其他渗流阶段并不如此,因此在其他生产阶段计算的采油指数并不准确。

对于一些油井,采油指数 PI 在产量变化很大范围内都保持不变,是因为其产量与井底压降成正比。对于一些流速较高的油井,其产量与压降不再是线性关系,采油指数 PI 下降,如图 8.15 所示。采油指数下降的原因有:(1)流速增加,形成湍流;(2)井筒压力下降,出现自由气,引起油相渗透率下降;(3)压力降到低于泡点压力时,原油黏度增大;(4)储层岩石的压缩性导致渗透率下降。

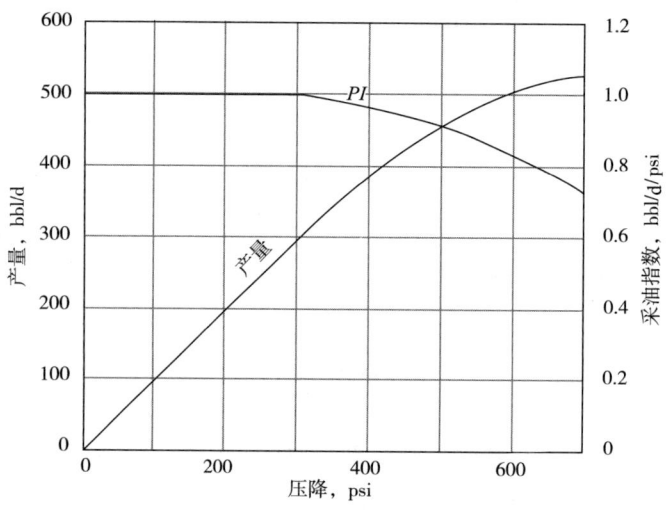

图 8.15 产量较高时采油指数下降

在衰竭油藏中,生产井的采油指数下降,收益降低,主要原因是溶解气的析出,原油黏度会降低,由于原油饱和度的减小,岩石中油相渗透率下降。因为在衰竭期间每项影响因素的变化从很小到几倍不等,PI 可能会下降到初始值的很小一部分。此外,油相渗透率下降时相应的气相的渗透率升高,这将导致气油比不断上升。油井的最大产量取决于油藏的采油指数和有效压降,若使用空抽井将生产井的井底压力保持为零,则其有效压降为地层压力,最大产量为 $\bar{p} \times J$。

对产水的生产井而言,其采油指数 PI 需基于无水原油的产量,即使油藏无明显的压降,由于油相渗透率降低,PI 会随着含水率的上升而下降。研究此类产水井时采油指数 PI 通常是基于总产量的,即包含水和油的产量,有时其含水率可达 99% 或更高。

吸水指数 I 用于盐水井或用于二次开采或保持地层压力的注水井。吸水指数 I 是注水速率与注水引起的高于地层压力的附加压力之间的比值。

$$I = \frac{q}{p_{wf} - \bar{p}} \text{ bbl/d/psi} \tag{8.50}$$

在采油指数和注水指数中的压力均指的是井底压力,因此未考虑油管和套管中由于摩擦引起的压降。当产油速率或注水速率较高时,这些压力损失非常大。

对比给定区域的两口井时,净生产层厚度发生变化,而其他对采油指数有影响的因素不变时,采用比采油指数 J_s。比采油指数 J_s 为采油指数与净生产层厚度的比值,或可写成

$$\text{比采油指数 } J_s = \frac{J}{h} = \frac{q}{h(\bar{p} - p_{wf})} \text{bbl/d/psi/ft} \tag{8.51}$$

为了评价油井的产能,通常采用标准井的采油指数,此时的标准井为完全穿透圆形构造地层、裸眼完井且井筒附近没有渗透率改变的生产井。将公式(8.47)代入公式(8.49)中,可得

$$J = 0.00708 \frac{Kh}{\mu B[\ln(r_e/r_w) - 0.75]} \tag{8.52}$$

产能比 PR 是一定条件下油井的采油指数 PI 与标准井的采油指数 PI 的比值:

$$PR = \frac{J}{J_{sw}} \tag{8.53}$$

因此,产能比可能小于1、大于1或等于1。虽然标准井的采油指数一般是未知的,井网系统中某些变化带来的相对影响可以通过理论分析、实验室模型或试井来进行评价。例如,当标准井的钻孔直径为8in时,钻孔直径为16in时井的产能比可通过公式(8.52)计算,即

$$PR = \frac{J_{16}}{J_s} = \frac{\ln(r_e/0.333) - 0.75}{\ln(r_e/0.667) - 0.75}$$

假设 $r_e = 660$ft 时,得

$$PR = \frac{\ln(660/0.333) - 0.75}{\ln(660/0.667) - 0.75} = 1.11$$

因此,钻孔直径加倍时会使采油指数 PI 增大约11%。由公式(8.50)可知,可以通过增加平均渗透率 K、减小黏度 μ 或增大井筒半径来增大采油指数 PI。产能比 PR 也被称为流动效率 FE。

8.9 叠加理论

Earlougher 等探讨了叠加原理在油藏流体流动中的应用[3,12-14],叠加原理可用于前文所述的单井定产量生产情况,也可延伸到其他情况。为了说明叠加原理,给出线性二阶微分方程(8.38),叠加原理可以表述为:叠加线性微分方程的解,可通过原始微分方程的解来进行求解。例如图8.16中的油藏系统,1号井与2号井分别以各自的产量 q_1 和 q_2 进行生产,监测观测井处的压降变化。叠加原理表明,总压降是受1号井影响产生的压降与受2号井影响产生的压降的总和,即

$$\Delta p_t = \Delta p_1 + \Delta p_2$$

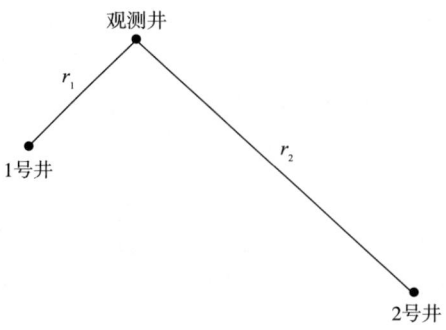

图 8.16　通过两口流动井的油藏系统来解释叠加原理

每个井的压降 Δp 可以通过公式(8.39)给出,即

$$\Delta p = p_i - p(r,t) = \frac{70.6q\mu B}{Kh}\left[-E_i\left(-\frac{\phi uc_t r^2}{0.00105Kt}\right)\right]$$

应用叠加原理时需将压降或压力改变量进行加和,但只对单井压力进行加减是不正确的。如果油藏中的流动井数多于 2 口时,其叠加过程也是类似的,总压降可由下式给出

$$\Delta p_j = \sum_{j=1}^{N} \Delta p_j \tag{8.54}$$

式中　N——系统中的流动井的数量。

例 8.2 举例说明了油藏中某一点的压力受多口井影响时,其压降的计算方法。

例 8.2　计算总压降

某油藏中井的布局如图 8.17 所示,生产 10d 后,计算观测井(3 号井)受其他 4 口井(1 号井、2 号井、4 号井和 5 号井)影响时产生的总压降。已知所有井在开井生产前都关井了很长一段时间。

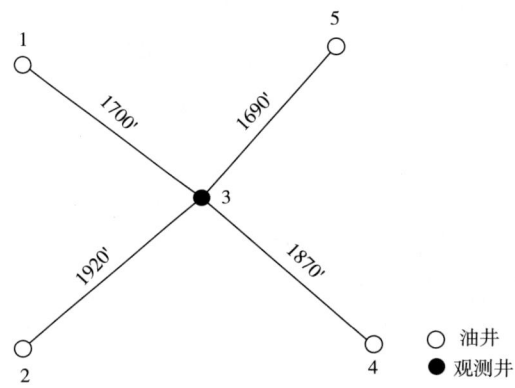

图 8.17　问题 8.2 中井的布局

已知:

该油藏相关数据如下:

$\mu = 0.40 \text{cP}$；
$B_o = 1.50 \text{bbl/bbl}$；
$K = 47 \text{mD}$；
$h = 50 \text{ft}$；
$\phi = 11.2\%$；
$c_t = 15 \times 10^{-6} \text{psi}^{-1}$。

井号	产量, bbl	与观测井的距离, ft
1	265	1700
2	270	1920
4	287	1870
5	260	1690

解：

单井压降可通过公式(8.39)进行计算，总压降由公式(8.54)给出。对于1号井：

$$p(r,t) = p_i - \frac{70.6 q \mu B}{Kh}\left[-E_i\left(-\frac{\phi \mu c_t r^2}{0.00105 Kt}\right)\right] \quad (8.39)$$

$$\Delta p_1 = \frac{70.6 \times 265 \times 0.40 \times 1.5}{47 \times 50}\left[-E_i\left(-\frac{0.112 \times 0.40 \times 15 \times 10^{-6} \times 1700^2}{0.00105 \times 47 \times 240}\right)\right]$$

$$\Delta p_1 = 4.78[-E_i(-0.164)]$$

由图8.12可知

$$-E_i(-0.164) = 1.39$$

则

$$\Delta p_1 = 4.78 \times 1.39 = 6.6 \text{psi}$$

同理

$$\Delta p_2 = 4.87[-E_i(-0.209)] = 5.7 \text{psi}$$
$$\Delta p_4 = 5.14[-E_i(-0.198)] = 6.4 \text{psi}$$
$$\Delta p_5 = 4.69[-E_i(-0.162)] = 6.6 \text{psi}$$

运用公式(8.54)计算观测井(3号井)的总压降，则总压降为单井压降之和，即

$$\Delta p_t = \Delta p_1 + \Delta p_2 + \Delta p_4 + \Delta p_5$$

或

$$\Delta p_t = 6.6 + 5.7 + 6.4 + 6.6 = 25.3 \text{psi}$$

如图 8.18 所示,叠加原理也可用于时间的叠加。若一口井(压力扰动恒定)以两种不同产量进行生产。在时间 t_1 时,产量从 q_1 变为 q_2,如图 8.18 所示,总压降为产量为 q_1 时产生的压降与产量差为 (q_2-q_1) 时产生的压降之和,相当于井以流量 (q_2-q_1) 生产了 $(t-t_1)$ 的时间。

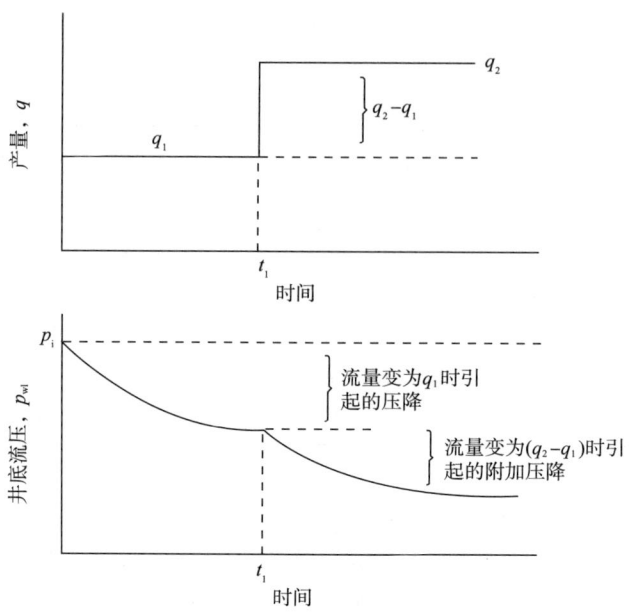

图 8.18　油井以两种不同产量生产时产量和压力的变化曲线

流量为 (q_2-q_1) 时产生的压降为

$$\Delta p = p_i - p(r,t) = \frac{70.6(q_2-q_1)\mu B}{Kh}\left\{-E_i\left[\frac{\phi\mu c_t r^2}{0.00105K(t-t_1)}\right]\right\}$$

与以上多井系统类似,叠加原理同样适用于井以多种不同产量生产时的情况,油井以两种不同产量生产时,如图 8.18 所示。

公式(8.39)适用于无限大地层,也可结合叠加原理来模拟封闭边界和部分封闭边界的油藏。边界效应通常会引起比无限大地层更大的压降,镜像反映法对解决边界问题非常有效。如图 8.19 所示,生产井位于距封闭断层 d 处,点 x 处的压降为生产井中产生的压降和受断层影响后镜像井中产生的压降之和。因此,总压降根据公式(8.54)计算,其中,单井压降可根据公式(8.39)计算,对于图 8.19 中所示情况,有

$$\Delta p = \Delta p_1 + \Delta p_{\text{image}}$$

$$\Delta p_1 = \frac{70.6q\mu B}{Kh}\left[-E_i\left(\frac{\phi\mu c_t r_1^2}{-0.00105Kt}\right)\right]$$

$$\Delta p_{\text{image}} = \frac{70.6q\mu B}{Kh}\left[-E_i\left(\frac{\phi\mu c_t r_2^2}{-0.00105Kt}\right)\right]$$

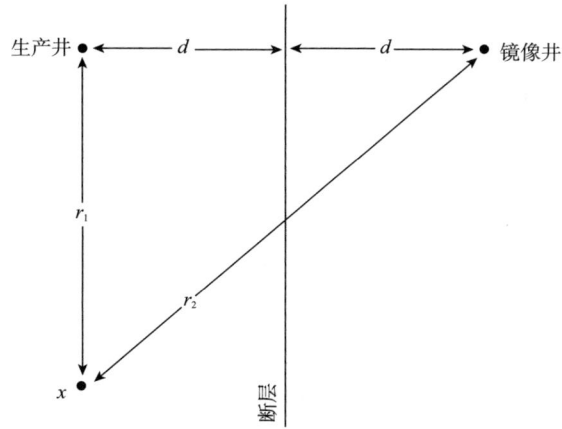

图 8.19 解决边界问题时的镜像反映法

8.10 不稳定试井概述

不稳定试井是一个重要的油藏诊断工具,它能够为油藏工程师提供很有价值的信息。不稳定试井是在井筒制造一个扰动(比如改变产量),然后监测井底压力与生产时间之间的关系。高效的试井方法可以产生很好的数据,并能够提供平均渗透率、泄油体积、井筒污染或增产和地层压力等信息。

不稳定试井的解释并不总是唯一的,由于油藏系统中经常会出现一些异常情况,会给地层压力的数据带来多种试井解释,因此,只有将不稳定试井方法只有和其他诊断工具或信息一起使用时,不稳定试井的优势才能得以体现。

接下来的两小节将介绍两种最常用的试井方法,即压降试井和压力恢复试井。但请注意,本书只对这一部分知识作一个简单的介绍。进行不稳定试井时读者必须考虑很多其他的注意事项,读者可以参考 Earlougher[3]、Matthews 和 Russell[10] 以及 Lee[15] 撰写的相关著作。

8.10.1 压降试井

压降试井是指在关井一段时间后进行定产量生产的测试,关井时间应当足够长,使地层压力保持稳定。公式(8.40)给出了压降试井的原理,即

$$p(r,t) = p_i - \frac{162.6q\mu B}{Kh}\left[\lg\left(\frac{Kt}{\phi\mu c_t r^2}\right) - 3.23\right] \quad (8.40)$$

该公式可以求出不稳定渗流阶段时任意半径 r 下压力随时间的分布。当 $r=r_w$ 时,$p(r,t)$ 是井筒压力。对于给定的油藏系统,其 p_i、q、μ、B、K、h、ϕ、c_t 和 r_w 均是常数,则公式(8.40)可以改写成如下形式:

$$p_{wf} = b + m\lg t \quad (8.55)$$

式中 p_{wf}——井底流压,psi(绝);
b——常数;
t——时间,h;

$$m \text{——常数}, m = -\frac{162.6q\mu B}{Kh} \tag{8.56}$$

公式(8.56)表明在半对数坐标图中,p_{wf}与时间t之间的关系是一条斜率为m的直线,该直线通过与不稳定渗流阶段相对应的早期生产数据,这说明其结果符合公式(8.40)中的假设。该假设如下:

(1)均质油藏中平面线性流;
(2)储层和流体的参数K、ϕ、h、c_t、μ和B与压力无关;
(3)单相不稳定渗流;
(4)忽略压力梯度的影响。

公式(8.56)中的斜率可通过变形,求出井周围泄油面积的地层系数Kh。如果油层厚度h已知,则可利用公式(8.57)求出平均地层渗透率

$$K = -\frac{162.6q\mu B}{mh} \tag{8.57}$$

如果压降试井进行的时间足够长,当压降达到拟稳态渗流阶段时,公式(8.55)不再适用。

8.10.2 压降试井的拟稳定期

在拟稳态渗流阶段,可利用公式(8.44)来描述地层压力的分布:

$$p_{wf} = p_i - \frac{162.6q\mu B}{Kh}\lg\left(\frac{4A}{1.781C_A r_w^2}\right) - \frac{0.2339qBt}{Ah\phi c_t} \tag{8.44}$$

对于给定的油藏系统,合并所有的常量参数,则公式(8.44)变为

$$p_{wf} = b' + m't \tag{8.58}$$

其中 b'——常数;

$$m'\text{——常数}, m' = -\frac{0.2339qB}{Ah\phi c_t} \tag{8.59}$$

在笛卡尔坐标系中,p_{wf}与时间t之间的关系是一条斜率为m'的直线,该直线通过与拟稳态阶段相对应的后期生产数据。公式(8.59)通过变形,可以得到测试井的泄油体积,即

$$Ah\phi = -\frac{0.2339qB}{m'c_t} \tag{8.60}$$

8.10.3 表皮因子

压降试井也可以得到有关地层伤害的信息,井筒附近的地层伤害可能是由于钻井或生产造成的。下面使用不稳定渗流阶段的信息,建立计算地层伤害的公式。

由于伤害区域的渗透率降低,因此伤害区域会产生一个附加的压降。Van Everdingen[16]和Hurst[17]建立了计算该压力降的方程,并定义了一个无因次的表皮因子S。

$$\Delta p_{skin} = \frac{141.2q\mu B}{Kh}S \tag{8.61}$$

或

$$\Delta p_{\text{skin}} = -0.87mS \tag{8.62}$$

若 S 为正,则产生一个正压降,正压降代表地层受到伤害。若 S 为负,则产生一个负压降,负压降代表地层得到改造,比如裂缝。公式(8.40)给出了由表皮因子引起的压降与被影响区域正常情况时产生的压降进行比较。结合公式(8.40)和公式(8.60)可以得到井底流压的表达式:

$$p_{\text{wf}} = p_{\text{i}} - \frac{162.6q\mu B}{Kh}\left(\lg\frac{Kt}{\phi\mu c_t r_w^2} - 3.23 + 0.87S\right) \tag{8.63}$$

整理公式,可得表皮因子 S,即

$$S = 1.151\left(\frac{p_{\text{i}} - p_{\text{wf}}}{\frac{162.6q\mu B}{Kh}} - \lg\frac{Kt}{\phi\mu c_t r_w^2} + 3.23\right)$$

p_{wf} 的数值必须从不稳定渗流阶段的直线上获得。通常取 $t=1\text{h}$ 时的井底流压 $p_{1\text{h}}$ 来表示。由于括号中的第一项的分母为 m,则将 m 代入公式中,得:

$$S = 1.151\left(\frac{p_{1\text{h}} - p_{\text{i}}}{m} - \lg\frac{K}{\phi\mu c_t r_w^2} + 3.23\right) \tag{8.64}$$

可以根据不稳定渗流阶段的斜率和 $t=1\text{h}$ 时的井底流压 $p_{1\text{h}}$,通过公式(8.64)计算出表皮因子 S。

压降试井通常在生产井开始生产时进行,因为此时的地层压力稳定在初始压力 p_{i}。试井过程中最困难的地方在于油井保持定产量生产,如果在试井期间,产量不是常数,那么压力动态将反映出产量的变化,并且可能得不到半对数坐标中正确的直线区域和笛卡尔坐标系中的曲线区域。其他一些现象,比如井筒储存(关井)效应或者排液(自喷井)现象,都会影响试井的结果。每个井都会在一定程度上发生井筒储存效应和排液的现象,这些现象会对压力动态产生扰动。井筒储存效应是地面关井后液体流入井筒和井筒中液面高度变化引起的压力变化造成的,自喷井的井筒排液将导致井的地面产量偏高。井筒储存效应和排液现象有时起决定作用,它们有时会完全掩盖不稳态渗流的时间数据。当这些现象发生时,如果工程师不知所措,那么压力数据可能会得到错误的解释,渗透率、表皮因子等计算值也有可能错误。Earlougher[3]详细地讨论了井筒储存效应和井筒排液现象,在评价压力传播数据时,必须考虑这些现象的影响。

下面举例说明压降试井数据的解释。

例 8.3 计算平均地层渗透率,表皮因子和泄油面积。

在某大型油藏中,对一口新油井进行压降试井。试井期间,油藏中只打了这一口井,试井解释表明,井筒储存效应对压力动态没有影响。利用以下试井资料,计算井附近的平均地层渗透率、表皮因子和井的泄油面积。

已知:

$p_{\text{i}} = 4000\text{psi}(绝)$;

$h = 20\text{ft}$;

$q = 500 \text{bbl/d}$;
$c_t = 30 \times 10^{-6} \text{psi}(绝)^{-1}$;
$\mu_o = 1.5 \text{cP}$;
$\phi = 25\%$;
$B_o = 1.2 \text{bbl/bbl}$;
$r_w = 0.333 \text{ft}$。

井底流压 p_{wf}, psi(绝)	时间 t, h
3503	2
3469	5
3443	10
3417	20
3383	50
3368	75
3350	100
3317	150
3284	200
3220	300

解：

图8.20中给出了半对数坐标图中的压力数据。早期数据的斜率为86psi/lg$t$。从图中可以读出，1h处的地层压力为3526psi。利用公式(8.57)计算平均地层渗透率，得

$$K = -\frac{162.6 q \mu B}{mh} \quad (8.57)$$

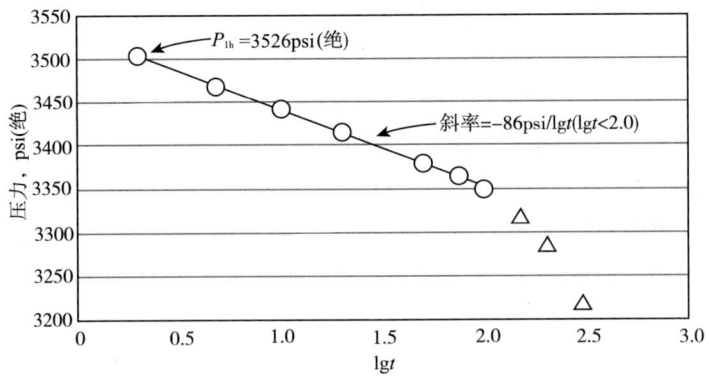

图8.20 例8.3中压力与lg$t$之间的关系图

$$K = -\frac{162.6 \times 500 \times 1.5 \times 1.2}{-86 \times 20} = 85.1 \text{mD}$$

利用公式(8.64)计算表皮因子,得

$$S = 1.151\left(\frac{p_{1h} - p_i}{m} - \lg\frac{K}{\phi\mu c_t r_w^2} + 3.23\right) \quad (8.64)$$

$$S = 1.151\left[\frac{3526 - 4000}{-86} - \lg\left(\frac{85.1}{0.25 \times 1.5 \times 30 \times 10^{-6} \times 0.333^2}\right) + 3.23\right]$$

$$S = 1.04$$

表皮因子为正,说明油井附近受到轻微的伤害。

在笛卡尔坐标系中画出 p-t 关系曲线,将斜率带入公式(8.60),计算出井的泄油面积。在压力随时间变化的半对数坐标图中,前6个数据点落在一条直线上,这表明它们处于不稳定渗流阶段。而倒数第2个和倒数第3个数据点处于拟稳态渗流阶段,可以用来计算泄油面积。通过最后3个点的直线斜率为0.650,因此,

$$Ah\phi = -\frac{0.2339qB}{m'c_t} \quad (8.60)$$

$$A = -\frac{0.2339 \times 500 \times 1.2}{-0.650 \times (30 \times 10)^{-6} \times 20 \times 0.25} = 1439000\text{ft}^2 = 33.0\text{ac}$$

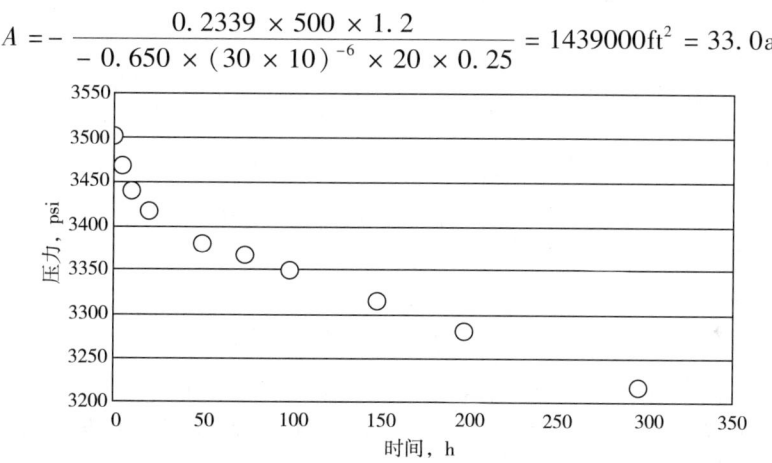

图8.21 例8.3中压力与时间之间的关系图

8.10.4 压力恢复试井概述

压力恢复试井是工业中最常用的不稳定试井方法。压力恢复试井是指生产井以定产量生产足够长时间,在拟稳态流动阶段时压力达到稳定,然后关闭生产井,在关井阶段监测压力与关井时间之间关系的测试方法。该方法最常用是由于在关井阶段时很容易使产量保持为零,与压降试井相比,该方法最主要的不足在于试井期间没有产量,因此没有经济收入。

压力恢复试井是通过叠加原理进行计算的。当生产井以定产量 q 生产 t_p 时间,然后关井 Δt 时间。此时,可以假设成两口井的效果叠加,即关井前,有一口井以定产量 q 生产。在关井时刻 t_p,在原生产井的位置上,假设有第二口井被打开,其流量为 $-q$,同时,第一口井以产量 q

继续生产。第二口井流动的时间用 Δt 表示,这样便模拟了真实的试井过程,如图 8.22 所示。关井时间 t_p 可从以下公式算出:

$$t_p = \frac{N_p}{q} \tag{8.65}$$

式中 N_p——关井前井以定产量 q 生产的累计产量。

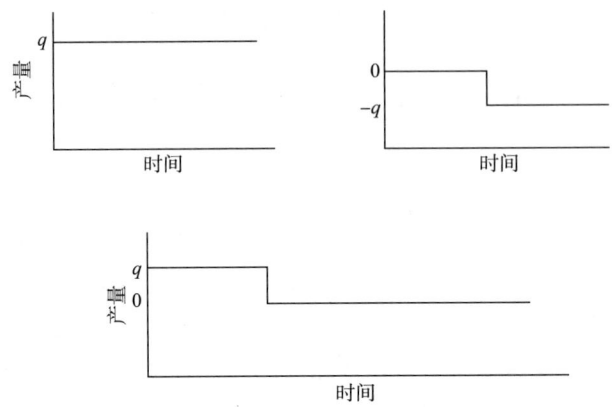

图 8.22 压力恢复试井的叠加原理示意图

公式(8.40)和公式(8.54)可以用来描述关井后的井底压力分布。

$$p_{ws} = p_i - \frac{162.6q\mu B}{Kh}\left[\lg\frac{K(t_p+\Delta t)}{\phi\mu c_t r_w^2} - 3.23\right] - \frac{162.6(-q)\mu B}{Kh}\left(\lg\frac{K\Delta t}{\phi\mu c_t r_w^2} - 3.23\right)$$

对该公式进行展开,并消去同类项,得

$$p_{ws} = p_i - \frac{162.6q\mu B}{Kh}\lg\frac{t_p+\Delta t}{\Delta t} \tag{8.66}$$

式中 p_{ws}——关井后的井底压力。

公式(8.66)是关于关井时间的方程,可用于计算关井压力。将压力 p 与 $(t_p+\Delta t)/\Delta t$ 之间的关系画在半对数坐标纸上,将得到一条直线,该曲线称为 Horner 曲线[18]。图 8.23 是 Horner 曲线的一个例子,曲线左半部分的点构成了直线部分,代表早期的数据,而右边的两个点因到受井筒储存效应的严重影响,应当忽略这两个点。Horner 曲线的斜率为 m,即

$$m = -\frac{162.6q\mu B}{Kh}$$

由上述公式可以求出渗透率,即

$$K = -\frac{162.6q\mu B}{mh} \tag{8.67}$$

令公式(8.64)中的 $t=t_p$(即 $\Delta t=0$),并与公式(8.66)联立,可以得到压力恢复试井的表皮因子方程,即

$$S = 1.151\left[\frac{p_{wf}(\Delta t=0) - p_{ws}}{m} - \lg\frac{Kt_p\Delta t}{\phi\mu c_t r_w^2(t_p+\Delta t)} + 3.23\right]$$

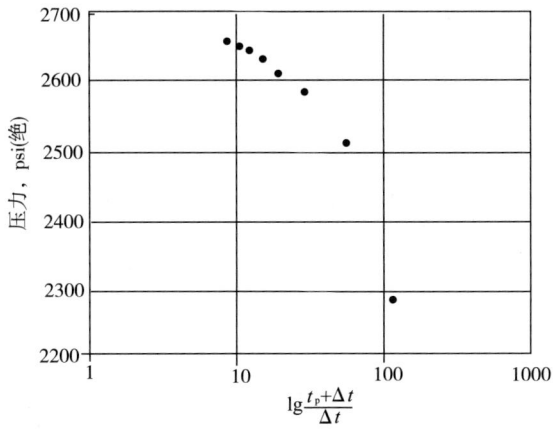

图 8.23 例 8.4 中压力与 $\dfrac{t_p+\Delta t}{\Delta t}$ 之间的关系图

在不稳定渗流阶段的直线上,可以求的任意 Δt 时的关井压力 p_{ws}。为了方便,通常取 $\Delta t = 1\text{h}$ 来计算 p_{ws}。p_{1h} 的值一定是在直线上,但并不一定是一个数据点。当 $\Delta t = 1\text{h}$ 时,对于大多数压力恢复试井而言,t_p 远大于 Δt,则 $t_p + \Delta t \approx t_p$,此时,表皮因子方程变为

$$S = 1.151\left[\frac{p_{wf}(\Delta t = 0) - p_{1h}}{m} - \lg\frac{K}{\phi\mu c_t r_w^2} + 3.23\right] \qquad (8.68)$$

最后用一个例子来解释说明压力恢复试井数据。再次强调的是,不稳定试井的整个领域还有很多内容,对油藏工程师而言,如果使用得当,不稳定试井会是一个强有力的定量工具。而本章的目的只是简单介绍这些重要的概念,若需更详细的资料,读者应参考文中注明的相关参考文献。

例 8.4　使用压力恢复试井数据计算渗透率和表皮因子

已知:

　　关井前的产量为 280bbl/d;

　　关井前的累计产量 N_p 为 2682bbl;

　　关井时的 p_{wf} 为 1123psi(绝)。

使用以上数据和公式(8.65)可计算出 t_p:

$$t_p = \frac{N_p}{q} = \frac{2682}{280} \times 24 = 230\text{h}$$

其他已知数据:

　　$B_o = 1.31\text{bbl/bbl}$;

　　$\mu_o = 2.0\text{cP}$;

　　$h = 40\text{ft}$;

　　$c_t = 15 \times 10^{-6}\text{psi}^{-1}$;

　　$\phi = 10\%$;

　　$r_w = 0.333\text{ft}$。

关井后时间 Δt h	压力 p_{ws} psi(绝)	$\dfrac{t_p + \Delta t}{\Delta t}$
2	2290	116.0
4	2514	58.5
8	2584	29.8
12	2612	20.2
16	2632	15.4
20	2643	12.5
24	2650	10.6
30	2658	8.7

解：

由图 8.23 中的 Horner 曲线可知，直线部分的斜率是 $-94.23\mathrm{psi}/\lg\dfrac{t_p+\Delta t}{\Delta t}$。由公式(8.67)，得：

$$K = -\frac{162.6 q \mu B}{mh} \tag{8.67}$$

$$K = -\frac{162.6 \times 280 \times 2.0 \times 1.31}{-94.23 \times 40} = 31\mathrm{mD}$$

由 Horner 曲线可知 $p_{1h} = 2523\mathrm{psi}$(绝)，则由公式(8.68)，得：

$$S = 1.151\left[\frac{p_{wf}(\Delta t = 0) - p_{1h}}{m} - \lg\frac{K}{\phi\mu c_t r_w^2} + 3.23\right] \tag{8.68}$$

$$S = 1.151\left[\frac{1123 - 2523}{-94.23} - \lg\left(\frac{31}{0.1 \times 2.0 \times 15 \times 10^{-6} \times 0.333^2}\right) + 3.23\right]$$

$$S = 11.64$$

将直线外推到 $(t_p+\Delta t)/\Delta t = 1$ 时，可得外推的压力 p^*。对一口新井而言，p^* 为原始地层压力 p_i 的估算提供了基础。

$(t_p+\Delta t)/\Delta t$ 随着 Δt 的增大而减小。因此，试井早期的数据在图的右侧，试井后期的数据在左侧。因为大部分数据点受到井筒储存效应的影响，难以正确地辨别出不稳定渗流阶段的直线段。在本例题中，最后 3 个数据点被用于代表不稳定渗流阶段。正确辨别直线区域的困难性，进一步说明了全面理解井筒储存效应和其他影响压力分布数据等异常现象的重要性。Lee 等人[15]提出的现代不稳定试井方法也提供了更多有效的、本章中未涉及到的试井解释方法。

思 考 题

8.1 两井相距 2500ft，A 井射孔顶部(海底 9332ft)的静态压力为 4365psi(绝)，B 井射孔顶部

(海底9672ft)的静态压力为4372psi(绝)。油藏流体的压力梯度为0.25psi/ft,渗透率为245mD,流体黏度为0.63cP。计算:

(1) 压力校准到基准面(即海底9100ft)时两井的静态压力;
(2) 判断两井间流体的流动方向;
(3) 两井间的平均有效压降;
(4) 渗流速度;
(5) 判断此渗流速度是总渗流速度还是井连线方向上速度的分量;
(6) 利用公式(8.1)计算渗流速度。

8.2 某砂岩储层的长度为1500ft,宽度为300ft,厚度为12ft。束缚水饱和度为17%,油相的渗透率为345mD,孔隙度为32%,原油黏度为3.2cP,泡点压力时B_o为1.25bbl/bbl。

(1) 压力高于泡点压力时,假设流体为不可压缩流体,计算产量分别为100bbl/d和200bbl/d时的压降;
(2) 求流量为100bbl/d时的渗流速度;
(3) 求实际的平均速度;
(4) 求砂岩中的原油全部被驱替所需的时间;
(5) 求砂岩中的压力梯度;
(6) 若入口端和出口端压力均提高1000psi时,会发生什么现象;
(7) 假设原油的压缩性很高,为$65 \times 10^{-6} \text{psi}^{-1}$,当入口端的产量为100bbl/d时,计算出口端的产量增加了多少;
(8) 当入口端的产量为100bbl/d时,求此时需要的压降;假设原油为微可压缩流体,压缩系数为$65 \times 10^{-6} \text{psi}^{-1}$。
(9) 计算出口端的渗流速度;
(10) 当使用不可压缩流体方程计算微可压缩流体或压缩性很高的流体,时,从计算结果中可以得到哪些结论。

8.3 若题8.2中的砂岩储层为井底温度140°F的气藏,但束缚水饱和度和气相渗透率一样,计算:

(1) 若进口端压力为2500psi(绝),则出口端压力为多少时,储层的产量为$5.00 \times 10^6 \text{ft}^2/\text{d}$。假设平均气体黏度为0.023cP,平均气体偏差因子为0.88。
(2) 若气体的黏度和气体偏差因子不变,则出口端压力为多少时,储层的产量为$25 \times 10^6 \text{ft}^2/\text{d}$。
(3) 解释为什么气体产量增加5倍时需要5倍以上的压降。
(4) 产量为$25 \times 10^6 \text{ft}^2/\text{d}$时,储层中点的压力;
(5) 产量为$25 \times 10^6 \text{ft}^2/\text{d}$时,平均地层压力;
(6) 为何储层出口端部分的压降比入口端部分的压降大?
(7) 根据气体状态方程,计算平均压力p_m时的产量,并用数值替换公式中的q_m。

8.4 (1) 绘制题8.3中产量为$25 \times 10^6 \text{ft}^2/\text{d}$时,压力与距离的关系曲线。
(2) 绘制压降与距离的关系曲线。

8.5 某矩形地层的长度为1000ft,宽度为100ft,厚度为10ft,气体流量为$10 \times 10^6 \text{ft}^2/\text{d}$,出口端

压力为1000psi(绝)。标准条件为压力14.4psi(绝)和温度80°F,当平均气体偏差因子为0.80,孔隙度为22%,束缚水饱和度为17%时的气相平均渗透率为125mD。已知井底温度为160°F,气体黏度为0.029cP。

(1)进口端压力是多少?

(2)地层中部的压降是多少?

(3)地层的平均压降是多少?

(4)平均压力出现在何处?

8.6 某填砂管的直径为10cm,长度为3000cm,水平放置,孔隙度为20%,束缚水饱和度为30%,在此饱和度下的油相渗透率为200mD,原油黏度0.65cP,水不能流动。

(1)计算100psi(绝)压差下的表观速度;

(2)计算产量;

(3)计算管中的含油量,和以$0.055cm^3/s$的流速驱替所需的时间;

(4)根据实际时间和砂管长度,计算平均实际流速;

(5)根据表观速度、孔隙度和束缚水饱和度,计算平均实际流速;

(6)计算产量时使用哪种速度,计算驱替时间时使用哪种速度;

(7)假设水驱前缘后的含油饱和度为20%,如果油的产量保持为$0.055cm^3/s$。求水驱前缘后水驱部分的平均表观速度和平均实际速度。假设水驱油为活塞式驱替。

(8)计算水驱前缘运移的平均速度;

(9)计算所有可采储量被采出需要的时间以及可采储量。

(10)当水驱前缘达到填砂管中部时,若使产量为$0.055cm^3/s$,需要多大的压降?

8.7 (1)三个等截面地层的渗透率分别为50mD、500mD和200mD,长度分别为10ft、40ft和75ft,求串联放置时的平均渗透率是多少?

(2)求液体分别流过3个地层时的压降占总压降的比例。

(3)对于气体渗流,流动方向不一样时,产生的总压力降一样吗?单个的压力降一样吗?

(4)对于一给定的平面平行渗流模型,气体流量的常数为900,$p_1^2-p_2^2=900L/K$,计算串联地层两个方向渗流时各自的压力降。已知其中一个地层的长度为10ft,渗透率为100mD,另一个地层的长为70ft,渗透率为900mD。

(5)某生产储层从上到下依次为厚度为10ft和渗透率为350mD的砂岩层、厚度为4in和渗透率为0.5mD的页岩层、厚度为4ft和渗透率为1230mD的砂岩层、厚度为2in和渗透率为2.4mD的砂岩层和厚度为8ft和渗透率为520mD的砂岩层。求其平均垂向渗透率。

(6)如果厚度为8ft和渗透率为520mD的砂岩层在上述生产储层的底部且含水。为使产出井的油水比很低,你会采取哪种完井措施,并讨论页岩断层横向的大小对产量的影响。

8.8 (a) 3个地层的渗透率分别为40mD、100mD和800mD,厚度分别为4ft、6ft和10ft,组成并联渗流模型,如果3个地层的长度和宽度都相等,求其平均渗透率;
(b) 求3个地层的产量比。

8.9 作为一个地浸采铀矿区的项目主管,你发现了为了保持井A的恒量注入,需要增加泵的压力,使得(p_e-p_w)比启动时的值增加20倍。在注入浸液前,由岩心测得的平均渗透率为100mD,你怀疑碳酸钙沉积破坏了注入井附近的地层。假设被破坏段的渗透率为1mD,计算该地层的损坏程度。已知井筒半径为0.5ft,外边界半径为1000ft。

8.10 某口井经过大型压裂后,裂缝延伸至距离井中心150ft处。预计裂缝的有效渗透率为200mD,地层渗透率为15mD,假设为单相不可压缩流体稳定渗流。边界位于$r=r_e=$1500ft处,边边界压力为2200psi(绝),井筒压力为100psi(绝)($r_w=0.5$ft),储层厚度为20ft,孔隙度为18%,流体的地层体积系数为1.12bbl/bbl,流体黏度为1.5cP。
(1) 以bbl/d为单位计算产量。
(2) 计算距离井中心300ft处的地层压力。

8.11 (1) 某灰岩储层的基质渗透率小于1mD,每平方英尺截面上有10个孔隙通道,孔隙通道直径为0.02in。如果通道方向与渗流方向一致,求岩石的渗透率;
(2) 如果岩石的孔隙度为10%,求原生孔隙中的流体饱和度和次生孔(缝洞、裂缝等)中的流体饱和度;
(3) 如果次生孔隙在油藏中的连通性很好,通过水驱或气驱方式开采原油、天然气气或凝析气时可能得出哪些结论,那么,原生孔隙中烃类流体的开采方法有哪些。

8.12 在直径为6in的砾石岩模型,在砾石的上部聚集有一层厚度为1in的氧化皮和污垢。假设渗透率为1000mD,以100bbl/h的速度采出黏度为1cP的流体时,求系统的附加压降。

8.13 100个直径0.02in和50个直径0.04in的长度相等的毛细管,置于直径为2in的管中,毛细管之间的空隙用蜡填充以保证渗流只在毛细管进行。求该"岩心"的渗透率。

8.14 假设某环形体的直径为8in,通过水泥固化后与管壁间有一宽度为0.01in的缝。假设该环形体由生产层经过厚度为20ft的不渗透页岩延伸到含水砂岩,求压降为100psi(绝)时,水进入生产层中的渗流速度?已知水中含盐量为60000mg/L,井底温度为150°F。

8.15 某生产井的生产水油比很高,假设水来源于距产油层20ft的含水层。产油层与含水层中间是不渗透页岩层。固井水泥与直径为8in的环形体之间形成宽度为0.01in的缝隙,水通过该缝隙上升至产油层。已知水的黏度为0.5cP,如果含水层的压力比产油层的压力高150psi,求水进入产油层的渗流速度。

8.16 推导刚性流体球面向心稳定渗流方程。

8.17 某口井的井底压力为2300psi(绝),压降为500psi时的产量为215bbl/d。井储层的净生产厚度为36ft。已知$r_w=6$in,$r_e=660$ft,$\mu=0.88$cP,$B_o=1.32$bbl/bbl。
(1) 计算油井的采油指数;
(2) 计算储层的平均渗透率;

(3)计算储层的产能。

8.18 某储层包含两个岩层:其中一个的厚度为15ft和渗透率为150mD,另一个的厚度为10ft和渗透率为400mD。

(1)求平均地层渗透率;

(2)求储层的产能;

(3)如果修井时,渗透率为150mD的生产层半径4ft范围内渗透率降低到25mD,渗透率为400mD层半径范围内8ft处渗透率降到40mD。假设层间不流动,r_e = 500ft,r_w = 0.5ft,求修井后的平均渗透率;

(4)油井的采油指数将减少百分之多少?

(5)受伤害地层的产能是多少?

8.19 (1)画出时间分别为0.1d、1.0d、10d和100d时压力与半径之间的关系图(包括线性和半对数)。已知p_e = 2500psi(绝),q = 300bbl/d,B_o = 1.32bbl/bbl,μ = 0.44cP,K = 25mD,h = 43ft,c_t = 18×10^{-6}psi^{-1}和ϕ = 0.16。

(2)假设压力表可以检测到5psi的压降,当一口井进行生产时,在距生产井1200ft的井处,需要多久才能检测到压降?

(3)假设生产井位于距南北走向的断层东侧200ft处。则生产10d后,在距生产井北部600ft关闭井的压降是多少?

(4)生产井以300bbl/d的产量生产5d后,关井一天,则距生产井500ft关闭井的压降是多少?

8.20 某口关闭井,与一口井的距离为500ft,与另一口井的距离为1000ft。第一口井以250bbl/d的产量生产3d后,第二口井以400bbl/d的产量进行生产。第二口井生产5d后(也就是第一口井共生产8d后),求关闭井的压降是多少?利用题8.19的数据。

8.21 某口井以200bbl/d的产量生产1d,第2d其产量增至400bbl/d,第3d其产量为600bbl/d。利用题8.19的数据计算3d后,距此井500ft关闭井的压降是多少?

8.22 某定容气藏的生产数据如下:

  净地层厚度=15ft;

  孔隙度=20%;

  原始地层压力=6000psi(绝);

  地层温度=190°F;

  气体黏度=0.020cP;

  套管直径=6in;

  平均地层渗透率=6mD。

(1)假设为理想气体且渗透率一致,计算以$4.00×10^6 ft^2/d$的产量生产至生产井的压力达到500psi(绝)时,面积为640ac区域内的采收率;

(2)如果地层平均渗透率为60mD,计算以$4.00×10^6 ft^2/d$的产量生产至生产井的压力达到500psi(绝)时的采收率;

(3)产量变为$2.00×10^6 ft^2/d$时,重新计算(1)。

(4) 假设面积为 640ac 的区域内有 4 口井，每口井以 $4.00 \times 10^6 \text{ft}^2/\text{d}$ 的产量生产，渗透率为 6mD，最小生产压力为 500psi（绝），计算采收率。

8.23 某砂岩储层，其生产压力高于泡点压力。只有一口生产井，当产量为 175bbl/d 时只有原油被采出。这口井生产 10d 后，距离其 660ft 处另一口井建成。以下为油藏参数，原始地层压力是在第二口井完工时测得的：

$\phi = 15\%$	$h = 30\text{ft}$
$c_o = 18 \times 10^{-6} \text{psi}^{-1}$	$\mu = 2.9\text{cP}$
$c_w = 3 \times 10^{-6} \text{psi}^{-1}$	$K = 35\text{mD}$
$c_f = 4.3 \times 10^{-6} \text{psi}^{-1}$	$r_w = 0.33\text{ft}$
$S_w = 33\%$	$p_i = 2500\text{psi}（绝）$
$B_o = 1.25\text{bbl/bbl}$	

8.24 如图 8.24 所示，1 号井以 200 bbl/d 的流量生产 5d，建立方程并计算 1 号井的压力：

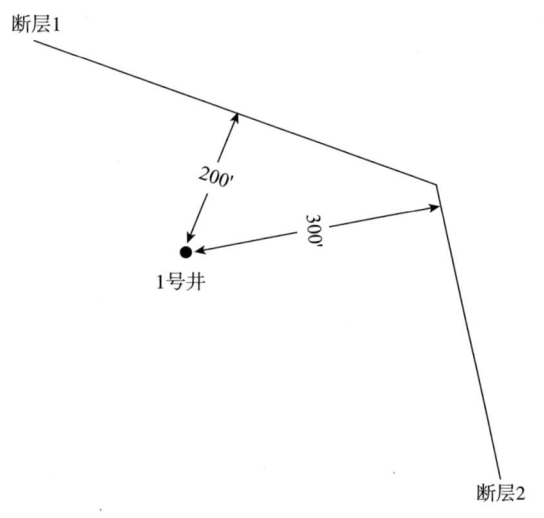

图 8.24　思考题 8.24 中井的位置

$\phi = 25\%$	$h = 20\text{ft}$
$c_t = 30 \times 10^{-6} \text{psi}^{-1}$	$\mu = 0.5\text{cP}$
$K = 50\text{mD}$	$B_o = 1.32\text{bbl/bbl}$
$r_w = 0.33\text{ft}$	$p_i = 4000\text{psi}（绝）$

8.25 通过测试井的压降试井分析某个新油藏的泄油面积。井以 125bbl/d 的产量生产，其他相关数据如下，计算井的泄油面积以及泄油面积内的平均渗透率。已知原始地层压力为 3900psi（绝）。

$B_o = 1.1 \text{bbl/bbl}$	$\mu_o = 2.9 \text{cP}$
$\phi = 20\%$	$h = 22 \text{ft}$
$S_o = 80\%$	$S_w = 20\%$
$c_o = 10 \times 10^{-6} \text{psi}^{-1}$	$c_w = 3 \times 10^{-6} \text{psi}^{-1}$
$c_f = 4 \times 10^{-6} \text{psi}^{-1}$	$r_w = 0.33 \text{ft}$

时间, h	p_{wf}, psi
0.5	3657
1.0	3639
1.5	3629
2.0	3620
3.0	3612
5.0	3598
7.0	3591
10.0	3583
20.0	3565
30.0	3551
40.0	3548
50.0	3544
60.0	3541
70.0	3537
80.0	3533
90.0	3529
100.0	3525
120.0	3518

8.26 某新井周围的原始地层压力为4150psi(绝),井以550bbl/d的产量进行生产后,进行压降试井分析。油的黏度为3.3cP,地层体积系数为1.55bbl/bbl,其他数据见下表。假设井筒储存效应可以忽略,计算:
(1)地层渗透率;

(2) 对井的伤害；

(3) 井的泄油面积。

已知：

$\phi = 34.3\%$；

$h = 93\text{ft}$；

$c_t = 1 \times 10^{-5} \text{psi}^{-1}$；

$r_w = 0.5\text{ft}$。

时间, h	p_{wf}, psi
1	4025
2	4006
3	3999
4	3996
6	3993
8	3990
10	3989
20	3982
30	3979
40	3979
50	3978
60	3977
70	3976
80	3975

8.27 第一口井以195bbl/d的产量生产至累计产量为361bbl时进行关井，并监测井底压力几个小时。关井时，压力为1790psi（绝）。数据如下，计算地层渗透率和原始地层压力。

已知：

$B_o = 2.15\text{bbl/bbl}$；

$\mu_o = 0.85\text{cP}$；

$\phi = 11.5\%$；

$h = 23\text{ft}$；

$c_t = 1 \times 10^{-5} \text{psi}^{-1}$；

$r_w = 0.33\text{ft}$；

Δt, h	p_{ws}, psi
0.5	2425
1.0	2880
2.0	3300
3.0	3315
4.0	3320
5.0	3324
6.0	3330
8.0	3337
10.0	3343
12.0	3347
14.0	3352
16.0	3353
18.0	3356

8.28 某口井位于砂岩储层中多口井的中心,并被选作压力恢复试井的测试井。该井与其他井同时生产,已经以375bbl/d的产量生产80h,井的泄油面积为80ac。相关数据见下表,估算地层渗透率,并说明地层是否被伤害。已知关井时井底流压为3470psi(绝)。

$B_o = 1.31$ bbl/bbl	$\mu_o = 0.87$ cP
$\phi = 25.3\%$	$h = 22$ ft
$S_o = 80\%$	$S_w = 20\%$
$c_o = 17 \times 10^{-6}$ psi^{-1}	$c_w = 3 \times 10^{-6}$ psi^{-1}
$c_f = 4 \times 10^{-6}$ psi^{-1}	$r_w = 0.33$ ft

Δt, h	p_{ws}, psi
0.114	3701
0.201	3705
0.432	3711
0.808	3715

续表

Δt, h	p_{ws}, psi
2.051	3722
4.000	3726
8.000	3728
17.780	3730

参 考 文 献

[1] W. T. Cardwell Jr. and R. L. Parsons, "Average Permeabilities of Heterogeneous Oil Sands," Trans. AlME (1945), 160, 34.

[2] J. Law, "A Statistical Approach to the Interstitial Heterogeneity of Sand Reservoirs," Trans. AlME (1948), 174, 165.

[3] Robert C. Earlougher Jr. Advances in Well Test Analysis, Vol. 5, Society of Petroleum Engineers of AlME, 1977.

[4] I. Fatt and D. H. Davis, "Reduction in Permeability with Overburden Pressure," Trans. AlME (1952), 195, 329.

[5] Robert A. Wattenbarger and H. J. Ramey Jr., "Gas Well Testing with Turbulence, Damage and Wellbore Storage," Jour. of Petroleum Technology (Aug. 1968), 877-887.

[6] R. Al-Hussainy, H. J. Ramey Jr., and P. B. Crawford, "The Flow of Real Gases through Porous Media," Trans. AlME (1966), 237, 624.

[7] D. G. Russell, J. H. Goodrich, G. E. Perry, and J. F. Bruskotter, "Methods for Predicting Gas Well Performance," Jour. of Petroleum Technology (Jan. 1966), 99-108.

[8] Theory and Practice of the Testing of Gas Wells, 3rd ed., Energy Resources Conservation Board, 1975.

[9] L. P. Dake, Fundamentals of Reservoir Engineering, Elsevier, 1978.

[10] C. S. Matthews and D. G. Russell, Pressure Buildup and Flow Tests in Wells, Vol. 1, Society of Petroleum Engineers of AlME, 1967.

[11] R. Al-Hussainy and H. J. Ramey Jr., "Application of Real Gas Flow Theory to Well Testing and Deliverability Forecasting," Jour. of Petroleum Technology (May 1966), 637-642; see also Reprint Series, No. 9-Pressure Analysis Methods, Society of Petroleum Engineers of AlME, 1967, 245-250.

[12] A. F. van Everdingen and W. Hurst, "The Application of the Laplace Transformation to Flow Problems in Reservoirs," Trans. AlME (1949), 186, 305-324.

[13] D. R. Horner, "Pressure Build-Up in Wells," Proc. Third World Petroleum Congress, The Hague (1951), Sec. II, 503-523; see also Reprint Series, No. 9-Pressure Analysis Methods, Society of Petroleum Engineers of AlME, 1967, 25-43.

[14] Royal Eugene Collins, Flow of Fluids through Porous Materials, Reinhold, 1961, 108-123.

[15] W. John Lee, Well Testing, Society of Petroleum Engineers, 1982.

[16] A. F. van Everdingen, "The Skin Effect and Its Influence on the Productive Capacity of a Well," Trans. AlME

(1953), 198, 171.

[17] W. Hurst, "Establishment of the Skin Effect and Its Impediment to Fluid Flow into a Wellbore," Petroleum Engineering (Oct. 1953), 25, B-6.

[18] D. R. Horner, "Pressure Build-Up in Wells," Proc. Third World Petroleum Congress, The Hague (1951), Sec. II, 503; see also Reprint Series, No. 9 – Pressure Analysis Methods, Society of Petroleum Engineers of AIME, 1967, 25.

9 油藏天然水侵理论

9.1 引言

部分或全部的储层边界被含水岩石包围的部分称作含水层。与其相邻的储层相比,含水层可能非常大,有时可以看作是无限大的,也有可能非常小以至于对储层物性参数没有影响。首先,含水层本身也有可能完全被不渗透岩石包围,所以油藏和含水层一起组成了封闭的储层单元,如图9.1所示。其次,油藏露出的地方可能会被地表水补充,如图9.2所示。最后,含水层可能和储层处于同一水平位置,或者位于稍微高一点的构造盆地边缘,含水层明显高于储层时能自动地给储层提供水流。

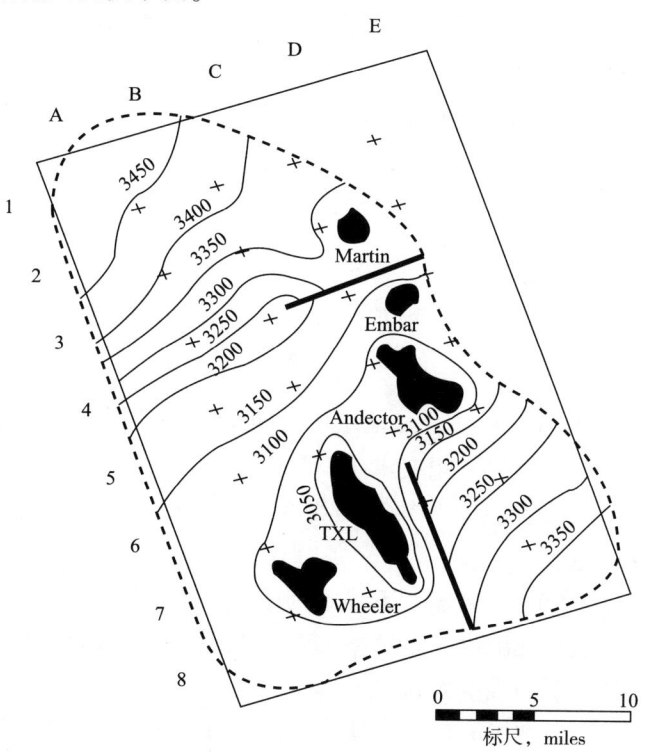

图9.1 美国得克萨斯州西部Ellenburger油藏中具有同一封闭含水层的五个区块的油藏分析(选自参考文献1)

针对地层压力下降的问题,含水层可以通过水侵作用抵消或延缓地层压力的下降:(1)侵入水的膨胀作用;(2)含水层岩石中其他已知或未知碳氢化合物的膨胀作用;(3)含水层岩石的压缩性;(4)自流作用,无论储层是否露出或是否被地表水补充,当含水层高于储层时水会产生自流。

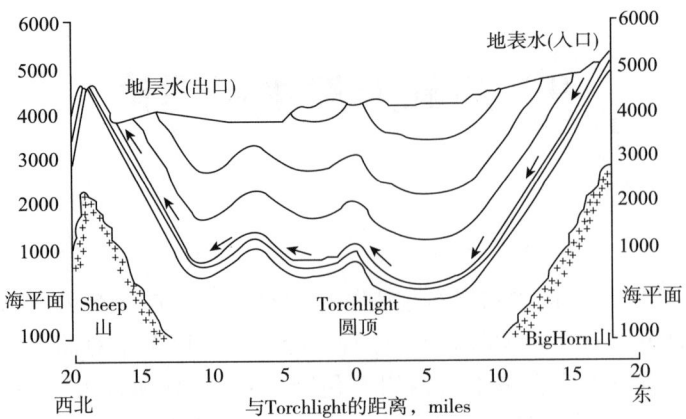

图 9.2　美国怀俄明州 Torchlight Tensleep 油藏的地质剖面图（选自参考文献 2）

要确定含水层对油气藏生产的影响，计算含水层系流入储层的水侵量是非常重要的。当已知原始烃类地质储量和产量时，可以通过物质平衡方程计算，Havlena-Odeh 物质平衡计算方法见第 3 章，可以用来估算水侵量和原始烃类地质储量[3,4]。对于水驱油藏，不存在原始气顶且压缩系数可以忽略不计时，公式（3.13）可简化为

$$F = NE_o + W_e$$

或

$$\frac{F}{E_o} = N + \frac{W_e}{E_o}$$

该公式中 W_e 的校正值（即 W_e/E_o）是地层压力的函数，由该公式可以得出一条直线，其截距为 N，斜率等于 1。在这种情况下想要求 W_e 和 N 就要假设一个关于压力的 W_e 模型来进行计算，绘制 F/E_o 关于 W_e/E_o 的曲线，观察其是否为一条直线，如果不是直线则重新假设一个 W_e 模型并重复上述计算过程。

选择一个适当水侵模型时包含多个不确定因素，这些不确定因素包括含水层的大小、形状、含水层的物性参数（包括孔隙度和渗透率）等。通常这些参数是未知的，这是由于若钻入到含水层中来获得这些数据的成本太高。

本章应用了油藏研究中常用的模型来计算水侵量，这些模型可以根据与时间的关系进行分类（即稳态和非稳态），或者根据含水层是边水还是底水驱来进行分类。

9.2　稳态水侵

最简单的水侵模型是 Schilthuis 稳态模型，该模型中假设水侵速度 dW_e/dt 与压差（p_i-p）成正比，其中 p 为原始油水界面处测得的压力[5]。模型中假设含水层外边界的压力保持恒定，且为原始地层压力 p_i，储层中流体的流动符合达西定律，并与压差成正比，假定水相黏度、平均地层渗透率和含水层的形态保持恒定，则：

$$W_e = K' \int_0^t (p_i - p) \, dt \tag{9.1}$$

$$\frac{dW_e}{dt} = K'(p_i - p) \tag{9.2}$$

式中 K'——水侵常数，bbl/d/psi；

$p_i - p$——边界处的压降，psi。

如果 K' 的值可得，那么累计水侵量 W_e 的值就可以通过公式(9.1)和油藏历史压力数据求出。如果在相当长一段时间内产量和地层压力均保持不变，则储层流体体积产出速度或储层亏空速度必定与水侵速度相等：

$$\frac{dW_e}{dt} = \text{可采原油的体积亏空速度} + \text{自由气的体积亏空速度} +$$

$$\text{水的体积亏空速度}$$

考虑单相原油的地层体积系数时，得

$$\frac{dW_e}{dt} = B_o \frac{dN_p}{dt} + (R - R_{so}) \frac{dN_p}{dt} B_g + B_w \frac{dW_p}{dt} \tag{9.3}$$

式中 dN_p/dt——日产油量，bbl；

$(R - R_{so}) dN_p/dt$——日产自由气量，ft^3。

由于可采原油的体积亏空速度这一项中原油地层体积系数 B_o 包含了溶解气油比 R_{so} 的影响，因此将目前的生产气油比 R 减去溶解气油比 R_{so}。公式(9.3)可以通过加减 $R_{soi} B_g dN_p/dt$ 这一项引入两相地层体积系数 B_t，即

$$\frac{dW_e}{dt} = [B_o + (R_{soi} - R_{so}) B_g] \frac{dN_p}{dt} + (R - R_{soi}) B_g \frac{dN_p}{dt} + B_w \frac{dW_p}{dt}$$

由于 $[B_o + (R_{soi} - R_{so}) B_g]$ 为两相地层体积系数 B_t，则

$$\frac{dW_e}{dt} = B_t \frac{dN_p}{dt} + (R - R_{soi}) B_g \frac{dN_p}{dt} + B_w \frac{dW_p}{dt} \tag{9.4}$$

利用公式(9.3)和公式(9.4)中的亏空速度计算得到 dW_e/dt 后，水侵量常数 K' 可以通过公式(9.2)计算得到。尽管只有地层压力恒定时才能求得水侵常数，但一旦求出水侵常数，可以将它应用于稳态和非稳态油藏。

图9.3表示美国得克萨斯州Conroe油田的地层压力和生产历史曲线，图9.4为储层流体

的两相地层体积系数曲线。油田生产33~39个月后,油藏的压力稳定在2090psig,产量大体稳定在44100bbl/d,生产油气比保持稳定为825ft³/bbl,生产阶段的产水量可以忽略不计。例9.1给出了Conroe油田压力稳定阶段水侵常数K'的计算方法。如果压力稳定而储层流体的体积产出速度不稳定,那么压力稳定阶段的水侵量可根据这一阶段的油、气和水的总亏空体积计算得到

$$\Delta W_e = B_t \Delta N_p + (\Delta G_p - R_{soi} \Delta N_p) B_g + B_w \Delta W_p$$

式中,ΔG_p、ΔN_p 和 ΔW_p 分别为生产阶段的累计产气量、累计产油量和累计产水量,水侵常数可由 ΔW_e 除以生产阶段的时间和稳定压差(p_i-p_s)得到,即

$$K' = \frac{\Delta W_e}{\Delta t(p_i - p_s)}$$

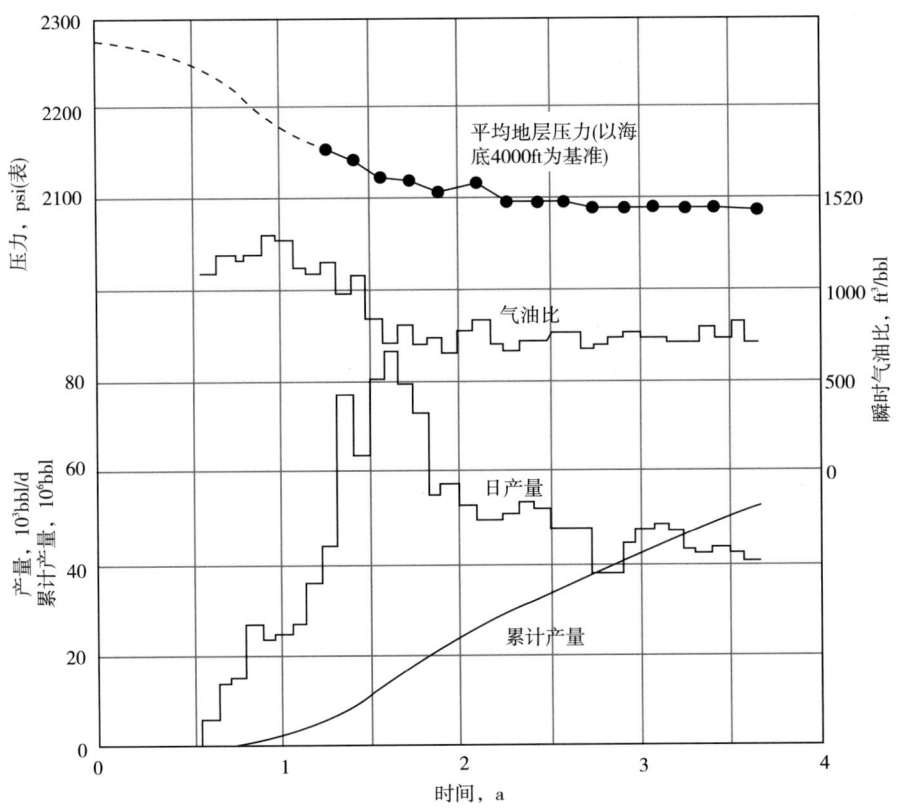

图9.3 Conroe油田的地层压力和生产数据(选自参考文献5)

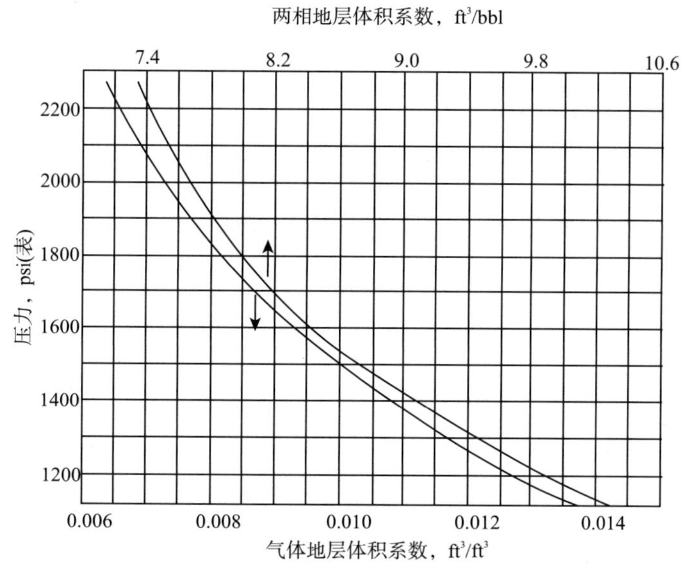

图 9.4 Conroe 油田中原油和原始溶解气的压力与地层体积系数之间的关系(选自参考文献 5)

例 9.1 地层压力恒定时水侵常数的计算

已知：

图 9.4 中 Conroe 油田的 PVT 数据如下所示：

$p_i = 2275\text{psi}(\text{表})$；

$p_s = 2090\text{psi}(\text{表})$（恒定压力）；

$B_t = 7.520\text{ft}^3/\text{bbl}$（当压力为 2090psi(表)时）；

$B_g = 0.00693\text{ft}^3/\text{ft}^3$（当压力为 2090psi(表)时）；

$R_{soi} = 600\text{ft}^3/\text{bbl}$；

$R = 825\text{ft}^3/\text{bbl}$（来自生产数据）；

$dN_p/dt = 44100\text{bbl}/d$（来自生产数据）；

$dW_p/dt = 0$。

解：

根据公式(9.4)，压力 2090psi(表)时储层的日亏空速度为

$$\frac{dW_e}{dt} = B_t \frac{dN_p}{dt} + (R - R_{soi})B_g \frac{dN_p}{dt} + B_w \frac{dW_p}{dt} \qquad (9.4)$$

$$\frac{dV}{dt} = 7.520 \times 44100 + (825 - 600) \times 0.00693 \times 44100 + 0$$

$$= 401000\text{ft}^3/d$$

当压力稳定时，储层的日亏空速度等于水侵速度，由公式(9.2)，得

$$\frac{dW_e}{dt} = K'(p_i - p) \tag{9.2}$$

$$\frac{dV}{dt} = \frac{dW_e}{dt} = 401000 = K'(2275 - 2090)$$

$$K' = 2170 (\text{ft}^3/\text{d})/\text{psi}$$

当水侵常数为 2170ft³/d/psi 时,如果地层压力从原始地层压力 2275psi(表)降到 2265psi(表)(即 $\Delta p = 10$psi),生产时间为 10d,则这段时间内的水侵量为

$$\Delta W_{e1} = 2170 \times 10 \times 10 = 217000 \text{ft}^3$$

若 10d 后的地层压力降为 2255psi(表)(即 $\Delta p = 20$psi),生产时间为 20d,则这段时间内的水侵量为

$$\Delta W_{e2} = 2170 \times 20 \times 20 = 868000 \text{ft}^3$$

由于第二阶段的水侵速度为第一阶段的 2 倍(因为压降是第一阶段的 2 倍)而且生产时间也是第一阶段的 2 倍,因此第二阶段的水侵量是第一阶段的 4 倍。则生产 30d 时的累计水侵量为

$$W_e = K'\int_0^{30}(p_i - p)dt = k'\sum_0^{30}(p_i - p)\Delta t$$

$$= 2170[(2275 - 2265) \times 10 + (2275 - 2255) \times 20]$$

$$= 1085000 \text{ft}^3$$

图 9.5 中,$\int_0^t (p_i - p)dt$ 代表压降与时间关系图中曲线下方的面积,或压力与时间的关系图中曲线上方的面积,则该面积可对图形进行积分求得。

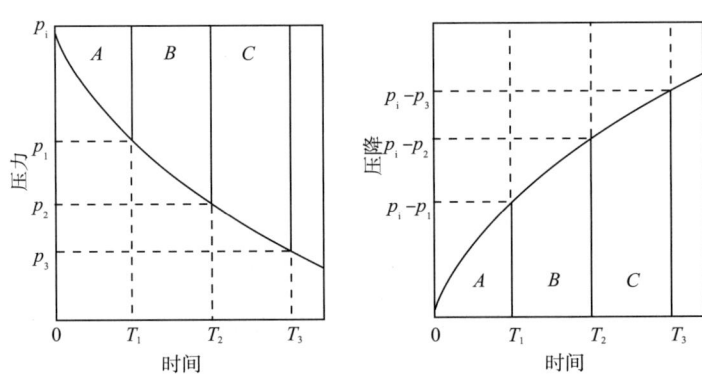

图 9.5 压力和压力降与时间的关系图

Schilthuis 稳态模型存在一个问题,由于水从含水层系流出,从含水层系到储层的路径会增加。Hurst[6] 对 Schilthuis 方程进行了改进,对于增加的距离,在公式中引入对数项。但

Hurst 模型的适用范围有限,很少被使用。

$$W_e = c' \int_0^t \frac{(p_i - p) \, \mathrm{d}t}{\lg at}$$

$$\frac{\mathrm{d}W_e}{\mathrm{d}t} = \frac{c'(p_i - p)}{\lg at}$$

式中 c'——水侵常数,bbl/d/psi;
(p_i-p)——边界压力,psi;
a——时间换算常量,与时间 t 的单位有关。

9.3 非稳态水侵

在油田实际应用中,利用前面介绍的稳态模型描述油藏天然水侵是不够精确的,含水层的不稳定性表明计算 W_e 时要考虑时间的影响。在接下来两个部分,介绍了边水驱动非稳态水侵模型和底水驱动非稳态水侵模型,边水驱指水沿着烃类储层的两翼侵入烃类储层,其垂向上的流动可忽略不计,相反,底水驱只有垂向上的流动。

9.3.1 Van Everdingen 和 Hurst 边水驱动非稳态水侵模型

假设圆形油藏的半径为 r_R,如图 9.6 所示,圆形含水层的半径为 r_e,假设油藏的厚度、渗透率、孔隙度、岩石和水的压缩性均不变。平面径向不稳定渗流的综合微分方程见公式(8.35),可用来描述如图 9.6 中所示的平面径向模型中地层压力、半径和生产时间之间的关系,系统的驱动能量来源于水的膨胀作用和岩石的压缩性。

$$\frac{\partial p^2}{\partial r^2} + \frac{1}{r}\frac{\partial p}{\partial r} = \frac{\phi \mu c_i}{0.0002637K}\frac{\partial p}{\partial t} \tag{8.35}$$

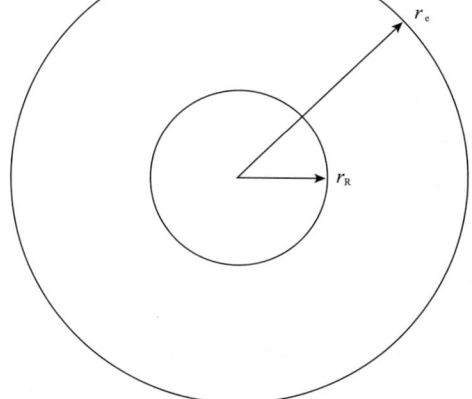

图 9.6 圆形含水层中的圆形油藏

第 8 章中给出了稳定边界产量时该方程的解,稳定边界产量要求内边界处的产量保持恒定,即为第 8 章中井筒处的解。若流体以恒定的产量自储层流入井筒,可以将这种情况看作是第 8 章中解的应用,来了解储层不同位置处压力的变化情况。

本章中的热传导型偏微分方程可以适用于含水层，内边界被定义为储层和含水层的界面。通常需要内边界处的压力保持稳定，来观察通过边界时的产量或流体由含水层进入储层时的产量。这种条件时的数学形式如下：

$$p = 常数 = p_i - \Delta p (当 r = r_R 时) \tag{9.5}$$

式中：r_R 为常数，等于油藏外边界半径（即原始油水交界处）。p 为原始油水交界处测得的压力。Van Everdingen 和 Hurst[7] 求解了稳定边界产量时的热传导型偏微分方程，以下为初始条件和外边界条件：

初始条件：

$$对于任意半径 r, p = p_i$$

无限大含水层的外边界条件：

$$p = p_i (当 r = \infty 时)$$

有限大含水层的外边界条件：

$$\frac{\partial p}{\partial r} = 0 (当 r = r_e 时)$$

此时，热传导型偏微分方程可改写为如下无量纲形式：

无因次时间为

$$t_D = 0.0002637 \frac{Kt}{\phi \mu c_t r_R^2} \tag{9.6}$$

无因次半径为

$$r_D = \frac{r}{r_R}$$

无因次压力为

$$p_D = \frac{p_i - p}{p_i - p_{wf}}$$

式中　K——含水层的平均渗透率，mD；
　　　t——时间，h；
　　　ϕ——含水层孔隙度，小数；
　　　μ——水相黏度，cP；
　　　c_t——含水层压缩系数，psi^{-1}；
　　　r_R——油藏半径，ft。

代入这些无量纲参数，热传导型偏微分方程变为

$$\frac{\partial^2 p_D}{\partial r_D^2} + \frac{1}{r_D} \frac{\partial p_D}{\partial r_D} = \frac{\partial p_D}{\partial t_D} \tag{9.7}$$

Van Everdingen 和 Hurst 将计算的结果转化成无量纲形式，求得累计产水量。并在表 9.1 给出了平面径向流无限大天然水域的无因次水侵量 W_{eD} 与无因次时间 t_D 关系表，并在表 9.2 中给出了平面径向流有限封闭水域系统不同 r_e/r_R 值时无因次水侵量 W_{eD} 与无因次时间 t_D 关

系表。图 9.7~图 9.10 是由表格中的数值绘制出来的曲线,数据均以无因次时间 t_D 和无因次水侵量 W_{eD} 的形式给出,可以适用于所有符合热传导型偏微分方程的含水层。水侵量可以根据公式(9.8)计算:

$$W_e = B'\Delta p W_{eD} \tag{9.8}$$

式中 $\quad B' = 1.119\phi c_t r_R^2 h \dfrac{\theta}{360}$。 $\tag{9.9}$

其中,B' 为水侵常数,单位为 bbl/psi。θ 为储层圆周的角度(即对于完整的圆,$\theta = 360°$,对于有断层的半圆形储层,$\theta = 180°$),c_t 单位为 psi^{-1},r_R 和 h 的单位为 ft。

表 9.1 平面径向流无限大天然水域的无因次水侵量 W_{eD} 与无因次时间 t_D 关系表

无因次时间 t_D	无因次水侵量 W_{eD}	无因次时间 t_D	无因次水侵量 W_{eD}	无因次时间 t_D	无因次水侵量 W_{eD}	无因次时间 t_D	无因次水侵量 W_{eD}	无因次时间 t_D	无因次水侵量 W_{eD}	无因次时间 t_D	无因次水侵量 W_{eD}
0.00	0.000	11	7.940	35	18.845	59	28.314	83	37.136	135	54.976
0.01	0.112	12	8.457	36	19.259	60	28.691	84	37.494	140	56.625
0.05	0.278	13	8.964	37	19.671	61	29.068	85	37.851	145	58.265
0.10	0.404	14	9.461	38	20.080	62	29.443	86	38.207	150	59.895
0.15	0.520	15	9.949	39	20.488	63	29.818	87	38.563	155	61.517
0.20	0.606	16	10.434	40	20.894	64	30.192	88	38.919	160	63.131
0.25	0.689	17	10.913	41	21.298	65	30.565	89	39.272	165	64.737
0.30	0.758	18	11.386	42	21.701	66	30.937	90	39.626	170	66.336
0.40	0.898	19	11.855	43	22.101	67	31.308	91	39.979	175	67.928
0.50	1.020	20	12.319	44	22.500	68	31.679	92	40.331	180	69.512
0.60	1.140	21	12.778	45	22.897	69	32.048	93	40.684	185	71.090
0.70	1.251	22	13.233	46	23.291	70	32.417	94	41.034	190	72.661
0.80	1.359	23	13.684	47	23.684	71	32.785	95	41.385	195	74.226
0.90	1.469	24	14.131	48	24.076	72	33.151	96	41.735	200	75.785
1	1.569	25	14.573	49	24.466	73	33.517	97	42.084	205	77.338
2	2.447	26	15.013	50	24.855	74	33.883	98	42.433	210	78.886
3	3.202	27	15.450	51	25.244	75	34.247	99	42.781	215	80.428
4	3.893	28	15.883	52	25.633	76	34.611	100	43.129	220	81.965
5	4.539	29	16.313	53	26.020	77	34.974	105	44.858	225	83.497
6	5.153	30	16.742	54	26.406	78	35.336	110	46.574	230	85.023
7	5.743	31	17.167	55	26.791	79	35.697	115	48.277	235	86.545
8	6.314	32	17.590	56	27.174	80	36.058	120	49.968	240	88.062
9	6.869	33	18.011	57	27.555	81	36.418	125	51.648	245	89.575
10	7.411	34	18.429	58	27.935	82	36.777	130	53.317	250	91.084

续表

无因次时间,t_D	无因次水侵量 W_{eD}	无因次时间,t_D	无因次水侵量 W_{eD}	无因次时间,t_D	无因次水侵量 W_{eD}	无因次时间,t_D	无因次水侵量 W_{eD}	无因次时间,t_D	无因次水侵量 W_{eD}	无因次时间,t_D	无因次水侵量 W_{eD}
255	92.589	425	141.859	660	205.854	940	278.353	1225	349.460	1525	422.214
260	94.090	430	143.262	670	208.502	950	280.888	1230	350.688	1550	428.196
265	95.588	435	144.664	675	209.825	960	283.420	1240	353.144	1575	434.168
270	97.081	440	146.064	680	211.145	970	285.948	1250	355.597	1600	440.128
275	98.571	445	147.461	690	213.784	975	287.211	1260	358.048	1625	446.077
280	100.057	450	148.856	700	216.417	980	288.473	1270	360.496	1650	452.016
285	101.540	455	150.249	710	219.046	990	290.995	1275	361.720	1675	457.945
290	103.019	460	151.640	720	221.670	1000	293.514	1280	362.942	1700	463.863
295	104.495	465	153.029	725	222.980	1010	296.030	1290	365.386	1725	469.771
300	105.968	470	154.416	730	224.289	1020	298.543	1300	367.828	1750	475.669
305	107.437	475	155.801	740	226.904	1025	299.799	1310	370.267	1775	481.558
310	108.904	480	157.184	750	229.514	1030	301.053	1320	372.704	1800	487.437
315	110.367	485	158.565	760	232.120	1040	303.560	1325	373.922	1825	493.307
320	111.827	490	159.945	770	234.721	1050	306.065	1330	375.139	1850	499.167
325	113.284	495	161.322	775	236.020	1060	308.567	1340	377.572	1875	505.019
330	114.738	500	162.698	780	237.318	1070	311.066	1350	380.003	1900	510.861
335	116.189	510	165.444	790	239.912	1075	312.314	1360	382.432	1925	516.695
340	117.638	520	168.183	800	242.501	1080	313.562	1370	384.859	1950	522.520
345	119.083	525	169.549	810	245.086	1090	316.055	1375	386.070	1975	528.337
350	120.526	530	170.914	820	247.668	1100	318.545	1380	387.283	2000	534.145
355	121.966	540	173.639	825	248.957	1100	321.032	1390	389.705	2025	539.945
360	123.403	550	176.357	830	250.245	1120	323.517	1400	392.125	2050	545.737
365	124.838	560	179.069	840	252.819	1125	324.760	1410	394.543	2075	551.522
370	126.720	570	181.774	850	255.388	1130	326.000	1420	396.959	2100	557.299
375	127.699	575	183.124	860	257.953	1140	328.480	1425	398.167	2125	563.068
380	129.126	589	184.473	870	260.515	1150	330.958	1430	399.373	2150	568.830
385	130.550	590	187.166	875	261.795	1160	333.433	1440	410.786	2175	574.585
390	131.972	600	189.852	880	263.073	1170	335.906	1450	404.197	2200	580.332
395	133.391	610	192.533	890	265.629	1175	337.142	1460	406.606	2225	586.072
400	134.808	620	195.208	900	268.181	1180	338.376	1470	409.013	2250	591.806
405	136.223	625	196.544	910	270.729	1190	340.843	1475	410.214	2275	597.532
410	137.635	630	197.878	920	273.274	1200	343.308	1480	411.418	2300	603.252
415	139.045	640	200.542	925	274.545	1210	345.770	1490	413.820	2325	608.965
420	140.453	650	203.201	930	275.815	1220	348.230	1500	416.220	2350	614.672

续表

无因次时间, t_D	无因次水侵量 W_{eD}	无因次时间, t_D	无因次水侵量 W_{eD}	无因次时间, t_D	无因次水侵量 W_{eD}	无因次时间, t_D	无因次水侵量 W_{eD}	无因次时间, t_D	无因次水侵量 W_{eD}	无因次时间, t_D	无因次水侵量 W_{eD}
2375	620.372	3950	968.566	6300	1462.383	9700	2144.878	3.0″	4.064″	4.0″	3.645″
2400	626.066	4000	979.344	6400	1482.912	9800	2164.555	4.0″	5.313″	5.0″	4.510″
2425	631.755	4050	990.108	6500	1503.408	9900	2184.216	5.0″	6.544″	6.0″	5.368″
2450	637.437	4100	1000.858	6600	1523.872	10000	2203.861	6.0″	7.761″	7.0″	6.220″
2475	643.113	4150	1011.595	6700	1544.305	12500	2688.967	7.0″	8.965″	8.0″	7.066″
2500	648.781	4200	1022.318	6800	1564.706	15000	3164.780	8.0″	1.016″	9.0″	7.909″
2550	660.093	4250	1033.028	6900	1585.077	17500	3633.368	9.0″	1.134″	$1.0(10)^{10}$	8.747″
2600	671.379	4300	1043.724	7000	1605.418	20000	4095.800	$1.0(10)^7$	1.252″	1.5″	$1.288(10)^9$
2650	682.640	4350	1054.409	7100	1625.729	25000	5005.726	1.5″	1.828″	2.0″	1.697″
2700	693.877	4400	1065.082	7200	1646.011	30000	5899.508	2.0″	2.398″	2.5″	2.103″
2750	705.090	4450	1075.743	7300	1666.265	35000	6780.247	2.5″	2.961″	3.0″	2.505″
2800	716.280	4500	1086.390	7400	1686.490	40000	7650.096	3.0″	3.517″	4.0″	3.299″
2850	727.449	4550	1097.024	7500	1706.688	50000	9363.099	4.0″	4.610″	5.0″	4.087″
2900	738.598	4600	1107.646	7600	1726.859	60000	11047.299	5.0″	5.689″	6.0″	4.868″
2950	749.725	4650	1118.257	7700	1747.002	70000	12708.358	6.0″	6.758″	7.0″	5.643″
3000	760.833	4700	1128.854	7800	1767.120	75000	13531.457	7.0″	7.816″	8.0″	6.414″
3050	771.922	4750	1139.439	7900	1787.212	80000	14350.121	8.0″	8.866″	9.0″	7.183″
3100	782.992	4800	1150.012	8000	1807.278	90000	15975.389	9.0″	9.911″	$1.0(10)^{11}$	7.948″
3150	794.042	4850	1160.574	8100	1827.319	100000	17586.284	$10(10)^8$	$1.095(10)^7$	1.5″	$1.17(10)^{10}$
3200	805.075	4900	1171.125	8200	1847.336	125000	21560.732	1.5″	1.604″	2.0″	1.55″
3250	816.090	4950	1181.666	8300	1867.329	$1.5(10)^5$	$2.538(10)^4$	2.0″	2.108″	2.5″	1.92″
3300	827.088	5000	1192.198	8400	1887.298	2.0″	3.308″	2.5″	2.607″	3.0″	2.29″
3350	838.067	5100	1213.222	8500	1907.243	2.5″	4.066″	3.0″	3.100″	4.0″	3.02″
3400	849.028	5200	1234.203	8600	1927.166	3.0″	4.817″	4.0″	4.071″	5.0″	3.75″
3450	859.974	5300	1255.141	8700	1947.065	4.0″	6.267″	5.0″	5.032″	6.0″	4.47″
3500	870.903	5400	1276.037	8800	1966.942	5.0″	7.699″	6.0″	5.984″	7.0″	5.19″
3550	881.816	5500	1296.893	8900	1986.796	6.0″	9.113″	7.0″	6.928″	8.0″	5.89″
3600	892.712	5600	1317.709	9000	2006.628	7.0″	$1.051(10)^5$	8.0″	7.865″	9.0″	6.58″
3650	903.594	5700	1338.486	9100	2026.438	8.0″	1.189″	9.0″	8.797″	$1.0(10)^{12}$	7.28″
3700	914.459	5800	1359.225	9200	2046.227	9.0″	1.326″	$1.0(10)^9$	9.725″	1.5″	$1.08(10)^{11}$
3750	925.309	5900	1379.927	9300	2065.996	$1.0(10)^6$	1.462″	1.5″	$1.429(10)^8$	2.0″	1.42″
3800	936.144	6000	1400.593	9400	2085.744	1.5″	2.126″	2.0″	1.880″		
3850	946.966	6100	1421.224	9500	2105.473	2.0″	2.781″	2.5″	2.328″		
3900	957.773	6200	1441.820	9600	2125.184	2.5″	3.427″	3.0″	2.771″		

表 9.2　平面径向流有限封闭水域系统不同 r_e/r_R 值时无因次水侵量 W_{eD} 与无因次时间 t_D 关系表

$r_e/r_R=1.5$		$r_e/r_R=2.0$		$r_e/r_R=2.5$		$r_e/r_R=3.0$		$r_e/r_R=3.5$		$r_e/r_R=4.0$		$r_e/r_R=4.5$	
无因次时间 t_D	无因次水侵量 W_{eD}	无因次时间 t_D	无因次水侵量 W_{eD}	无因次时间 t_D	无因次水侵量 W_{eD}	无因次时间 t_D	无因次水侵量 W_{eD}	无因次时间 t_D	无因次水侵量 W_{eD}	无因次时间 t_D	无因次水侵量 W_{eD}	无因次时间 t_D	无因次水侵量 W_{eD}
$5.0(10)^{-2}$	0.276	$5.0(10)^{-2}$	0.278	$1.0(10)^{-1}$	0.408	$3.0(10)^{-1}$	0.755	1.00	1.571	2.00	2.442	2.5	2.835
6.0″	0.304	7.5″	0.345	1.5″	0.509	4.0″	0.895	1.20	1.761	2.20	2.598	3.0	3.196
7.0″	0.3330	$1.0(10)^{-1}$	0.404	2.0″	0.599	5.0″	1.023	1.40	1.940	2.40	2.748	3.5	3.537
8.0″	0.354	1.25″	0.458	2.5″	0.681	6.0″	1.143	1.60	2.111	2.60	2.893	4.0	3.859
9.0″	0.375	1.50″	0.507	3.0″	0.758	7.0″	1.256	1.80	2.273	2.80	3.034	4.5	4.165
$1.0(10)^{-1}$	0.395	1.75″	0.553	3.5″	0.829	8.0″	1.363	2.00	2.427	3.00	3.170	5.0	4.454
1.1″	0.414	2.00″	0.597	4.0″	0.897	9.0″	1.465	2.20	2.574	3.25	3.334	5.5	4.727
1.2″	0.431	2.25″	0.638	4.5″	0.962	1.00	1.563	2.40	2.715	3.50	3.493	6.0	4.986
1.3″	0.446	2.50″	0.678	5.0″	1.024	1.25	1.791	2.60	2.849	3.75	3.645	6.5	5.231
1.4″	0.461	2.75″	0.715	5.5″	1.083	1.50	1.997	2.80	2.976	4.00	3.792	7.0	5.464
1.5″	0.474	3.00″	0.751	6.0″	1.140	1.75	2.184	3.00	3.098	4.25	3.932	7.5	5.684
1.6″	0.486	3.25″	0.785	6.5″	1.195	2.00	2.353	3.25	3.242	4.50	4.068	8.0	5.892
1.7″	0.497	3.50″	0.817	7.0″	1.248	2.25	2.507	3.50	3.379	4.75	4.198	8.5	6.089
1.8″	0.507	3.75″	0.848	7.5″	1.299	2.50	2.646	3.75	3.507	5.00	4.323	9.0	6.276
1.9″	0.517	4.00″	0.877	8.0″	1.348	2.75	2.772	4.00	3.628	5.50	4.560	9.5	6.453
2.0″	0.525	4.25″	0.905	8.5″	1.395	3.00	2.886	4.25	3.742	600	4.779	10	6.621
2.1″	0.533	4.50″	0.932	9.0″	1.440	3.25	2.990	4.50	3.850	6.50	4.982	11	6.930
2.2″	0.541	4.75″	0.958	9.5″	1.484	3.50	3.084	4.75	3.951	7.00	5.169	12	7.208
2.3″	0.548	5.00″	0.983	1.0	1.526	3.75	3.170	5.00	4.047	7.50	5.343	13	7.457
2.4″	0.554	5.50″	1.028	1.1	1.605	4.00	3.247	5.50	4.222	8.00	5.504	14	7.680
2.5″	0.559	6.00″	1.070	1.2	1.679	4.25	3.317	6.00	4.378	8.50	5.653	15	7.880
2.6″	0.565	6.50″	1.108	1.3	1.747	4.50	3.381	6.50	4.516	9.00	5.790	16	8.060
2.8″	0.574	7.00″	1.143	1.4	1.811	4.75	3.439	7.00	4.639	9.50	5.917	18	8.365
3.0″	0.582	7.50″	1.174	1.5	1.870	5.00	3.491	7.50	4.749	10	6.035	20	8.611
3.2″	0.588	8.00″	1.203	1.6	1.924	5.50	3.581	8.00	4.846	11	6.246	22	8.809
3.4″	0.594	9.00″	1.253	1.7	1.975	6.00	3.656	8.50	4.932	12	6.425	24	8.968
3.6″	0.599	1.00″	1.295	1.8	2.022	6.50	3.717	9.00	5.009	13	6.580	26	9.097
3.8″	0.603	1.1	1.330	2.0	2.106	7.00	3.767	9.50	5.078	14	6.712	28	9.200
4.0″	0.606	1.2	1.358	2.2	2.178	7.50	3.809	10.00	5.138	15	6.825	30	9.283
4.5″	0.613	1.3	1.382	2.4	2.241	8.00	3.843	11	5.241	16	6.922	34	9.404
5.0″	0.617	1.4	1.402	2.6	2.294	9.00	3.894	12	5.321	17	7.004	38	9.481

续表

$r_e/r_R=1.5$		$r_e/r_R=2.0$		$r_e/r_R=2.5$		$r_e/r_R=3.0$		$r_e/r_R=3.5$		$r_e/r_R=4.0$		$r_e/r_R=4.5$	
无因次时间 t_D	无因次水侵量 W_{eD}	无因次时间 t_D	无因次水侵量 W_{eD}	无因次时间 t_D	无因次水侵量 W_{eD}	无因次时间 t_D	无因次水侵量 W_{eD}	无因次时间 t_D	无因次水侵量 W_{eD}	无因次时间 t_D	无因次水侵量 W_{eD}	无因次时间 t_D	无因次水侵量 W_{eD}
6.0″	0.621	1.6	1.432	2.8	2.340	10.00	3.928	13	5.385	18	7.076	42	9.532
7.0″	0.623	1.7	1.444	3.0	2.380	11.00	3.951	14	5.435	20	7.189	46	9.565
8.0″	0.624	1.8	1.453	3.4	2.444	12.00	3.967	15	5.476	22	7.272	50	9.586
		2.0	1.468	3.8	2.491	14.00	3.985	16	5.506	24	7.332	60	9.612
		2.5	1.487	4.2	2.525	16.00	3.993	17	5.531	26	7.377	70	9.621
		3.0	1.495	4.6	2.551	18.00	3.997	18	5.551	30	7.434	80	9.623
		4.0	1.499	5.0	2.570	20.00	3.999	20	5.579	34	7.464	90	9.624
		5.0	1.500	6.0	2.599	22.00	3.999	25	5.611	38	7.481	100	9.625
				7.0	2.613	24.00	4.000	30	5.621	42	7.490		
				8.0	2.619			35	5.624	46	7.494		
				9.0	2.622			40	5.625	50	7.499		
				10.0	2.624								
3.0	3.195	6.0	5.148	9.00	6.861	9	6.861	10	7.417	15	9.965		
3.5	3.542	6.5	5.440	9.50	7.127	10	7.398	15	9.945	20	12.32		
4.0	3.875	7.0	5.724	10	7.389	11	7.920	20	12.26	22	13.22		
4.5	4.193	7.5	6.002	11	7.902	12	8.431	22	13.13	24	14.95		
5.0	4.499	8.0	6.273	12	8.397	13	8.930	24	13.98	26	14.95		
5.5	4.792	8.5	6.537	13	8.876	14	9.418	26	14.79	28	15.78		
6.0	5.074	9.0	6.795	14	9.341	15	9.895	26	15.59	30	16.59		
6.5	5.345	9.5	7.047	15	9.791	16	10.361	30	16.35	32	17.38		
7.0	5.605	10.0	7.293	16	10.23	17	10.82	32	17.10	34	18.16		
7.5	5.854	10.5	7.533	17	10.65	18	11.26	34	17.82	36	18.91		
8.0	6.094	11	7.767	18	11.06	19	11.70	36	18.52	38	19.65		
8.5	6.325	12	8.220	19	11.46	20	12.13	38	19.19	40	20.37		
9.0	6.547	13	8.651	20	11.85	22	12.95	40	19.85	42	21.07		
9.5	6.760	14	9.063	22	12.58	24	13.74	42	20.48	44	21.76		
10	6.965	15	9.456	24	13.27	26	14.50	44	21.09	46	22.42		
11	7.350	16	9.829	26	13.92	28	15.23	46	21.69	48	23.07		

续表

$r_e/r_R=1.5$		$r_e/r_R=2.0$		$r_e/r_R=2.5$		$r_e/r_R=3.0$		$r_e/r_R=3.5$		$r_e/r_R=4.0$		$r_e/r_R=4.5$	
无因次时间,t_D	无因次水侵量W_{eD}	无因次时间,t_D	无因次水侵量W_{eD}	无因次时间,t_D	无因次水侵量W_{eD}	无因次时间,t_D	无因次水侵量W_{eD}	无因次时间t_D	无因次水侵量W_{eD}	无因次时间t_D	无因次水侵量W_{eD}	无因次时间t_D	无因次水侵量W_{eD}
12	7.706	17	10.19	28	14.53	30	15.92	48	22.26	50	23.71		
13	8.035	18	10.53	30	15.11	34	17.22	50	22.82	52	24.33		
14	8.339	19	10.85	35	16.39	38	18.41	52	23.36	54	24.94		
15	8.620	20	11.16	40	17.49	40	18.97	54	23.89	56	25.53		
16	8.879	22	11.74	45	18.43	45	20.26	56	24.39	58	26.11		
18	9.338	24	12.26	50	19.24	50	21.42	58	24.88	60	26.67		
20	9.731	25	12.50	60	20.51	55	22.46	60	25.36	65	28.02		
22	10.07	31	13.74	70	21.45	60	23.40	65	26.48	70	29.29		
24	10.35	35	14.40	80	22.13	70	24.98	70	27.52	75	30.49		
26	10.59	39	14.93	90	22.63	80	26.26	75	28.48	80	31.61		
28	10.80	51	16.05	100	23.00	90	27.28	80	29.36	85	32.67		
30	10.98	60	16.56	120	23.47	100	28.11	85	30.18	90	33.66		
34	11.26	70	16.91	140	23.71	120	29.31	90	30.93	95	34.60		
38	11.46	80	17.14	160	23.85	140	30.08	95	31.63	100	35.48		
42	11.61	90	17.27	180	23.92	160	30.58	100	32.27	120	38.51		
46	11.71	100	17.36	200	23.96	180	30.91	120	34.39	140	40.89		
50	11.79	110	17.41	500	24.00	200	31.12	140	35.92	160	42.75		
60	11.91	120	17.45			240	31.34	160	37.04	180	44.21		
70	11.96	130	17.46			280	31.43	180	37.85	200	45.36		
80	11.98	140	17.48			320	31.47	200	38.44	240	46.95		
90	11.99	150	17.49			360	31.49	240	39.17	280	47.94		
100	12.00	160	17.49			400	31.50	280	39.56	320	48.54		
120	12.00	180	17.50			500	31.50	320	39.77	360	48.91		
		200	17.50					360	39.88	400	49.14		
		220	17.50					400	39.94	440	49.28		

续表

$r_e/r_R=1.5$		$r_e/r_R=2.0$		$r_e/r_R=2.5$		$r_e/r_R=3.0$		$r_e/r_R=3.5$		$r_e/r_R=4.0$		$r_e/r_R=4.5$	
无因次时间,t_D	无因次水侵量 W_{eD}	无因次时间,t_D	无因次水侵量 W_{eD}	无因次时间,t_D	无因次水侵量 W_{eD}	无因次时间,t_D	无因次水侵量 W_{eD}	无因次时间 t_D	无因次水侵量 W_{eD}	无因次时间 t_D	无因次水侵量 W_{eD}	无因次时间 t_D	无因次水侵量 W_{eD}
								440	39.97	480	49.36		
								480	39.98				

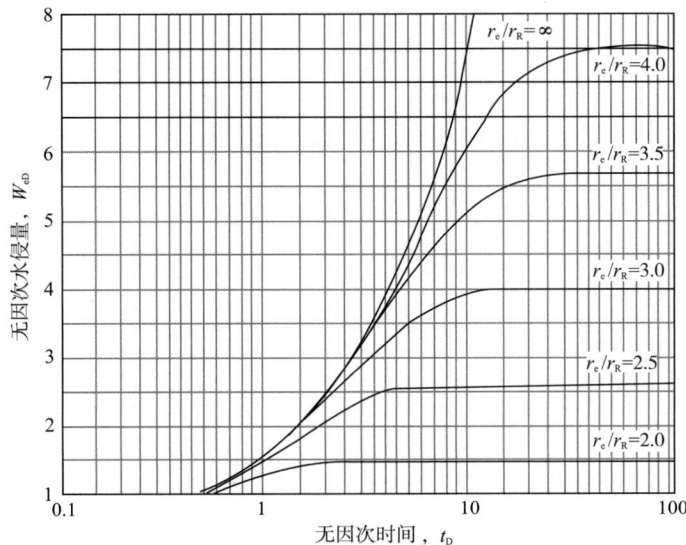

图 9.7 平面径向流有限封闭水域系统不同 r_e/r_R 值时无因次水侵量 W_{eD} 与无因次时间 t_D 关系图

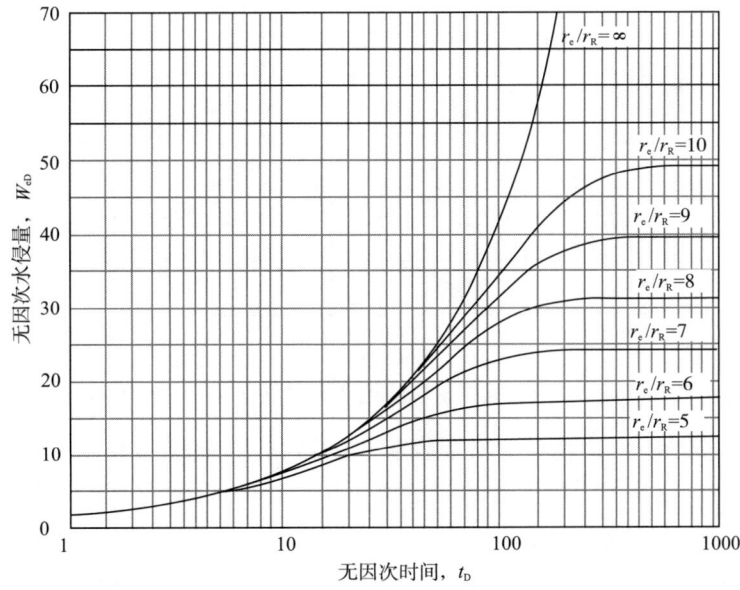

图 9.8 平面径向流有限封闭水域系统不同 r_e/r_R 值时无因次水侵量 W_{eD} 与无因次时间 t_D 关系图

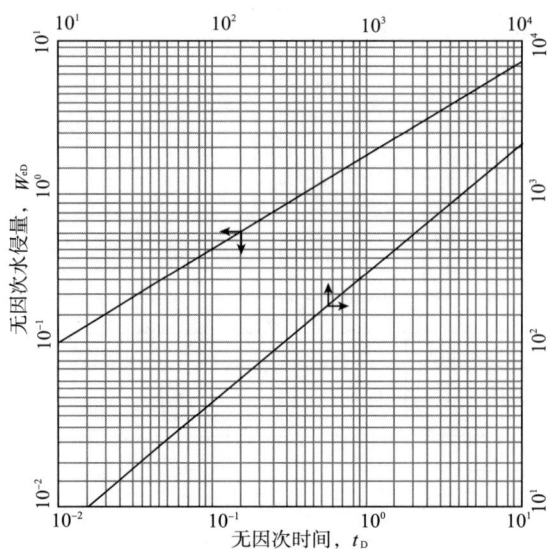

图9.9 平面径向流无限大天然水域的无因次水侵量 W_{eD} 与无因次时间 t_D 关系图

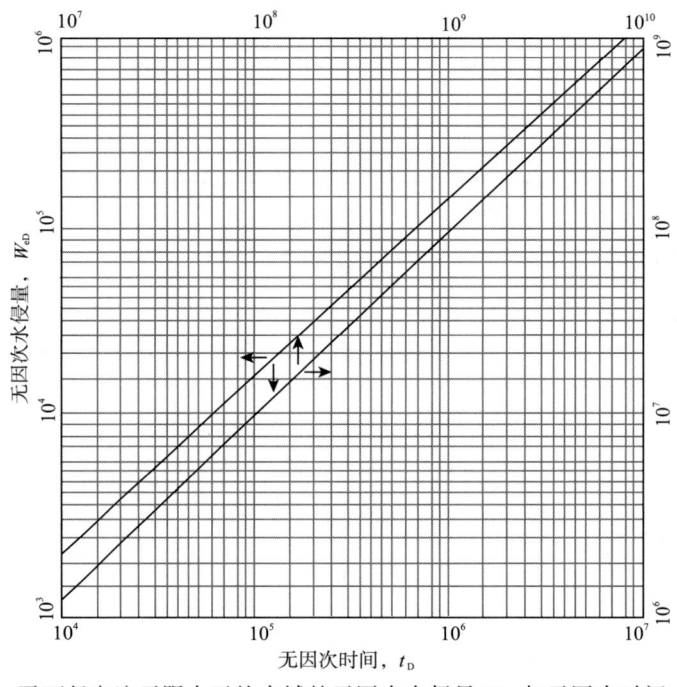

图9.10 平面径向流无限大天然水域的无因次水侵量 W_{eD} 与无因次时间 t_D 关系图

例9.2 利用公式(9.8)和表9.1以及表9.2的数据,在储层边界压力恒定的情况下计算连续周期内的累计水侵量。无限大含水层的值可用于小时间段,甚至是有限的含水层。

例9.2 计算储层中的水侵量

计算油藏被水侵入100d、200d、400d和800d后的水侵量。边界压力突然下降并最终维持在 2724psi(绝),其中 p_i = 2734psi(绝)。

已知:

ϕ = 20%;

K = 83mD;

c_t = 8×10⁻⁶ psi⁻¹;

r_R = 3000ft;

r_e = 30000ft;

μ = 0.62cP;

θ = 360°;

h = 40ft。

解:

由公式(9.6),得

$$t_D = 0.0002637 \frac{Kt}{\phi \mu c_t r_R^2}$$

$$t_D = \frac{0.0002637 \times 83 \times t}{0.20 \times 0.62 \times 8 \times 10^{-6} \times 3000^2} = 0.00245$$

由公式(9.9),得

$$B' = 1.119 \phi c_t r_R^2 h \frac{\theta}{360} \quad (9.9)$$

$$B' = 1.119 \times 0.20 \times 8 \times 10^{-6} \times 3000^2 \times 40 \times \frac{360°}{360°} = 644.5$$

在第100d时,t_D = 0.00245×100×24 = 5.88,为无因次时间单位。根据图9.8中的曲线,当 r_e/r_R = 10 和 t_D = 5.88时,入侵量 W_{eD} = 5.07,为无因次水侵量单位。在表9.1进行插值计算也可得到相同的结果,当 t_D 小于15时,含水层可看作是无限大天然水域,表9.2中没有给出相应的值,由于 Δp = 2734-2724 = 10psi,可以根据公式(9.8)算得在第100d时的水侵量为:

$$W_e = B' \Delta p W_{eD} = 644.5 \times 10 \times 5.07 = 32680 \text{bbl}$$

同理,可得:

t = 100d	200d	400d	800d
t_D = 5.88	11.76	23.52	47.04
W_{eD} = 5.07	8.43	13.90	22.75
W_e = 32680bbl	54330	89590	146600

当储层周围含水层系的体积是储层体积的99倍时,即 r_e/r_R = 10 时,无因次时间 t_D 小于

15，含水层边界的影响可以忽略不计，并且此后含水层边界对水侵量有明显的影响，这也正好与图9.7和图9.8的有限封闭水域系统的较小时间值时的曲线保持一致。需要指出的是，与稳态水侵系统不同，当时间加倍时，由例9.2中计算的水侵量并没有相应的加倍。

当水以递减速率从含水层进入储层时，对应于第1个压力信号，有 $\Delta p_1 = p_i - p_1$，因此，在 t_1 时间内油藏边界瞬时压力降为 $\Delta p_2 = p_1 - p_2$（不是 $p_i - p_2$）。如第8章所述，可使用叠加原理，总的效果是两者的加和，如图9.11所示，为了简化，使 $\Delta p_1 = \Delta p_2$ 和 $t_2 = 2t_1$。曲线的上部和中部分别表示对应于第1个压力信号时含水层在时间 t_1 和 t_2 时的压力分布。上面的曲线也可以用来表示对应于第2个压力信号时含水层在 t_2 时的压力分布，因为此时 $\Delta p_1 = \Delta p_2$ 和 $\Delta t_2 = \Delta t_1$，下面的曲线是上面和中部两个曲线的加和，则可以根据公式(9.10)来计算累计水侵量：

$$W_e = B' \sum \Delta p W_{eD} \quad (9.10)$$

例9.3对该计算进行了解释说明。

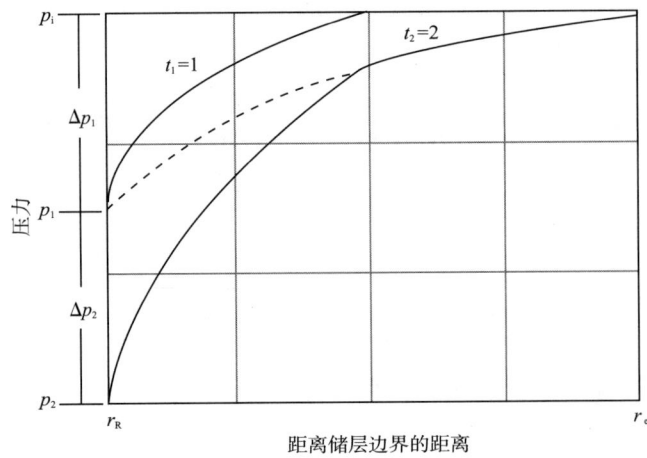

图9.11 含水层系的压力分布，对应于相同时间间隔内的两个相同压降

例9.3 当储层边界压力下降时计算水侵量

假设在例9.2中，100d之后储层的边界压力突然下降到 $p_2 = 2704\text{psi}$（绝）（即瞬时压降为 $\Delta p_2 = p_1 - p_2 = 20\text{psi}$，而不是 $p_i - p_2 = 30\text{psi}$）。计算第400d时的总水侵量。

已知：

$\phi = 20\%$；

$K = 83\text{mD}$；

$c_t = 8 \times 10^{-6} \text{psi}^{-1}$；

$r_R = 3000\text{ft}$；

$r_e = 30000\text{ft}$；

$\mu = 0.62\text{cP}$；

$\theta = 360°$；

$h = 40\text{ft}$。

解：

在例 9.2 中，第 400d 时根据第 1 次压降 $\Delta p_1 = 10$psi 计算出水侵量为 89590bbl，即使第 2 次压力降发生在 100d 至 400d 之间，但其结果不变。第 2 次压降持续的时间为 300d 或者替换为无因次压力时间 $t_D = 0.0588 \times 300 = 17.6$。根据图 9.8 或表 9.2，当 $r_e/r_R = 10$ 和 $W_{eD} = 11.14$，$t_D = 17.6$ 时对应的水侵量为

$$\Delta W_{e2} = B' \times \Delta p_2 \times W_{eD} = 644.5 \times 20 \times 11.14 = 143600 \text{bbl}$$

$$\begin{aligned} W_{e2} &= \Delta W_{e1} + \Delta W_{e2} = B' \times \Delta p_1 \times W_{eD1} + B' \times \Delta p_2 \times W_{eD2} \\ &= B' \sum \Delta p W_{eD} \\ &= 644.5(10 \times 13.90 + 20 \times 11.14) \\ &= 89590 + 143600 = 233190 \text{bbl} \end{aligned}$$

例 3 计算了例 2 中第 1 次压降 100d 后发生第 2 次压力降时的水侵量。由于知道油藏边界压力的历史数据，因此可以继续使用该方法计算水侵量，并且含水层系的其他信息也是已知的，因而可以计算出水侵常数 B' 和无因次时间 t_D。

油藏的边界压力历史数据可以近似地看作是一连串的压力逐渐下降（或上升）的过程，如图 9.12 所示。历史压力的最佳逼近值如图 9.12 所示，使得任意时间的压力梯度等于前一时间段压力降的一半加上这一时间段压力降的一半[8]。当油藏的边界压力未知时，可由平均地层压力减去相应的精确度差值类来代替，为了提高精确性，平均边界压力应该为初始边界压力而不是当前油水界面处的压力，且其他值改变时，r_R 的值不变。例 9.4 计算如图 9.13 所示油藏中两个连续时间段内的水侵量。

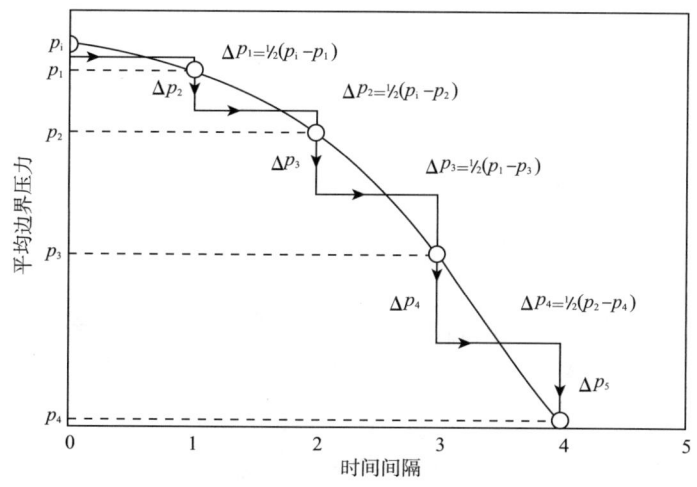

图 9.12　近似压力与时间的关系示意图

例 9.4　计算如图 9.13 所示油藏的水侵量

计算如图 9.13 所示油藏在第 3 和第 4 季度生产时的水侵量。

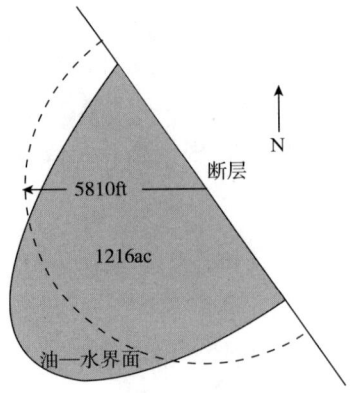

图9.13 油藏的等效半径示意图

已知：

$\phi = 20.9\%$；

$K = 275\text{mD}$（平均储层渗透率，假设与含水层一致）；

$\mu = 0.25\text{cP}$；

$c_t = 6 \times 10^{-6} \text{psi}^{-1}$；

$h = 19.2\text{ft}$；

油藏区域面积 $= 1216\text{ac}$；

含水层区域估算面积 $= 250000\text{ac}$；

$\theta = 180°$。

解：

由于油藏紧靠着一个断层，面积为 $A = \dfrac{1}{2}\pi r_R^2$，并且

$$r_R^2 = \frac{1216 \times 43560}{0.5 \times 3.1416}$$

$$r_R = 5807\text{ft}$$

当 $t = 91.3\text{d}$ 时（一个季度或一个周期），有

$$t_D = 0.0002637 \frac{Kt}{\phi \mu c_t r_R^2} t_D = 0.0002637 \frac{275 \times 91.3 \times 24}{0.209 \times 0.25 \times 6 \times 10^{-6} \times 5807^2} = 15.0$$

$$B' = 1.119 \phi c_t r_R^2 h \frac{\theta}{360} \tag{9.9}$$

$B' = 1.119 \times 0.209 \times 6 \times 10^{-6} \times 5807^2 \times 19.2 \times (180°/360°) = 455\text{bbl/psi}$

表 9.3 例 9.4 中边界压力梯度和 W_{eD} 的值

时间周期	时间 t d	无因次时间, t_D	无因次水侵量, W_{eD}[a]	平均地层压力, p	平均边界压力, p_B	压差 Δp psi
0	0	0	0.0	3793	3793	0.0
1	91.3	15	10.0	3786	3788	2.5
2	182.6	30	16.7	3768	3774	9.5
3	273.9	45	22.9	3739	3748	20.0
4	365.2	60	28.7	3699	3709	32.5
5	456.5	75	34.3	3657	3680	34.0
6	547.8	90	39.6	3613	3643	33.0

[a] 无限天然水域的数值从图 9.9 或表 9.1 获得。

由于含水层面积是储层面积的 25000/1216 = 206 倍,由于倍数很大,那么含水层可被看作是无限大天然水域。表 9.3 给出了边界压力梯度和前 6 个季度 W_{eD} 的值,压力梯度 Δp 的计算如图 9.12 所示。例如:

$$\Delta p_3 = 1/2(p_1 - p_3) = 1/2(3788 - 3748) = 20.0 \text{psi}$$

表 9.4 和表 9.5 表示在第 3 和第 4 季度末 $\sum \Delta p \times W_{eD}$ 的值,计算结果分别为 416.0 和 948.0。这些阶段末相应的水侵量为:

$$W_e(\text{第 3 季度}) = B' \sum \Delta p \times W_{eD} = 455 \times 416.0 = 189300 \text{bbl}$$

$$W_e(\text{第 4 季度}) = B' \sum \Delta p \times W_{eD} = 455 \times 948.4 = 431500 \text{bbl}$$

表 9.4 例 9.4 中第 3 季度末的水侵量

t_D	W_{eD}	Δp	$\Delta p \times W_{eD}$
45	22.9	2.5	57.3
30	16.7	9.5	158.7
15	10.0	20.0	200.0

表 9.5 例 9.4 中在第 4 季度末的水侵量

t_D	W_{eD}	Δp	$\Delta p \times W_{eD}$
60	28.7	2.5	71.8
45	22.9	9.5	217.6
30	16.7	20.0	334.0
15	10.0	32.5	325.0

例 9.4 中第 3 季度末水侵量计算时,在表 9.4 中有详细的记录,第一次压力降 $\Delta p_1 = 2.5$ 在整个 3 个季度 ($t_D = 45$) 中都存在,乘以 $t_D = 45$ 时对应的无因次水侵量 $W_{eD} = 22.9$。同样,第 4 季度的计算结果如表 9.5 所示,压降 2.5psi 乘以 $t_D = 60$ 时对应的无因次水侵量 $W_{eD} = 28.7$, 因此,将 W_{eD} 的值倒置过来,与最长时间对应,并乘以第一次的压降,反之亦然。并且在计算每一个连续的 $\sum \Delta p \times W_{eD}$ 值时,并不是简单的加上一个新的 $\Delta p \times W_{eD}$ 项,而需重新进行计算,如表 9.4 和表 9.5 所示。将表 9.4 和表 9.5 中连续时间段的计算继续进行,可以得到第 5 和第 6 季度末水侵量的计算值分别为 773100bbl 和 1201600bbl。

综上所述,Chatas[9]认为可以不使用物质平衡方程,而是利用油藏的历史资料、边界压力、含水层的无量纲参数和物理特征等计算水侵量。严格来说,van Everdingen 和 Hurst[7]对热传导型偏微分方程的解法只适用于具有同心圆的储层和含水层,且厚度、孔隙度、渗透率和水相压缩性均保持不变的情况,对于工程计算而言,即使油藏条件达不到理想状态,但一些计算也能获得较好的结果。储层的半径可以用等效于储层面积的圆的半径,当含水层的近似面积已知时,也可以用同样的方法估算出含水层的半径。当含水层大小(体积)是储层的 99 倍(即 $r_e/r_R = 10$)时,在相当长的生产时间内,含水层可被看作是无限大的天然水域,所以可以使用表 9.1 中的数值。当然,含水层的渗透率、孔隙度、厚度等信息需通过在储层和含水层中钻井来获得。水相黏度可以根据温度和压力进行估算(见第 2.5.4 节),水相和岩石的压缩系数可以使用第 2.5.3 节和第 2.2.2 节中的相关公式进行估算。

由于含水层的无量纲参数和物理特征具有不确定性,不利用物质平衡方法计算水侵量看似是不可靠的。例 9.4 中,假设储层中的断层无限大,由于只有储层的渗透率已知,可以假设含水层的平均渗透率为 275mD,含水层的厚度、孔隙度可能发生变化,含水层也可能含有断层、不渗透区域和未知的油气聚集等,所有这些情况都会产生重要或不重要的影响。

如例 9.2、例 9.3 和例 9.4 所示,计算水侵量是一个冗长和乏味的过程。使用计算机计算时需要大量数据文件,包括表 9.1 和表 9.2 中有关 W_{eD}、t_D 和 r_e/r_R 的数值等,同样还需要一个查表程序。一些学者已经尝试着建立无因次水侵量 W_{eD} 与无量纲时间 t_D 和半径比 r_e/r_R 的关系式[10-12],在使用计算机计算水侵量时,这些公式能减少了数据存储空间。

在 1960 年,Carter 和 Tracy[13]建立了一个不使用叠加原理的计算方法,一些学者也对该方法进行了阐述,并指出当简化计算过程时,水侵量计算结果的精确度会下降[14-16],如果读者对此感兴趣可以查阅相关文献。

9.3.2 底水驱动非稳态水侵模型

在前面的章节中,van Everdingen 和 Hurst 模型基于平面径向不稳定渗流的综合微分方程,没有考虑垂向上的流动,理论上,当有较多底水流入储层时,该模型不再适用。为解释垂直方向的水流,Coats[17]、Allard 和 Chen[18]在公式(9.35)中添加了一项,如下

$$\frac{\partial^2 p}{\partial r^2} + \frac{1}{r}\frac{\partial p}{\partial r} + F_k \frac{\partial^2 p}{\partial z^2} = \frac{\phi \mu c_t}{0.0002637K}\frac{\partial p}{\partial t} \quad (9.10)$$

式中 F_k——垂向渗透率与水平渗透率的比值。

使用无因次时间、半径和压力时引入一个无因次距离 z_D，可将公式(9.10)变成公式(9.11)，即

$$z_D = \frac{z}{r_R F_k^{1/2}}$$

$$\frac{\partial^2 p_D}{\partial r_D^2} + \frac{1}{r_D}\frac{\partial p_D}{\partial r_D} + \frac{\partial^2 p_D}{\partial z_D^2} = \frac{\partial p_D}{\partial t_D} \tag{9.11}$$

Coats[17]解出了公式(9.11)在无限大天然水域时的边界产量。Allard 和 Chen[18]使用数值模拟求解了边界压力。类似于 van Everdingen 和 Hurst 的定义，他们定义了一个水侵常数 B'、无因次水侵量 W_{eD}，但是 B' 中不包含角度 θ：

$$B' = 1.119\phi h c_t r_R^2 \tag{9.12}$$

W_{eD} 的精确值与 van Everdingen 和 Hurst 模型中的数值不同，因为底水驱得到的 W_{eD} 是垂向渗透率的函数。基于该方程，Allard 和 Chen 给出的水侵量如表9.6～表9.10所示，是两个无量纲参数 r_D' 和 z_D' 的函数，即：

$$r_D' = \frac{r_e}{r_R} \tag{9.13}$$

$$z_D' = \frac{h}{r_R F_k^{1/2}} \tag{9.14}$$

表9.6　底水驱动非稳态水侵模型无限大天然水域的无因次水侵量 W_{eD}

t_D	z_D'						
	0.05	0.1	0.3	0.5	0.7	0.9	1.0
0.1	0.700	0.677	0.508	0.349	0.251	0.195	0.176
0.2	0.793	0.786	0.696	0.547	0.416	0.328	0.295
0.3	0.936	0.926	0.834	0.692	0.548	0.440	0.396
0.4	1.051	1.041	0.952	0.812	0.662	0.540	0.486
0.5	1.158	1.155	1.059	0.918	0.764	0.631	0.569
0.6	1.270	1.268	1.167	1.021	0.862	0.721	0.651
0.7	1.384	1.380	1.270	1.116	0.953	0.806	0.729
0.8	1.503	1.499	1.373	1.205	1.039	0.886	0.803
0.9	1.621	1.612	1.477	1.286	1.117	0.959	0.872
1	1.743	1.726	1.581	1.347	1.181	1.020	0.932
2	2.402	2.393	2.288	2.034	1.827	1.622	1.509
3	3.031	3.018	2.895	2.650	2.408	2.164	2.026

续表

t_D	z'_D						
	0.05	0.1	0.3	0.5	0.7	0.9	1.0
4	3.629	3.615	3.477	3.223	2.949	2.669	2.510
5	4.217	4.201	4.048	3.766	3.462	3.150	2.971
6	4.784	4.766	4.601	4.288	3.956	3.614	3.416
7	5.323	5.303	5.128	4.792	4.434	4.063	3.847
8	5.829	5.808	5.625	5.283	4.900	4.501	4.268
9	6.306	6.283	6.094	5.762	5.355	4.929	4.680
10	6.837	6.816	6.583	6.214	5.792	5.344	5.080
11	7.263	7.242	7.040	6.664	6.217	5.745	5.468
12	7.742	7.718	7.495	7.104	6.638	6.143	5.852
13	8.196	8.172	7.943	7.539	7.052	6.536	6.231
14	8.648	8.623	8.385	7.967	7.461	6.923	6.604
15	9.094	9.068	8.821	8.389	7.864	7.305	6.973
16	9.534	9.507	9.253	8.806	8.262	7.682	7.338
17	9.969	9.942	9.679	9.218	8.656	8.056	7.699
18	10.399	10.371	10.100	9.626	9.046	8.426	8.057
19	10.823	10.794	10.516	10.029	9.432	8.793	8.411
20	11.241	11.211	10.929	10.430	9.815	9.156	8.763
21	11.664	11.633	11.339	10.826	10.194	9.516	9.111
22	12.075	12.045	11.744	11.219	10.571	9.874	9.457
23	12.486	12.454	12.147	11.609	10.944	10.229	9.801
24	12.893	12.861	12.546	11.996	11.315	10.581	10.142
25	13.297	13.264	12.942	12.380	11.683	10.931	10.481
26	13.698	13.665	13.336	12.761	12.048	11.279	10.817
27	14.097	14.062	13.726	13.140	12.411	11.625	11.152
28	14.493	14.458	14.115	13.517	12.772	11.968	11.485
29	14.886	14.850	14.501	13.891	13.131	12.310	11.816
30	15.277	15.241	14.884	14.263	13.488	12.650	12.145
31	15.666	15.628	15.266	14.634	13.843	12.990	12.473
32	16.053	16.015	15.645	15.002	14.196	13.324	12.799
33	16.437	16.398	16.023	15.368	14.548	13.659	13.123
34	16.819	16.780	16.398	15.732	14.897	13.992	13.446
35	17.200	17.160	16.772	16.095	15.245	14.324	13.767
36	17.579	17.538	17.143	16.456	15.592	14.654	14.088
37	17.956	17.915	17.513	16.815	15.937	14.983	14.406

续表

t_D	\multicolumn{7}{c}{z'_D}						
	0.05	0.1	0.3	0.5	0.7	0.9	1.0
38	18.331	18.289	17.882	17.173	16.280	15.311	14.724
39	18.704	18.662	18.249	17.529	16.622	15.637	15.040
40	19.088	19.045	18.620	17.886	16.964	15.963	15.356
41	19.450	19.407	18.982	18.240	17.305	16.288	15.671
42	19.821	19.777	19.344	18.592	17.644	16.611	15.985
43	20.188	20.144	19.706	18.943	17.981	16.933	16.297
44	20.555	20.510	20.065	19.293	18.317	17.253	16.608
45	20.920	20.874	20.424	19.641	18.651	17.573	16.918
46	21.283	21.237	20.781	19.988	18.985	17.891	17.227
47	21.645	21.598	21.137	20.333	19.317	18.208	17.535
48	22.006	21.958	21.491	20.678	19.648	18.524	17.841
49	22.365	22.317	21.844	21.021	19.978	18.840	18.147
50	22.722	22.674	22.196	21.363	20.307	19.154	18.452
51	23.081	23.032	22.547	21.704	20.635	19.467	18.757
52	23.436	23.387	22.897	22.044	20.962	19.779	19.060
53	23.791	23.741	23.245	22.383	21.288	20.091	19.362
54	24.145	24.094	23.593	22.721	21.613	20.401	19.664
55	24.498	24.446	23.939	23.058	21.937	20.711	19.965
56	24.849	24.797	24.285	23.393	22.260	21.020	20.265
57	25.200	25.147	24.629	23.728	22.583	21.328	20.564
58	25.549	25.496	24.973	24.062	22.904	21.636	20.862
59	25.898	25.844	25.315	24.395	23.225	21.942	21.160
60	26.246	26.191	25.657	24.728	23.545	22.248	21.457
61	26.592	26.537	25.998	25.059	23.864	22.553	21.754
62	26.938	26.883	26.337	25.390	24.182	22.857	22.049
63	27.283	27.227	26.676	25.719	24.499	23.161	22.344
64	27.627	27.570	27.015	26.048	24.816	23.464	22.639
65	27.970	27.913	27.352	26.376	25.132	23.766	22.932
66	28.312	28.255	27.688	26.704	25.447	24.068	23.225
67	28.653	28.596	28.024	27.030	25.762	24.369	23.518
68	28.994	28.936	28.359	27.356	26.075	24.669	23.810
69	29.334	29.275	28.693	27.681	26.389	24.969	24.101
70	29.673	29.614	29.026	28.006	26.701	25.268	24.391
71	30.011	29.951	29.359	28.329	27.013	25.566	24.681

续表

t_D	z'_D						
	0.05	0.1	0.3	0.5	0.7	0.9	1.0
72	30.349	30.288	29.691	28.652	27.324	25.864	24.971
73	30.686	30.625	30.022	28.974	27.634	26.161	25.260
74	31.022	30.960	30.353	29.296	27.944	26.458	25.548
75	31.357	31.295	30.682	29.617	28.254	26.754	25.836
76	31.692	31.629	31.012	29.937	28.562	27.049	26.124
77	32.026	31.963	31.340	30.257	28.870	27.344	26.410
78	32.359	32.296	31.668	30.576	29.178	27.639	26.697
79	32.692	32.628	31.995	30.895	29.485	27.933	26.983
80	33.024	32.959	32.322	31.212	29.791	28.226	27.268
81	33.355	33.290	32.647	31.530	30.097	28.519	27.553
82	33.686	33.621	32.973	31.846	30.402	28.812	27.837
83	34.016	33.950	33.297	32.163	30.707	29.104	28.121
84	34.345	34.279	33.622	32.478	31.011	29.395	28.404
85	34.674	34.608	33.945	32.793	31.315	29.686	28.687
86	35.003	34.935	34.268	33.107	31.618	29.976	28.970
87	35.330	35.263	34.590	33.421	31.921	30.266	29.252
88	35.657	35.589	34.912	33.735	32.223	30.556	29.534
89	35.984	35.915	35.233	34.048	32.525	30.845	29.815
90	36.310	36.241	35.554	34.360	32.826	31.134	30.096
91	36.636	36.566	35.874	34.672	33.127	31.422	30.376
92	36.960	36.890	36.194	34.983	33.427	31.710	30.656
93	37.285	37.214	36.513	35.294	33.727	31.997	30.935
94	37.609	37.538	36.832	35.604	34.026	32.284	31.215
95	37.932	37.861	37.150	35.914	34.325	32.570	31.493
96	38.255	38.183	37.467	36.233	34.623	32.857	31.772
97	38.577	38.505	37.785	36.532	34.921	33.142	32.050
98	38.899	38.826	38.101	36.841	35.219	33.427	32.327
99	39.220	39.147	38.417	37.149	35.516	33.712	32.605
100	39.541	39.467	38.733	37.456	35.813	33.997	32.881
105	41.138	41.062	40.305	38.987	37.290	35.414	34.260
110	42.724	42.645	41.865	40.508	38.758	36.821	35.630
115	44.299	44.218	43.415	42.018	40.216	38.221	36.993
120	45.864	45.781	44.956	43.520	41.666	39.612	38.347
125	47.420	47.334	46.487	45.012	43.107	40.995	39.694

续表

t_D	z'_D						
	0.05	0.1	0.3	0.5	0.7	0.9	1.0
130	48.966	48.879	48.009	46.497	44.541	42.372	41.035
135	50.504	50.414	49.523	47.973	45.967	43.741	42.368
140	52.033	51.942	51.029	49.441	47.386	45.104	43.696
145	53.555	53.462	52.528	50.903	48.798	46.460	45.017
150	55.070	54.974	54.019	52.357	50.204	47.810	46.333
155	56.577	56.479	55.503	53.805	51.603	49.155	47.643
160	58.077	57.977	56.981	55.246	52.996	50.494	48.947
165	59.570	59.469	58.452	56.681	54.384	51.827	50.247
170	61.058	60.954	59.916	58.110	55.766	53.156	51.542
175	62.539	62.433	61.375	59.534	57.143	54.479	52.832
180	64.014	63.906	62.829	60.952	58.514	55.798	54.118
185	65.484	65.374	64.276	62.365	59.881	57.112	55.399
190	66.948	66.836	65.718	63.773	61.243	58.422	56.676
195	68.406	68.293	67.156	65.175	62.600	59.727	57.949
200	69.860	69.744	68.588	66.573	63.952	61.028	59.217
205	71.309	71.191	70.015	67.967	65.301	62.326	60.482
210	72.752	72.633	71.437	69.355	66.645	63.619	61.744
215	74.191	74.070	72.855	70.740	67.958	64.908	63.001
220	75.626	75.503	74.269	72.120	69.321	66.194	64.255
225	77.056	76.931	75.678	73.496	70.653	67.476	65.506
230	78.482	78.355	77.083	74.868	71.981	68.755	66.753
235	79.903	79.774	78.484	76.236	73.306	70.030	67.997
240	81.321	81.190	79.881	77.601	74.627	71.302	69.238
245	82.734	82.602	81.275	78.962	75.945	72.570	70.476
250	84.144	84.010	82.664	80.319	77.259	73.736	71.711
255	85.550	85.414	84.050	81.672	78.570	75.098	72.943
260	86.952	86.814	85.432	83.023	79.878	76.358	74.172
265	88.351	88.211	86.811	84.369	81.182	77.614	75.398
270	89.746	89.604	88.186	85.713	82.484	78.868	76.621
275	91.138	90.994	89.558	87.053	83.782	80.119	77.842
280	92.526	92.381	90.926	88.391	85.078	81.367	79.060
285	93.911	93.764	92.292	89.725	86.371	82.612	80.276
290	95.293	95.144	93.654	91.056	87.660	83.855	81.489
295	96.672	96.521	95.014	92.385	88.948	85.095	82.700

续表

t_D	z'_D						
	0.05	0.1	0.3	0.5	0.7	0.9	1.0
300	98.048	97.895	96.370	93.710	90.232	86.333	83.908
305	99.420	99.266	97.724	95.033	91.514	87.568	85.114
310	100.79	100.64	99.07	96.35	92.79	88.80	86.32
315	102.16	102.00	100.42	97.67	94.07	90.03	87.52
320	103.52	103.36	101.77	98.99	95.34	91.26	88.72
325	104.88	104.72	103.11	100.30	96.62	92.49	89.92
330	106.24	106.08	104.45	101.61	97.89	93.71	91.11
335	107.60	107.43	105.79	102.91	99.15	94.93	92.30
340	108.95	108.79	107.12	104.22	100.42	96.15	93.49
345	110.30	110.13	108.45	105.52	101.68	97.37	94.68
350	111.65	111.48	109.78	106.82	102.94	98.58	95.87
355	113.00	112.82	111.11	108.12	104.20	99.80	97.06
360	114.34	114.17	112.43	109.41	105.45	101.01	98.24
365	115.68	115.51	113.76	110.71	106.71	102.22	99.42
370	117.02	116.84	115.08	112.00	107.96	103.42	100.60
375	118.36	118.18	116.40	113.29	109.21	104.63	101.78
380	119.69	119.51	117.71	114.57	110.46	105.83	102.95
385	121.02	120.84	119.02	115.86	111.70	107.04	104.13
390	122.35	122.17	120.34	117.14	112.95	108.24	105.30
395	123.68	123.49	121.65	118.42	114.19	109.43	106.47
400	125.00	124.82	122.94	119.70	115.43	110.63	107.64
405	126.33	126.14	124.26	120.97	116.67	111.82	108.80
410	127.65	127.46	125.56	122.25	117.90	113.02	109.97
415	128.97	128.78	126.86	123.52	119.14	114.21	111.13
420	130.28	130.09	128.16	124.79	120.37	115.40	112.30
425	131.60	131.40	129.46	126.06	121.60	116.59	113.46
430	132.91	132.72	130.75	127.33	122.83	117.77	114.62
435	134.22	134.03	132.05	128.59	124.06	118.96	115.77
440	135.53	135.33	133.34	129.86	125.29	120.14	116.93
445	136.84	136.64	134.63	131.12	126.51	121.32	118.08
450	138.15	137.94	135.92	132.38	127.73	122.50	119.24
455	139.45	139.25	137.20	133.64	128.96	123.68	120.39
460	140.75	140.55	138.49	134.90	130.18	124.86	121.54

续表

t_D	z'_D						
	0.05	0.1	0.3	0.5	0.7	0.9	1.0
465	142.05	141.85	139.77	136.15	131.39	126.04	122.69
470	143.35	143.14	141.05	137.40	132.61	127.21	123.84
475	144.65	144.44	142.33	138.66	133.82	128.38	124.98
480	145.94	145.73	143.61	139.91	135.04	129.55	126.13
485	147.24	147.02	144.89	141.15	136.25	130.72	127.27
490	148.53	148.31	146.16	142.40	137.46	131.89	128.41
495	149.82	149.60	147.43	143.65	138.67	133.06	129.56
500	151.11	150.89	148.71	144.89	139.88	134.23	130.70
510	153.68	153.46	151.24	147.38	142.29	136.56	132.97
520	156.25	156.02	153.78	149.85	144.70	138.88	135.24
530	158.81	158.58	156.30	152.33	147.10	141.20	137.51
540	161.36	161.13	158.82	154.79	149.49	143.51	139.77
550	163.91	163.68	161.34	157.25	151.88	145.82	142.03
560	166.45	166.22	163.85	159.71	154.27	148.12	144.28
570	168.99	168.75	166.35	162.16	156.65	150.42	146.53
580	171.52	171.28	168.85	164.61	159.02	152.72	148.77
590	174.05	173.80	171.34	167.05	161.39	155.01	151.01
600	176.57	176.32	173.83	169.48	163.76	157.29	153.25
610	179.09	178.83	176.32	171.92	166.12	159.58	155.48
620	181.60	181.34	178.80	174.34	168.48	161.85	157.71
630	184.10	183.85	181.27	176.76	170.83	164.13	159.93
640	186.60	186.35	183.74	179.18	173.18	166.40	162.15
650	189.10	188.84	186.20	181.60	175.52	168.66	164.37
660	191.59	191.33	188.66	184.00	177.86	170.92	166.58
670	194.08	193.81	191.12	186.41	180.20	173.18	168.79
680	196.57	196.29	193.57	188.81	182.53	175.44	170.99
690	199.04	198.77	196.02	191.21	184.86	177.69	173.20
700	201.52	201.24	198.46	193.60	187.19	179.94	175.39
710	203.99	203.71	200.90	195.99	189.51	182.18	177.59
720	206.46	206.17	203.34	198.37	191.83	184.42	179.78
730	208.92	208.63	205.77	200.75	194.14	186.66	181.97
740	211.38	211.09	208.19	203.13	196.45	188.89	184.15
750	213.83	213.54	210.62	205.50	198.76	191.12	186.34
760	216.28	215.99	213.04	207.87	201.06	193.35	188.52

续表

t_D	z'_D						
	0.05	0.1	0.3	0.5	0.7	0.9	1.0
770	218.73	218.43	215.45	210.24	203.36	195.57	190.69
780	221.17	220.87	217.86	212.60	205.66	197.80	192.87
790	223.61	223.31	220.27	214.96	207.95	200.01	195.04
800	226.05	225.74	222.68	217.32	210.24	202.23	197.20
810	228.48	228.17	225.08	219.67	212.53	204.44	199.37
820	230.91	230.60	227.48	222.02	214.81	206.65	201.53
830	233.33	233.02	229.87	224.36	217.09	208.86	203.69
840	235.76	235.44	232.26	226.71	219.37	211.06	205.85
850	238.18	237.86	234.65	229.05	221.64	213.26	208.00
860	240.59	240.27	237.04	231.38	223.92	215.46	210.15
870	243.00	242.68	239.42	233.72	226.19	217.65	212.30
880	245.41	245.08	241.80	236.05	228.45	219.85	214.44
890	247.82	247.49	244.17	238.37	230.72	222.04	216.59
900	250.22	249.89	246.55	240.70	232.98	224.22	218.73
910	252.62	252.28	248.92	243.02	235.23	226.41	220.87
920	255.01	254.68	251.28	245.34	237.49	228.59	223.00
930	257.41	257.07	253.65	247.66	239.74	230.77	225.14
940	259.80	259.46	256.01	249.97	241.99	232.95	227.27
950	262.19	261.84	258.36	252.28	244.24	235.12	229.39
960	264.57	264.22	260.72	254.59	246.48	237.29	231.52
970	266.95	266.60	263.07	256.89	248.72	239.46	233.65
980	269.33	268.98	265.42	259.19	250.96	241.63	235.77
990	271.71	271.35	267.77	261.49	253.20	243.80	237.89
1000	274.08	273.72	270.11	263.79	255.44	245.96	240.00
1010	276.35	275.99	272.35	265.99	257.58	248.04	242.04
1020	278.72	278.35	274.69	268.29	259.81	250.19	244.15
1030	281.08	280.72	277.03	270.57	262.04	252.35	246.26
1040	283.44	283.08	279.36	272.86	264.26	254.50	248.37
1050	285.81	285.43	281.69	275.15	266.49	256.66	250.48
1060	288.16	287.79	284.02	277.43	268.71	258.81	252.58
1070	290.52	290.14	286.35	279.71	270.92	260.95	254.69
1080	292.87	292.49	288.67	281.99	273.14	263.10	256.79
1090	295.22	294.84	290.99	284.26	275.35	265.24	258.89
1100	297.57	297.18	293.31	286.54	277.57	267.38	260.98

续表

t_D	z'_D						
	0.05	0.1	0.3	0.5	0.7	0.9	1.0
1110	299.91	299.53	295.63	288.81	279.78	269.52	263.08
1120	302.26	301.87	297.94	291.07	281.98	271.66	265.17
1130	304.06	304.20	300.25	293.34	284.19	273.80	267.26
1140	306.93	306.54	302.56	295.61	286.39	275.93	269.35
1150	309.27	308.87	304.87	297.87	288.59	278.06	271.44
1160	311.60	311.20	307.18	300.13	290.79	280.19	273.52
1170	313.94	313.54	309.48	302.38	292.99	282.32	275.61
1180	316.26	315.86	311.78	304.64	295.19	284.44	277.69
1190	318.59	318.18	314.08	306.89	297.38	286.57	279.77
1200	320.92	320.51	316.38	309.15	299.57	288.69	281.85
1210	323.24	322.83	318.67	311.39	301.76	290.81	283.92
1220	325.56	325.14	320.96	313.64	303.95	292.93	286.00
1230	327.88	327.46	323.25	315.89	306.13	295.05	288.07
1240	330.19	329.77	325.54	318.13	308.32	297.16	290.14
1250	332.51	332.08	327.83	320.37	310.50	229.27	292.21
1260	334.82	334.39	330.11	322.61	312.68	301.38	294.28
1270	337.13	336.70	332.39	324.85	314.85	303.49	296.35
1280	339.44	339.01	334.67	327.08	317.03	305.60	298.41
1290	341.74	341.31	336.95	329.32	319.21	307.71	300.47
1300	344.05	343.61	339.23	331.55	321.38	309.81	302.54
1310	346.35	345.91	341.50	333.78	323.55	311.92	304.60
1320	348.65	348.21	343.77	336.01	325.72	314.02	306.65
1330	350.95	350.50	346.04	338.23	327.89	316.12	308.71
1340	353.24	352.80	348.31	340.46	330.05	318.22	310.77
1350	355.54	355.09	350.58	342.68	332.21	320.31	312.82
1360	357.83	357.38	352.84	344.90	334.38	322.41	314.87
1370	360.12	359.67	355.11	347.12	336.54	324.50	316.92
1380	362.41	361.95	357.37	349.34	338.70	326.59	318.97
1390	364.69	364.24	359.63	351.56	340.85	328.68	321.02
1400	366.98	366.52	361.88	353.77	343.01	330.77	323.06
1410	369.26	368.80	364.14	355.98	345.16	332.86	325.11
1420	371.54	371.08	366.40	358.19	347.32	334.94	327.15
1430	373.82	373.35	368.65	360.40	349.47	337.03	329.19
1440	376.10	375.63	370.90	362.61	351.62	339.11	331.23

续表

t_D	\multicolumn{7}{c}{z'_D}						
	0.05	0.1	0.3	0.5	0.7	0.9	1.0
1450	378.38	377.90	373.15	364.81	353.76	341.19	333.27
1460	380.65	380.17	375.39	367.02	355.91	343.27	335.31
1470	382.92	382.44	377.64	369.22	358.06	345.35	337.35
1480	385.19	384.71	379.88	371.42	360.20	347.43	339.38
1490	387.46	386.98	382.13	373.62	362.34	349.50	341.42
1500	389.73	389.25	384.37	375.82	364.48	351.58	343.45
1525	395.39	394.90	389.96	381.31	369.82	356.76	348.52
1550	401.04	400.55	395.55	386.78	375.16	361.93	353.59
1575	406.68	406.18	401.12	392.25	380.49	367.09	358.65
1600	412.32	411.81	406.69	397.71	385.80	372.24	363.70
1625	417.94	417.42	412.24	403.16	391.11	377.39	368.74
1650	423.55	423.03	417.79	408.60	396.41	382.53	373.77
1675	429.15	428.63	423.33	414.04	401.70	387.66	378.80
1700	434.75	434.22	428.85	419.46	406.99	392.78	383.82
1725	440.33	439.79	434.37	424.87	412.26	397.89	388.83
1750	445.91	445.37	439.89	430.28	417.53	403.00	393.84
1775	451.48	450.93	445.39	435.68	422.79	408.10	398.84
1800	457.04	456.48	450.88	441.07	428.04	413.20	403.83
1825	462.59	462.03	456.37	446.46	433.29	418.28	408.82
1850	468.13	467.56	461.85	451.83	438.53	423.36	413.80
1875	473.67	473.09	467.32	457.20	443.76	428.43	418.77
1900	479.19	478.61	472.78	462.56	448.98	433.50	423.73
1925	484.71	484.13	478.24	467.92	454.20	438.56	428.69
1950	490.22	489.63	483.69	473.26	459.41	443.61	433.64
1975	495.73	495.13	489.13	478.60	464.61	448.66	438.59
2000	501.22	500.62	494.56	483.93	469.81	453.70	443.53
2025	506.71	506.11	499.99	489.26	475.00	458.73	448.47
2050	512.20	511.58	505.41	494.58	480.18	463.76	453.40
2075	517.67	517.05	510.82	499.89	485.36	468.78	458.32
2100	523.14	522.52	516.22	505.19	490.53	473.80	463.24
2125	528.60	527.97	521.62	510.49	495.69	478.81	468.15
2150	534.05	533.42	527.02	515.78	500.85	483.81	473.06
2175	539.50	538.86	532.40	521.07	506.01	488.81	477.96
2200	544.94	544.30	537.78	526.35	511.15	493.81	482.85
2225	550.38	549.73	543.15	531.62	516.29	498.79	487.74
2250	555.81	555.15	548.52	536.89	521.43	503.78	492.63
2275	561.23	560.56	553.88	542.15	526.56	508.75	497.51
2300	566.64	565.97	559.23	547.41	531.68	513.72	502.38
2325	572.05	571.38	564.58	552.66	536.80	518.69	507.25
2350	577.46	576.78	569.92	557.90	541.91	523.65	512.12

续表

t_D	z'_D						
	0.05	0.1	0.3	0.5	0.7	0.9	1.0
2375	582.85	582.17	575.26	563.14	547.02	528.61	516.98
2400	588.24	587.55	580.59	568.37	552.12	533.56	521.83
2425	593.63	592.93	585.91	573.60	557.22	538.50	526.68
2450	599.01	598.31	591.23	578.82	562.31	543.45	531.53
2475	604.38	603.68	596.55	584.04	567.39	548.38	536.37
2500	609.75	609.04	601.85	589.25	572.47	553.31	541.20
2550	620.47	619.75	612.45	599.65	582.62	563.16	550.86
2600	631.17	630.43	623.03	610.04	592.75	572.99	560.50
2650	641.84	641.10	633.59	620.40	602.86	582.80	570.13
2700	652.50	651.74	644.12	630.75	612.95	592.60	579.73
2750	663.13	662.37	654.64	641.07	623.02	602.37	589.32
2800	673.75	672.97	665.14	651.38	633.07	612.13	598.90
2850	684.34	683.56	675.61	661.67	643.11	621.88	608.45
2900	694.92	694.12	686.07	671.94	653.12	631.60	617.99
2950	705.48	704.67	696.51	682.19	663.13	641.32	627.52
3000	716.02	715.20	706.94	692.43	673.11	651.01	637.03
3050	726.54	725.71	717.34	702.65	683.08	660.69	646.53
3100	737.04	736.20	727.73	712.85	693.03	670.36	656.01
3150	747.53	746.68	738.10	723.04	702.97	680.01	665.48
3200	758.00	757.14	748.45	733.21	712.89	689.64	674.93
3250	768.45	767.58	758.79	743.36	722.80	699.27	684.37
3300	778.89	778.01	769.11	753.50	732.69	708.87	693.80
3350	789.31	788.42	779.42	763.62	742.57	718.47	703.21
3400	799.71	798.81	789.71	773.73	752.43	728.05	712.62
3450	810.10	809.19	799.99	783.82	762.28	737.62	722.00
3500	820.48	819.55	810.25	793.90	772.12	747.17	731.38
3550	830.83	829.90	820.49	803.97	781.94	756.72	740.74
3600	841.18	840.24	830.73	814.02	791.75	766.24	750.09
3650	851.51	850.56	840.94	824.06	801.55	775.76	759.43
3700	861.83	860.86	851.15	834.08	811.33	785.27	768.76
3750	872.13	871.15	861.34	844.09	821.10	794.76	778.08
3800	882.41	881.43	871.51	854.09	830.86	804.24	787.38
3850	892.69	891.70	881.68	864.08	840.61	813.71	796.68
3900	902.95	901.95	891.83	874.05	850.34	823.17	805.96

续表

t_D	z'_D						
	0.05	0.1	0.3	0.5	0.7	0.9	1.0
3950	913.20	912.19	901.96	884.01	860.06	832.62	815.23
4000	923.43	922.41	912.09	893.96	869.77	842.06	824.49
4050	933.65	932.62	922.20	903.89	879.47	851.48	833.74
4100	943.86	942.82	932.30	913.82	889.16	860.90	842.99
4150	954.06	953.01	942.39	923.73	898.84	870.30	852.22
4200	964.25	963.19	952.47	933.63	908.50	879.69	861.44
4250	974.42	973.35	962.53	943.52	918.16	889.08	870.65
4300	984.58	983.50	972.58	953.40	927.80	898.45	879.85
4350	994.73	993.64	982.62	963.27	937.42	907.81	889.04
4400	1004.9	1003.8	992.7	973.1	947.1	917.2	898.2
4450	1015.0	1013.9	1002.7	983.0	956.7	926.5	907.4
4500	1025.1	1024.0	1012.7	992.8	966.3	935.9	916.6
4550	1035.2	1034.1	1022.7	1002.6	975.9	945.2	925.7
4600	1045.3	1044.2	1032.7	1012.4	985.5	954.5	934.9
4650	1055.4	1054.2	1042.6	1022.2	995.0	963.8	944.0
4700	1065.5	1064.3	1052.6	1032.0	1004.6	973.1	953.1
4750	1075.5	1074.4	1062.6	1041.8	1014.1	982.4	962.2
4800	1085.6	1084.4	1072.5	1051.6	1023.7	991.7	971.4
4850	1095.6	1094.4	1082.4	1061.4	1033.2	1000.9	980.5
4900	1105.6	1104.5	1092.4	1071.1	1042.8	1010.2	989.5
4950	1115.7	1114.5	1102.3	1080.9	1052.3	1019.4	998.6
5000	1125.7	1124.5	1112.2	1090.6	1061.8	1028.7	1007.7
5100	1145.7	1144.4	1132.0	1110.0	1080.8	1047.2	1025.8
5200	1165.6	1164.4	1151.7	1129.4	1099.7	1065.6	1043.9
5300	1185.5	1184.3	1171.4	1148.8	1118.6	1084.0	1062.0
5400	1205.4	1204.1	1191.1	1168.2	1137.5	1102.4	1080.0
5500	1225.3	1224.0	1210.7	1187.5	1156.4	1120.7	1098.0
5600	1245.1	1243.7	1230.3	1206.7	1175.2	1139.0	1116.0
5700	1264.9	1263.5	1249.9	1226.0	1194.0	1157.3	1134.0
5800	1284.6	1283.2	1269.4	1245.2	1212.8	1175.5	1151.9
5900	1304.3	1302.9	1288.9	1264.4	1231.5	1193.8	1169.8
6000	1324.0	1322.6	1308.4	1283.5	1250.2	1211.9	1187.7
6100	1343.6	1342.2	1327.9	1302.6	1268.9	1230.1	1205.5
6200	1363.2	1361.8	1347.3	1321.7	1287.5	1248.3	1223.3

续表

	z'_D						
t_D	0.05	0.1	0.3	0.5	0.7	0.9	1.0
6300	1382.8	1381.4	1366.7	1340.8	1306.2	1266.4	1241.1
6400	1402.4	1400.9	1386.0	1359.8	1324.7	1284.5	1258.9
6500	1421.9	1420.4	1405.3	1378.8	1343.3	1302.5	1276.6
6600	1441.4	1439.9	1424.6	1397.8	1361.9	1320.6	1294.3
6700	1460.9	1459.4	1443.9	1416.7	1380.4	1338.6	1312.0
6800	1480.3	1478.8	1463.1	1435.6	1398.9	1356.6	1329.7
6900	1499.7	1498.2	1482.4	1454.5	1417.3	1374.5	1347.4
7000	1519.1	1517.5	1501.5	1473.4	1435.8	1392.5	1365.0
7100	1538.5	1536.9	1520.7	1492.3	1454.2	1410.4	1382.6
7200	1557.8	1556.2	1539.8	1511.1	1472.6	1428.3	1400.2
7300	1577.1	1575.5	1559.0	1529.9	1491.2	1446.2	1417.8
7400	1596.4	1594.8	1578.1	1548.6	1509.3	1464.1	1435.3
7500	1615.7	1614.0	1597.1	1567.4	1527.6	1481.9	1452.8
7600	1634.9	1633.2	1616.2	1586.1	1545.9	1499.7	1470.3
7700	1654.1	1652.4	1635.2	1604.8	1564.2	1517.5	1487.8
7800	1673.3	1671.6	1654.2	1623.5	1582.5	1535.3	1505.3
7900	1692.5	1690.7	1673.1	1642.2	1600.7	1553.0	1522.7
8000	1711.6	1709.9	1692.1	1660.8	1619.0	1570.8	1540.1
8100	1730.8	1729.0	1711.0	1679.4	1637.2	1588.5	1557.6
8200	1749.9	1748.1	1729.9	1698.0	1655.3	1606.2	1574.9
8300	1768.9	1767.1	1748.8	1716.6	1673.5	1623.9	1592.3
8400	1788.0	1786.2	1767.7	1735.2	1691.6	1641.5	1609.7
8500	1807.0	1805.2	1786.5	1753.7	1709.8	1659.2	1627.0
8600	1826.0	1824.2	1805.4	1722.2	1727.9	1676.8	1644.3
8700	1845.0	1843.2	1824.2	1790.7	1746.0	1694.4	1661.6
8800	1864.0	1862.1	1842.9	1809.2	1764.0	1712.0	1678.9
8900	1833.0	1881.1	1861.7	1827.7	1782.1	1729.6	1696.2
9900	1901.9	1900.0	1880.5	1846.0	1800.1	1747.1	1713.4
9100	1920.8	1918.9	1889.2	1864.5	1818.1	1764.7	1730.7
9200	1939.7	1937.4	1917.9	1882.9	1836.1	1782.2	1747.9
9300	1958.6	1956.6	1936.6	1901.3	1854.1	1799.1	1765.1
9400	1977.4	1975.4	1955.2	1919.7	1872.0	1817.2	1782.3
9500	1996.3	1994.3	1973.9	1938.0	1890.0	1834.7	1799.4
9600	2015.1	2013.1	1992.5	1956.4	1907.9	1852.1	1816.6

续表

t_D	z'_D						
	0.05	0.1	0.3	0.5	0.7	0.9	1.0
9700	2033.9	2031.9	2011.1	1974.7	1925.8	1869.6	1833.7
9800	2052.7	2050.6	2029.7	1993.0	1943.7	1887.0	1850.9
9900	2071.5	2069.4	2048.3	2011.3	1961.6	1904.4	1868.0
1.00×10^4	2.090×10^3	2.088×10^3	2.067×10^3	2.029×10^3	1.979×10^3	1.922×10^3	1.855×10^3
1.25×10^4	2.553×10^3	2.551×10^3	2.526×10^3	2.481×10^3	2.421×10^3	2.352×10^3	2.308×10^3
1.50×10^4	3.009×10^3	3.006×10^3	2.977×10^3	2.925×10^3	2.855×10^3	2.775×10^3	2.724×10^3
1.75×10^4	3.457×10^3	3.454×10^3	3.421×10^3	3.362×10^3	3.284×10^3	3.193×10^3	3.135×10^3
2.00×10^4	3.900×10^3	3.897×10^3	3.860×10^3	3.794×10^3	3.707×10^3	3.605×10^3	3.541×10^3
2.50×10^4	4.773×10^3	4.768×10^3	4.724×10^3	4.646×10^3	4.541×10^3	4.419×10^3	4.341×10^3
3.00×10^4	5.630×10^3	5.625×10^3	5.574×10^3	5.483×10^3	5.361×10^3	5.219×10^3	5.129×10^3
3.50×10^4	6.476×10^3	6.470×10^3	6.412×10^3	6.309×10^3	6.170×10^3	6.009×10^3	5.906×10^3
4.00×10^4	7.312×10^3	7.305×10^3	7.240×10^3	7.125×10^3	6.970×10^3	6.790×10^3	6.675×10^3
4.50×10^4	8.139×10^3	8.132×10^3	8.060×10^3	7.933×10^3	7.762×10^3	7.564×10^3	7.437×10^3
5.00×10^4	8.959×10^3	8.951×10^3	8.872×10^3	8.734×10^3	8.548×10^3	8.331×10^3	8.193×10^3
6.00×10^4	1.057×10^4	1.057×10^4	1.047×10^4	1.031×10^4	1.010×10^4	9.846×10^4	9.684×10^3
7.00×10^4	1.217×10^4	1.217×10^4	1.206×10^4	1.188×10^4	1.163×10^4	1.134×10^4	1.116×10^4
8.00×10^4	1.375×10^4	1.375×10^4	1.363×10^4	1.342×10^4	1.315×10^4	1.283×10^4	1.262×10^4
9.00×10^4	1.532×10^4	1.531×10^4	1.518×10^4	1.496×10^4	1.465×10^4	1.430×10^4	1.407×10^4
1.00×10^5	1.687×10^4	1.686×10^4	1.672×10^4	1.647×10^4	1.614×10^4	1.576×10^4	1.551×10^4
1.25×10^5	2.071×10^4	2.069×10^4	2.052×10^4	2.023×10^4	1.982×10^4	1.936×10^4	1.906×10^4
1.50×10^5	2.448×10^4	2.446×10^4	2.427×10^4	2.392×10^4	2.345×10^4	2.291×10^4	2.256×10^4
2.00×10^5	3.190×10^4	3.188×10^4	3.163×10^4	3.119×10^4	3.059×10^4	2.989×10^4	2.945×10^4
2.50×10^5	3.918×10^4	3.916×10^4	3.885×10^4	3.832×10^4	3.760×10^4	3.676×10^4	3.622×10^4
3.00×10^5	4.636×10^4	4.633×10^4	4.598×10^4	4.536×10^4	4.452×10^4	4.353×10^4	4.290×10^4
4.00×10^5	6.048×10^4	6.004×10^4	5.999×10^4	5.920×10^4	5.812×10^4	5.687×10^4	5.606×10^4
5.00×10^5	7.436×10^4	7.431×10^4	7.376×10^4	7.280×10^4	7.150×10^4	6.998×10^4	6.900×10^4
6.00×10^5	8.805×10^4	8.798×10^4	8.735×10^4	8.623×10^4	8.471×10^4	8.293×10^4	8.178×10^4
7.00×10^5	1.016×10^5	1.015×10^5	1.008×10^5	9.951×10^5	9.777×10^5	9.573×10^5	9.442×10^5
8.00×10^5	1.150×10^5	1.149×10^5	1.141×10^5	1.127×10^5	1.107×10^5	1.084×10^5	1.070×10^5
9.00×10^5	1.283×10^5	1.282×10^5	1.273×10^5	1.257×10^5	1.235×10^5	1.210×10^5	1.194×10^5
1.00×10^6	1.415×10^5	1.412×10^5	1.404×10^5	1.387×10^5	1.363×10^5	1.335×10^5	1.317×10^5
1.50×10^6	2.059×10^5	2.060×10^5	2.041×10^5	2.016×10^5	1.982×10^5	1.943×10^5	1.918×10^5
2.00×10^6	2.695×10^5	2.695×10^5	2.676×10^5	2.644×10^5	2.601×10^5	2.551×10^5	2.518×10^5
2.50×10^6	3.320×10^5	3.319×10^5	3.296×10^5	3.254×10^5	3.202×10^5	3.141×10^5	3.101×10^5

续表

t_D	z'_D						
	0.05	0.1	0.3	0.5	0.7	0.9	1.0
3.00×10^6	3.937×10^5	3.936×10^5	3.909×10^5	3.864×10^5	3.803×10^5	3.731×10^5	3.684×10^5
4.00×10^6	5.154×10^5	5.152×10^5	5.118×10^5	5.060×10^5	4.981×10^5	4.888×10^5	4.828×10^5
5.00×10^6	6.352×10^5	6.349×10^5	6.308×10^5	6.238×10^5	6.142×10^5	6.029×10^5	5.956×10^5
6.00×10^6	7.536×10^5	7.533×10^5	7.485×10^5	7.402×10^5	7.290×10^5	7.157×10^5	7.072×10^5
7.00×10^6	8.709×10^5	8.705×10^5	8.650×10^5	8.556×10^5	8.427×10^5	8.275×10^5	8.177×10^5
8.00×10^6	9.972×10^5	9.867×10^5	9.806×10^5	9.699×10^5	9.555×10^5	9.384×10^5	9.273×10^5
9.00×10^6	1.103×10^6	1.012×10^6	1.095×10^6	1.084×10^6	1.067×10^6	1.049×10^6	1.036×10^6
1.00×10^7	1.217×10^6	1.217×10^6	1.209×10^6	1.196×10^6	1.179×10^6	1.158×10^6	1.144×10^6
1.50×10^7	1.782×10^6	1.781×10^6	1.771×10^6	1.752×10^6	1.727×10^6	1.697×10^6	1.678×10^6
2.00×10^7	2.337×10^6	2.336×10^6	2.332×10^6	2.298×10^6	2.266×10^6	2.227×10^6	2.202×10^6
2.50×10^7	2.884×10^6	2.882×10^6	2.866×10^6	2.837×10^6	2.797×10^6	2.750×10^6	2.720×10^6
3.00×10^7	3.425×10^6	3.423×10^6	3.404×10^6	3.369×10^6	3.323×10^6	3.268×10^6	3.232×10^6
4.00×10^7	4.493×10^6	4.491×10^6	4.466×10^6	4.422×10^6	4.361×10^6	4.290×10^6	4.244×10^6
5.00×10^7	5.547×10^6	5.544×10^6	5.514×10^6	5.460×10^6	5.386×10^6	5.299×10^6	5.243×10^6
6.00×10^7	6.590×10^6	6.587×10^6	6.551×10^6	6.488×10^6	6.401×10^6	6.299×10^6	6.232×10^6
7.00×10^7	7.624×10^6	7.620×10^6	7.579×10^6	7.507×10^6	7.407×10^6	7.290×10^6	7.213×10^6
8.00×10^7	8.651×10^6	8.647×10^6	8.600×10^6	8.519×10^6	8.407×10^6	8.274×10^6	8.188×10^6
9.00×10^7	9.671×10^6	9.666×10^6	9.615×10^6	9.524×10^6	9.400×10^6	9.252×10^6	9.156×10^6
1.00×10^8	1.069×10^7	1.067×10^7	1.062×10^7	1.052×10^7	1.039×10^7	1.023×10^7	1.012×10^7
1.50×10^8	1.567×10^7	1.567×10^7	1.555×10^7	1.541×10^7	1.522×10^7	1.499×10^7	1.483×10^7
2.00×10^8	2.059×10^7	2.059×10^7	2.048×10^7	2.029×10^7	2.004×10^7	1.974×10^7	1.954×10^7
2.50×10^8	2.546×10^7	2.545×10^7	2.531×10^7	2.507×10^7	2.476×10^7	2.439×10^7	2.415×10^7
3.00×10^8	3.027×10^7	3.026×10^7	3.010×10^7	2.984×10^7	2.947×10^7	2.904×10^7	2.875×10^7
4.00×10^8	3.979×10^7	3.978×10^7	3.958×10^7	3.923×10^7	3.875×10^7	3.819×10^7	3.782×10^7
5.00×10^8	4.920×10^7	4.918×10^7	4.894×10^7	4.851×10^7	4.793×10^7	4.724×10^7	4.679×10^7
6.00×10^8	5.582×10^7	5.850×10^7	5.821×10^7	5.771×10^7	5.702×10^7	5.621×10^7	5.568×10^7
7.00×10^8	6.777×10^7	6.774×10^7	6.741×10^7	6.684×10^7	6.605×10^7	6.511×10^7	6.450×10^7
8.00×10^8	7.700×10^7	7.693×10^7	7.655×10^7	7.590×10^7	7.501×10^7	7.396×10^7	7.327×10^7
9.00×10^8	8.609×10^7	8.606×10^7	8.564×10^7	8.492×10^7	8.393×10^7	8.275×10^7	8.199×10^7
1.00×10^9	9.518×10^7	9.515×10^7	9.469×10^7	9.390×10^7	9.281×10^7	9.151×10^7	9.066×10^7
1.50×10^9	1.401×10^8	1.400×10^8	1.394×10^8	1.382×10^8	1.367×10^8	1.348×10^8	1.336×10^8
2.00×10^9	1.843×10^8	1.843×10^8	1.834×10^8	1.819×10^8	1.799×10^8	1.774×10^8	1.758×10^8
2.50×10^9	2.281×10^8	2.280×10^8	2.269×10^8	2.251×10^8	2.226×10^8	2.196×10^8	2.177×10^8
3.00×10^9	2.714×10^8	2.713×10^8	2.701×10^8	2.680×10^8	2.650×10^8	2.615×10^8	2.592×10^8

续表

t_D	z'_D						
	0.05	0.1	0.3	0.5	0.7	0.9	1.0
4.00×10^9	3.573×10^8	3.572×10^8	3.556×10^8	3.528×10^8	3.489×10^8	3.443×10^8	3.413×10^8
5.00×10^9	4.422×10^8	4.421×10^8	4.401×10^8	4.367×10^8	4.320×10^8	4.263×10^8	4.227×10^8
6.00×10^9	5.265×10^8	5.262×10^8	5.240×10^8	5.199×10^8	5.143×10^8	5.077×10^8	5.033×10^8
7.00×10^9	6.101×10^8	6.098×10^8	6.072×10^8	6.025×10^8	5.961×10^8	5.885×10^8	5.835×10^8
8.00×10^9	6.932×10^8	6.930×10^8	6.900×10^8	6.847×10^8	6.775×10^8	6.688×10^8	6.632×10^8
9.00×10^9	7.760×10^8	7.756×10^8	7.723×10^8	7.664×10^8	7.584×10^8	7.487×10^8	7.424×10^8
1.00×10^{10}	8.583×10^8	8.574×10^8	8.543×10^8	8.478×10^8	8.389×10^8	8.283×10^8	8.214×10^8
1.50×10^{10}	1.263×10^9	1.264×10^9	1.257×10^9	1.247×10^9	1.235×10^9	1.219×10^9	1.209×10^9
2.00×10^{10}	1.666×10^9	1.666×10^9	1.659×10^9	1.646×10^9	1.630×10^9	1.610×10^9	1.596×10^9
2.50×10^{10}	2.065×10^9	2.063×10^9	2.055×10^9	2.038×10^9	2.018×10^9	1.933×10^9	1.977×10^9
3.00×10^{10}	2.458×10^9	2.458×10^9	2.447×10^9	2.430×10^9	2.405×10^9	2.376×10^9	2.357×10^9
4.00×10^{10}	3.240×10^9	3.239×10^9	3.226×10^9	3.203×10^9	3.171×10^9	3.133×10^9	3.108×10^9
5.00×10^{10}	4.014×10^9	4.013×10^9	3.997×10^9	3.968×10^9	3.929×10^9	3.883×10^9	3.852×10^9
6.00×10^{10}	4.782×10^9	4.781×10^9	4.762×10^9	4.728×10^9	4.628×10^9	4.627×10^9	4.591×10^9
7.00×10^{10}	5.546×10^9	5.544×10^9	5.522×10^9	5.483×10^9	5.430×10^9	5.366×10^9	5.325×10^9
8.00×10^{10}	6.305×10^9	6.303×10^9	6.278×10^9	6.234×10^9	6.174×10^9	6.102×10^9	6.055×10^9
9.00×10^{10}	7.060×10^9	7.058×10^9	7.030×10^9	6.982×10^9	6.914×10^9	6.834×10^9	6.782×10^9
1.00×10^{11}	7.813×10^9	7.810×10^9	7.780×10^9	7.726×10^9	7.652×10^9	7.564×10^9	7.506×10^9
1.50×10^{11}	1.154×10^{10}	1.153×10^{10}	1.149×10^{10}	1.141×10^{10}	1.130×10^{10}	1.118×10^{10}	1.109×10^{10}
2.00×10^{11}	1.522×10^{10}	1.521×10^{10}	1.515×10^{10}	1.505×10^{10}	1.491×10^{10}	1.474×10^{10}	1.463×10^{10}
2.50×10^{11}	1.886×10^{10}	1.885×10^{10}	1.878×10^{10}	1.866×10^{10}	1.849×10^{10}	1.828×10^{10}	1.814×10^{10}
3.00×10^{11}	2.248×10^{10}	2.247×10^{10}	2.239×10^{10}	2.224×10^{10}	2.204×10^{10}	2.179×10^{10}	2.163×10^{10}
4.00×10^{11}	2.965×10^{10}	2.964×10^{10}	2.953×10^{10}	2.934×10^{10}	2.907×10^{10}	2.876×10^{10}	2.855×10^{10}
5.00×10^{11}	3.677×10^{10}	3.675×10^{10}	3.662×10^{10}	3.638×10^{10}	3.605×10^{10}	3.566×10^{10}	3.540×10^{10}
6.00×10^{11}	4.383×10^{10}	4.381×10^{10}	4.365×10^{10}	4.337×10^{10}	4.298×10^{10}	4.252×10^{10}	4.221×10^{10}
7.00×10^{11}	5.085×10^{10}	5.082×10^{10}	5.064×10^{10}	5.032×10^{10}	4.987×10^{10}	4.933×10^{10}	4.898×10^{10}
8.00×10^{11}	5.783×10^{10}	5.781×10^{10}	5.760×10^{10}	5.723×10^{10}	5.673×10^{10}	5.612×10^{10}	5.572×10^{10}
9.00×10^{11}	6.478×10^{10}	6.476×10^{10}	6.453×10^{10}	6.412×10^{10}	6.355×10^{10}	6.288×10^{10}	6.243×10^{10}
1.00×10^{12}	7.171×10^{10}	7.168×10^{10}	7.143×10^{10}	7.098×10^{10}	7.035×10^{10}	6.961×10^{10}	6.912×10^{10}
1.50×10^{12}	1.060×10^{11}	1.060×10^{11}	1.056×10^{11}	1.050×10^{11}	1.041×10^{11}	1.030×10^{11}	1.022×10^{11}
2.00×10^{12}	1.400×10^{11}	1.399×10^{11}	1.394×10^{11}	1.386×10^{11}	1.374×10^{11}	1.359×10^{11}	1.350×10^{11}

表 9.7 底水驱动非稳态水侵模型 $r_D'=4$ 时的无因次水侵量 W_{eD}

t_D	z_D'						
	0.05	0.1	0.3	0.5	0.7	0.9	1.0
2	2.398	2.389	2.284	2.031	1.824	1.620	1.507
3	3.006	2.993	2.874	2.629	2.390	2.149	2.012
4	3.552	3.528	3.404	3.158	2.893	2.620	2.466
5	4.053	4.017	3.893	3.627	3.341	3.045	2.876
6	4.490	4.452	4.332	4.047	3.744	3.430	3.249
7	4.867	4.829	4.715	4.420	4.107	3.778	3.587
8	5.191	5.157	5.043	4.757	4.437	4.096	3.898
9	5.464	5.434	5.322	5.060	4.735	4.385	4.184
10	5.767	5.739	5.598	5.319	5.000	4.647	4.443
11	5.964	5.935	5.829	5.561	5.240	4.884	4.681
12	6.188	6.158	6.044	5.780	5.463	5.107	4.903
13	6.380	6.350	6.240	5.983	5.670	5.316	5.113
14	6.559	6.529	6.421	6.171	5.863	5.511	5.309
15	6.725	6.694	6.589	6.345	6.044	5.695	5.495
16	6.876	6.844	6.743	6.506	6.213	5.867	5.671
17	7.014	6.983	6.885	6.656	6.371	6.030	5.838
18	7.140	7.113	7.019	6.792	6.523	6.187	5.999
19	7.261	7.240	7.140	6.913	6.663	6.334	6.153
20	7.376	7.344	7.261	7.028	6.785	6.479	6.302
22	7.518	7.507	7.451	7.227	6.982	6.691	6.524
24	7.618	7.607	7.518	7.361	7.149	6.870	6.714
26	7.697	7.685	7.607	7.473	7.283	7.026	6.881
28	7.752	7.752	7.674	7.563	7.395	7.160	7.026
30	7.808	7.797	7.741	7.641	7.484	7.283	7.160
34	7.864	7.864	7.819	7.741	7.618	7.451	7.350
38	7.909	7.909	7.875	7.808	7.719	7.585	7.496
42	7.931	7.931	7.909	7.864	7.797	7.685	7.618
46	7.942	7.942	7.920	7.898	7.842	7.752	7.697
50	7.954	7.954	7.942	7.920	7.875	7.808	7.764
60	7.968	7.968	7.965	7.954	7.931	7.898	7.864
70	7.976	7.976	7.976	7.968	7.965	7.942	7.920
80	7.982	7.982	7.987	7.976	7.976	7.965	7.954
90	7.987	7.987	7.987	7.984	7.983	7.976	7.965
100	7.987	7.987	7.987	7.987	7.987	7.983	7.976
120	7.987	7.987	7.987	7.987	7.987	7.987	7.987

表 9.8　底水驱动非稳态水侵模型 $r_D'=6$ 时的无因次水侵量 W_{eD}

t_D	z_D'						
	0.05	0.1	0.3	0.5	0.7	0.9	1.0
6	4.780	4.762	4.597	4.285	3.953	3.611	3.414
7	5.309	5.289	5.114	4.779	4.422	4.053	3.837
8	5.799	5.778	5.595	5.256	4.875	4.478	4.247
9	6.252	6.229	6.041	5.712	5.310	4.888	4.642
10	6.750	6.729	6.498	6.135	5.719	5.278	5.019
11	7.137	7.116	6.916	6.548	6.110	5.648	5.378
12	7.569	7.545	7.325	6.945	6.491	6.009	5.728
13	7.967	7.916	7.719	7.329	6.858	6.359	6.067
14	8.357	8.334	8.099	7.699	7.214	6.697	6.395
15	8.734	8.709	8.467	8.057	7.557	7.024	6.713
16	9.093	9.067	8.819	8.398	7.884	7.336	7.017
17	9.442	9.416	9.160	8.730	8.204	7.641	7.315
18	9.775	9.749	9.485	9.047	8.510	7.934	7.601
19	10.09	10.06	9.794	9.443	8.802	8.214	7.874
20	10.40	10.37	10.10	9.646	9.087	8.487	8.142
22	10.99	10.96	10.67	10.21	9.631	9.009	8.653
24	11.53	11.50	11.20	10.73	10.13	9.493	9.130
26	12.06	12.03	11.72	11.23	10.62	9.964	9.594
28	12.52	12.49	12.17	11.68	11.06	10.39	10.01
30	12.95	12.92	12.59	12.09	11.46	10.78	10.40
35	13.96	13.93	13.57	13.06	12.41	11.70	11.32
40	14.69	14.66	14.33	13.84	13.23	12.53	12.15
45	15.27	15.24	14.94	14.48	13.90	13.23	12.87
50	15.74	15.71	15.44	15.01	14.47	13.84	13.49
60	16.40	16.38	16.15	15.81	15.34	14.78	14.47
70	16.87	16.85	16.67	16.38	15.99	15.50	15.24
80	17.20	17.18	17.04	16.80	16.48	16.06	15.83
90	17.43	17.42	17.30	17.10	16.85	16.50	16.29
100	17.58	17.58	17.49	17.34	17.12	16.83	16.66
110	17.71	17.69	17.63	17.50	17.34	17.09	16.93
120	17.78	17.78	17.73	17.63	17.49	17.29	17.17
130	17.84	17.84	17.79	17.73	17.62	17.45	17.34
140	17.88	17.88	17.85	17.79	17.71	17.57	17.48

续表

t_D	z'_D						
	0.05	0.1	0.3	0.5	0.7	0.9	1.0
150	17.92	17.91	17.88	17.84	17.77	17.66	17.58
175	17.95	17.95	17.94	17.92	17.87	17.81	17.76
200	17.97	17.97	17.96	17.95	17.93	17.88	17.86
225	17.97	17.97	17.97	17.96	17.95	17.93	17.91
250	17.98	17.98	17.98	17.97	17.96	17.95	17.95
300	17.98	17.98	17.98	17.98	17.98	17.97	17.97
350	17.98	17.98	17.98	17.98	17.98	17.98	17.98
400	17.98	17.98	17.98	17.98	17.98	17.98	17.98
450	17.98	17.98	17.98	17.98	17.98	17.98	17.98
500	17.98	17.98	17.98	17.98	17.98	17.98	17.98

表 9.9　底水驱动非稳态水侵模型 $r_D'=9$ 时的无因次水侵量 W_{eD}

t_D	z'_D						
	0.05	0.1	0.3	0.5	0.7	0.9	1.0
9	6.301	6.278	6.088	5.756	5.350	4.924	4.675
10	6.828	6.807	6.574	6.205	5.783	5.336	5.072
11	7.250	7.229	7.026	6.650	6.204	5.732	5.456
12	7.725	7.700	7.477	7.086	6.621	6.126	5.836
13	8.173	8.149	7.919	7.515	7.029	6.514	6.210
14	8.619	8.594	8.355	7.937	7.432	6.895	6.578
15	9.058	9.032	8.783	8.351	7.828	7.270	6.940
16	9.485	9.458	9.202	8.755	8.213	7.634	7.293
17	9.907	9.879	9.613	9.153	8.594	7.997	7.642
18	10.32	10.29	10.01	9.537	8.961	8.343	7.979
19	10.72	10.69	1.041	9.920	9.328	8.691	8.315
20	11.12	11.08	10.80	10.30	9.687	9.031	8.645
22	11.89	11.86	11.55	11.02	10.38	9.686	9.280
24	12.63	12.60	12.27	11.72	11.05	10.32	9.896
26	13.36	13.32	12.97	12.40	11.70	10.94	10.49
28	14.06	14.02	13.65	13.06	12.33	11.53	11.07
30	14.73	14.69	14.30	13.68	12.93	12.10	11.62
34	16.01	15.97	15.54	14.88	14.07	13.18	12.67
38	17.21	17.17	16.70	15.99	15.13	14.18	13.65

续表

t_D	z'_D						
	0.05	0.1	0.3	0.5	0.7	0.9	1.0
40	17.80	17.75	17.26	16.52	15.64	14.66	14.12
45	19.15	19.10	18.56	17.76	16.83	15.77	15.21
50	20.42	20.36	19.76	18.91	17.93	16.80	16.24
55	21.46	21.39	20.80	19.96	18.97	17.83	17.24
60	22.40	22.34	21.75	20.91	19.93	18.78	18.19
70	23.97	23.92	23.36	22.55	21.58	20.44	19.86
80	25.29	25.23	24.71	23.94	23.01	21.91	21.32
90	26.39	26.33	25.85	25.12	24.24	23.18	22.61
100	27.30	27.25	26.81	26.13	25.29	24.29	23.74
120	28.61	28.57	28.19	27.63	26.90	26.01	25.51
140	29.55	29.51	29.21	28.74	28.12	27.33	26.90
160	30.23	30.21	29.96	29.57	29.04	28.37	27.99
180	30.73	30.71	30.51	30.18	29.75	29.18	28.84
200	31.07	31.04	30.90	30.63	30.26	29.79	29.51
240	31.50	31.49	31.39	31.22	30.98	30.65	30.45
280	31.72	31.71	31.66	31.56	31.39	31.17	31.03
320	31.85	31.84	31.80	31.74	31.64	31.49	31.39
360	31.90	31.90	31.88	31.85	31.78	31.68	31.61
400	31.94	31.94	31.93	31.90	31.86	31.79	31.75
450	31.96	31.96	31.95	31.94	31.91	31.88	31.85
500	31.97	31.97	31.96	31.96	31.95	31.93	31.90
550	31.97	31.97	31.97	31.96	31.96	31.95	31.94
600	31.97	31.97	31.97	31.97	31.97	31.96	31.95
700	31.97	31.97	31.97	31.97	31.97	31.97	31.97
800	31.97	31.97	31.97	31.97	31.97	31.97	31.97

表 9.10 底水驱动非稳态水侵模型 $r'_D=10$ 时的无因次水侵量 W_{eD}

t_D	z'_D						
	0.05	0.1	0.3	0.5	0.7	0.9	1.0
22	12.07	12.04	11.74	11.21	10.56	9.865	9.449
24	12.86	12.83	12.52	11.97	11.29	10.55	10.12
26	13.65	13.62	13.29	12.72	12.01	11.24	10.78
28	14.42	14.39	14.04	13.44	12.70	11.90	11.42
30	15.17	15.13	14.77	14.15	13.38	12.55	12.05

续表

t_D	\multicolumn{7}{c}{z'_D}
	0.05	0.1	0.3	0.5	0.7	0.9	1.0
32	15.91	15.87	15.49	14.85	14.05	13.18	12.67
34	16.63	16.59	16.20	15.54	14.71	13.81	13.28
36	17.33	17.29	16.89	16.21	15.35	14.42	13.87
38	18.03	17.99	17.57	16.86	15.98	15.02	14.45
40	18.72	18.68	18.24	17.51	16.60	15.61	15.02
42	19.38	19.33	18.89	18.14	17.21	16.19	15.58
44	20.03	19.99	19.53	18.76	17.80	16.75	16.14
46	20.67	20.62	20.15	19.36	18.38	17.30	16.67
48	21.30	21.25	20.76	19.95	18.95	17.84	17.20
50	21.92	21.87	21.36	20.53	19.51	18.38	17.72
52	22.52	22.47	21.95	21.10	20.05	18.89	18.22
54	23.11	23.06	22.53	21.66	20.59	19.40	18.72
56	23.70	23.64	23.09	22.20	21.11	19.89	19.21
58	24.26	24.21	23.65	22.74	21.63	20.39	19.68
60	24.82	24.77	24.19	23.26	22.13	20.87	20.15
65	26.18	26.12	25.50	24.53	23.34	22.02	21.28
70	27.47	27.41	26.75	25.73	24.50	23.12	22.36
75	28.71	28.55	27.94	26.88	25.60	24.17	23.39
80	29.89	29.82	29.08	27.97	26.65	25.16	24.36
85	31.02	30.95	30.17	29.01	27.65	26.10	25.31
90	32.10	32.03	31.20	30.00	28.60	27.03	26.25
95	33.04	32.96	32.14	30.95	29.54	27.93	27.10
100	33.94	33.85	33.03	31.85	30.44	28.82	27.98
110	35.55	35.46	34.65	33.49	32.08	30.47	29.62
120	36.97	36.90	36.11	34.98	33.58	31.98	31.14
130	38.28	38.19	37.44	36.33	34.96	33.38	32.55
140	39.44	39.37	38.64	37.56	36.23	34.67	33.85
150	40.49	40.42	39.71	38.67	37.38	35.86	35.04
170	42.21	42.15	41.51	40.54	39.33	37.89	37.11
190	43.62	43.55	42.98	42.10	40.97	39.62	38.90
210	44.77	44.72	44.19	43.40	42.36	41.11	40.42
230	45.71	45.67	45.20	44.48	43.54	42.38	41.74
250	46.48	46.44	46.01	45.38	44.53	43.47	42.87
270	47.11	47.06	46.70	46.13	45.36	44.40	43.84

续表

t_D	z'_D						
	0.05	0.1	0.3	0.5	0.7	0.9	1.0
290	47.61	47.58	47.25	46.75	46.07	45.19	44.68
310	48.03	48.00	47.72	47.26	46.66	45.87	45.41
330	48.38	48.35	48.10	47.71	47.16	46.45	46.03
350	48.66	48.64	48.42	48.08	47.59	46.95	46.57
400	49.15	49.14	48.99	48.74	48.38	47.89	47.60
450	49.46	49.45	49.35	49.17	48.91	48.55	48.31
500	49.65	49.64	49.58	49.45	49.26	48.98	48.82
600	49.84	49.84	49.81	49.74	49.65	49.50	49.41
700	49.91	49.91	49.90	49.87	49.82	49.74	49.69
800	49.94	49.94	49.93	49.92	49.90	49.85	49.83
900	49.96	49.96	49.94	49.94	49.93	49.91	49.90
1000	49.96	49.96	49.96	49.96	49.94	49.93	49.93
1200	49.96	49.96	49.96	49.96	49.96	49.96	49.96

水侵量的计算方法中所使用的无因次数值见例 9.2 ~ 例 9.4 中计算方法后的表格。例 9.5 给出了计算过程,该问题由 Allard 和 Chen[18] 提出。

例 9.5 计算水侵量关于时间的函数

已知:

$r_R = 2000 \text{ft}$;

$r_e = \infty$;

$h = 200 \text{ft}$;

$K = 50 \text{mD}$;

$F_k = 0.04$;

$\phi = 10\%$;

$\mu = 0.395 \text{cP}$;

$c_t = 8 \times 10^{-6} \text{psi}^{-1}$。

时间 t,d	平均边界压力 p_B,psi(绝)
0	3000
30	2956
60	2917
90	2877
120	2844
150	2811
180	2791
210	2773
240	2755

解：

$$r_D' = \infty$$

$$z_D' = \frac{h}{r_R F_k^{1/2}} \tag{9.14}$$

$$z_D' = \frac{200}{2000 \times 0.040^{1/2}} = 0.5$$

$$t_D = 0.0002637 \frac{Kt}{\phi \mu c_t r_R^2}$$

$$t_D = \frac{0.0002637 \times 50t}{0.10 \times 0.395 \times 8 \times 10^{-6} \times 2000^2} = 0.0104t \text{(此处时间单位为 h)}$$

$$B' = 1.119 \phi h c_t r_R^2$$

$$B' = 1.119 \times 0.10 \times 200 \times 8 \times 10^{-6} \times 2000^2 = 716 \text{bbl/psi}$$

时间 t d	无因次时间 t_D	无因次水侵量 W_{eD}	平均边界压力 p_B psi(绝)	压差 Δp	水侵量 W_e 10^3 bbl
0	0	0	3000	0	0
30	7.5	5.038	2956	22.0	79
60	15.0	8.389	2917	41.5	282
90	22.5	11.414	2877	39.5	572
120	30.0	14.263	2844	36.5	933
150	37.5	16.994	2811	33.0	1353
180	45.0	19.641	2791	26.5	1810
210	52.5	22.214	2773	19.0	2284
240	60.0	24.728	2755	18.0	2782

9.4 拟稳态水侵

第9.3节中阐述的边水驱动和底水驱动非稳态水侵模型对几乎所有储层的水侵量计算都适用。但该计算方法有些复杂，因而尝试使用一些方法进行简化计算，包括之前提到的 Carter-Tracy 模型，其中最著名并且看上去正确的方法由 Fetkovich 提出的，他利用了含水层系的物质平衡方程和描述含水层有关流速的方程[19]，Fetkovich 提出的关于流速的方程与第8章中提及的采油指数方程相似。采油指数的条件是拟稳态渗流，因此利用该方法计算水侵量时忽略了不稳定渗流时期的影响，从而会使计算结果产生明显的偏差，但是在很多应用中，该方法与 van Everdingen 和 Hurst 得到的结果相近。

Fetkovich 首先给出了含水层系中关于水相和岩石压缩系数的物质平衡方程：

$$\bar{p} = -\left(\frac{p_i}{W}\right)W_e + p_i \tag{9.15}$$

式中 $\bar{p}$ 是含水层系中产出 W_e bbl 水后的平均地层压力,p_i 是含水层系的原始地层压力,W_{ei} 是原始地层压力下的原始侵入水体积。Fetkovich 定义了一个广义的流量方程如下:

$$q_w B_w = J(\bar{p} = p_R)^{m_a} \tag{9.16}$$

式中 $q_w B_w$ 是含水层系的流量,J 是含水层的采油指数,为含水层几何尺寸的函数,p_R 表示储层与含水层边界处的压力,拟稳态渗流符合达西渗流规律时,$m_a = 1$。联立公式(9.15)和公式(9.16)可得到以下方程(具体推倒过程见参考文献[19-20]):

$$W_e = \frac{W_{ei}}{p_i}(p_i - p_R)(1 - e^{\frac{Jp_i t}{W_{ei}}}) \tag{9.17}$$

该方程的推导过程中假设储层与含水层系边界处的压力恒定为 p_R,含水层系的平均压力为 $\bar{p}$。对于一般油藏,这两个压力会随着时间变化,因此使用该方程时,通常要使用叠加原理。Fetkovich 认为在计算短时间 Δt 内的水侵量时,可以使用相应的含水层平均压力 $\bar{p}$ 和平均边界压力 $\bar{p}_R$,然后在新的时间段和压力下继续进行计算,不再需要使用叠加原理。使用该方法计算水侵量的方程如下:

$$\Delta W_{en} = \frac{W_{ei}}{p_i}(\bar{p}_{n-1} = \bar{p}_{Rn})(1 - e^{\frac{Jp_i \Delta t_n}{W_{ei}}}) \tag{9.18}$$

$$\bar{p}_{a-1} = p_i\left(1 - \frac{W_e}{W_{ei}}\right) \tag{9.19}$$

$$\bar{p}_{Rn} = \frac{p_{Rn-1} + p_{Rn}}{2} \tag{9.20}$$

式中 n——特定的时间步;

$\bar{p}_{n-1}$——在 $n-1$ 时间步结束时含水层系的平均压力;

$\bar{p}_{Rn}$——在第 n 时间步中储层与含水层边界处的平均压力;

W_e——总水侵量。

W_e 的计算公式如下:

$$W_e = \sum \Delta W_{en} \tag{9.21}$$

计算方法中的采油指数 J 为含水层几何尺寸的函数,表 9.11 中包含几个含水层系的采油指数,也包括了 Fetkovich 给出的一部分[19]。当使用该方法求解外边界压力稳定的有限水层时,公式(9.18)中含水层系的平均压力等于初始外边界压力,通常为 p_i。例 9.6 阐述了 Fetkovich 的计算方法。

表 9.11 平面径向流和平面平行流含水层的采油指数(选自参考文献 19)

含水层系的外边界	平面径向流[a]	平面平行流[b]
外边界上无流动的有限水层	$J = \dfrac{0.00708Kh\left(\dfrac{\theta}{360°}\right)}{\mu[\ln(r_e/r_R) - 0.75]}$	$J = \dfrac{0.00338lKwh}{\mu L}$
外边界上稳定的有限水层	$J = \dfrac{0.00708Kh\left(\dfrac{\theta}{360°}\right)}{\mu[\ln(r_e/r_R)]}$	$J = \dfrac{0.001127Kwh}{\mu L}$

a 单位均采用油田单位,K 的单位为 mD;
b 线性含水层系的宽度为 w,长度为 L。

例 9.6 使用 Fetkovich 拟稳态方法计算例 9.4 中储层的水侵量

已知:

$\phi = 20.9\%$;

$K = 275\text{mD}$(平均储层渗透率,假设与含水层一致);

$\mu = 0.25\text{cP}$;

$c_t = 6 \times 10^{-6}\text{psi}^{-1}$;

$h = 19.2\text{ft}$;

油藏区域面积 = 1216ac;

含水层区域估算面积 = 250000ac;

$\theta = 180°$。

解:

$$\text{含水层面积} = \frac{1}{2}\partial r_R^2 \text{ 或 } r_e = \left(\frac{250000 \times 43560}{0.5\pi}\right)^{1/2} = 83263\text{ft}$$

$$\text{油藏面积} = \frac{1}{2}\partial r_R^2 \text{ 或 } r_R = \left(\frac{1216 \times 43560}{0.5\pi}\right)^{1/2} = 5807\text{ft}$$

$$W_{ei} = \frac{c_t\left(\dfrac{\theta}{360}\right)\pi(r_e^2 - r_R^2)h\phi p_i}{5.615}$$

$$W_{ei} = \frac{6 \times 10^{-6} \times \left(\dfrac{180°}{360°}\right)\pi(82263^2 - 5807^2) \times 19.2 \times 0.209 \times 3793}{5.615}$$

$$= 176.3 \times 10^6 \text{bbl}$$

$$J = \frac{0.00708Kh\left(\frac{\theta}{360°}\right)}{\mu[\ln(r_e/r_R) - 0.75]} = \frac{0.00708 \times 275 \times 19.2 \times \frac{180°}{360°}}{0.25\left[\ln\left(\frac{83263}{5807}\right) - 0.75\right]} = 39.08$$

$$\Delta W_{en} = \frac{W_{ei}}{p_i}(\bar{p}_{n-1} - \bar{p}_{Rn})\left(1 - e^{\frac{Jp_i \Delta t_n}{W_{ei}}}\right) \tag{9.22}$$

$$= \frac{176.3 \times 10^6}{3793}(\bar{p}_{n-1} - \bar{p}_{Rn})\left(1 - e^{-\frac{39.08 \times 3793 \times 91.3}{176.3 \times 10^6}}\right)$$

$$\Delta W_{en} = 3435(\bar{p}_{n-1} - \bar{p}_{Rn})\left(1 - e^{-\frac{39.08 \times 3793 \times 91.3}{176.3 \times 10^6}}\right)$$

$$\bar{p}_{n-1} = p_i\left(1 - \frac{\Sigma \Delta W_{en}}{W_{ei}}\right) \tag{9.23}$$

$$\bar{p}_{n-1} = 3793\left(1 - \frac{\Sigma \Delta W_{en}}{176.3 \times 10^6}\right)$$

求解公式(9.22)和公式(9.23),得到表9.12。

表 9.12 Fetkovich 拟稳态方法计算出的水侵量

时间	p_R	$\bar{p}_{Rn}$	$\bar{p}_{n-1} - \bar{p}_{Rn}$	ΔW_e	W_e	$\bar{p}_R$
0	3793	3793	0	0	0	3793
1	3788	3790.5	2.5	8600	8600	3792.8
2	3774	3781	11.8	40500	49100	3791.9
3	3748	3761	30.9	106100	155200	3789.7
4	3709	3728.5	61.2	210000	365300	3785.1
5	3680	3694.5	90.6	311200	676500	3778.4
6	3643	3661.5	116.9	401600	1078100	3769.8

使用 Fetkovich 拟稳态方法计算出的水侵量值与例 9.4 中 van Everdingen 和 Hurst 非稳态方法计算出的结果类似。对该问题 Fetkovich 拟稳态方法计算出的水侵量比 van Everdingen 和 Hurst 方法计算出的结果小(见图 9.14)。产生该结果的原因可能是由于 Fetkovich 拟稳态方法不适用于保持不稳态渗流的含水层。观察 p_{n-1} 的数值可以看出该值为含水层的平均压力值,含水层的压力下降缓慢,表明含水层非常大,水从含水层流入储层的过程可能处于不稳定渗流状态。

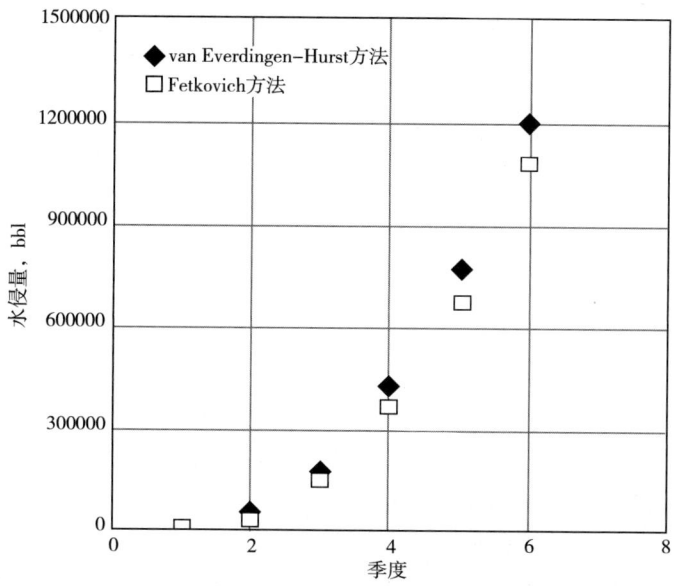

图9.14 根据例9.6计算出的水侵量曲线

思 考 题

9.1 假设使用Schilthuis稳态水侵模型和图9.15中Conroe油田的压降历史数据,水侵量常数 k' 为 $2170/ft^3/d/psi$,试参照表7.1求出第2和第4季度的累计水侵量。

9.2 Peoria油田的压力历史数据如图9.16所示。在第36~48个月时,Peoria油田的产量保持在8450bbl/d,日生产气油比为 $1052ft^3/bbl$,且日产水量为2550bbl。已知原始溶解气油比为 $720ft^3/bbl$,在36个月时的累计生产气油比为 $830ft^3/bbl$,在48个月时的累计生产气油比为 $920ft^3/bbl$,在2500psi(绝)时两相地层体积系数为 $9.050ft^3/bbl$,在相同压力下气体地层体积系数为 $0.00490ft^3/ft^3$,计算前36个月的累计水侵量。

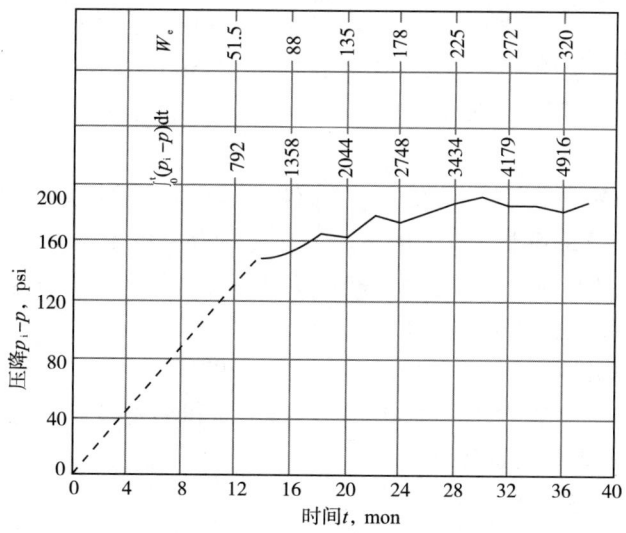

图9.15 Conroe油田水侵量的计算(选自参考文献5)

9.3 在某油藏生产过程中,平均地层压力保持在 3200psi(绝)。在压力稳定阶段,油的水的产量分别为 30000bbl/d 和 5000bbl/d。计算压力从 3000psi(绝)降到 2800psi(绝)时水侵量的增加值。假设压力和时间关系如下:

$$\frac{\mathrm{d}p}{\mathrm{d}t} = -0.003p \text{ psi/mon}$$

其他数据如下:

$p_i = 3500\text{psi}(绝)$;

$R_{soi} = 750\text{ft}^3/\text{bbl}$;

$B_t = 1.45\text{bbl/bbl}$,压力 3200psi(绝)时;

$B_g = 0.002\text{bbl/bbl}$,压力 3200psi(绝)时;

$R = 800\text{ft}^3/\text{bbl}$,压力 3200psi(绝)时;

$B_w = 1.04\text{bbl/bbl}$,压力 3200psi(绝)时;

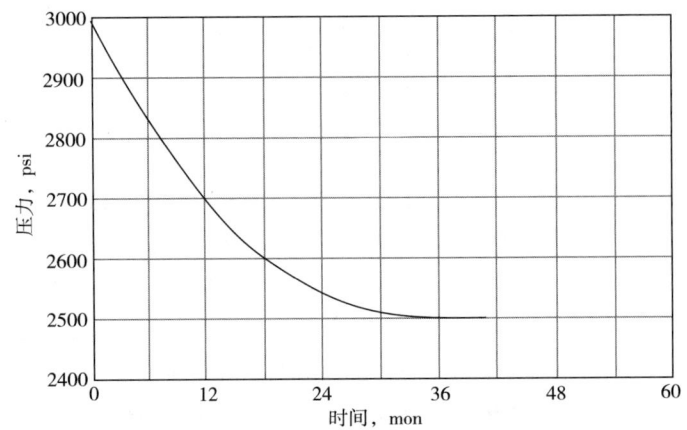

图 9.16 Peoria 油田的压力变化曲线

9.4 地层压力从原始地层压力降到某一压力 p 时,以 0.500psi/d 的线性速度下降,假设使用 Schilthuis 稳态水侵模型,水侵量常数 k' 单位为 $\text{ft}^3/\text{d-psi}$,以 bbl 为单位时写出水侵量与时间的关系式。

9.5 某含水层系的面积为 28850ac,包含一个面积为 451ac 的储层。储层的孔隙度为 22%,厚度为 60ft,岩石压缩系数为 $4 \times 10^{-6}\text{psi}^{-1}$,渗透率为 100mD。水相黏度为 0.30cP,水相的压缩系数为 $3 \times 10^{-6}\text{psi}^{-1}$,束缚水饱和度为 26%,假设储层处于有限封闭含水层的中心,储层的四周均可能会发生水侵。

(1)计算含水层和储层的有效半径以及有效半径的比值;

(2)压降为 1psi 时,计算含水层系中由于岩石压缩和水相膨胀产生的水侵量;

(3)计算储层的原始烃类地质储量;

(4)当储层中进入得水量与烃类体积相等时,计算含水层产生的压降;

(5)计算含水层系时间换算常数的理论值;

(6)计算含水层系 B' 的理论值;

(7) 油藏边界压力从原始地层压力 3500psi(绝) 下降到 3450psi(绝) 时,分别计算第 100d、200d、400d 和 800d 时的水侵量;

(8) 如果边界压力在 100d 后由 3450psi(绝) 升到并维持在 3460psi(绝),求从该时刻起第一次压力降时第 200d、400d 和 800d 时的水侵量;

(9) 边界压力历史数据如下所示,计算 500d 时的累计水侵量;

t,d	0	100	200	300	400	500
p,psi(绝)	3500	3490	3476	3458	3444	3420

(10) 条件与(9)一致,并假设为无限大天然水域,$r_e/r_R = 5.0$;

(11) 含水层系的边界开始影响水侵时的时间;

(12) 根据 $r_e/r_R = 8.0$ 时 W_{eD} 的极限值,求出压力每下降 1psi 时的最大水侵量。并与(2)中的结果进行比较。

9.6 根据例 9.4 和表 9.3 计算第 5 和第 6 季度的累计水侵量。

9.7 某地层压力历史数据如下,假设原始油水界面处的压力瞬时变化值为 Δp。

(1) 用 van Everdingen 和 Hurst 非稳态方法计算总累计水侵量;

(2) 求前两年总水侵量。

时间,a	Δp,psi(绝)
0	40
0.5	60
1.0	94
1.5	186
2.0	110
2.5	120
3.0	

其他储层参数如下:

储层面积 = 19600000ft²;

含水层面积 = 686900000ft²;

 $K = 10.4$mD;

 $\phi = 25\%$;

 $\mu_w = 1.098$cP;

 $c_t = 7.01 \times 10^{-6}$psi^{-1};

 $h = 10$ft。

9.8 某油藏位于两个交叉的断层处,如图 9.17 所示。该储层与面积为 26400ac 的含水层相连接。其他含水层参数如下:

 $\phi = 21\%$;

 $K = 275$mD;

 $h = 30$ft;

$c_t = 7 \times 10^{-6} \text{psi}^{-1}$;

$\mu_w = 0.92 \text{cP}$。

每间隔 3 个月测得的平均地层压力如下表：

时间,d	p,psi(绝)
0	2987
91.3	2962
182.6	2927
273.9	2882
365.2	2837
456.5	2793

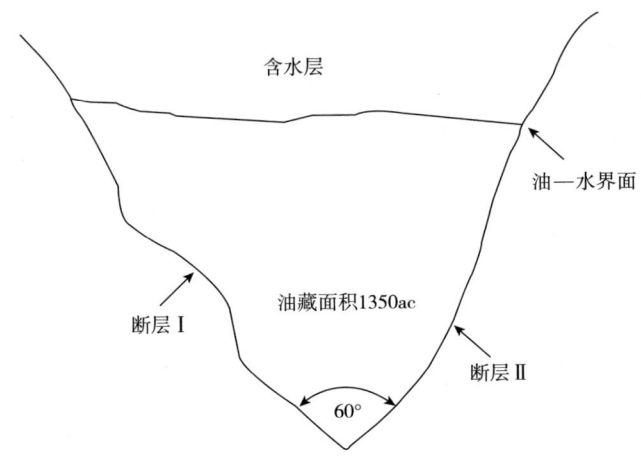

图 9.17　油藏位于交叉的断层处

分别使用 van Everdingen 和 Hurst 非稳态方法和 Fetkovich 拟稳态方法计算每间隔 3 个月时的水侵量。假设储层平均压力历史数据与储层与含水层系边界处的压力历史数据类似。

9.9　储层与含水层系边界压力如图 9.18 所示，分别使用 van Everdingen 和 Hurst 非稳态方法和 Fetkovich 拟稳态方法计算每个季度的累计水侵量。

$\phi = 20\%$；

$K = 200 \text{mD}$；

$h = 40 \text{ft}$；

$c_t = 7 \times 10^{-6} \text{psi}^{-1}$；

$\mu_w = 0.80 \text{cP}$；

储层面积 = 1000ac；

含水层面积 = 15000ac。

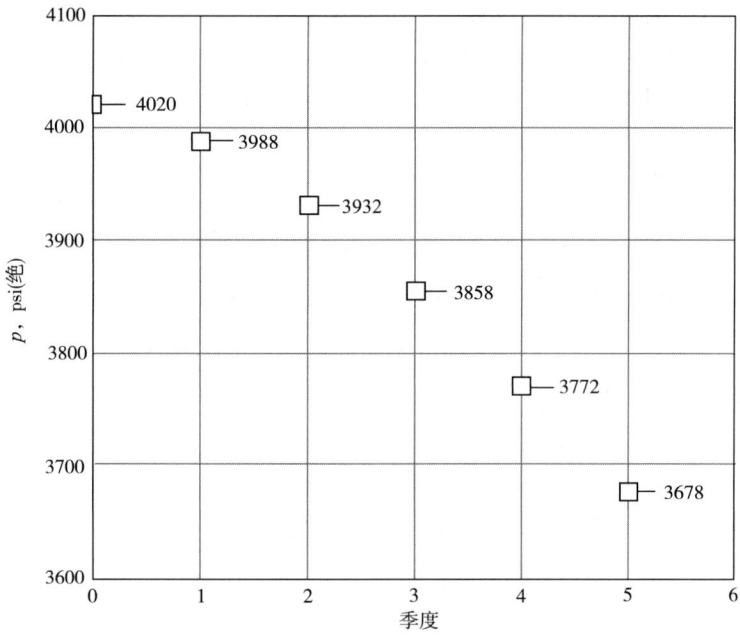

图 9.18　思考题 9.9 中的边界压力

9.10　使用 Fetkovich 拟稳态方法重新计算思考题 9.9,并与思考题 9.9 中的结果进行比较。

参 考 文 献

[1] W. D. Moore and L. G. Truby Jr., "Pressure Performance of Five Fields Completed in a Common Aquifer," Trans. AlME (1952), 195, 297.

[2] F. M. Stewart, F. H. Callaway, and R. E. Gladfelter, "Comparison of Methods for Analyzing a Water Drive Field, Torchlight Tensleep Reservoir, Wyoming," Trans. AlME (1955), 204, 197.

[3] D. Havlena and A. S. Odeh, "The Material Balance as an Equation of a Straight Line," Jour. of Petroleum Technology (Aug. 1968), 846-900.

[4] D. Havlena and A. S. Odeh, "The Material Balance as an Equation of a Straight Line: Part II-Field Cases," Jour. of Petroleum Technology (July 1964), 815-822.

[5] R. J. Schilthuis, "Active Oil and Reservoir Energy," Trans. AlME (1936), 118, 37.

[6] S. J. Pirson, Elements of Oil Reservoir Engineering, 2nd ed., McGraw-Hill, 1958, 608.

[7] A. F. van Everdingen and W. Hurst, "The Application of the Laplace Transformation to Flow Problems in Reservoirs," Trans. AlME (1949), 186, 305.

[8] A. F. van Everdingen, E. H. Timmerman, and J. J. McMahon, "Application of the Material Balance Equation to a Partial Water-Drive Reservoir," Trans. AlME (1953), 198, 51.

[9] A. T. Chatas, "A Practical Treatment of Nonsteady-State Flow Problems in Reservoir Systems," Petroleum Engineering (May 1953), 25, No. 5, B-42; (June 1953), No. 6, B-38; (Aug. 1953), No. 8, B-44.

[10] M. J. Edwardson et al., "Calculation of Formation Temperature Disturbances Caused by Mud Circulation," Jour. of Petroleum Technology (Apr. 1962), 416-425.

[11] J. R. Fanchi, "Analytical Representation of the van Everdingen-Hurst Influence Functions for Reservoir Simulation," SPE Jour. (June 1985), 405-406.

[12] M. A. Klins, A. J. Bouchard, and C. L. Cable, "A Polynomial Approach to the van Everdingen–Hurst Dimensionless Variables for Water Encroachment," SPE Reservoir Engineering (Feb. 1988), 320–326.

[13] R. D. Carter and G. W. Tracy, "An Improved Method for Calculating Water Influx," Trans. AlME (1960), 219, 415–417.

[14] T. Amed, Reservoir Engineering Handbook, 4th ed., Elsevier, 2010.

[15] I. D. Gates, Basic Reservoir Engineering, Kendall Hunt, 2011.

[16] N. Ezekwe, Petroleum Reservoir Engineering Practice, Pearson Education, 2011.

[17] K. H. Coats, "A Mathematical Model for Water Movement about BottomWater–Drive Reservoirs," SPE Jour. (Mar. 1962), 44–52.

[18] D. R. Allard and S. M. Chen, "Calculation of Water Influx for Bottomwater Drive Reservoirs," SPE Reservoir Engineering (May 1988), 369–379.

[19] M. J. Fetkovich, "A Simplified Approach to Water Influx Calculations–Finite Aquifer Systems," Jour. of Petroleum Technology (July 1971), 814–828.

[20] L. P. Dake, Fundamentals of Reservoir Engineering, Elsevier, 1978. 21. Personal contact with J. T. Smith.

10 油气驱替理论

10.1 引言

本章对影响油气内部运移和外部驱替的一些概念进行了介绍,但这本书只是对这些问题进行简单的介绍,而非详细的论述。读者如果感兴趣的话,可以参考相关研究工作[1-5]。油藏工程师应该熟悉这些概念,因为它们不仅仅是理解二次采油和三次采油的理论基础(将在下一章中详细论述),也是理解许多一次采油机理的理论基础。

10.2 油气采收率

任何流体驱替过程中,总采收率 E 为宏观波及系数 E_v 和微观驱油效率 E_d 的乘积,即:

$$E = E_v E_d \tag{10.1}$$

宏观波及系数用来表示驱替流体与含油储层的接触程度。微观驱油效率用来表示流体与原油接触时驱替流体动用剩余油的程度。

宏观波及系数由两部分组成:面积波及系数 E_s 和垂向波及系数 E_i。

10.2.1 微观驱油效率

微观驱油效率主要受以下因素的影响:界面和表面张力、润湿性、毛细管力和相对渗透率。

当一种不可混相流体的液滴进入另一种流体中并在固体介质表面停留时,液滴的表面积会因为液—液界面张力和固—液界面张力的作用达到最小值。单位长度上作用于液—液界面张力和固—液界面上的力被称为界面张力,两种流体之间的界面张力意味着可逆地增加表面积,就必须对体系做功。可以通过界面张力测定两种流体之间的不混溶性,通常原油与盐水之间的界面张力的范围在 20dyn/cm❶ 与 30dyn/cm 之间。当在原油—盐水体系中加入化学剂时,可以使界面张力降低好几个数量级。

润湿性指两种不混相的流体同时存在时,固体表面被某种流体润湿的倾向性。润湿性与流体和岩石的化学组成有关。岩石的表面既可能是油湿的,也可能是水湿的,这主要取决于流体的化学组成,岩石油湿或水湿的程度主要受油相中组分在岩石表面的吸附或解吸作用的影响。多数情况下,油相中的极性化合物能吸附在岩石表面,形成的油膜可能会改变岩石表面的润湿性。

润湿性的概念引出了原油开采的另一个重要影响因素——毛细管压力。为了解毛细管压力,可以假设某根毛细管中同时含有油和盐水,且油的密度比盐水的密度低。毛细管中原

---

❶ 表面张力常用单位,1dyn/cm=1mN/m

油与盐水的界面上方很近距离内油相的压力略微高于界面下方很近距离内水相的压力,这一压力差被称为体系的毛细管压力 p_c。通常,非润湿相的压力较高,以 psi 为单位时的毛细管压力 p_c 为

$$p_c = \frac{9.519 \times 10^{-7} \sigma_{wo} \cos\theta}{r_c} \tag{10.2}$$

式中　θ——接触角;

　　　r_c——毛细管半径,ft;

　　　σ_{wo}——原油与盐水间的界面张力,dyn/cm。

上述公式表明孔隙介质中的毛细管压力与储层岩石和流体的化学组成、储层岩石中砂粒的孔径分布和孔隙中流体饱和度有关。同时,毛细管压力也与孔隙被流体饱和孔隙的过程有关,但这一点并未在公式(10.2)中体现。因此,驱替过程(即非润湿相驱替润湿相)与渗吸过程(即润湿相驱替非润湿相)产生的毛细管压力的数值是不同的,这种滞后现象存在所有的岩石—流体体系中。

由此可以看出在直径较小的毛细管中驱替非润湿相时需要很大的驱动压力。例如,当油滴从半径为 0.00005ft 的毛细管中移动至半径为 0.00002ft 的毛细管中时,假设接触角为 0°,界面张力为 25dyn/cm,则此时需要的驱动压差为 0.71psi。如果油滴的长度为 0.00035ft,则此时需要 2029psi/ft 的压力梯度来使油滴通过这一缩小的孔径。然而,实际储层中的压力梯度不会有这么大,通常为 1~2psi/ft。

影响微观微观驱油效率的另一因素是当同时存在两相流动或多相流动时,其中某一相的渗透率会影响其他相的渗透率。下一部分将对相对渗透率这一重要概念进行详细的介绍。

10.2.2　相对渗透率

除了低压气体外,假设储层岩石的孔隙体积被流体完全饱和时,储层岩石的渗透率只与储层物性有关,而与流经岩石的流体物性无关。单相流体饱和度为 100% 时的储层岩石渗透率被称为绝对渗透率。如果黏度为 1.0cP 的盐水在横截面积为 0.00215ft² 和长度为 0.1ft 的岩样中流动,若盐水的地层体积系数为 1.0bbl/bbl,压差为 30psi 时的流速为 0.3bbl/d 时,则岩石的绝对渗透率为:

$$K = \frac{q_w B_w \mu_w L}{0.001127 A_c \Delta p} = \frac{0.30 \times 1.0 \times 0.1}{0.001127 \times 0.00215 \times 30} = 413\text{mD}$$

如果水被替换成黏度为 3.0cP 和地层体积系数为 1.2bbl/bbl 的油,则在相同的压差下,流速将会变成为 0.0834bbl/d,再次计算绝对渗透率,得

$$K = \frac{q_o B_o \mu_o L}{0.001127 A_c \Delta p} = \frac{0.0834 \times 1.2 \times 3.0 \times 0.1}{0.001127 \times 0.00215 \times 30} = 413\text{mD}$$

如果相同岩心的含水饱和度为 70%(即 $S_w = 70\%$)和含油饱和度为 30%(即 $S_o = 30\%$),相同压差下,在且仅在此饱和度条件下,盐水的流速为 0.18bbl/d,油的流速为 0.01bbl/d,则

水相的有效渗透率为

$$K_w = \frac{q_w B_w \mu_w L}{0.001127 A_c \Delta p} = \frac{0.18 \times 1.0 \times 1.0 \times 0.1}{0.001127 \times 0.00215 \times 30} = 248 \text{mD}$$

油相的有效渗透率为

$$K_o = \frac{q_o B_o \mu_o L}{0.001127 A_c \Delta p} = \frac{0.01 \times 1.2 \times 3.0 \times 0.1}{0.001127 \times 0.00215 \times 30} = 50 \text{mD}$$

那么，有效渗透率为饱和度低于100%时某特定流体通过储层岩石孔隙时产生的渗透率。由以上例子可以看出，有效渗透率之和（即298mD）总是小于绝对渗透率（即413mD）。

当同时存在两种流体（如油和水）时，它们的相对流量的大小主要受油水黏度比、相对地层体积系数和相对渗透率的影响。相对渗透率为有效渗透率与绝对渗透率比值。在前面的例子中，水相和油相的相对渗透率分别为

$$K_{rw} = \frac{K_w}{K} = \frac{248}{413} = 0.60$$

$$K_{ro} = \frac{K_o}{K} = \frac{50}{413} = 0.12$$

油藏条件下水相和油相的相对流量大小取决于油水黏度比和有效渗透率比值，即取决于水油流度比：

$$\frac{q_w B_w}{q_o B_o} = \frac{\dfrac{0.001127 K_w A_c \Delta p}{\mu_w L}}{\dfrac{0.001127 K_o A_c \Delta p}{\mu_o L}} = \frac{K_w/\mu_w}{K_o/\mu_o} = \frac{\lambda_w}{\lambda_o} = M$$

在前面的例子中，

$$\frac{q_w B_w}{q_o B_o} = \frac{K_w/\mu_w}{K_o/\mu_o} = \frac{248/1.0}{50/3.0} = 14.9$$

当含水饱和度为70%和含油饱和度为30%时，水的流量是油的14.9倍。在前面的计算中，也可以使用相对渗透率替代有效渗透率，这是由于相对渗透率比值 K_{rw}/K_{ro} 与有效渗透率比值 K_w/K_o 相等，因此，通常使用相对渗透率比值。在前面的例子中，有

$$\frac{K_{rw}}{K_{ro}} = \frac{K_w/K}{K_o/K} = \frac{K_w}{K_o} = \frac{248}{50} = \frac{0.60}{0.12} = 5$$

水的流量是油的14.9倍，这是由于油水黏度比为3和相对渗透率为5，这些条件都对水的流动有利，尽管相对渗透率比值会随着含油饱和度的变化而发生变化，在本例中含油饱

度为70/30(即0.33),但相对渗透率与含油饱和度之间的关系并不是简单的比例关系。

图 10.1 给出了某特定储层中油相和水相的相对渗透率曲线与含水饱和度之间的关系。由曲线可以看出,原始含水饱和度为100%,当含水饱和度下降至85%时(含油饱和度增加了15%),水相的相对渗透率从100%急剧下降至60%,并且当含油饱和度为15%时,油相的相对渗透率基本为0。此时的含油饱和度(即15%)被称为临界饱和度,随着含油饱和度的继续增加,油相开始流动,因此也被称为残余油饱和度,在油—水体系中,含油饱和度不能低于此值,这也解释了为什么水驱时原油的采收率不可能达到100%。如果该储层岩石的束缚水饱和度为20%,则部分高压水驱时油藏的最大采收率为:

$$采收率 = \frac{原始含油饱和度 - 残余油饱和度}{原始含油饱和度} = \frac{0.80 - 0.15}{0.80} = 81\%$$

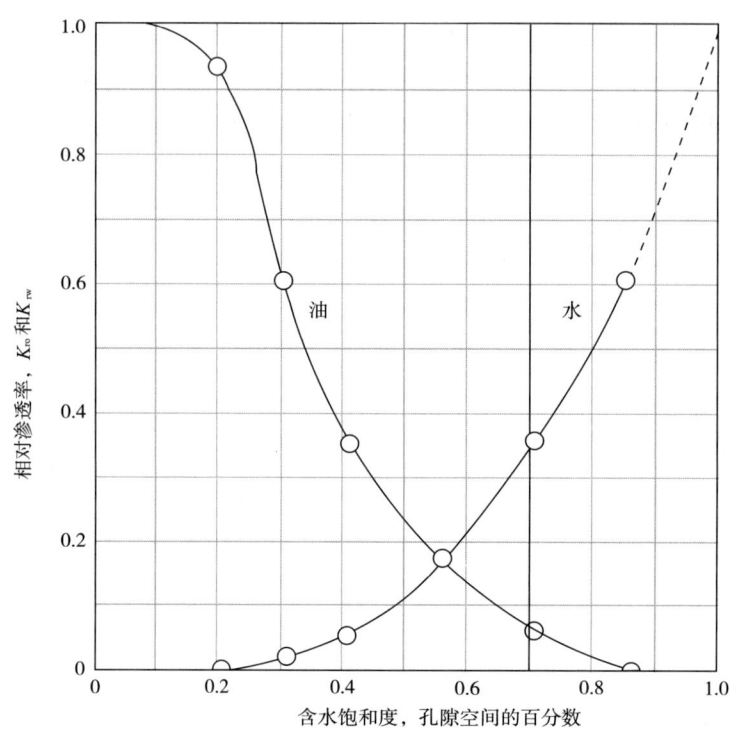

图 10.1 相渗曲线

实验结果表明,与油—水体系类似,气—水体系基本上也能得到一样的相渗曲线,这意味着临界气体饱和度或残余气饱和度的数值也与残余油饱和度一样,且当原油和自由气同时存在时,残余烃类(原油和天然气)饱和度的数值是一样的,在本例中为15%。假设储层岩石在低于泡点压力时被水侵入,这样气体可以从油相中逸出,并形成自由气。例如,驱替前缘后方的残余自由气饱和度为10%,含油饱和度为50%时,忽略微小的原油地层体积系数的变化时采收率可以增加至:

$$采收率 = \frac{0.80 - 0.05}{0.80} = 94\%$$

当然,该采收率不包括从原始油相中释放出来的自由气和从水相中逸出的溶解气。

由图 10.1 可以看出,随着含水饱和度的进一步减小,水相的相对渗透率会继续下降,而油相的相对渗透率增加。当含水饱和度为 20% 时(束缚)水不能流动,且油相的相对渗透率增加,这解释了为什么有些储层岩石的束缚水为 50% 时仍然可以产出无水原油。大多数的储层岩石是倾向于水湿的,即孔壁上是水相而不是油相,因此,当含水饱和度为 20% 时水占据了孔隙中最不利的部位,即砂粒的表面薄层、孔洞的壁面薄层和小型的裂缝和毛细管,而原油占据了 80% 的孔隙,并且是最有利的部位,这一点也可以根据油相的相对渗透率为 93% 判断出来。由相渗曲线还可以进一步看出,大约有 10% 的孔隙体积对渗透率没有任何贡献,当含水饱和度为 10% 时,油相的相对渗透率接近于 100%。与之相反,在曲线的末端,有 15% 的孔隙体积贡献了 40% 的渗透率,当含油饱和度从零增加至 15% 时,水相的相对渗透率从 100% 下降至 60%。

在用数学公式描述两相渗流时,通常将相对渗透率比值代入方程中。图 10.2 为相渗曲线(即相对渗透率比值与含水饱和度之间的关系曲线),图中的数据与图 10.1 中的数据一样。由于 K_{rw}/K_{ro} 的数值较大,因此相对渗透率比值通常使用半对数(lg)坐标。在半对数图中曲线的中部或主要部分均为直线,这一部分的相对渗透率比值与含水饱和度之间的关系可表示成:

$$\frac{K_{ro}}{K_{rw}} = ae^{-bS_w} \tag{10.3}$$

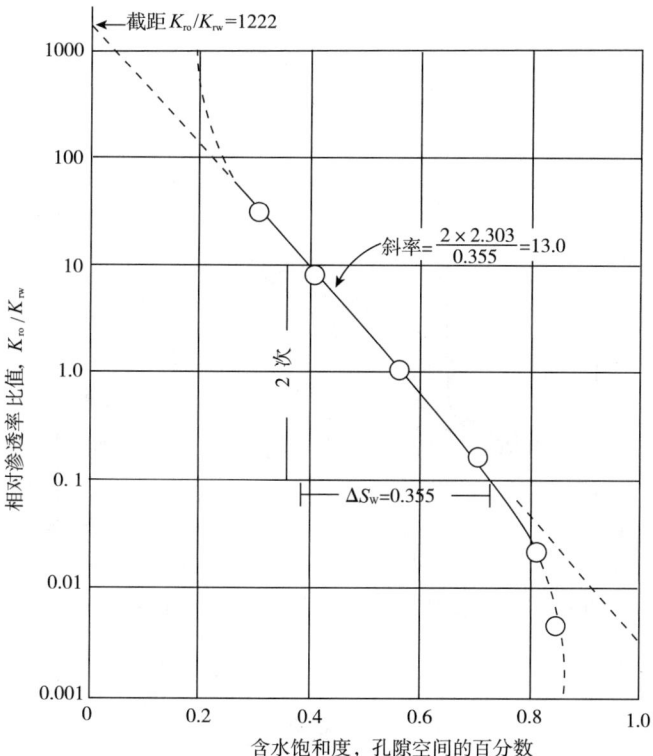

图 10.2　相对渗透率比值与含水饱和度的半对数曲线

常数 a 和 b 可以由图 10.2 中的曲线得到,或通过联立方程进行求解。当 $S_w = 0.30$ 时,$K_{ro}/K_{rw} = 25$ 和当 $S_w = 0.70$,$K_{ro}/K_{rw} = 0.14$ 时有

$$25 = ae^{-0.30b}$$

$$0.14 = ae^{-0.70b}$$

联立求解,得到截距 a = 1220 和斜率 b = 13.0。由公式(10.3)可以看出储层岩石相对渗透率比值只与流体的相对饱和度有关,尽管黏度、界面张力和其他一些因素对相对渗透率比值有一定的影响,但对于给定的储层岩石而言,相对渗透率比值主要受流体饱和度的影响。

在很多储层岩石中,含油带和含水带之间存在着油水过渡带。尽管在某些储层中,油水界面下方一定垂直距离内会存在少量的原油,但在纯含水带,含水饱和度基本上为100%,但在含油区,通常存在束缚水并且束缚水不能够流动。比如上例中,束缚水饱和度为20%,含油饱和度为80%。在纯含水带进行完井的油井产出物中只含有水,在纯含油带进行完井的油井产出物中只有油,在油水过渡带(如图10.3所示)进行完井的油井产出物中既有油也有水,并且含水率的大小将取决于完井部位的含油饱和度和含水饱和度。若图10.3中的油井在均质砂层中某部位进行完井,此部位时的 $S_o = 60\%$ 和 $S_w = 40\%$,则地下分流量可以使用公式(8.19)进行计算:

$$q_w B_w = \frac{0.00708 K_w h (p_e - p_w)}{\mu_w \ln(r_e/r_w)}$$

$$q_o B_o = \frac{0.00708 K_o h (p_e - p_w)}{\mu_o \ln(r_e/r_w)}$$

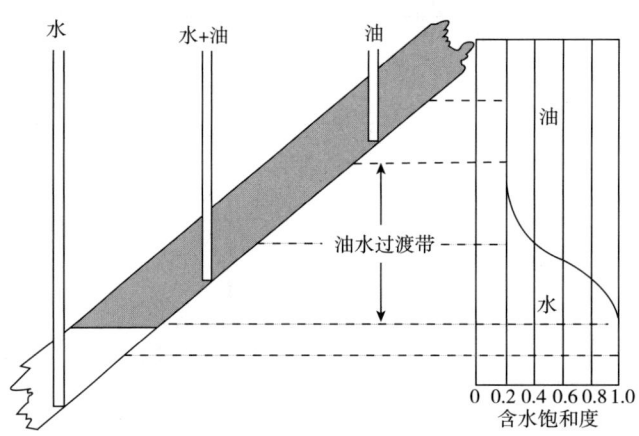

图 10.3 油水过渡带中含油饱和度和含水饱和度的变化

由于含水率 f_w 被定义为

$$f_w = \frac{q_w B_w}{q_w B_w + q_o B_o} \tag{10.4}$$

则联立以上3个公式,消去同类项,得

$$f_w = \frac{K_w/\mu_w}{K_w/\mu_w + K_o/\mu_o}$$

$$f_w = \frac{1}{1 + \frac{K_o \mu_w}{K_w \mu_o}} = \frac{1}{1 + \frac{K_{ro} \mu_w}{K_{rw} \mu_o}} \tag{10.5}$$

则地面含水率为

$$f'_w = \frac{1}{1 + \frac{K_{ro} \mu_w B_w}{K_{rw} \mu_o B_o}} \tag{10.6}$$

可以使用公式(10.5)或公式(10.6)以及图10.1中数据以及黏度数据计算含水率。由图10.1可知,当$S_w = 0.40$,$K_{rw} = 0.045$ 和 $K_{ro} = 0.36$ 时,若 $\mu_w = 1.0\text{cP}$ 和 $\mu_o = 3.0\text{cP}$,那么地下含水率为

$$f_w = \frac{1}{1 + \frac{K_{ro} \mu_w}{K_{rw} \mu_o}} = \frac{1}{1 + \frac{0.36 \times 1.0}{0.045 \times 3.0}} = 0.27$$

如果对不同含水饱和度时的地下含水率进行计算,可以绘制出计算值与含水饱和度之间的关系图,这个关系图被称为分流量曲线(常称作含水率曲线)。由该曲线可以看出含水率的范围在0~1之间。当 $S_w \leq S_{wi}$ 时,含水率为0,当 $S_w \geq 1 - S_{or}$ 时,含水率为1。

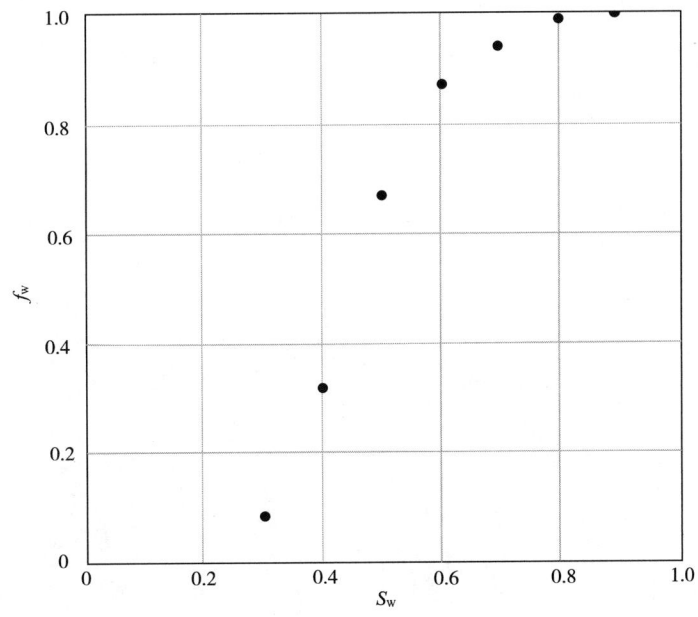

图10.4 由图10.1中相对渗透率比值得到的含水率曲线

10.2.3 宏观波及系数

影响宏观波及系数的因素包括:非均质型和各向异性、驱替相与被驱替相的流度比、注入

井和生产井的布井方式以及含烃储层的基质类型等。

含烃储层的非均质型和各向异性对宏观波及系数的影响最为明显。若储层的各种性质都变化较大,如孔隙度、渗透率和黏土含量等,储层中流体不会均匀地向前推进,灰岩储层的孔隙度和渗透率通常变化很大。同时,许多储层存在微观的裂缝系统或很大的宏观裂缝,由于裂缝的渗透率很高,因此只要储层中存在裂缝时,流体将会试图通过裂缝进行流动,导致大量的烃类被绕过。

许多生产层的渗透率也经常发生变化,包括垂向渗透率 E_i 和水平渗透率 E_s,使得波及系数降低。储层中较高或较低渗透率的区域或岩层中经常在整个储层或部分储层中具有横向连续性,此时存在渗透率变异系数,在渗透率较高区域内驱替相(水)的波及速度变快,使得很长的一段时间内渗透率较低区域内大部分产出原油中的含水率都很高,无论水是来自天然水侵还是来自注入体系,情况都一样。

面积波及系数也受储层形状的影响。例如,在横截面恒定的均质岩层中,当全部的注入端和产出端都打开时,会出现一维线性渗流,在这些条件下,驱替前缘以活塞状向前推进(忽略重力的影响),当驱替前缘在产出端开始突破时,波及系数为100%,即100%的地层体积与驱替相流体接触。如果将驱替相流体和被驱替相流体分别从位于非均质一维地层的注入端注入和产出端产出,如图10.5(a)中所示的直线排状注水井网,则为非活塞式驱替,在前缘突破时,波及系数远低于100%,如图10.5(b)所示。

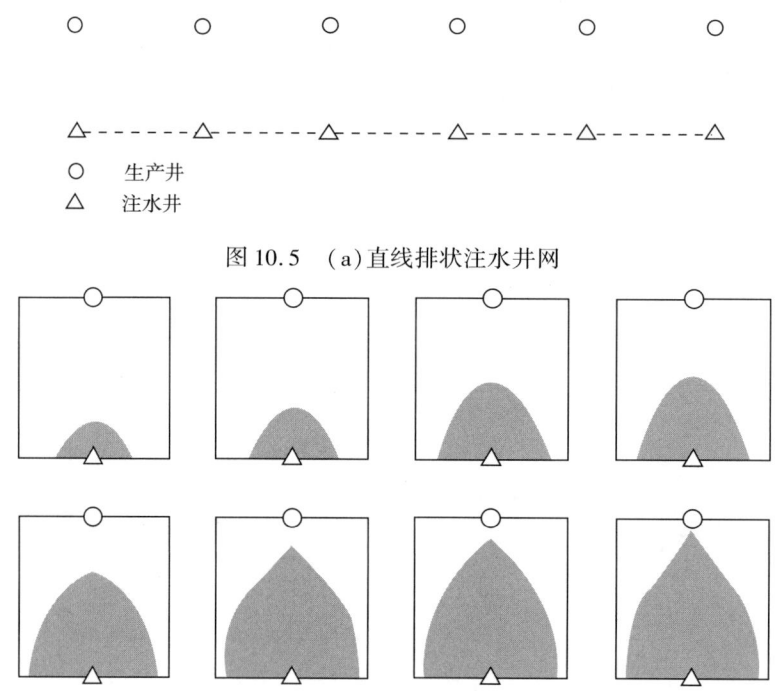

图10.5 (a)直线排状注水井网

图10.5 (b)直线排状注水系统稳定渗流时通过吸墨纸电解模型获得的图像

流度用来表示流体流经多孔介质时的相对难易程度。第8章中视流度被定义为流体的有效渗透率与其黏度的比值,由于有效渗透率与流体饱和度有关,因此可能会有很多个视流度。当注入多孔介质中的流体包含注入流体和第2种流体时,驱替相的视流度通常是由生产井中驱替相刚好突破时的平均驱替相饱和度测得的。

面积波及系数与流度比紧密相关。第8章中定义的流度比 M 用来表示驱替过程中的相对视流度,可用下面的公式表示:

$$M = \frac{K_w/\mu_w}{K_o/\mu_o}$$

如果驱替相的流度远大于被驱替相的流度,则会出现黏性指进现象。黏性指进仅仅指的是更多的驱替相渗入到被驱替相中。

图10.6(b)给出了五点井网[如图10.6(a)中的X光照片所示]中驱替相刚开始突破时流度比对面积波及系数的影响,并给出了流度比等于1时的图形,用作对比之用。

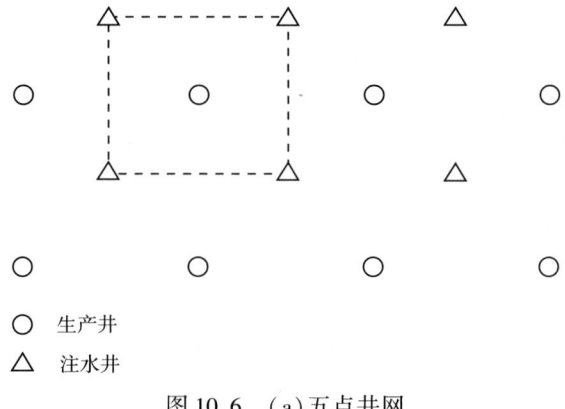

图10.6 (a)五点井网

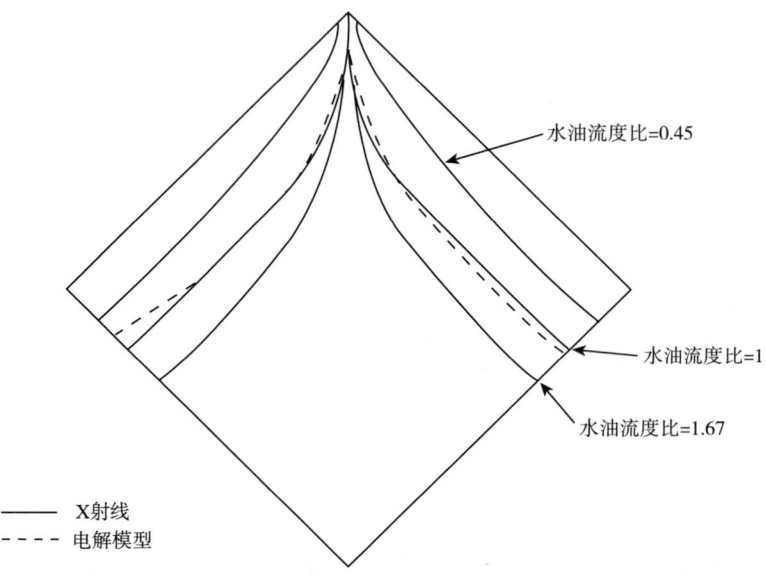

图10.6 (b)X光照片法研究前缘突破时流度比对面积波及系数的影响

注入井和生产井的布井方式主要受地层地质条件和面积大小的影响。对于某给定油藏,承包商可以选择使用现有的井网或钻新井来进行井网调整。如果承包商选择使用现有的井网进行调整,则会将部分生产井转换成注入井,或将部分的生产井转换成注入井。但承包商必须意识到一点,当将生产井转变成注入井时,油藏的产能会下降。如果承包商选择钻新井进行调整时,这一决定通常会使其占据整个工程的大部分费用,需对此深思熟虑。了解各方向上渗透率和其他非均性质的影响有助于进行井网调整,应该关闭断层、裂缝和高渗岩层附近的井,在已开发的井网中渗透率走向一定时会导致较低的波及系数,因此应该改变固有井网中的渗透率走向或更换成其他的井网类型。

砂岩储层的孔隙几何结构比石灰岩储层的更加均匀。石灰岩储层通常有很大的溶洞,并且与大裂缝相连。石灰岩储层的束缚水中含有较高的二价离子,如 Ca^{2+} 和 Mg^{2+}。石灰岩中溶洞的孔隙度和束缚水中高浓度的二价离子使其注水开发受到阻碍,有时砂岩储层会由很细小的砂粒组成且被压实地很紧,流体不容易从中通过。

10.3 两相驱替理论

10.3.1 Buckley-Leverett 驱替理论(水驱油理论)

储层中原油被水驱替的过程类似于活塞上有漏洞的活塞容器中流体被驱替的过程,Buckley 和 Leverett[8] 提出了基于相对渗透率的驱替理论,这里将对该理论进行介绍。

假设某一维地层中含有油和水,地层所有截面积的总产量都相等,为 $q'_t = q_w B_w + q_o B_o$,单位为(地下)bbl。此时忽略重力和毛细管压力的影响,令 S_w 为任意单元时间为 t(单位为 d)时的含水饱和度,那么如果油在 $(t+\Delta t)$ 时从单元中被驱替出来,此时的含水饱和度为 (S_w+dS_w)。已知 ϕ 为总孔隙度,A_c 为横截面积,单位为 ft^2,dx 为单元的厚度,单位为 ft,则以 bbl/d 为单位时单元内 t 时刻水量的变化速率为:

$$\frac{dW}{dt} = \frac{\phi A_c dx}{5.615}\left(\frac{\partial S_w}{\partial t}\right)_x \tag{10.7}$$

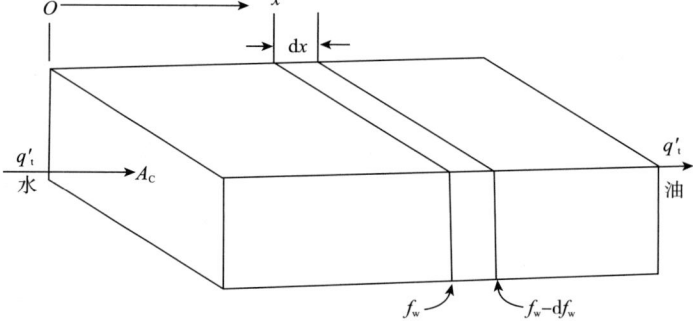

图 10.7 含有水和油的一维储层

导数中的 x 意味着该导数在每个单元时的数值都是不一样的。如果 f_w 是总产量 q'_t(单位为 bbl/d)时的含水率,那么从单元 dx 左侧流入的水流量为 $f_w q'_t$,右侧的含水饱和度略微偏高,因此右侧的含水率会略微偏低,从单元 dx 右侧流出的水流量为 $f_w - df_w$,则从单元 dx 内 t

时刻净水流量为

$$\frac{dW}{dt} = (f_w - df_w)q'_t - f_w q'_t = -q'_t df_w \tag{10.8}$$

联立公式(10.7)和公式(10.8),得

$$\left(\frac{\partial S_w}{\partial t}\right)_x = -\frac{5.615 q'_t}{\phi A_c}\left(\frac{\partial f_w}{\partial x}\right)_t \tag{10.9}$$

对于给定的储层岩石,假定油和水的黏度一定时,含水率 f_w 仅是含水饱和度 S_w 的函数,这也可以从公式(10.5)中得到,但含水饱和度是关于时间 t 和距离 x 的函数,因此可以表示为 $f_w = F(S_w)$ 和 $S_w = G(t,x)$,则有

$$dS_w = \left(\frac{\partial S_w}{\partial t}\right)_x dt + \left(\frac{\partial f_w}{\partial x}\right)_t dx \tag{10.10}$$

首先,求出任意饱和度面的移动速度 $\left(\frac{dx}{dt}\right)_{S_w}$(即 S_w 为常数)。那么根据公式(10.10)可得

$$\left(\frac{dx}{dt}\right)_{S_w} = -\frac{(\partial S_w/\partial t)x}{(\partial S_w/\partial x)t} \tag{10.11}$$

将公式(10.9)代入公式(10.11)中,得

$$\left(\frac{dx}{dt}\right)_{S_w} = \frac{5.615 q'_t}{\phi A_c}\frac{(\partial f_w/\partial x)t}{(\partial S_w/\partial x)t} \tag{10.12}$$

由于

$$\frac{(\partial f_w/\partial x)t}{(\partial S_w/\partial x)t} = \left(\frac{df_w}{dS_w}\right)_{S_w} \tag{10.13}$$

则公式(10.12)变为

$$\left(\frac{dx}{dt}\right)_{S_w} = \frac{5.615 q'_t}{\phi A_c}\left(\frac{df_w}{dS_w}\right)_{S_w} \tag{10.14}$$

由于孔隙度、截面积和产量均为常数,则对于任意的 S_w 时导数 df_w/dS_w 也是常数,因此 dx/dt 也是常数,这意味着当含水饱和度 S_w 一定时,距离 x 与时间 t 之间成正比,与此饱和度时的导数 df_w/dS_w 也成正比,可表示成

$$x = \frac{5.615 q'_t t}{\phi A_c}\left(\frac{df_w}{dS_w}\right)_{S_w} \tag{10.15}$$

现在将公式(10.15)应用于某一具有活跃水驱油藏,其所有的油井都沿着同一走向,并位于同一井排中,单井控制面积为40ac,如图10.8所示,可以近似地看作一维线性渗流,且三口井的日产油量均为200bbl/d,假设存在活跃的水驱,原油的地层体积系数为1.50bbl/d 时,储层的总产量 q'_t 为900bbl/d。

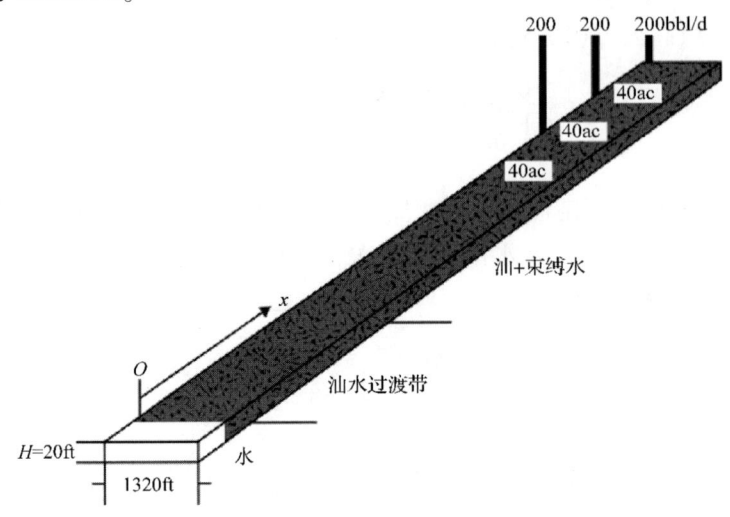

图 10.8　存在活跃水驱的某油藏示意图

油藏的横截面积是地层宽度1320ft 与真实地层厚度20ft 的乘积,当孔隙度为25% 时,由公式(10.15)得

$$x = \frac{5.615 \times 900 \times t}{0.25 \times 1320 \times 20} \left(\frac{\mathrm{d}f_w}{\mathrm{d}S_w}\right)_{S_w}$$

假定油水过渡带的底部 $x=0$,如图10.8所示,则在时间分别为60d、120d 和240d 时任意饱和度面移动的距离为

$$\begin{aligned} x_{60} &= 46 (\mathrm{d}f_w/\mathrm{d}S_w)_{S_w} \\ x_{120} &= 92 (\mathrm{d}f_w/\mathrm{d}S_w)_{S_w} \\ x_{240} &= 184 (\mathrm{d}f_w/\mathrm{d}S_w)_{S_w} \end{aligned} \quad (10.16)$$

导数 $\mathrm{d}f_w/\mathrm{d}S_w$ 的值可以由任意含水饱和度 S_w 时的含水率曲线得到。根据公式(10.5)作出 f_w-S_w 曲线,可以求得任意含水饱和度 S_w 时的斜率,即为 $\mathrm{d}f_w/\mathrm{d}S_w$。如图10.9 中给出了含水饱和度为40% 时的斜率,在求解过程中使用了表10.1 中的相对渗透率比值,并假设水油黏度比为0.50。例如,当 $S_w = 0.40$ 时由表10.1 可得 $K_o/K_w = 5.50$,则由公式(10.5)可得

$$f_w = \frac{1}{1 + 0.50 \times 5.50} = 0.267$$

由图可知 $S_w = 0.4$ 和 $f_w = 0.267$ 时的斜率为2.25,如图10.9 所示。

导数 $\mathrm{d}f_w/\mathrm{d}S_w$ 也可以利用公式(10.3)中相对渗透率比值与含水饱和度之间的关系,使其

转换成数学表达式,对公式(10.5)进行微分,得

$$\frac{df_w}{dS_w} = \frac{(\mu_w/\mu_w)bae^{-bS_w}}{[1+(\mu_w/\mu_w)ae^{-bS_w}]^2} = \frac{(\mu_w/\mu_w)b(K_o/K_w)}{[1+(\mu_w/\mu_w)(K_o/K_w)]^2} \tag{10.17}$$

根据图 10.1 中的 K_o/K_w 数据,可得 a = 540 和 b = 11.5。当 S_w = 0.40 时,由公式(10.17)可得

$$\frac{df_w}{dS_w} = \frac{0.50 \times 11.5 \times 5.50}{[1+(0.50 \times 5.50)]^2} = 2.25$$

表 10.1　Buckley-Leverett 水驱油理论中任意前缘饱和度面的计算

(1)	(2)	(3)	(4)	(5)	(6)	(7)
S_w	K_o/K_w	f_w $\mu_w/\mu_o=0.50$ 公式(10.5)	df_w/dS_w 公式(10.17)	$46(df_w/dS_w)$ 公式(10.16)	$92(df_w/dS_w)$ 公式(10.16)	$184(df_w/dS_w)$ 公式(10.16)
0.20	∞	0.000	0.00	0	0	0
0.30	17.0	0.105	1.08	50	100	200
0.40	5.50	0.267	2.25	104	208	416
0.50	1.70	0.541	2.86	131	262	524
0.60	0.55	0.784	1.95	89	179	358
0.70	0.17	0.922	0.83	38	76	153
0.80	0.0055	0.973	0.30	14	28	55
0.90	0.000	1.000	0.00	0	0	0

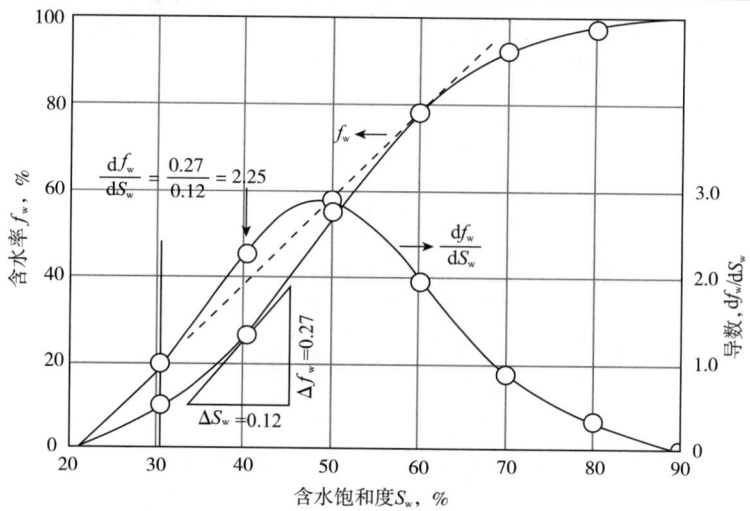

图 10.9　含水率与含水饱和度之间的关系

图 10.9 给出了含水率 f_w 和导数 df_w/dS_w 与表 10.1 中所给的含水饱和度 S_w 之间的关系曲线。公式(10.17)可用来计算导数 df_w/dS_w 的数值,由于公式(10.3)在很高或相当低的含水饱

和度时并不适用,因此,当含水饱和度低于30%或高于80%时,会产生一些误差。但它们处于导数的较低值域,因此对计算的整体影响很小。

图10.10中最低的那条曲线表示图10.8中一维砂体内的原始油水分布状况,油水过渡带以上的束缚水饱和度保持不变,为20%,可以利用公式(10.16)计算导数 df_w/dS_w 的数值,计算的过程如图10.1所示,并将结果绘制成图10.9,最后得到时间分别为60d、120d和240d时的前缘饱和度。例如,当含水饱和度为50%时,导数值为2.86,然后通过公式(10.16),求得时间为60d时50%的含水饱和度面或前缘饱和度面的移动距离为:

$$x = 46\left(\frac{df_w}{dS_w}\right)_{S_w} = 46 \times 2.86 = 131 \text{ft}$$

将这个距离的数值与图10.1计算得到的其他时间和含水饱和度时的饱和度面移动距离一起绘制在图10.10中,曲线中同一距离可能会出现2个或3个含水饱和度的值。例如,由图10.10可以看出当时间为240d时,距离为400ft处的含水饱和度有20%、36%和60%这3个数值,而在给定的位置和时间时含水饱和度只可能存在1个值。解决此问题的办法是作一条垂线,使右边区域(A)与左侧区域(B)的面积相等,如图10.10所示。

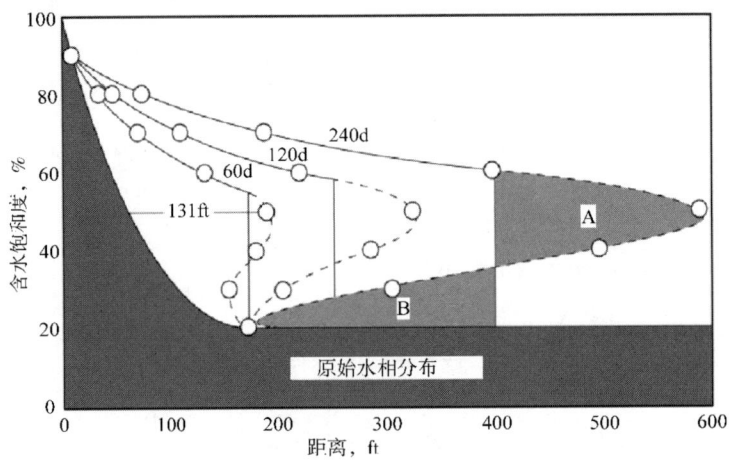

图10.10 原始状态和时间分别为60d、120d和240d时的流体分布

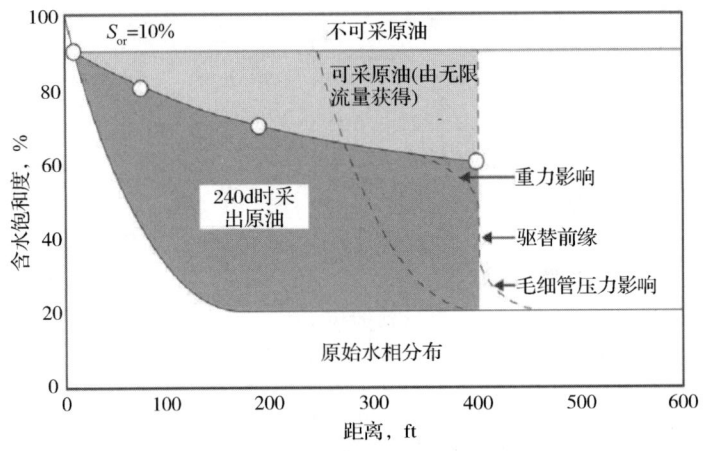

图10.11 含水饱和度与距离之间的关系

图 10.11 给出了储层单元中原始状态时含水饱和度和含油饱和度的分布,也给出了时间为 240d 时水和油的分布状态,假设此时的驱替前缘还未到达最低的油井中。图 10.11 中驱替前缘右侧的区域通常称为含油带,左侧的区域有时称为滞后带,时间为 240d 时的曲线上部和含水饱和度为 90% 时曲线下部之间的区域代表着不可采出的原油。

上述油水两相驱替机理中,没有考虑毛细管压力和重力的影响。这两种作用力主要影响储层单元内原始状态时的油水分布,也能够通过一定的方式影响驱替前缘的形状,如图 10.11 所示。如果在 240d 时油井停产,则油水分布靠近原始状态时的油水分布,如图 10.11 的虚线所示。

由图 10.11 可以看出,储层单元中的某口油井中将一直产出无水原油,直至驱替前缘到达油井中,此后相当短时间内含水率会急剧地上升,然后在相当长的一段生产时期内含水率都会很高,并且逐渐增高。例如时间为 240d 时,驱替前缘的正后方含水饱和度从 20% 上升至 60%,含水率从零增加至 78.4%(见表 10.1)。当生产储层包括 2 种或 2 种以上渗透率不一样的岩层或夹层时,不同岩层中前缘的运移速度将与其渗透率成正比,整体的驱替效果将会是多种不同驱替效果的总合,与前述的单相均质岩层一样。

10.3.2 气体驱油理论(分别考虑和不考虑重力分异的影响)

前面所述方法也适用于气体驱替原油的过程,本部分只考虑气驱油过程中垂向上的重力泄油作用。Richardson 和 Blackwell[9] 认为某些情况下垂向上的重力泄油作用非常明显。

由于含气饱和度较低时,油气黏度比和气相渗透率比值都很高,因此气驱油的效果通常要比水驱油的效果低,这与在溶解气驱机制下油藏生产时采收率很低的原因类似。但是,如果气驱过程中存在很明显的重力分异作用,气驱的效果会更好。通常很少考虑水驱油藏中重力分异的影响,这是由于水驱时驱替效率较高和油水黏度比较低,而对于气—油体系正好相反。Welge[10] 研究发现两种驱替类型的油藏中毛细管压力的影响均可被忽略,并在公式(10.5)中引入了重力项,这将在后面的公式中有所体现。与水驱油过程一样,假设一个一维模型,并且整个体系中气体和压力都保持恒定,整体的产量也保持恒定,假设中同时也忽略了气体密度、原油密度和原油地层体积系数的变化。公式(8.1)同样可以适用于原油和气体的流动,假设束缚水不能流动,则含气率为

$$f_g = \frac{v_g}{v_t} - \frac{0.001127 K_g}{\mu_q v_t}\left[\left(\frac{dp}{dx}\right)_g - 0.00694\rho_g \cos\alpha\right] \quad (10.18)$$

总流速 v_t' 是总产量 q_t' 与横截面积 A_c 的比值,储层中气体的密度为 ρ_g,单位为 lbm[●]/ft^3,公式(10.18)和公式(10.19)中出现的常数 0.00694 为 0.433 与 62.4lbm/ft^3(水的密度)的乘积。当忽略毛细管压力的影响时,油相和气相的压力梯度相等。可以使用公式(8.1)求解油相的压力梯度,即

$$\left(\frac{dp}{dx}\right)_o = \left(\frac{dp}{dx}\right)_g = -\frac{\mu_o v_o}{0.001127 K_o} + 0.00694\rho_o \cos\alpha \quad (10.19)$$

[●] lbm/ft^3——密度单位,质量磅/英尺^3

将公式(10.19)中的压力梯度代入公式(10.18)中,得

$$f_g = -\frac{0.001127K_g}{\mu_g v_t}\left[-\frac{\mu_o v_o}{0.001127K_o} + 0.00694(\rho_o - \rho_g)\cos\alpha\right] \quad (10.20)$$

公式的左右两侧同时乘以$(K_o/K_g)(\mu_g/\mu_o)$,得

$$f_g\left(\frac{K_o\mu_g}{K_g\mu_o}\right) = \frac{v_o}{v_t} - \frac{7.821\times 10^{-6}\times K_o(\rho_o - \rho_g)\cos\alpha}{\mu_o v_t} \quad (10.21)$$

但v_o/v_t为含油率,它等于$1-f_g$,则有

$$f_g = \frac{1 - \left[\dfrac{7.821\times 10^{-6}\times K_o(\rho_o - \rho_g)\cos\alpha}{\mu_o v_t}\right]}{1 + \dfrac{K_o\mu_g}{K_g\mu_o}} \quad (10.22)$$

公式(10.22)的分母中有效渗透率K_o/K_g比值也可以使用相对渗透率比值K_{ro}/K_{rg}来代替,但是分子中油相的渗透率K_o为有效渗透率,不能用相对渗透率来代替,但可以用$(K_{ro}K)$来代替,其中K为绝对渗透率,总流速v_t'是总产量q_t'与横截面积A_c的比值,将这些等价物理量代入公式(10.22)中,则考虑重力分异时的含气率为

$$f_g = \frac{1 - \left[\dfrac{7.821\times 10^{-6}KA_c(\rho_o - \rho_g)\cos\alpha}{\mu_o}\right]\left(\dfrac{K_{ro}}{q_t'}\right)}{1 + \dfrac{K_o\mu_g}{K_g\mu_o}} \quad (10.23)$$

如果重力分离作用很小,则公式(10.23)可以简化成类似于公式(10.5)的形式,即

$$f_g = \frac{1}{1 + \dfrac{K_o\mu_g}{K_g\mu_o}} \quad (10.24)$$

尽管公式(10.24)对产量不敏感(即其大小与总产量无关),但公式(10.23)包括了总流速q_t'/A_c,因此与总产量有关。由于总产量q_t'位于公式(10.23)的分母中,驱替速度很快时(即q_t'/A_c的数值很大时)会减小重力项的数值,因此能够增加含气量f_g。f_g为负值时意味着发生了气体向上流动和原油向下流动的逆流现象,会使驱替效果最大化。假设气顶位于大量含油带的上方,驱替作用是垂向的,即$\cos\alpha = 1.00$,横截面积足够大,垂向有效渗透率k_o在低渗透岩层中下降不明显,则重力泄油作用能够明显地提高原油采收率。

将Welge[10]提供的秘鲁Mile Six Pool储层数据应用于公式(10.23)中,计算结果表明良好的重力分异特征可以提高原油采收率。自1993年起,向气顶中回注产出气和其他气体,使地层压力保持在原始地层压力附近200psi范围之内,图10.12给出了Mile Six Pool储层岩石的平均相渗曲线,与常规的气—油体系一样,饱和度为烃类孔隙体积的百分数,且束缚水不能流动并将其视为储层岩石的一部分。有关储层岩石和流体物性相关的数据见表10.2,将这些数据代入公式(10.25)中,得

$$f_g = \frac{1 - \left[\dfrac{7.821 \times 10^{-6} \times 300 \times 1.237 \times 10^6 \times (48.7 - 5)\cos72.5°}{1.32}\right]\left(\dfrac{K_{ro}}{11600}\right)}{1 + \dfrac{K_o \times 0.0134}{K_g \times 1.32}}$$

$$f_g = \frac{1 - 2.50 K_{ro}}{1 + 0.0102\left(\dfrac{K_o}{K_g}\right)} \tag{10.25}$$

表10.2 中 f_g 的数值由三种情况计算得到：(1) 不考虑重力分异的影响，利用公式(10.24)进行计算；(2) 对于 Mile Six Pool 储层，假设重力项等于 $2.50K_{ro}$ 时，利用公式(10.25)进行计算；(3) 假设重力项等于 Mile Six Pool 储层重力项的一半（即 $1.25K_{ro}$）时，利用公式(10.25)进行计算。将这3种情况下得到的 f_g 的数值绘制在图10.13中。在某些情况下 Mile Six Pool 储层的 f_g 数值为负数，这意味着含气饱和度范围在5%（假定的残余气饱和度）与17%之间时，储层中存在逆流（即气体向上流动和原油向下流动）现象。

Mile Six Pool 储层中任意饱和度面的移动距离可以利用公式(10.15)进行计算，计算时将水替换成气体，即

$$x = \frac{5.615 q_t' t}{\phi A_c}\left(\frac{df_g}{dS_g}\right)_{S_g}$$

时间为100d 时，得

$$x = \frac{5.615 \times 11600 \times 100}{0.1625 \times 1237000}\left(\frac{df_g}{dS_g}\right)_{S_g} \tag{10.26}$$

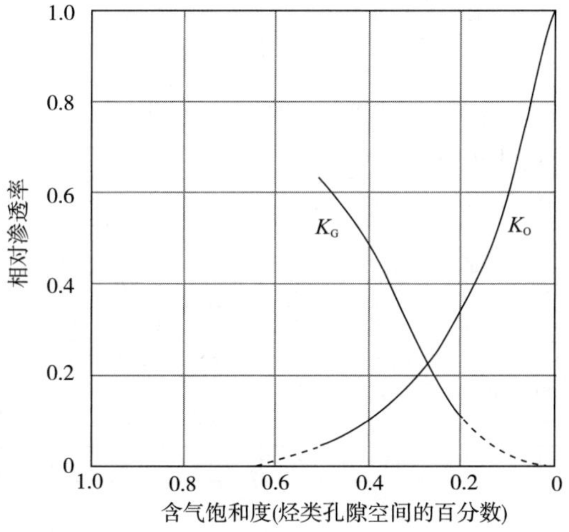

$$x = 32.4\left(\frac{df_g}{dS_g}\right)_{S_g}$$

图10.12 秘鲁 Mile Six Pool 储层的相渗曲线

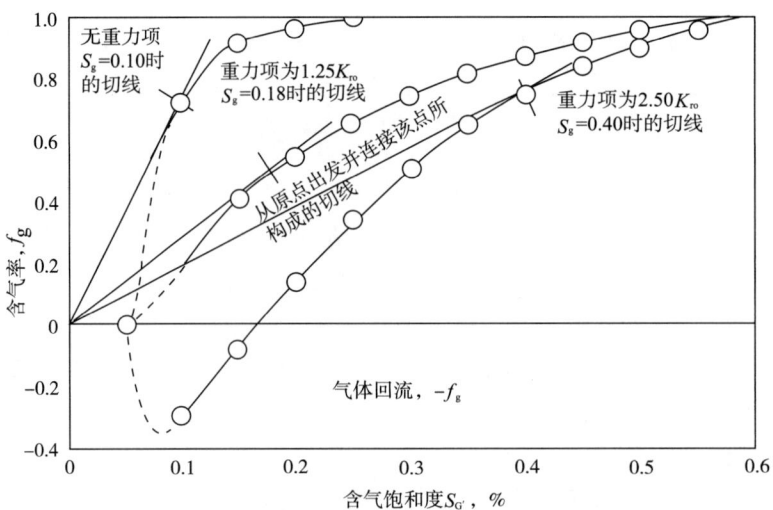

图 10.13 秘鲁 Mile Six Pool 储层的含气率(气相分流量)

表 10.2　秘鲁 Mile Six Pool 储层岩石和流体的物性参数与计算

平均绝对渗透率=300mD	地下原油相对密度=0.78(水的相对密度=1)
平均烃类孔隙度=0.1625	地下气体相对密度=0.08(水的相对密度=1)
平均束缚水饱和度=0.35	地层温度=114°F
平均倾角=17°30′($\alpha=90°-17°30′$)	平均地层压力=850psi(绝)
平均横截面积=1237000ft²	平均总产量=11600(地下)bbl/d
地下原油黏度=1.32cP	原油地层体积系数=1.25bbl/bbl
地下气体黏度=0.0134cP	溶解气油比=400ft³/bbl[压力为850psi(绝)时]
	气体偏差因子=0.74

S_g	0.05	0.10	0.15	0.20	0.25	0.30	0.35	0.40	0.45	0.50	0.55	0.60
K_o/K_g	∞	38	8.80	3.10	1.40	0.72	0.364	0.210	0.118	0.072	0.024	0.00
重力项=0												
f_g	0	0.720	0.918	0.969	0.986	0.993	0.996	0.998	0.990	1.00	1.00	1.00
df_g/dS_g			7.40	1.20	0.60	0.30						
$x=32(df_g/dS_g)$			237	38	19	10						
重力项=$2.50K_{ro}$												
K_{ro}	0.77	0.59	0.44	0.34	0.26	0.19	0.14	0.10	.0.065	0.040	0.018	0.00
$2.50K_{ro}$	1.92	1.48	1.10	0.85	0.65	0.48	0.35	0.25	0.160	0.10	0.045	0.00
$1-2.50K_{ro}$	−0.92	−0.48	−0.10	0.15	0.35	0.52	0.65	0.75	0.84	0.90	0.955	1.00
f_g	0	−0.29	0.092	0.145	0.345	0.516	0.647	0.749	0.840	0.900	0.955	1.00
df_g/dS_g			3.30	4.40	4.30	3.60	3.00	2.50	1.95	1.60	1.20	0.80
$x=32(df_g/dS_g)$			106	141	138	115	96	80	62	51	38	26
重力项=$1.25K_{ro}$												
$1.25K_{ro}$	0.96	0.74	0.55	0.425	0.325	0.240	0.175	0.125	0.080	0.050	0.023	0.00
$1-1.25K_{ro}$	0.04	0.26	0.45	0.575	0.675	0.760	0.825	0.875	0.920	0.950	0.977	1.00

续表

f_g	0.190	0.413	0.557	0.666	0.755	0.822	0.873	0.920	0.950	0.977	1.00
df_g/dS_g	4.00	3.60	2.40	1.90	1.50	1.20	1.00	0.80	0.60		
$x=32(df_g/dS_g)$	128	115	77	61	48	38	32	26	19		

表 10.2 中倒数 df_g/dS_g 的数值可以从图 10.13 中得到,图 10.14 给出了利用公式(10.26)得到的数据点,可以由此得出气体与原油的分布和时间为 100d 时气体前缘的位置。任何其他时间时曲线的形状将不会发生变化,例如时间为 1000d 时,气体与原油的分布和气体前缘的位置可以通过简单地改变距离坐标得到,即将 x 轴的刻度除以 10。

Welge[10] 认为图 10.13 中的前缘位置可以通过从原点出发所构成的切线得到。例如,图中所示的切线是从原点出发并连接图中较低位置曲线上含气饱和度为 40% 时的点所构成的切线。则在图 10.14 中,前缘位置可以由含气饱和度为 40% 时作一垂线得到,这将使 S 型曲线的面积达到平衡,与图 10.10 中水驱油时一样,都需要经过反复地尝试才能得到。在水驱油的例子中,切线不是从原点出发的,而是从束缚水饱和度的位置出发的,如图 10.9 中的虚线为含水饱和度为 60% 时的切线,参照图 10.10 可以得到时间为 240d 时含水饱和度为 60% 的前缘位置。由于存在原始油水过渡带,因此时间分别为 60d 和 120d 时的前缘位置所对应的含水饱和度略微偏低。

由图 10.14 可以看出,存在重力分异时的采收率远高于不存在重力分异时的采收率。由于含气饱和度为 60% 时油相渗透率基本为 0,则通过气驱和重力泄油作用得到的最大采收率为 60% 的原始原油地质储量。实际上,当含油饱和度很小时,某些油相的相对渗透率会很低,这就解释了为什么很多油田在压力衰竭后相当长一段时间内产量会持续走低。驱替效率可以通过测量图 10.14 中的面积得到,例如,当考虑全部的重力分异作用时,Mile Six Pool 储层的采收率为

$$\text{采收率} = \frac{B \text{ 的面积}}{A \text{ 的面积} + B \text{ 的面积}} = \frac{32.5}{4.7+32.5} = 0.874 \text{ 或 } 87.4\%$$

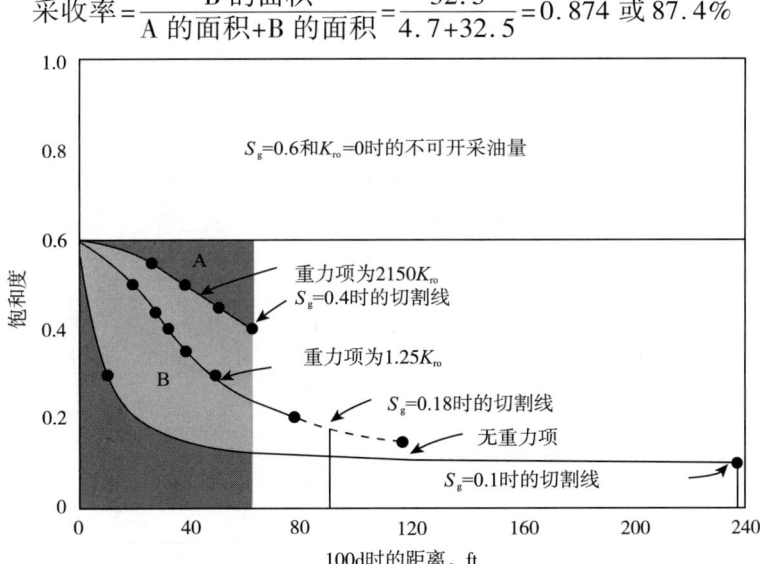

图 10.14 注气 100d 时 Mile Six Pool 储层中的流体分布

若重力分异作用只有一半是有效的,则采收率为60%,若重力分异不存在,则采收率仅为24%。这些采收率均为原始原油地质储量的百分比,如果以原始原油可采储量为基准,由于最大的可采程度也只有60%,则上述采收率分别为52.4%、36.0%和14.1%的原始原油可采储量。Welge[10]、Shreve和Welch[11]、Kern[12]以及其他研究人员发现通过以上这些原理可以预测气油比、产量和累计采收率等,还可以对驱替前缘后方油井的生产进行调整。Smith[13]认为可以根据重力项$[(K_o/\mu_o)(\rho_o-\rho_g)\cos\alpha]$的大小作为油藏中重力分异作用重要性的评判标准。由表10.3中的数据可以看出,重力项的值必须大于与600时重力分异作用才有效,但是由公式(10.23)可以看出,总流速q_t'/A_c的影响也非常重要。

表10.3 重力泄油作用的相关计算(选自参考文献13)

油田和储层		原油黏度 cP	油相渗透率 mD	原油流度 mD/cP	地层倾角 (°)	$\cos\alpha^a$	密度差 $\Delta\rho$	重力泄油项 $(K_o/\mu_o)\Delta\rho\cos\alpha$	砂层厚度 ft	重力泄油
(美)Lakeview 油田	27B	17	2000	118	24	0.41	53.7	2590	100	是
(美)Lance Creek 油田		0.4	80	200	4.5	0.08	39.3	630		是
(美)Sun Dance 油田	E2-3	1.3	1100	846	22	0.37	40.6	12710	45	是
(美)Oklahoma 油田		2.1	600	286	36	0.59	34.9	5880		是
(美)Kettleman 油田 Temblor 储层		0.8	72	90	30	0.50	35.6	1600	80	是
(美)West Coyote 油田 Emergy 储层		1.45	28	19.3	17	0.29	38.1	210	75	是
(墨西哥)San Miguelito 油田 First Grubb 储层		1.1	34	30.9	39	0.62	39.3	750	40	是
(美)Huntington Beach 油田 Lower Ashton 储层		1.8	125	69	25	0.42	41.8	1220	50	是
(美)Ellwood 油田 Vaqueros 储层		1.5	250	167	32	0.53	43.1	3810	120	是
(美)San Ardo 油田 Campbell 储层		2000	4700	2.35	4	0.07	56.2	10	230	—
(美)Wilimington 油田 Upper Terminal Block V 储层		12.6	284	22.5	4	0.07	52.4	80	40	—
(美)Huntington Beach 油田 Jones 储层		40	600	15	11	0.19	54.3	150	40	否
(秘鲁)Mile Six Pool 油田		1.32	300	224	17.5	0.30	43.7	2980	635	是

a $\alpha = 90°-$倾角。

重力分异作用最重要的应用之一是用来开采具有活跃水驱且重力分异效果很好油藏中的阁楼油。当储层最高部位的油井见水时,应向地层中注入一定量的高压气体。这些气体将向上运移并驱替原油使其向下运移,也可以从注气井中生产原油,当然,注入的气体是不可采出的。

从前面的讨论和例子中可以看出,储层岩石中水驱油的效果通常比气驱油的效果更好,这主要是因为:(1)水的黏度约为气体黏度的 50 倍;(2)水占据较少的低渗流阻力孔隙通道,而气占据较多的低渗流阻力孔隙通道。因此水驱油时,油会剩余在孔隙通道的中部或渗流阻力更低的部位,而气驱油时,气体首先侵入和占据低渗流阻力孔隙通道,使油和水剩余在渗流阻力较高的部位。上面所述的水驱油过程适用于水湿岩石,而大多数的储层岩石也都是水湿的。但是如果储层岩石倾向油湿,则水将首先侵入渗流阻力较低的部位,与气体一样,导致驱替效果降低,在这种情况下,由于水在黏度上的优势,其驱替效率仍然高于气体的驱替效率。

10.3.3 溶解气驱油理论

定容型非饱和油藏中的原油可以依靠储层流体的膨胀能量采出。地层压力下降至泡点压力的过程中,依靠液体(原油和束缚水)的膨胀能量和储层岩石的压缩性来进行生产(见第 6 章第 6.6 节)。低于泡点压力时,束缚水的膨胀能量和岩石的压缩性通常可以忽略不计,此时由于原油中溶解气的释放,油相体积收缩,生产能量主要来源于气体的膨胀作用。当含气饱和度达到临界饱和度(即残余气饱和度)时,自由气开始流动。当含气饱和度相当低时,气体的流度 k_g/μ_g 变得很大,而原油的黏度变得很小,导致气油比很高而采收率很低,通常采收率的范围在 5% 与 25% 之间。

由于气体来自原油内部,前面描述的有关注入外界气体驱油的研究方法不再适用。另外,在注入外界气体驱油时,假设地层压力时保持不变以使整个驱替过程中气体与原油的黏度以及原油的地层体积系数都保持不变。但在溶解气驱油时,随着生产的进行地层压力逐渐下降,因此气体与原油的黏度以及原油的地层体积系数随着压力的变化不断发生变化,使得溶解气驱理论更加复杂。

由于溶解气驱油机理的复杂性,在分析过程中必须建立大量假设来使其数学表达式尽可能的简单。使用以下假设,通常会使研究方法的精度降低,但在大多数情况下精度降低的不是特别明显:

(1)任何时候储层中的孔隙度、流体饱和度和相对渗透率都保持不变。研究表明在油藏衰竭开采的过程中,含气饱和度和含油饱和度始终相等。

(2)含气带和含油带的压力相等。这意味着在同一压力时整个储层中气体与原油的地层体积系数、气体和原油的黏度以及含气饱和度都一样。

(3)不考虑重力分异的影响。

(4)任何时候气相与原油处于平衡状态。

(5)气体的释放机制与使用其进行流体物性参数计算时的一样。

(6)不存在水侵且不考虑产水量。

文献中给出了很多种预测溶解气驱油油藏储层岩石与流体物性的方法。本章中主要其中的 3 种计算方法:(1)Muskat[14]方法,(2)Schilthuis[15]方法和(3)Tarner[16]方法,这 3 种方法都给出了压降与原油采收率和气油比之间的关系。

如前所述,物质平衡方法可以很成功地预测定容型油藏当地层压力下降至自由气开始流动时的生产动态。例如第6章第6.4节有关 Kelly-Snyder 油田 Canyon Reef 的研究中,当压力下降至含气饱和度为10%(假定的残余气饱和度)的过程中,假设生产气油比与溶解气油比相等,低于此压力(即较高含气饱和度)时,气体与原油一起流向井筒中,它们的相对流速取决于它们的黏度(随着压力的变化而变化)和相对渗透率(随着含气饱和度的变化而变化)。因此可以联系物质平衡方程(静态方程)和生产气油比公式(动态方程)来预测含气饱和度超过临界含气饱和度时的油藏生产动态。

在 Muskat 方法中,对任意(压力)衰竭过程中影响气体与原油产量变量的数值进行了评价,也对压力变化时变量的改变量进行了评价。假设当压力变化很小时,这些变量的数值基本保持不变,那么很小压降时,可以计算出气体与原油的产量增量。这些变量在压力进一步降低时都需要进行重新计算,直至压力低于设定的废弃压力。为了推导 Muskat 方程,假设 V_p 为储层的孔隙体积(单位为 bbl),那么任意压力时剩余油量[单位为(地面)bbl]为

$$N_r = \frac{S_o V_p}{B_o} \qquad (10.27)$$

上式对 p 求导数,得

$$\frac{dN_r}{dp} = V_p \left(\frac{1}{B_o} \frac{dS_o}{dp} - \frac{S_o}{B_o^2} \frac{dB_o}{dp} \right) \qquad (10.28)$$

相同压力时,以 ft³ 为单位时储层中的剩余气量(包括自由气和溶解气)为

$$G_r = \frac{R_{so} V_p S_o}{B_o} + \frac{(1 - S_o - S_w) V_p}{B_g} \qquad (10.29)$$

上式对 p 求导数,得

$$\frac{dG_r}{dp} = V_p \left[\frac{R_{so}}{B_o} \frac{dS_o}{dp} + \frac{S_o}{B_o} \frac{dR_{so}}{dp} - \frac{R_{so} S_o}{B_o^2} \frac{dB_o}{dp} - \frac{(1 - S_o - S_w)}{B_g^2} \frac{dB_g}{dp} - \frac{1}{B_g} \frac{dS_o}{dp} \right] \qquad (10.30)$$

若地层压力下降的速率为 dp/dt,则此压力下的生产气油比为

$$R = \frac{dG_r/dp}{dN_r/dp} \qquad (10.31)$$

将公式(10.28)和公式(10.29)代入公式(10.31)中,得

$$R = \frac{\dfrac{R_{so}}{B_o}\dfrac{dS_o}{dp} + \dfrac{S_o}{B_o}\dfrac{dR_{so}}{dp} - \dfrac{R_{so} S_o}{B_o^2}\dfrac{dB_o}{dp} - \dfrac{(1 - S_o - S_w)}{B_g^2}\dfrac{dB_g}{dp} - \dfrac{1}{B_g}\dfrac{dS_o}{dp}}{\dfrac{1}{B_o}\dfrac{dS_o}{dp} - \dfrac{S_o}{B_o^2}\dfrac{dB_o}{dp}} \qquad (10.32)$$

公式(10.32)只是定容型未饱和油藏物质平衡方程的微分形式。生产气油比也可被写成

$$R = R_{so} + \frac{K_g \mu_o B_o}{K_o \mu_g B_g} \tag{10.33}$$

公式(10.33)适用于流向井筒原油中的自由气和溶解气,这两种类型的气体构成了地面总生产气油比 R(单位为 ft³/bbl)。联立公式(10.33)和公式(10.32)可以得到

$$\frac{dS_o}{dp} = \frac{\dfrac{S_o B_g}{B_o}\dfrac{dR_{so}}{dp} + \dfrac{S_o}{B_o}\dfrac{K_g}{K_o}\dfrac{\mu_o}{\mu_g}\dfrac{dB_o}{dp} - \dfrac{(1 - S_o - S_w)}{B_g}\dfrac{dB_g}{dp}}{1 + \dfrac{K_g}{K_o}\dfrac{\mu_o}{\mu_g}} \tag{10.34}$$

为了简化公式(10.34),将分子中关于压力 p 的项进行合并,并用函数符号 $X(p)$、$Y(p)$ 和 $Z(p)$ 代替,即

$$X(p) = \frac{B_g}{B_o}\frac{dR_{so}}{dp}; \quad Y(p) = \frac{1}{B_o}\frac{\mu_o}{\mu_g}\frac{dB_o}{dp}; \quad Z(p) = \frac{1}{B_g}\frac{dB_g}{dp} \tag{10.35}$$

使用上述符号,并将公式(10.34)变化成增量的形式,得

$$\Delta S_o = \Delta p \left[\frac{S_o X(p) + S_o \dfrac{K_g}{K_o} Y(p) - (1 - S_o - S_w) Z(p)}{1 + \dfrac{K_g}{K_o}\dfrac{\mu_o}{\mu_g}} \right] \tag{10.36}$$

公式(10.36)给出了压降 Δp 时含油饱和度的变化量。函数 $X(p)$、$Y(p)$ 和 $Z(p)$ 可以由公式(10.35)中的储层流体物性参数得到,倒数 dR_{so}/dp、dB_o/dp 和 dB_g/dp 的值可以分别从 R_{so}—p 曲线、B_o—p 曲线和 B_g—p 曲线中获得。研究发现,获取 dB_g/dp 的值时,使用 $1/B_g$—p 曲线得到的数据更加精确。当以上数据全部获得时,可使用以下代替方式

$$\frac{d(1/B_g)}{dp} = -\frac{1}{B_g^2}\frac{dB_g}{dp}$$

$$\frac{dB_g}{dp} = -B_g^2\frac{d(1/B_g)}{dp}$$

或

$$Z(p) = \frac{1}{B_g}\left[-B_g^2\frac{d(1/B_g)}{dp}\right] = -B_g\frac{d(1/B_g)}{dp} \tag{10.37}$$

在计算任意压降 Δp 对应的含油饱和度变化量 ΔS_o 时,S_o、$X(p)$、$Y(p)$、$Z(p)$、K_g/K_o 和 μ_g/μ_o 可以使用每一间隔开始时的数值,但是使用压力间隔中部的数值获得的结果更好。间隔中部 S_o 的值可以根据前一阶段 ΔS_o 值与本阶段间隔中部由 K_g/K_o 值估算得到的含油饱和

度数值得到，然后代入公式（10.36）中得到总含油饱和度。这一过程非常简单，首先将 $\Delta S_o/\Delta p$ 的值乘以压降 Δp，然后将间隔开始时压力对应的 ΔS_o 减去该值，即

$$S_{oj} = S_{o(j-1)} - \Delta p \left(\frac{\Delta S_o}{\Delta p} \right) \tag{10.38}$$

式中，j 对应压降间隔结束时的压力，j-1 对应压降间隔开始时的压力。

给定压降 Δp 时 ΔS_o 的求解步骤如下：

(1) 作出 S_o、B_o 和 B_g（或 $1/B_g$）与压力的关系曲线，并得到每一曲线的斜率。
(2) 利用给定 Δp 的启始压力对应的含油饱和度和公式（10.36）得到 $\Delta S_o/\Delta p$。
(3) 利用公式（10.38）估算 S_{oj}。
(4) 利用第 3 步中的含油饱和度求解公式（10.36）。
(5) 得到步骤 2 和步骤 4 中的两个 $\Delta S_o/\Delta p$ 的平均值。
(6) 利用 $(\Delta S_o/\Delta p)_{ave}$ 和公式（10.38）求解 S_{oj}，S_{oj} 的值在下一个压降间隔中就变成了 $S_{o(j-1)}$。
(7) 复步骤 2~6，对所有的压降进行计算。

在 Schilthuis 方法中，对于定容型未饱和油藏，考虑单相地层体积系数时物质平衡通式可简化为：

$$N = \frac{N_p [B_o + B_g(R_p - R_{so})]}{B_o - B_{oi} + B_g(R_{soi} - R_{so})} \tag{10.39}$$

需要注意的是，该公式中包括(1) 只与地层压力有关的变量 B_t、B_g、R_{soi} 和 B_{ti}；(2) 未知变量 R_p 和 N_p。当然 R_p 为累计产气量 G_p 与累计产油量 N_p 的比值，当使用该公式预测 N_p 时，必须使用一种方法来对 R_p 进行估算，Schilthuis 方法中使用地面总生产气油比或瞬时气油比对 R_p 进行估算，由前文中的公式（10.33）对其进行了定义，即：

$$R = R_{so} + \frac{K_g \mu_o B_o}{K_o \mu_g B_g} \tag{10.33}$$

公式（10.33）右侧第 1 项代表生产过程中的溶解气量，第 2 项代表生产过程中的自由气量，为第 8 章中讨论的气体流动方程与原油流动方程的比值。使用公式（10.33）计算 R 时，需要知道油相渗透率和气相渗透率，这些数据与含油饱和度之间的关系通常可以通过实验测得，并且以图的形式表示（见图 10.15）。同时，也需要流体饱和度方程，即

$$S_L = S_w + (1 - S_w)\left(1 - \frac{N_p}{N}\right)\frac{B_o}{B_{oi}} \tag{10.40}$$

式中 S_L——总液相饱和度（即 $S_L = S_w + S_o = 1 - S_g$）。

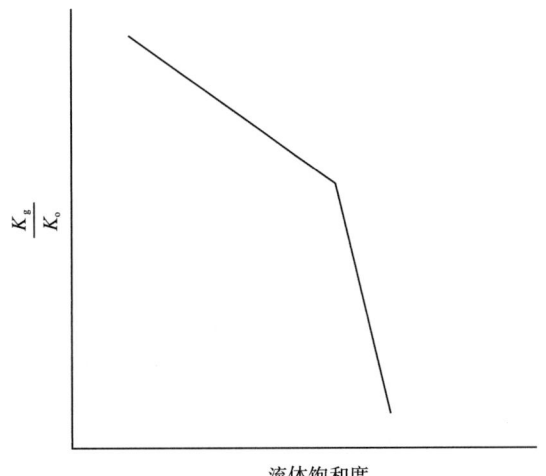

图 10.15 有效渗透率比值与流体饱和度之间的关系

这一系列累计产量的求解公式需要使用到试差法。首先,将物质平衡方程进行变形,得

$$\frac{\frac{N_p}{N}[B_o + B_g(R_p - R_{so})]}{B_o - B_{oi} + B_g(R_{soi} - R_{so})} - 1 = 0 \tag{10.41}$$

实验研究表明除了 N_p/N 和 R_p,公式(10.41)中所有的参数都是压力的函数,给定压力时,将正确的 N_p/N 和 R_p 值代入公式(10.41)中,则公式左侧等于零。试差法的步骤如下:

(1)当平均地层压降 Δp 很小时,假定一个产油量增量 $\Delta N_p/N$。

(2)在此时的压力下降过程中,将前面所有产油量增量与假定的产油量增量相加,求出压力 $p_j = p_{j-1} - \Delta p$ 时的累计产油量,即

$$\frac{N_p}{N} = \sum \frac{\Delta N_p}{N} \tag{10.42}$$

(3)求解总液相饱和度公式(10.40),得到此压力下的 S_{L0}。

(4)求得 S_L 后,通过相渗曲线得到 K_g/K_o,然后利用公式(10.33)求得此压力下的 R_j。

(5)使用此压降下气油比的平均值计算产气量增量,即

$$R_{\text{avc}} = \frac{R_{j-1} + R_j}{2} \tag{10.43}$$

$$\frac{\Delta G_p}{N} = \frac{\Delta N_p}{N}(R_{\text{avc}}) \tag{10.44}$$

(6)类似步骤 2,将前面计算得到的所有产气量增量相加,得到累计产气量

$$\frac{G_p}{N} = \sum \frac{\Delta G_p}{N} \tag{10.45}$$

(7)根据累计产气量和累计产油量,求得R_p的值:

$$R_p = \frac{G_p/N}{N_p/N} \tag{10.46}$$

(8)由步骤2获得的累计原油采收率和步骤7获得的R_p,求解公式(10.41)的左侧是否等于零。如果等式的左侧不等于零,则需重新假设一个新的产油量增量$\Delta N_p/N$,并且重复以上步骤,直至公式(10.41)成立。

任何一种迭代方法都可以辅助试差法的完成,其中一种方法是割线迭代法[17],迭代公式如下

$$x_{n+1} = x_n - f_n\left(\frac{x_n - x_{n-1}}{f_n - f_{n-1}}\right) \tag{10.47}$$

对前面的步骤使用割线迭代法时,若公式(10.41)的左侧为f,则累计产油量为x。割线迭代法假定了新的产油量增量,并重复以上步骤直至f等于零或在误差范围内(即$\pm 10^{-4}$)。前面所述的步骤在计算机程序中很容易实现,作者认为Excel软件就能用来解决此问题而不需要编写一个独立的程序,包括割线迭代法等计算步骤等,但是理解割线迭代法有助于读者理解其计算原理,因此在此处进行了介绍。

在Tarner[18]方法中,预测溶解气驱油藏生产动态的公式是由Tracy提出来的。不考虑地层和水的压缩系数时,单相油藏的原始原油地质储量可以写成:

$$N = \frac{N_p(B_o - R_{so}B_g) + G_pB_g - (W_e - W_p)}{B_o - B_{oi} + (R_{soi} - R_{so})B_g + \frac{mB_{oi}}{B_{gi}} + (B_g - B_{gi})} \tag{10.48}$$

Tracy提出了以下形式:

$$\phi_n = \frac{B_o - R_{so}B_g}{B_o - B_{oi} + (R_{soi} - R_{so})B_g + \frac{mB_{oi}}{B_{gi}} + (B_g - B_{gi})} \tag{10.49}$$

$$\phi_g = \frac{B_g}{B_o - B_{oi} + (R_{soi} - R_{so})B_g + \frac{mB_{oi}}{B_{gi}} + (B_g - B_{gi})} \tag{10.50}$$

$$\phi_w = \frac{1}{B_o - B_{oi} + (R_{soi} - R_{so})B_g + \frac{mB_{oi}}{B_{gi}} + (B_g - B_{gi})} \tag{10.51}$$

式中，ϕ_n、ϕ_g 和 ϕ_w 只是很多相的简单集合，除了比例 m 和原始溶解气油比外，其余所有的函数都与压力有关，此时物质平衡方程可写成：

$$N = N_p\phi_n + G_p\phi_g - (W_e - W_p)\phi_n \tag{10.52}$$

将此方程应用于定容型未饱和油藏时，得

$$N = N_p\phi_n + G_p\phi_g \tag{10.53}$$

在任意压力 p_{j-1} 下降至更低压力 p_j 的过程中，Tracy 提出了应该在较低压力时估算生产气油比，而不是在压力间隔中估算产油量增量 ΔN_p（Schilthuis 方法）。R 的值可以利用较高压力时计算得到的 R 值与压力之间的关系曲线进行外推和估算，则两个压力之间的平均气油比可由公式（10.43）进行估算：

$$R_{ave} = \frac{R_{j-1} + R_j}{2} \tag{10.43}$$

从 Δp 间隔中估算得到平均气油比，然后使用公式（10.53）估算产油量增量 ΔN_p，即

$$N = (N_{p(j-1)} + \Delta N_p)\phi_{nj} + \left[G_{p(j-1)} + R_{ave}(\Delta N_p)\right]\phi_{gj} \tag{10.54}$$

进而求出 N_{pj} 的值：

$$N_{pj} = N_{p(j-1)} + \Delta N_p \tag{10.55}$$

除了上述公式，还需要使用公式（10.40）来计算总液体饱和度。Tarner 方法的求解步骤如下：

（1）计算 ϕ_n 和 ϕ_g 的值；
（2）假定 R_j 的值，并计算压降 Δp 时的 R_{ave}；
（3）将公式（10.54）进行变形，求解 ΔN_p。

$$\Delta N_p = \frac{N - N_{p(j-1)}\phi_n - G_{p(j-1)}\phi_g}{\phi_n + \phi_g R_{ave}} \tag{10.56}$$

（4）利用公式（10.55）计算累计产油量。
（5）利用公式（10.40）计算总液体饱和度，并使用相渗曲线确定 K_g/K_o。
（6）利用公式（10.33）计算 R_j 值，并与步骤 2 中的假定值进行对比。如果两个值在一定的误差范围之内，则步骤 3 中计算得到的 ΔN_p 是正确的，如果两个值不一样，则需要重新假定一个新的 R_j 值并重复步骤 2~6 中的计算。

作为进一步的核查工作,可以利用公式(10.56)重新算出 R_{ave},然后求得 ΔN_p,如果新的计算值与步骤3中的计算值在一定的误差范围之内,则假定的产油量增量是正确的,例10.1对这3种方法的使用进行了介绍。

例 10.1 根据压力计算累计产油量

本例使用(1)Muskat方法,(2)Schilthuis方法和(3)Tarner方法对定容型未饱和油藏进行了计算。计算压力从原始地层压力一直下降至压力2300psi(绝)(即压降为200psi)过程中的累计产油量。

已知:

原始地层压力 = 2500psi(绝);

原始地层温度 = 180°F;

原始原油地质储量 = 56×10^6 bbl;

束缚水饱和度 = 0.20;

储层流体的物性参数见表10.4;

相渗曲线见图10.16。

表 10.4 例 10.1 中的储层流体物性参数

压力 psi(绝)	B_o, bbl/bbl	R_{so}, ft³/bbl	B_g, bbl/ft³	μ_o, cP	μ_g, cP
2500	1.498	721	0.001048	0.488	0.0170
2300	1.463	669	0.001155	0.539	0.0166
2100	1.429	617	0.001280	0.595	0.0162
1900	1.395	565	0.001440	0.658	0.0158
1700	1.361	513	0.001634	0.726	0.0154
1500	1.327	461	0.001884	0.802	0.0150
1300	1.292	409	0.002206	0.887	0.0146
1100	1.258	357	0.002654	0.981	0.0142
900	1.224	305	0.003300	1.085	0.01387
700	1.190	253	0.004315	1.199	0.0134
500	1.156	201	0.006163	1.324	0.0130
300	1.121	149	0.010469	1.464	0.0126
100	1.087	97	0.032032	1.617	0.0122

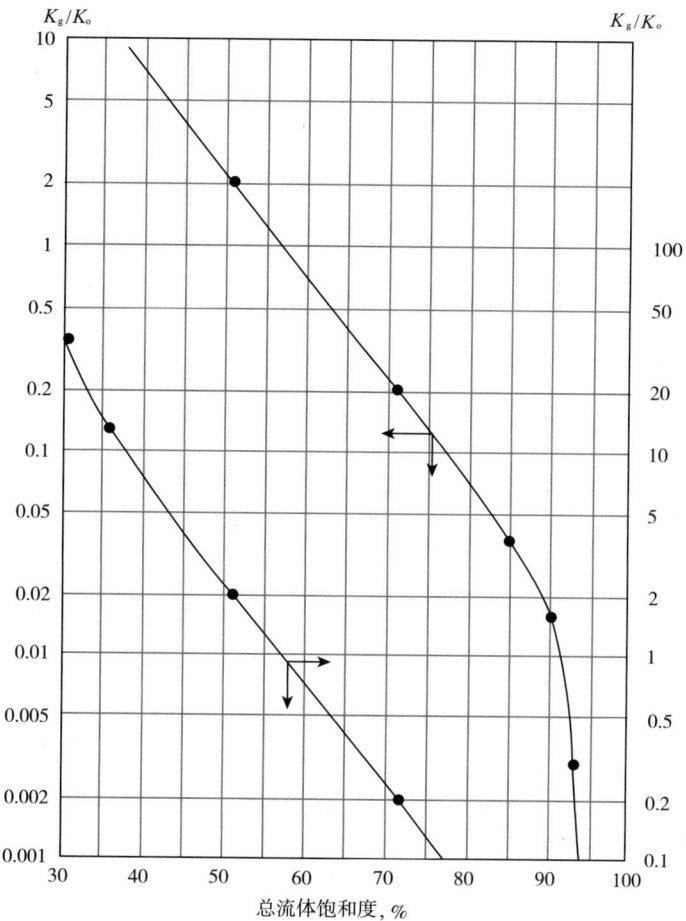

图 10.16 例 10.1 中的相渗曲线

解：

（1）Muskat 方法：

1. 作出 S_o、B_o 和 $1/B_g$ 与压力的关系曲线，并确定其斜率。尽管曲线未知，但可以确定以下数值：

$$\frac{dR_{so}}{dp} = 0.26 \qquad \frac{dB_o}{dp} = 0.000171 \qquad \frac{d(1/B_g)}{dp} = 0.433$$

根据压力，由 $X(p)$、$Y(p)$ 和 $Z(p)$ 制成的表格如下：

压力，psi（绝）	$X(p)$	$Y(p)$	$Z(p)$
2500	0.000182	0.003277	0.000454
2300	0.000205	0.003795	0.000500

2. 当压力为 2500psi（绝）时，利用 $X(p)$、$Y(p)$ 和 $Z(p)$ 计算 $\Delta S_o/\Delta p$：

$$\Delta S_o = \Delta p \left[\frac{S_o X(p) + S_o \dfrac{K_g}{K_o} Y(p) - (1 - S_o - S_w) Z(p)}{1 + \dfrac{K_g}{K_o} \dfrac{\mu_o}{\mu_g}} \right] \tag{10.36}$$

$$\frac{\Delta S_o}{\Delta p} = \frac{0.20 \times 0.000182 + 0 + 0}{1 + 0} = 0.000146$$

3. 估算 S_{oj}：

$$S_{oj} = S_{o(j-1)} - \Delta p \left(\frac{\Delta S_o}{\Delta p} \right) \tag{10.38}$$

$$S_{oj} = 0.80 - 200 \times 0.000146 = 0.7709$$

4. 利用步骤3得到的 S_{oj} 和压力2300psi(绝)时的 $X(p)$、$Y(p)$ 和 $Z(p)$，计算 $\Delta S_o / \Delta p$：

$$\Delta S_o = \Delta p \left[\frac{S_o X(p) + S_o \dfrac{K_g}{K_o} Y(p) - (1 - S_o - S_w) Z(p)}{1 + \dfrac{K_g}{K_o} \dfrac{\mu_o}{\mu_g}} \right] \tag{10.36}$$

$$\frac{\Delta S_o}{\Delta p} = \frac{\begin{array}{c} 0.7709 \times 0.000205 + 0.7709 \times 0.00001 \times 0.003795 \\ + (1.0 - 0.2 - 0.7709) \times 0.000500 \end{array}}{1 + \dfrac{0.539}{0.0166} \times 0.00001}$$

$$\frac{\Delta S_o}{\Delta p} = 0.000173$$

5. 计算 $\Delta S_o / \Delta p$ 的平均值 $(\Delta S_o / \Delta p)_{ave}$：

$$\left(\frac{\Delta S_o}{\Delta p} \right)_{ave} = \frac{0.000146 + 0.000173}{2} = 0.000159$$

6. 利用步骤5得到的 $(\Delta S_o / \Delta p)_{ave}$ 计算 S_{oj}：

$$S_{oj} = S_{o(j-1)} - \Delta p \left(\frac{\Delta S_o}{\Delta p} \right) \tag{10.38}$$

$$S_{oj} = 0.8 - 0.000159 \times 200 = 0.7682$$

此时可以利用 S_o 的值计算压力下降至2300psi(绝)时的累计产油量：

$$N_p = N \left[1.0 - \left(\frac{S_o}{1 - S_w} \right) \frac{B_{oi}}{B_o} \right] \tag{10.57}$$

$$N_p = 56 \times 10^6 \left(1.0 - \frac{0.7682}{1-0.2} \times \frac{1.498}{1.463}\right) = 939500 \text{bbl}$$

(2) Schilthuis 方法

因为 Schilthuis 方法的计算过程包括迭代过程,因此使用 Excel 作为迭代求解工具。因此,假定一个 $\Delta N_p/N$ 值(作为初始值),使求解工具利用公式(10.41)进行计算。

1. 假定产油量增量:

$$\frac{\Delta N_{p1}}{N} = 0.01$$

2. 计算 S_L:

$$S_L = S_w + (1 - S_w)\left(1 - \frac{N_p}{N}\right)\frac{B_o}{B_{oi}} \tag{10.40}$$

3. 由图 10.16 确定 K_g/K_o,并计算 R:

$$\frac{K_g}{K_{o1}} = \frac{K_g}{K_{o2}} = 0.00001$$

$$R = R_{so} + \frac{K_g \mu_o B_o}{K_o \mu_g B_g} \tag{10.33}$$

$$R_1 = 721$$

$$R_2 = 669 + 0.00001 \times \frac{0.539}{0.0166} \times \frac{1.463}{0.001155} = 669.4$$

4. 计算产气量增量:

$$R_{ave} = \frac{R_{j-1} + R_j}{2} \tag{10.43}$$

$$R_{ave} = \frac{721 + 669.4}{2} = 695.2$$

$$\frac{\Delta G_p}{N} = \frac{\Delta N_p}{N}(R_{ave}) \tag{10.44}$$

$$\frac{\Delta G_{p1}}{N} = 0.01 \times 695.2 = 6.952$$

5. 计算 R_p:

$$R_p = \frac{G_p/N}{N_p/N} \tag{10.46}$$

$$R_p = \frac{6.952}{0.01} = 695.2$$

6. 改变 $\Delta N_p/N$ 的值，利用 Excel 求解工具对公式(10.41)进行迭代求解，直至公式(10.41)的左侧等于零。

$$\frac{\dfrac{N_p}{N}[B_o + B_g(R_p - R_{so})]}{B_o - B_{oi} + B_g(R_{soi} - R_{so})} - 1 = 0 \qquad (10.41)$$

1	Guess	N_p/N	0.016469		
	Given	S_w	0.2		
	Given	B_o	1.463		
	Given	B_{oi}	1.498		
2	Calculate	S_1	0.968441	$=S_w+(1-S_w)\times(1-N_p/N)\times B_o/B_{oi}$	
3	Read	K_g/K_o	0.00001		
	Given	R_1 or R_{soi}	721		
	Calculate	$R_2 R_{so}$	669.4113	$=669+K_g/K_o\times(0.539/0.0166)\times(1.463/0.001155)$	
4	Calculate	Rave	695.2056	$=(R_1+R_2)/2$	
	Calculate	G_p/N	11.44943	$=N_p/N\times Rave$	
5	Calculate	R_p	695.2056	$=(G_p/N)/(N_p/N)$	
	Given	B_g	0.001155		
6	Check		$1E^{-06}$		

使用这种方法时，压力下降至 2300psi(绝)时的原油采收率因子为 0.0165，为了与 Muskat 方法进行对比，应将原油采收率因子乘以原始原油地质储量 56×10^6 bbl，得到累计产油量为

$$N_p = 56\times10^6\times 0.0167 = 935200\text{bbl}$$

（3）Tarner 方法

Tarner 方法包括以下计算步骤：

1. 计算压力 2300psi(绝)时的 ϕ_n 和 ϕ_g：

$$\phi_n = \frac{B_o - R_{so}B_g}{B_o - B_{oi} + (R_{soi} - R_{so})B_g + \frac{mB_{oi}}{B_{gi}} + (B_g - B_{gi})} \tag{10.49}$$

$$\phi_n = \frac{1.463 - 669 \times 0.001155}{1.463 - 1.498 + (721 - 669) \times 0.001155} = 27.546$$

$$\phi_g = \frac{B_g}{B_o - B_{oi} + (R_{soi} - R_{so})B_g + \frac{mB_{oi}}{B_{gi}} + (B_g - B_{gi})} \tag{10.50}$$

$$\phi_g = \frac{0.001155}{1.463 - 1.498 + (721 - 669) \times 0.001155} = 0.04609$$

2. 假定 $R_j = 670 \text{ft}^3/\text{bbl}$，略大于 R_{so}，这意味着只有一小部分的气体流向井筒，得：

$$R_{ave} = \frac{721 + 670}{2} = 695.5$$

3. 计算 ΔN_p：

$$\Delta N_p = \frac{N - N_{p(j-1)}\phi_n - G_{p(j-1)}\phi_g}{\phi_n + \phi_g R_{ave}} \tag{10.56}$$

$$\Delta N_p = \frac{56000000 - 0 - 0}{27.546 + 0.04609 \times 695.9} = 939300 \text{bbl}$$

4. 计算 N_p：

$$N_{pj} = N_{p(j-1)} + \Delta N_p$$
$$N_p = \Delta N_p = 939300 \text{bbl} \tag{10.55}$$

5. 确定 K_g/K_o：

$$S_L = S_w + (1 - S_w)\left(1 - \frac{N_p}{N}\right)\frac{B_o}{B_{oi}} \tag{10.40}$$

$$S_L = 0.2 + (1 - 0.2)\left(1 - \frac{939300}{56000000}\right)\frac{1.463}{1.498} = 0.968$$

根据 S_L 的值可以通过图 10.16 获得有效渗透率比值 K_g/K_o，由于曲线不在图中范围内，因此估计 $K_g/K_o = 0.00001$。

6. 计算 R_j，并与步骤 2 中的假定值进行对比：

$$R = R_{so} + \frac{K_g \mu_o B_o}{K_o \mu_g B_g} \tag{10.33}$$

$$R_j = 669 + 0.00001 \times \frac{0.539}{0.0166} \times \frac{1.463}{0.001155} = 669.4$$

这一数值与步骤 2 中假定的数值 670 很吻合，满足 Tarner 方程的使用条件。对于本例中给出的数据，通过 3 种方法计算得到的 N_p 值的误差范围均在 0.5% 的范围内，因为公式中许多参数的误差范围都超过了 0.5%，因此这 3 种方法都可以用来预测油藏的原油采收率和气体采收率。

10.4 小结

本章的目的是介绍一些基本概念,帮助油藏工程师们了解油气两相驱替原理。很多工程师还需要增加一些本章中有关概念的油藏模拟工具,油藏模拟过程中会涉及本章中的很多公式和一些数学与计算机程序。如果读者对此感兴趣,可以参考油藏模拟领域的相关文献[19-22]。

思 考 题

10.1 (1)压差为 1.5atm 时,黏度为 2.5cP 的原油在岩心中以 0.0080cm³/s 的流速进行流动,岩心的长度为 10cm,横截面积为 2cm²。若岩心中的含油饱和度为 100%,求岩心的绝对渗透率。

(2)压差为 2.5atm 时,黏度为 0.75cP 的盐水在同样的岩心中流动时,若岩心中的含水饱和度为 100%,求盐水的流速。

(3)比较含油饱和度 100% 和含水饱和度 100% 时岩心的绝对渗透率大小。

(4)同样的岩心中,若含水饱和度为 40%,含油饱和度为 60%。当压差为 2.0atm 时,油的流速为 0.0030cm³/s,水的流速为 0.0040cm³/s,分别求出此饱和度时水和油的有效渗透率。

(5)解释为什么水和油的有效渗透率之和低于绝对渗透率。

(6)当含水饱和度为 40% 时,求油和水的相对渗透率。

(7)当含水饱和度为 40% 时,求相对渗透率比值。

(8)证明有效渗透率比值与相对渗透率比值相等。

10.2 根据某砂岩的含水饱和度测得的渗透率数据如下:

S_w	0	10	20	30[a]	40	50	60	70	75	80	90	100
K_{ro}	1.0	1.0	1.0	0.94	0.80	0.44	0.16	0.045	0	0	0	0
K_{rw}	0	0	0	0	0.04	0.11	0.20	0.30	0.36	0.44	0.68	1.0

a 油和水的临界饱和度。

(1)在笛卡尔坐标中作出油相渗透率和水相渗透率与含水饱和度之间的关系曲线。

(2)在半对数坐标中作出相对渗透率比值与含水饱和度之间的关系曲线。

(3)根据所作的图中的斜率和截距求出公式(10.3)中的常数 a 和 b。同时,将任意两组数据代入公式(10.3)中,联立方程求出常数 a 和 b。

(4)如果 $\mu_o=3.4$cP,$\mu_w=0.68$cP,$B_o=1.50$bbl/bbl 和 $B_w=1.05$bbl/bbl,当油井在油水过渡带完井且含水饱和度为 50% 时,求地面含水率。

(5)求题(4)中的地下含水率。

(6)当储层中高于油水过渡带的被水侵入地带进行高压水驱时,求此时原油的采收率。假设油水过渡带以上部位的束缚水饱和度为 30%。

(7) 如果在压力低于泡点压力时进行水驱,且平均含气饱和度为 15%,求此时原油的采收率。已知低压时平均原油地层体积系数为 1.35bbl/bbl 和原始原油地层体积系数为 bbl/bbl。

(8) 当低渗透孔隙通道占孔隙体积的 20% 时,求它们占绝对渗透率的百分比,当高渗透孔隙通道占孔隙体积的 25% 时,求它们占绝对渗透率的百分比。

10.3 某储层的有关数据如下:

    总产量 = 1000bbl/d;
    平均孔隙度 = 18%;
    束缚水饱和度 = 20%;
    横截面积 = 50000ft²;
    水相黏度 = 0.62cP;
    油相黏度 = 2.48cP;
    相渗曲线如图 10.1 和图 10.2 所示。

假设油水过渡带的位置为零。

(1) 计算 f_w,并作出 f_w 与 S_w 之间的关系图;
(2) 根据一系列的数据点确定 df_w/dS_w 的值,并作出 df_w/dS_w 与 S_w 之间的关系图;
(3) 利用公式(10.17)计算不同 S_w 的 df_w/dS_w,并与题(2)中的结果进行对比;
(4) 计算任意饱和度面在 100d、200d 和 400d 时的移动距离,并在笛卡尔坐标中作出其与 S_w 之间的关系图,使驱替前缘线内外的面积相等来判断驱替前缘的位置;
(5) 题(2)中的 df_w/dS_w 与 S_w 之间的关系图中,作通过 $S_w=0.2$ 时的切线,并标出该切点对应的 S_w 也是驱替前缘处对应的 S_w;
(6) 当驱替前缘在某口井中突破时,利用题(4)中图的面积计算采收率因子。采收率分别以原始原油地质储量和原始原油可采储量为基准进行计算;
(7) 当驱替前缘到达油井时,求此时的地面含水率。假设 $B_o = 1.50$bbl/bbl 和 $B_w = 1.05$bbl/bbl。
(8) 题(6)和题(7)中的结果与前缘移动的距离有关吗?

10.4 证明:

平面径向流中 r_w 无限小时,

$$r = \frac{5.615 q_t'}{\pi \phi h} \left(\frac{df_w}{dS_w} \right)^{1/2}$$

10.5 某储层的有关数据如下:

S_w	10[a]	15	20	25	30	35	40	45	50	62[a]
K_g/K_o	0	0.08	0.20	0.40	0.85	1.60	3.00	5.50	10.0	
K_{ro}	0.70	0.52	0.38	0.28	0.20	0.14	0.11	0.07	0.04	

  a 气和油的临界饱和度。

  储层绝对渗透率 = 400mD;

烃类孔隙度 = 15%；

束缚水饱和度 = 28%；

地层倾角 = 20%

横截面积 = 750000ft^2；

油相黏度 = 1.42cP；

气相黏度 = 0.015cP；

储层中原油的相对密度 = 0.75（水的相对密度 = 1.00）；

储层中气体的相对密度 = 0.15（水的相对密度 = 1.00）；

恒压时储层的总产量 = 10000bbl/d

(1) 计算并作出含气率与含气饱和度之间的关系。分别考虑和不考虑重力分异的影响。

(2) 作出注气 100d 时含气饱和度与移动距离之间的关系图。分别考虑和不考虑重力分异的影响。

(3) 使用题(2)中的面积，计算考虑和不考虑重力分异时驱替前缘后方的采收率。分别以原始原油地质储量和原始原油可采储量为基准。

10.6 推导考虑重力分异时水驱油过程的含水率方程。

10.7 考虑分异的影响时，对表 10.1 中的数据进行重新计算。假设绝对渗透率为 500mD，地层倾角为 45°，储层中原油与水的密度差为 20%，原油黏度为 1.6cP。作出时间为 240d 时含水饱和度与移动距离之间的关系图，并与图 10.11 进行对比。

S_w	20	30	40	50	60	70	80	90
K_{ro}	0.93	0.60	0.35	0.22	0.12	0.05	0.01	0

10.8 使用以下方法对例 10.1 中压力下降至 100psi（绝）时进行重新计算：

(1) Muskat 方法；

(2) Schilthuis 方法；

(3) Tarner 方法。

参 考 文 献

[1] G. P Willhite, Waterflooding, Vol. 3, Society of Petroleum Engineers, 1986.

[2] F. F. Craig, The Reservoir Engineering Aspects of Waterflooding, Society of Petroleum Engineers, 1993.

[3] L. W. Lake, Enhanced Oil Recovery, Prentice Hall, 1989.

[4] D. W. Green and G. P. Willhite, Enhanced Oil Recovery, Vol. 6, Society of Petroleum Engineers, 1998.

[5] E. D. Holstein, ed., Petroleum Engineering Handbook, Vol. 5, Reservoir Engineering and Petrophysics, Society of Petroleum Engineers, 2007.

[6] R. D. Wycoff, H. G. Botset, and M. Muskat, "Mechanics of Porous Flow Applied to Water–Flooding Problems," Trans. AlME (1933), 103, 219.

[7] R. L. Slobod and B. H. Candle, "X–ray Shadowgraph Studies of Areal Sweep Efficiencies," Trans. AlME (1952), 195, 265.

[8] S. E. Buckley and M. C. Leverett, "Mechanism of Fluid Displacement in Sands," Trans. AIME (1942), 146,107.
[9] J. G. Richardson and R. J. Blackwell, "Use of Simple Mathematical Models for Predicting Reservoir Behavior," Jour. of Petroleum Technology (Sept. 1971),1145.
[10] H. J. Welge, "A Simplified Method for Computing Oil Recoveries by Gas or Water Drive," Trans. AIME (1952),195,91.
[11] D. R. Shreve and L. W. Welch Jr., "Gas Drive and Gravity Drainage Analysis for Pressure Maintenance Operations," Trans. AIME (1956),207,136.
[12] L. R. Kern, "Displacement Mechanism in Multi-well Systems," Trans. AIME (1952),195,39.
[13] R. H. Smith reported by J. A. Klotz, "The Gravity Drainage Mechanism," Jour. of Petroleum Technology (Apr. 1953),5,19.
[14] M. Muskat, "The Production Histories of Oil Producing Gas-Drive Reservoirs," Jour. of Applied Physics (1945),16,147.
[15] E. T. Guerrero, Practical Reservoir Engineering, Petroleum Publishing Co.,1968.
[16] J. Tarner, "How Different Size Gas Caps and Pressure Maintenance Programs Affect Amount of Recoverable Oil," Oil Weekly (June 12,1944),144,32–34.
[17] J. B. Riggs, An Introduction to Numerical Methods for Chemical Engineers, Texas Tech. University Press,1988.
[18] G. W. Tracy, "Simplified Form of the Material Balance Equation," Trans. AIME (1955),204,243.
[19] T. Ertekin, J. H. Abou-Kassem, and G. R. King, Basic Applied Reservoir Simulation, Vol. 10, Society of Petroleum Engineers,2001.
[20] J. Fanchi, Principles of Applied Reservoir Simulation, 3rd ed., Elsevier,2006.
[21] C. C. Mattax and R. L. Dalton, Reservoir Simulation, Vol. 13, Society of Petroleum Engineers,1990.
[22] M. Carlson, Practical Reservoir Simulation, PennWell Publishing,2006.

11 提高石油采收率

11.1 引言

大多数油藏在被发现以后,主要依靠油藏本身的天然能量从含油储层中开采原油,如第1章所述,这种采油方式被称为一次采油。一次采油过程中油藏本身的天然能量包括:储层流体的体积膨胀、地层压力下降引起的溶解气释放和膨胀、相连的含水层和重力泄油。当储层的天然能量衰竭到很低时,有必要通过注入外界流体来补充油藏的天然能量。美国石油工程师协会 SPE 将提高石油采收率(enhanced oil recovery,简称为 EOR)定义为"一次采油结束后,为提高储层中烃类采收率而采用的一种或多种采油方法"[1]。

提高石油采收率技术可分为两大类,即二次采油和三次采油,这些采油方法通过向能量已经衰竭的油藏提供额外的能量来开采原油。

最早通过注入外界流体来补充地层能量的方法是注入非混相流体,如水或天然气,这些采油方法分别称为水驱和气驱,这些在一次采油后一定时间内向地层注入流体的采油方法被称为二次采油。通常,水驱或气驱的主要目的是给储层重新加压并使储层维持在较高的压力水平,因此有时使用"压力保持"这一术语来描述二次采油过程。

当二次采油达到经济极限时,开始逐渐应用三次采油方法,但是对于采收率很低而未使用二次采油方法的油藏,也会直接考虑相同的三次采油方法。在这种情况下,使用"三次"就不是很恰当。对于大多数油藏,在一次采油的同时进行二次采油或三次采油是非常有利的,因此提出了提高石油采收率这一概念。

对于一次采油结束时抽油机的使用,本书中没有对其进行介绍。当储层的压力衰竭到很低时,原油无法达到地面,此时需要使用抽油机将原油通过井下泵举升至地面,大多数采油厂都会应用此方法,但是不被认为是一种提高石油采收率方法。

平均而言,一次采油方法的采收率为 25%~30%,则剩余油约为原始原油地质储量的 70%~75%,是提高石油采收率的主要目标。本章主要介绍了几种主要的石油工业中已经使用的提高石油采收率方法,本章中大部分内容来源于《Encyclopedia of Physical Science and Technology》(第三版)[2],并得到了 Elsevier 出版社的许可。

11.2 二次采油

如前所述,二次采油方法通常有两种,即水驱和气驱。本节会对这两者进行详细介绍。水驱的应用最广泛,但是对于具有气顶的油藏和具有明显倾斜构造的烃类储层,气驱已被证明是非常有用的。

水驱提高采收率的机理是指水在油藏中形成连续的含水带并推动前方的原油,水驱采收率很大程度上取决于驱替的波及系数和油水黏度比。如第10章所述,波及系数是水与含油储层内有效孔隙体积接触程度的量度,岩心基质的强非均质性会导致波及系数较低,裂缝、高渗透率夹层和断层等都会造成强非均质性,而均质储层的波及系数一般很高。若驱替时,注入水的黏度远低于原油的黏度,水会在储层中形成指进或窜流,如第10.2.3节所述,指进或窜流在这里指的是黏性指进,这可能导致水绕过剩余油,降低驱替效果,应用任何提高采收率技术(包括水驱)时,剩余油的绕流都是一个非常重要的问题。

气体通常也被使用到二次采油方法中,被称为气驱。当使用气体作为压力保持介质时,通常将其注入到自由气区域(即气顶),通过重力泄油作用使采收率最大化。将从油藏中采出的天然气作为注入气一直备受争议,当然,这推迟了天然气的销售时间,直到二次采油结束时,天然气才能通过衰竭方式开采出,也可以注入其他气体来保持地层压力,比如N_2和CO_2等,这使得天然气能够在采出时进行出售。

11.2.1 水驱

水驱是在100年前被偶然发现的,来自较浅含水层系的水在封隔器附近泄露,并且有一段油柱进入到油井中,该油井的产油量减少,但是周围油井的产油量都增加。近些年来,在水驱成为主要的注入流体增产技术前,其发展一直很缓慢。接下来的几小节对水驱进行了简要的概述,包括水驱候选油藏的特征、水驱中注入井与生产井的位置等,同时,也简要介绍了水驱采收率的估算方法。若想了解有关水驱的详细设计标准,可以参考相关文献[3-7]。

11.2.1.1 适合水驱的油藏

油藏水驱获得成功的因素很多,归纳起来主要有两大类:储层特性和流体特性。

影响水驱效果的储层特性主要有储层深度、储层结构、均质性和岩石物理性质等,其中岩石物理性质主要包括孔隙度、流体饱和度和平均储层渗透率等。储层的深度以两种方式影响水驱效果。第一,随着储层深度的增加,投资和操作的费用也会总体增加,主要是钻井和举升的成本。第二,储层的深度必须足够深以使水的注入压力低于储层的破裂压力,否则高注水速度产生的裂缝,储层中的注入水会沿着水流通道窜流进入生产井中,降低水驱波及系数。如果储层中含有倾斜的结构,由于重力作用的影响,其水驱波及系数会增加。储层的均质性对水驱效果的影响很大,由于注入井与生产井之间要有很好的连通性,因此断层构造、渗透率走向等都会对新注入井的位置产生影响。但是,对于某些强非均质性油藏,如果油藏中存在严重的水窜通道,那么水驱时大部分的原油都会被绕过,注水无效。如果油藏的孔隙度和含油饱和度很低,那么水驱的经济效果也不会很好,这是由于产出的油量不够抵消投资和操作的费用。平均储层渗透率应该足够的高以满足充足的流体注入量,而不需要对油藏进行压裂或造缝。

流体特性中最主要的就是油水黏度比,一个重要的变量就是第8章定义的水油流度比,水油流度比不仅包含了油水黏度比,还包含了水相渗透率与油相渗透率的比值:

$$M = \frac{K_w/\mu_w}{K_o/\mu_o}$$

水驱效果较好时的水油流度比接近于1。如果储层中原油的黏度很高,则水油流度比很可能远大于1,会发生指进现象,大部分的原油都会被水绕过。

11.2.1.2 注入井和生产井的位置

水驱中注入井和生产井的位置需要达到以下目的:(1)达到预期的产油率以及达到这一产油率所需的注水速度;(2)充分利用储层特性,如倾斜构造、断层构造、渗透率走向等。实际中,通常使用两种注采系统布井方式,即边缘注水和面积注水。

面积注水适用于具有小倾斜度和大地表面积的油藏,常见的面积注水布井方式如图11.1所示。表11.1中列出了相应的生产井数与注水井数之比。由于储层特性的原因导致注入速度较预期的低时,可以考虑七点系统或九点系统,单元注采系统内注水井数多余生产井数,但是有些人认为采用四点系统时可以降低生产井的流速。

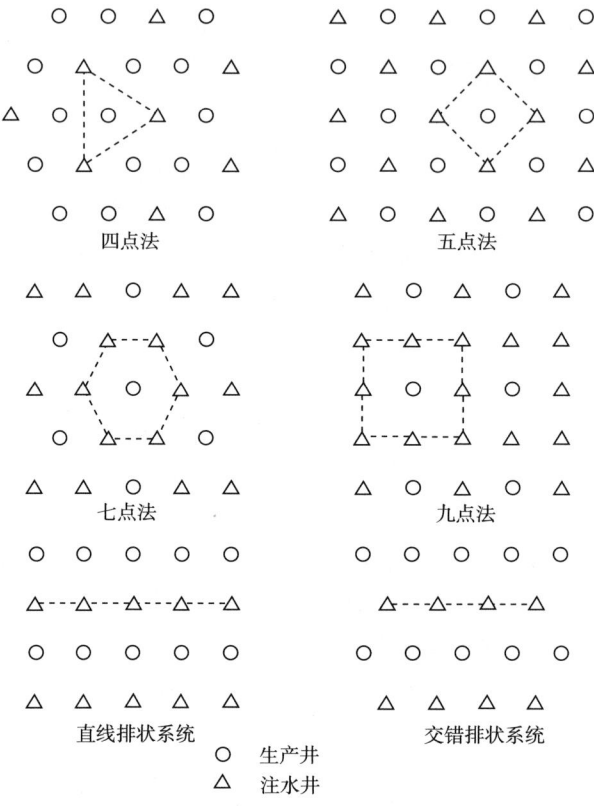

图 11.1 常见的面积注水井网示意图

表 11.1 常见面积注水布井方式的生产井数与注水井数之比

注采井网布井方式	生产井数与注水井数之比
四点法	2
五点法	1
七点法	1/2
九点系统	1/3
直线排状系统	1
交错排状系统	1

因为直线排状系统和交错排状系统的投资成本最低,因此在实际生产中经常被用到。一些需要考虑的经济因素主要包括钻新井的费用、井类型转换的成本(即将生产井转换为注水井)和当将生产井转换为注水井时生产井收益的流失等。

边缘注水时所有的注水井集合在一起,与面积注水时注水井穿插在生产井之间不同,图11.2给出了经常使用的两种边缘注水例子。某底部具有含水层的背斜油藏的示意图如图11.2(a)所示,注水井布置的位置既能使注入水进入含水层中,也能使注入水靠近含水层与储层的边界,由图11.2(a)可以看出,地表图形中生产井的四周包围着一圈注水井。某底部具有含水层的单斜油藏的示意图如图11.2(b)所示,注水井布置的位置同样既能使注入水进入含水层中,也能使注入水靠近含水层与储层的边界,此时,注采系统的布井方式图11.2(b)所示,所有的注水井都集合在一起。

20世纪以来,一些其他的注水方案也陆续被使用,包括水平井和超强注水,并取得了一些综合性成果。读者如果对此感兴趣可以参考相关文献进行了解[6-9]。

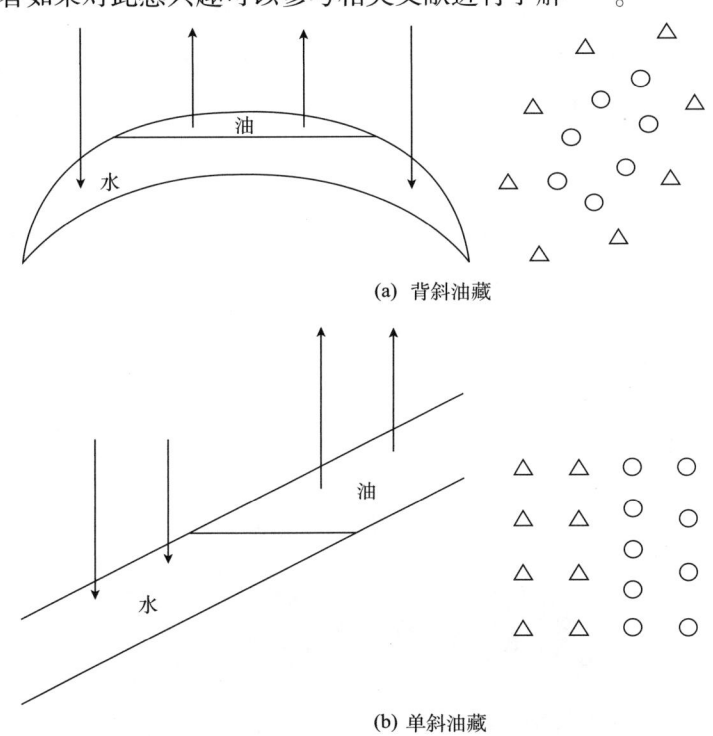

图11.2 底部具有含水层油藏的注采系统布井方式

11.2.1.3 水驱采收率的估算

公式(11.1)为任意流体驱替过程中的总采收率表达式,即

$$E = E_v E_d \tag{11.1}$$

式中 E——总采收率;

E_v——体积波及系数;

E_d——微观驱油效率。

体积波及系数由面积波及系数 E_s 和垂向波及系数 E_i 组成。在估算总采收率 E 之前,需要对 E_s、E_i 和 E_d 的值进行估算,这些参数的估算方法在有关水驱的书籍中有所讨论,这里不再赘述[3-7],本章对每种驱替系数作了简单的介绍。

估算微观驱油效率的方法有很多,第 10 章中第 10.3.1 节介绍了其中一种方法。面积波及系数与注采井网的布井方式和水油流度比有关,垂向波及系数主要与储层的非均质性和地层的厚度有关。

对于油藏工程师而言,理解水驱机理是很重要的。典型油藏的成功水驱方法会使原油的采收率从一次采油时的 25% 提高到 30%~33%,水驱已经且在将来还会为原油的采收率作出很大的贡献。

11.2.2 气驱

气驱已经在第 5 章中的第 5.6 节和第 5.7 节中进行了介绍,主要讨论了反凝析气藏中注入非混相气体的情况。气体通常被注入到这些储层中来使储层的压力高于一定的压力值,处于这些压力值时储层中的液体会凝析出来[10,11]。这样做主要是考虑到液态烃类的价值和产至地面时液态烃类的产能,与前所述水驱过程中的水驱替原油一样,储层内的气体也会被注入气驱替进入生产井中。

第 2 种类型的气驱如图 11.3 所示,将干气注入饱和油藏的气顶中来保持油藏的压力,并且使气顶膨胀向下挤压含油层。因此原油会被驱替进入生产井中。显然,此时产油井应该在含油层部位进行射孔,以使其产油量最大化。

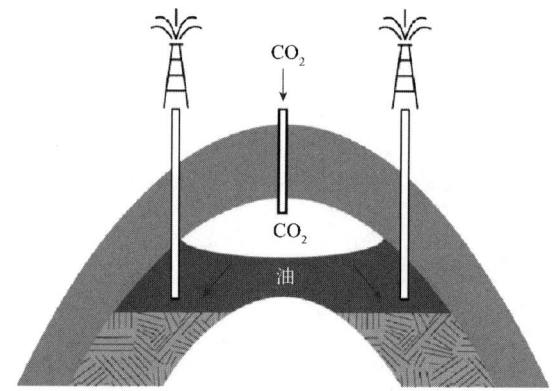

图 11.3 未饱和油藏气驱示意图

陡峭的倾斜地层气驱时可能会有很高的波及系数和采收率,对于水平构造的储层,气驱时主要考虑的因素是气油黏度比。由于气体的黏度通常远小于原油的黏度,穿过油相时,气相很可能会发生黏性指进,导致波及系数和采收率都很差,为了提高波及系数,对于水平构造储层,在注入一定量气体后可以注入少量的水,然后再注入大量的气体,这一过程被称为水气交替注入或 WAG,Christensen[12] 等人描述了 WAG 在许多应用中的效果。

如第 5 章所述,气驱项目中也使用了 N_2 和 CO_2,随着 CO_2 地质封存技术的发展,注入 CO_2 已经发展成为一种较好的二次采油方法[13-15]。

11.3 三次采油

三次采油是指除了利用储层天然能量(一次采油)和二次采油方法外的生产液态烃类的采油方法。在本书中,三次采油过程被分为三大类:(1)混相驱;(2)化学驱;(3)热力采油。混相驱包括一次接触混相驱和多次接触混相驱。化学驱包括聚合物驱、胶束驱、碱驱和微生物驱。热力采油包括热水驱、蒸汽吞吐、蒸汽驱和火烧油层,通常热力采油适用于稠油油藏,而化学驱和混相驱适用于稀油油藏。下面几个小节将对这几种采油方法进行介绍,如果读者感兴趣也可参考相关参考文献[6,7,16-20]。

11.3.1 动用剩余油

在水湿性油藏的早期注水阶段,盐水以水膜的形式存在于砂粒的周围,而原油充填着剩余的孔隙体积。在驱替过程中,含油饱和度会降低且部分原油以连续相的形式存在于孔隙通道中,而水流通道中的原油则以不连续的油滴状态存在。水驱结束时,含油饱和度下降至残余油饱和度 S_{or},油相主要以油滴或油珠的形式被驱替液孤立或圈闭起来。

对于油湿性油藏,在残余油饱和度 S_{or} 时,水驱后会形成不同的流体分布。在早期注水阶段,盐水会形成连续相并通过孔隙通道的中心部位。随着水驱的进行,盐水会进入越来越多的孔隙通道中。在达到残余油饱和度时,已经有大量的盐水占据孔隙通道,原油不再流动。残余油以油膜的形式存在于砂粒表面,在一些更小的孔道中,这些油膜可能占据整个孔道。

水湿性油藏中剩余油的动用需要将不连续的油珠聚集起来,与生产井之间形成连续的流动通道。在油湿性油藏中,必须将砂粒附近的油膜驱替至大孔隙通道中,在流动之前将原油聚集起来形成连续相,剩余油的动用主要受砂粒—原油—水系统中黏滞阻力(压降)和界面张力的影响。

关于黏滞阻力和界面张力对圈闭和动用剩余油的影响,有很多的研究[4-7,17,21,22],在这些研究中,无量纲参数之间的关系被称为毛细管数 N_{vc},并且给出了有关采收率的计算公式。毛细管数 N_{vc} 为黏滞阻力与界面张力的比值,由公式(11.2)进行定义:

$$N_{vc} = 常数 \times \frac{v\mu_w}{\sigma_{ow}} = 常数 \times \frac{K_o \Delta p}{\phi \sigma_{ow} L} \tag{11.2}$$

式中 v——流速;

μ_w——驱替相的黏度;

σ_{ow}——驱替相与被驱替相之间的界面张力;

K_o——驱替相的有效渗透率;

ϕ——孔隙度;

$\Delta p/L$——压降,与流度有关。

图 11.4 为毛细管数的关系图,图中横坐标表示毛细管数 N_{vc},纵坐标为残余油饱和度的比值,残余油饱和度的比值为三次采油前后的残余油饱和度的比值。毛细管数随着黏滞阻力的增加而增加,随着界面张力的降低而减小。

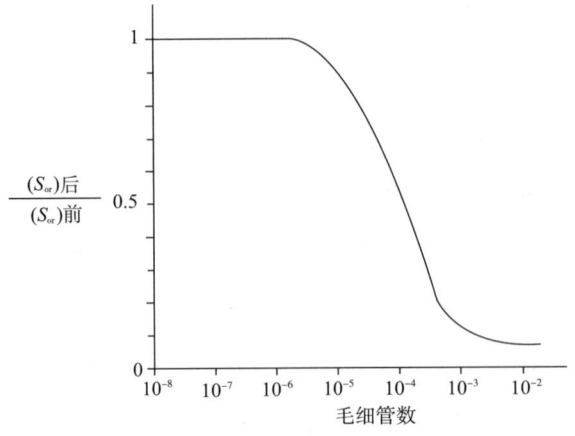

图 11.4 毛细管数 N_{vc} 的关系图

从图 11.4 可以看出,动用不连续的油滴时,毛细管数必须大于 10^{-5},毛细管数随着黏滞阻力的增加而增加,或随着界面张力的降低而减少。根据油藏条件选择的三次采油方法的目的都是利用驱替相增加黏滞阻力或降低注入流体与原油之间的界面张力。下面几个小节将要介绍 4 种典型的三次采油方法:混相驱、化学驱、热力采油和微生物驱。

11.3.2 混相驱

在第 10 章中已经指出微观驱油效率主要受原油、岩石和驱替相之间界面张力的影响。如果剩余油和驱替相之间的界面张力低于 $10^{-2} \sim 10^{-3}$ dyn/cm,油滴将会产生变形,并通过狭窄的通道。混相驱过程中界面张力为 0,即驱替相与剩余油混合成一相,当界面张力为 0 时,毛细管数 N_{vc} 就会无限大,微观驱油效率就会被最大化。

图 11.5 为混相驱的示意图。流体 A 注入储层中,与原油进行混合,形成一个油带,由于扩散作用,在流体 A 和油带之间会形成混相区,并随后渐渐扩大。流体 B 在流体 A 后方,能与流体 A 混相,但流体 B 通常不与原油产生混相,且比流体 A 便宜,也可能在流体 A 和流体 B 的界面处形成混相区。流体 A 的注入量应该足够多,以保证两个混相区不会发生接触,如果流体 A 与流体 B 形成的混相区的前缘达到流体 A 与原油形成的混相区的后方,则流体 B 会在原油中形成黏性指进。另外,流体 A 的注入量应该足够小,以避免较高的化学试剂成本。

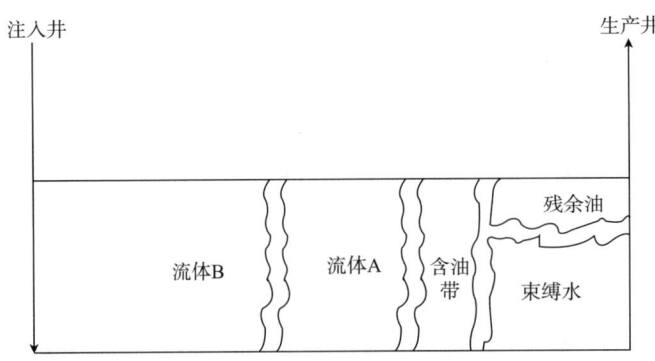

图 11.5 注入两种流体提高采收率的示意图

某混相过程将正癸烷作为剩余油,丙烷作为流体 A,甲烷作为流体 B,系统的压力和温度分别为 2000psi(绝)和 100°F。在此条件下,正癸烷和丙烷都是液体并且在任何比列下都能发生混相。此时系统的温度和压力表明,任何比例的甲烷和丙烷的混合物都是气态,因此,甲烷和丙烷在任何比例下也都能发生混相。然而,甲烷和正癸烷在同样条件下不会混相,如果压力降至 1000psi(绝)且温度保持不变时,丙烷和正癸烷则会再次发生混相,但甲烷和丙烷的混合物将处于两相区,并且不能使它们产生混相驱。本例中值得注意的是,当正癸烷存在时,丙烷可以近似看作是液体,而与甲烷接触时将丙烷看作是气体。正是由于丙烷和其他中间烃类组分的这种独特的能力导致混相过程的发生。

混相过程通常包括两种,第一种被称为一次接触混相,注入流体有液化石油气(LPG)和醇类等,注入的流体一旦与剩余油接触就能发生混相。第二种类型的混相过程是多次接触混相或动态混相,这种情况时,注入流体通常有甲烷、惰性气体或富气(含有 $C_2 \sim C_6$ 的天然气),在许多油藏条件下,富气从原油中抽提的中间烃类组分 $C_2 \sim C_6$ 类似于液体或气体的特殊性质。注入流体和原油通常不会一接触就发生混相而是依靠中间烃类组分相态之间化学成分的互相交换来达到混相,在其他书中有这一过程的详细介绍[16-20,23]。

11.3.2.1 一次接触混相过程

图 11.6 所示的拟三元相图描述了烃类系统的相态特征。油藏流体通常可以被劈分成三个拟组分,一部分是挥发性拟组分,如甲烷(用 C_1 表示),第二部分是中间烃类拟组分,如乙烷至己烷组分(用 $C_2 \sim C_6$ 表示),第三部分是不易挥发组分,如剩余的烃类物质(用 C_{7+} 表示)。

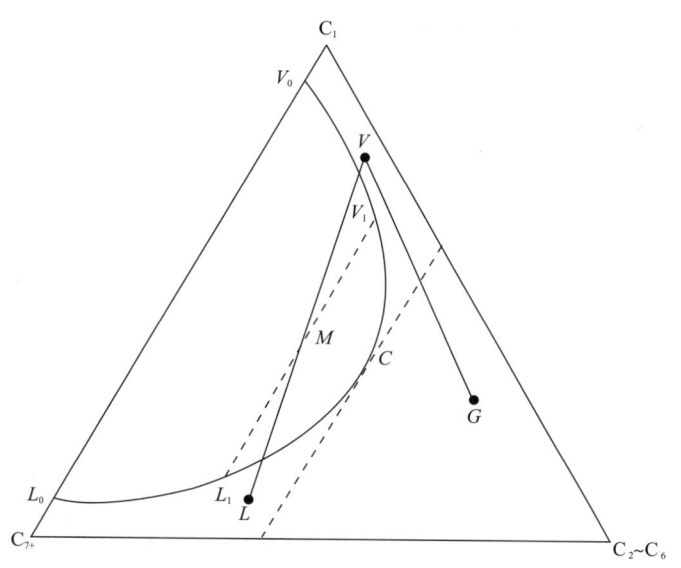

图 11.6 恒温恒压下烃类系统的拟三元相图

图 11.6 给出了某种典型烃类系统的拟三元相图,其中三个拟组分位于三角形的三个顶点。在相图中有单相区和两相区(位于相包络线 V_0—C—L_0 以内),单相区可能是蒸汽或液体(图中虚线与临界点 C 的左侧)或气体(图中虚线与临界点 C 的右侧),气体可以和蒸汽或液体在合适的比例下混合时产生互相。然而,当液体和蒸汽混相时,会使组成落在两相区。混

相的过程在拟三元相图中以直线的形式表示,例如,组分 V 和组分 G 以合适的比例混合时混合物将会落在直线 VG 上,如果组分 V 和组分 L 混合,总组成为 M 的混合物将落在直线 VL 上,由于混合物落在两相区范围内,混合物将形成两相。当形成两相时,可以根据通过 M 的直线与相包络线的交点得到两相的组分分别为 V_1 和 L_1。临界点 C 与点 V_0 之间相包络线上的部分相边界称为露点线,临界点 C 与 L_0 之间的相边界称为泡点线,整个泡点线和露点线被称为双结点曲线。

使用原油—LPG—干气体系来介绍拟三元相图中的一次接触混相过程,图11.7中拟三元相图的3个顶点 O、P 和 V 分别代表原油、LPG 和干气,原油和 LPG 可以以任意的比例进行混相。油藏中原油和 LPG 界面处的混相区会随着前缘的不断运移而逐渐扩大,在 LPG 段塞的后部,干气和 LPG 也是混相的,在干气和 LPG 的界面处也会形成混相区。如果干气和 LPG 的混相区替代了 LPG 和原油的混相区,除非两相接触后的混合物落在了两相区内(如图11.7中的线 M_0M_1),否则混相一直会存在。

混相过程对地层压力也有一定的要求,应用 LPG 进行混相时,储层的压力必须高于 1500psi(绝),当油藏的压力低于 1500psi(绝)时,可以考虑使用醇类驱油。由于醇类既能与原油相溶也能与水相溶,因此醇类驱油也可以作为一种一次接触混相驱方法,此时醇类作为驱替液。但使用醇类时有两个主要问题:(1)醇类的价格很贵;(2)在驱替过程中醇类会被束缚水稀释,从而降低与原油的溶解性。醇类的碳数一般在 $C_1 \sim C_4$ 范围内。

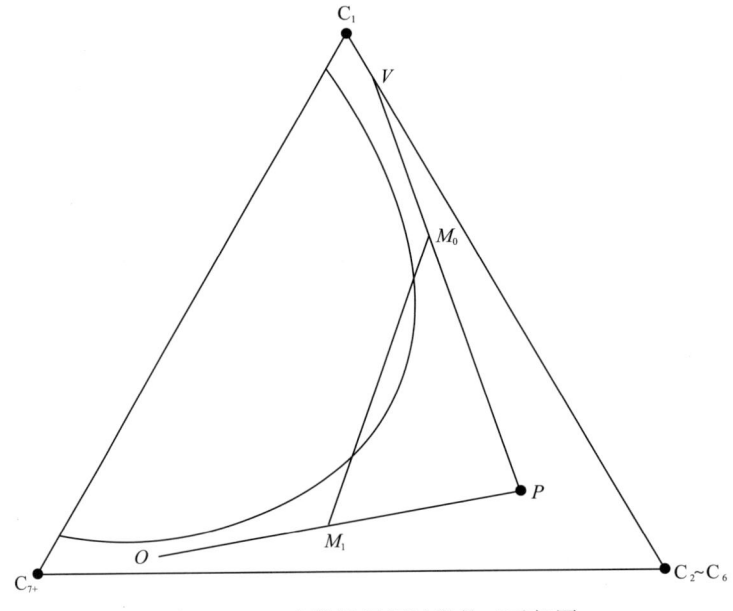

图11.7 一次接触混相过程的三元相图

11.3.2.2 多次接触混相过程

多次接触混相或动态混相不要求原油与驱替相一接触时就会发生混相,而是依靠两相之间的化学交换作用达到混相。图11.8介绍了高压(贫气)蒸发式多级接触过程或干气混相过程。

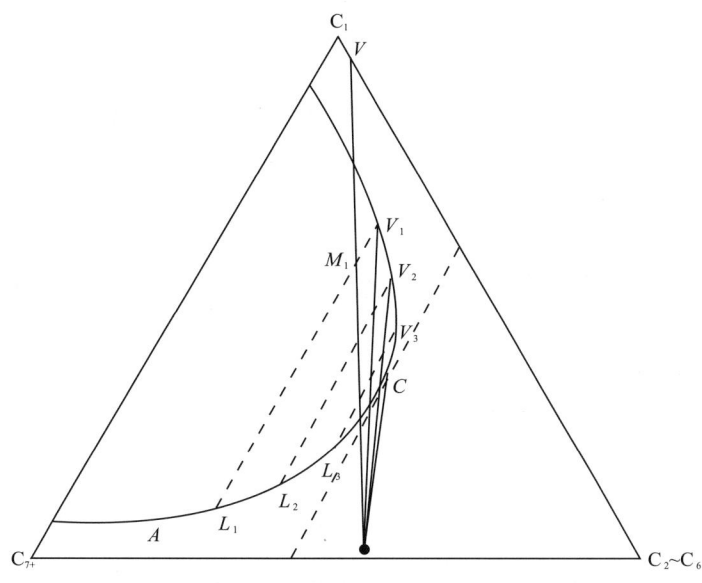

图 11.8　多次接触混相过程的三元相图

油藏条件下,相图中的温度和压力都保持恒定。图 11.8 中用点 V 表示蒸汽的组成,主要包括甲烷和一小部分的中间烃类组分,蒸汽将被作为注入流体,用点 O 表示原油的组成。在混相过程中会产生下面一系列的步骤：

(1)注入的流体 V 与原油 O 接触。他们混合后的最终总组成是 M_1,因为 M_1 落在两相区内,通过连接线 M_1、泡点线和露点线,可以得到液相 V_1 和汽相 V_1 的组成。

(2)原油 O 中的部分轻组分被蒸发出来形成蒸汽 V_1。由于原油 O 处于残余油饱和度和其相对渗透率为 $K_{ro}=0$,原油无法流动,当部分原油被抽提时,原油的体积减小,饱和度降低,原油仍然无法流动,由于 K_{rg} 大于 0,因此蒸汽相可以从原油中逸出并向前驱替。

(3)蒸汽 V_1 将会与新的原油 O 接触,再次发生混相。由总组成将得到两相 V_2 和 L_2,此时原油仍然无法流动,蒸汽继续向前驱替并与更多的原油接触。

(4)这一过程不断地重复,蒸汽相的组成沿着露点线,依次为 V_1、V_2、V_3 等,直到到达临界点 C 时结束,到达该点时,形成混相。在实际过程中,由于储层以及储层流体性质的非均质性和分散性,混相的过程有时会被打破或者重建。

在混相区前缘的后方,蒸汽相的组成会沿着露点线不断地发生变化,这将导致蒸汽相发生部分的凝析作用,这些凝析液不具有流动性,但一般情况下形成的凝析液量非常少。另外,处于混相区后方的液相,其组成也会沿着泡点线不断地发生变化,当液相中所有可被抽提的组分被分离出时,会剩下少量的液相,这些液相也不具有流动性。混相区过程中,这两种无法流动的液体将不被采出。据有关报道,在生产实际中达到混相时,蒸汽前缘需要运移的距离为 20～40ft。

高压汽化气驱油藏需要原油中有相当大部分的中间烃类组分,这些中间烃类组分能够被蒸发并与注入流体形成蒸汽相,最终与原油达到混相。中间烃类组分的这一要求意味着原油的组分必须位于极限连接线(即通过双结点曲线上临界点 C 的连接线)的右侧,如图 11.8 所示。若其组成位于极限连接线的左侧,即图中的点 A,则其中间烃类组分含量很少,不足以发生混相,这是由于中间烃类组分最终形成的加富蒸汽相会在通过点 A 的极限连接线上,显然,此时蒸汽相无法与原油 A 发生混相。

随着压力的下降,两相区的面积逐渐增加,当然,两相区的面积越小对混相过程越有利。通常,当压力等于或高于 3000psi(绝)时,高压汽化气驱过程中若要达到混相,原油的重度应该大于 35°API。

凝析式多次接触混相(或凝析气驱)是第二种动态混相类型,如图 11.9 所示。在高压汽化气驱过程中,混相需要中间烃类组分发生化学交换作用,注入流体从原油中抽提出中间烃类组分,改变注入流体的组成(加富气相),使其与原油混相。而此过程中,注入流体的中间烃类组分凝析到原油中,改变原油的组成(加富原油),使其与注入流体发生混相。凝析气驱过程会发生以下步骤(虽然该步骤的顺序与高压汽化气驱过程相类似,但也包括许多不同之处):

(1)富含中间烃类组分的注入流体 G 与残余油 O 混合;

(2)混合物的总组成为 M_1,然后被分为汽相 V_1 和液相 L_1;

(3)运移在液体前方的蒸汽相保持不流动状态,剩余的液体 L_1 继续与新注入的流体 G 接触,达到新的平衡后,形成汽相 V_2 和液相 L_2;

(4)该过程重复进行,直至液相与汽相在最后一个平衡时达到混相,这时可以说完成了混相过程。

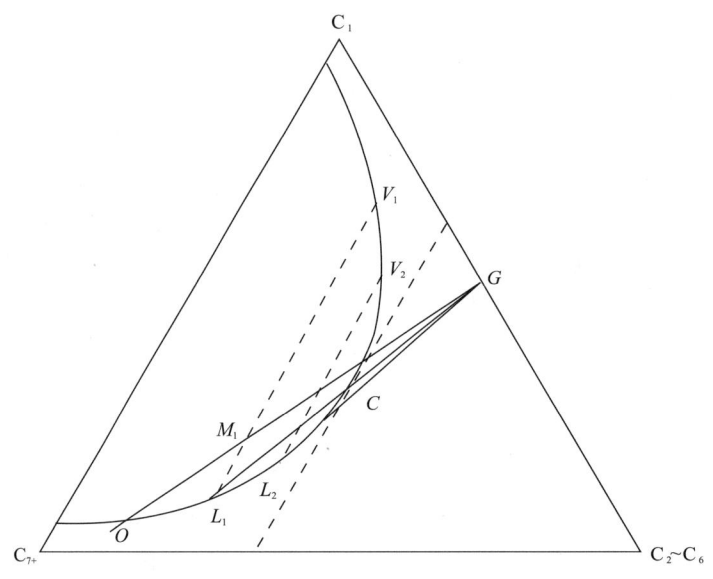

图 11.9 凝析式多次接触混相的三元相图

在混相区前缘的前方,油相的组成沿着泡点线继续发生变化,相对于高压汽化气驱过程,只要注入足够量的流体 G 来提供凝析的中间烃类组分,油藏中就可能不会剩下残余油。对于原油中只含有少量中间烃类组分的油藏,可以使用富气驱,此时油藏的压力通常在 2000psi(绝)与 3000psi(绝)之间。

中间烃类组分的价格非常昂贵,通常在注入足够量的富气之后注入一定量的干气。

11.3.2.3 惰性气体注入过程

在混相过程中,将惰性气体(如 CO_2 或 N_2)作为注入流体变得越来越流行,CO_2 或 N_2 在三元相图中的混相过程与高压汽化气驱过程非常类似,但此时将 CO_2 或 N_2 作为一个拟组分,而甲烷作为中间烃类组分。通常 CO_2 单相区的面积最大,而 N_2 和干气的单相区面积大小相似,单相区的面积越大,越容易达到混相。因此,CO_2 的混相压力最低,通常在 1200psi(绝)与 1500psi(绝)之间,而 N_2 和干气的混相压力较大,通常高于 3000psi(绝)。

CO_2 蒸发抽提烃类的能力远大于天然气,CO_2 主要蒸发汽油或粗柴油中的烃类。CO_2 抽提烃类物质的能力是其可以作为驱替剂的主要原因,当然,CO_2 的混相压力也低于天然气。CO_2 中存在 N_2、甲烷和天然气等稀释气体时,会增加混相压力,当有稀释气体存在时,其多级接触混相的机理与纯 CO_2 的机理基本类似。在实际应用中,CO_2 混相区的混相压力通常要高于纯 CO_2 所需的混相压力值。因此,可以通过加入其他气体来稀释 CO_2,增加混相压力的同时也降低了对 CO_2 的要求。由于 CO_2 是主要的温室气体来源,随着 CO_2 地质封存技术的发展,许多采油厂认为将 CO_2 作为驱替剂是非常有前景的。

混相压力最好是通过一系列长度足够大、直径足够小的细管实验测得,然后作出采收率与实验驱替压力的关系图,由图可得出最小混相压力。

11.3.2.4 混相驱应用中存在的问题

由于注入流体和储层流体在密度和黏度之间存在差异,混相过程中流度很差,使得黏性指进和重力超覆时有发生。同时注入混相剂和盐水可以很好地利用混相的高微观驱油效率和水驱过程的宏观波及系数,但采收率通常没有预想的好,这是因为混相剂和盐水之间可能会由于密度差异而分离,混相剂会沿着孔隙介质的上部运移而盐水则会沿着孔隙介质下部运移。也可以尝试一些其他形式的协同注入方法,这些方法通常包括在盐水之后注入混相剂或交替注入混相剂和盐水,后一种变化方式被称作 WAG,且已经成为非常受欢迎的方法。水和气体的注入量之间必须达到一定的平衡,太多的气体会导致气体产生黏性指进和重力超覆,而过多的水会使储层原油被水圈闭,在盐水相中加入起泡剂可以降低气相的流度。

混相过程的实际操作问题包括:混相剂的输送、设备的腐蚀和混相驱油剂的分离与回收等。

11.3.3 化学驱

化学驱过程是在注入流体中加入一种或多种化学剂来降低储层原油和注入流体之间的界面张力或使注入流体的黏度增大来提高波及系数,从而提高流度比。这两种驱油机理的目的都是为了提高毛细管数。

通常有 3 种典型的化学驱。第一种是聚合物驱,应用大量的高分子来增加驱替相的黏度,这个过程可以增加注入流体在油藏中的波及效率。余下两种方法是胶束驱和碱驱,应用化学剂来降低原油和驱替相的界面张力。本文还包括了第 4 种方法,即微生物驱。

11.3.3.1 聚合物驱

大分子量的分子称为聚合物,在注入水中加入聚合物往往可以增加常规水驱的开发效果。水中聚合物的浓度范围通常在 250mg/L 与 2000mg/L 之间,聚合物溶液比不含聚合物的盐水溶液的黏度更大。在注水开发中,注入流体黏度的增加会改变注入流体与储层原油之间的流度比,流度比的增加会使垂向和平面的波及系数增加,从而提高石油采收率。聚合物也被用来改变某些储层的总渗透率,聚合物通过与其他化学药剂产生交联反应形成凝胶状物质,在大型渗透夹层中使用聚合物凝胶可以使注入流体发生液流转向。

矿场应用中的聚合物分为两种,即合成的聚丙烯酰胺和(生物聚合物)生物产生的多糖。聚丙烯酰胺是带有小有效半径的长链分子,因此,容易受到机械剪切的影响。当聚合物溶液以较高的流速通过阀门时,有时会把聚合物断裂成小分子,并降低溶液的黏度,当聚合物溶液挤入注入井砂面上的孔道时,其黏度也会降低。因此,必须精心设计聚合物的注入方案。聚丙烯酰胺对盐也很敏感,较大的矿化度[即大于1%~2%(质量分数)时]往往使聚合物分子卷曲和失去它们的增黏效果。

而生物聚合物不易受到机械剪切和矿化度的影响。由于生物聚合物是生物代谢产物,在油藏中必须防止它们发生生物降解,通常,生物聚合物比聚丙烯酰胺更昂贵。

迄今为止,聚合物驱油在高温油藏中并没有取得成功。在矿化度适中或严重的盐水中,当地层温度高于160°F时,这两种聚合物都不能长时间保持稳定。

聚合物驱在中等非均质和储层原油黏度低于100cP的油藏中的应用效果最好。在一些油藏储层与流体物性变化范围较宽的油藏中,聚合物驱也可能会取得成功,即当储层的渗透率范围在20mD与2000mD之间、地层原油黏度高于100cP和地层温度高达200°F时。

聚合物驱时不会影响微观驱油效率,而是在传统水驱的基础上增大了体积波及系数,从而提高石油采收率。聚合物驱可以采出原始原油地质储量的1%~5%,在油藏生产过程中,越早实施聚合物驱,通常越容易获得成功。

11.3.3.2 胶束驱

胶束驱利用表面活性剂降低注入流体与层原油之间的界面张力。表面活性剂是指含有疏水基团和亲水基团的表面活性物质。表面活性剂可以运移到油水两相的相界面处,使两相的相溶性增加。在典型水驱油藏中,加入0.1%~0.5%的活性剂就会使界面张力从30dyn/cm降低到10^{-4}dyn/cm。清洁工业中使用的肥皂和清洁剂等都是表面活性剂,储层中剩余油的"洗涤"与洗涤弄脏的亚麻或手时的原则相同。由于油相与水相之间的界面张力降低,水相驱替岩石孔隙中被圈闭原油的能力增加,界面张力的降低会导致相对渗透率曲线发生位移,因此含油饱和度越低时,油相的流动性越好。

在油水系统中,当表面活性剂的溶度达到了临界饱和浓度时,此时稳定存在的液体混合物被称为胶束溶液。胶束溶液由微乳液组成,它是均匀、透明和稳定的体系。它有几种不同的形状,这取决于表面活性剂、油、水和其他成分的浓度。球形微乳液的尺寸范围在10^{-6}mm与10^{-4}mm之间,微乳液由外相和内相组成,其中内相中夹杂着一层或多层的表面活性剂分子,外相可以是水或烃类,内相也一样。

微乳液还有其他几个名称,包括表面活性剂溶液、可溶性油或胶束溶液。图11.5也可以用来表示胶束驱的过程。一定量的胶束溶液或表面活性剂溶液(即流体A)注入到油藏中,在表面活性剂溶液的后方注入聚合物溶液(即流体B),在表面活性剂溶液和注入水之间形成了一个流度缓冲液,最后的注入水推动整个体系穿过油藏。表面活性剂溶液在其前方开始形成油带,而加入聚合物溶液的目的是防止注入水在表面活性剂溶液中发生黏性指进。在表面活性剂穿过油藏的过程中,由于吸附作用,表面活性剂分子会吸附在储层岩石的表面,因此,通常注入一个前置段塞来处理油藏,以减少表面活性剂的吸附损失。这种前置段塞含有三聚磷酸钠等牺牲剂。

通常胶束驱有两种类型。第一种是使用低浓度的表面活性剂溶液[低于2.5%(质量分数)],但其注入量多(多于50%的孔隙体积),第二种是使用高浓度的表面活性剂溶液[5%~12%(质量分数)],但其注入量少(5%~15%的孔隙体积)。无论使用哪种类型的胶束驱,对于盐水—原油体系而言,都能降低其界面张力。

无论是选择使用低浓度表面活性剂溶液还是选择使用高浓度的表面活性剂溶液,胶束溶液都由几个组成部分。由于有许多种不同组合可供选择,因此需要对其进行优化,通常采用一个详细的实验室筛选方案。筛选方案通常包括三种测试:(1)相态研究;(2)界面张力研究;(3)驱替实验。

相态研究通常是在小瓶(体积大于100mL)中确定其给定的胶束—原油体系形成的微乳液类型,胶束溶液的矿化度通常会随着地层矿化度的变化而变化。除了微乳液的类型,其他需要研究的因素包括微乳液中原油的溶解量、油相与水相混溶的难易程度、微乳液的黏度以及微乳液的相稳定性等。

界面张力研究是测定各种浓度的胶束溶液,确定其最佳的浓度范围。测量通常有旋转液滴法、悬滴法和座滴法。

驱替实验是筛选方案的最后一步,通常使用在两种或多种多孔介质。驱替实验最初是在未胶结的砂岩岩心中进行,然后在Berea砂岩中进行,最后在储层岩石样品中进行。通常情况下,储层岩样在放置时首尾相连,以获得一个合理的长度,因为单个岩心样本的长度通常只有5~7in。

如果驱油实验的原油采收率能保证更进一步研究的进行,那么下一步通常是小型矿场试验,试验面积通常为1~10ac。

胶束驱已被应用于很多项目,但其结果还不太令人满意。胶束驱被证明技术是可行的,但几乎在所有的矿场应用中其经济效益都很小或很差[19-20],随着原油价格的增加,胶束驱的应用前景可能会越来越好。

11.3.3.3 碱驱

当碱溶液与一定量的原油混合时,会形成表面活性剂分子。当在地层中形成表面活性剂分子时,盐水和油相之间的界面张力可能会降低。界面张力的降低能提高微观驱油效率,从而提高石油采收率。

通常使用的碱性物质包括氢氧化钠、原硅酸钠、偏硅酸钠、碳酸钠、氨水、氢氧化铵等,其中,氢氧化钠最受欢迎。原硅酸钠具有在卤水中有较多二价离子的优点。

当碱的浓度、盐的浓度以及pH值都达到最佳时,体系的界面张力最低。因此,这需要一个类似于前面讨论的胶束驱的筛选方案。当界面张力降低到毛细管数大于10^{-5}时,原油可以流动并被驱替。

在碱驱过程中,提高采收率的机理有如下几种:降低界面张力、乳化原油和改变储层岩石的润湿性。这3种机理都会影响微观驱油效率,而且乳化还会影响宏观波及系数。若想改变储层的润湿性,应使用高浓度[2%～5%(质量分数)]的碱溶液,否则,一般碱溶液的浓度范围为[0.5%～2.0%(质量分数)]。

乳化机理一般包括两种:(1)乳化捕集机理。首先形成乳状液,在流动过程中,若遇到比乳状液还要小的孔隙喉道,乳状液将被捕集,产生阻塞作用并使液流发生转向,从而提高波及系数。(2)乳化携带机理。首先也是形成乳状液,然后剩余油以非常细小的乳状液形式与水一起流出。

碱在影响相对渗透率的同时,也会改变储层岩石的润湿性,从而影响流度比和驱油效率。

与所有的三次采油方法类似,在碱驱过程中流度控制也是一个重要的考虑因素。通常要在碱溶液中加入聚合物,以减少黏性指进现象的发生。

并不是所有的原油都适合碱驱,碱与原油中较重酸性组分形成表面活性剂分子,因此需要设计实验来判断给定的原油是否适合碱驱。其中一个实验是 KOH 滴定法,通过测定 1g 原油需要中和的 KOH 毫克数来确定原油的酸值,酸值越高,原油的活性越大,越容易形成表面活性剂。因此,一般适用于碱驱的原油酸值要大于 0.2mg KOH。

通常,碱驱的成本不高,但是在过去的矿场试验中提高采收率幅度不大[19-20]。

11.3.3.4 微生物驱

微生物驱(MEOR)指的是注入微生物使其与储层流体反应来提高原油产量。美国国家石油和能源研究所(NIPER)保存有一份使用微生物驱技术的矿场资料。微生物驱的研究非常有意义,但很少应用于矿场实践中。2012 年《油气杂志》的调查报告显示,在美国没有正在进行的微生物驱项目[24],但是中国的研究人员报道称,使用微生物驱在矿场取得了一些成功[25]。

微生物驱一般包括两种类型。一种是利用微生物与储层流体反应产生的表面活性剂,另一种是利用微生物与储层流体反应生成聚合物。本文将对这两者进行简单的介绍。微生物驱的成功高度依赖于储层的特性,微生物驱可以应用于高渗透层,也可以应用于低渗透层,因此,微生物驱在应用前需要对储层有全面的了解,地层水的矿物质含量同样也会影响微生物的生长。

微生物可以与储层流体反应并在储层中生成表面活性剂或聚合物,一旦产生了表面活性剂或聚合物,启动和采出剩余油的过程变得与化学驱相类似。

大部分矿场项目分为微生物吞吐和微生物驱。向地层中注入微生物和营养液(通常为糖浆),当微生物溶液与剩余油反应形成聚合物时,注入流体将进入高渗透地层,生成的聚合物将作为防渗剂。若原油在开井生产阶段被采出,则低渗透区的原油也会被采出,与此相反,当微生物溶液与剩余油反应形成表面活性剂时,表面活性剂会降低盐水与原油之间的界面张力,从而启动剩余油。

微生物与储层流体的反应也会产生气体,如 CO_2、N_2、H_2 和 CH_4 等,这些气体的产生会使油层部分增压,从而提高油藏的能量。

由于微生物可以反应形成聚合物或表面活性剂,因此对储层特征的了解是至关重要的。如果油藏非均质性极强,那么最好是在储层中利用微生物生成聚合物,这样能使液流从高渗透通道转向进入低渗透通道中。如果储层的注入性很差,使用生成聚合物的微生物会破坏近井地带流体的流动。因此,深入了解油藏特征是非常重要的,特别是井筒附近的油藏特征。

地层水可能会抑制微生物的生长,因此,开展一些简单的适应性实验可能会得到一些有用的信息,包括简单的试管实验和将储层流体和(或)岩石放置在微生物的营养液中,检测微生物的生长情况和代谢产物。

微生物驱已经应用于矿化度低于 100000mg/L、岩石渗透率大于 75mD、深度小于 6800ft(此深度的对应温度约 75℃)的油藏中。大部分是在稀油油藏中,其原油重度的范围在 30°API 与 40°API 之间,这些被认为是"经验法则"标准。在选择适用于微生物驱的油藏系统时,最重要的是进行适应性评价,以确保微生物能够生长。

11.3.3.5 化学驱应用中存在的问题

化学驱过程中存在的技术问题包括以下几个方面:(1)筛选化学剂来优化微观驱油效率,(2)储层中化学剂与原油之间的接触问题,(3)保持较好的流度比以减少黏性指进的影响。驱替类型不同时,化学剂的筛选要求也不一样。显然,随着化学剂成分的增加,筛选过程变得越来越复杂。化学剂也必须能适应其所处的环境,高温和高矿化度时,化学剂的使用会受到一定的限制。

在化学驱矿场应用中遇到的主要问题是化学剂未与剩余油接触。实验室筛选方案确定的胶束体系,当使用砂管或胶结的均质岩心作为多孔介质时,其驱替效率能接近 100%,而当相同的胶束体系应用于储层岩样时,驱替效率会显着降低,造成这种现象的主要原因是储层岩样的非均质性。当这个体系被应用到油藏中时,驱油效率可能会更糟,因此需要对降低岩心非均质性的影响和提高驱油效果的方法上进行研究。

对流度进行相关研究可以提高驱替波及系数。研究发现,如果不能保持良好的流度比,那么处于驱替前缘的流体就不能与剩余油进行有效的接触。

矿场应用中出现的问题主要包括配制化学体系的水处理问题、化学药剂的混合问题、化学剂(如聚合物)堵塞地层问题、由于吸附、机械剪切和其他操作造成的化学剂损失问题和生产设备中乳状液的配制问题。尽管存在这些问题,在合适的油藏条件和良好的经济环境下,化学驱的效果比较好。

11.3.4 热力采油

对于较低 API 重度的稠油油藏而言,一次采油和二次采油通常只能采出原始原油地质储量的很小一部分,这是由于这类油藏的油层厚度一般很厚且原油黏度很大,无法流向生产井,图 11.10 给出了几种稠油的黏温曲线。

由图 11.10 可以看出,温度从 100°F 增加到 200°F 时,某些原油的黏度呈数量级降低,这表明如果储层原油的温度可以从 100°F 提高到 200°F 时,即超过储层的正常温度时,原油的黏度会显著降低,使其更容易流向生产井。可以通过注入热流体或通过在储层中燃烧石油产生热能的方法来提高地层温度,热水或蒸汽可作为注入热流体。本节讨论的热力采油方法主要包括三种:循环注蒸汽、蒸汽驱和火烧油层。除了能够降低原油的黏度外,这三种热力采油方法还有其他的机理,后面对这些机理进行介绍。

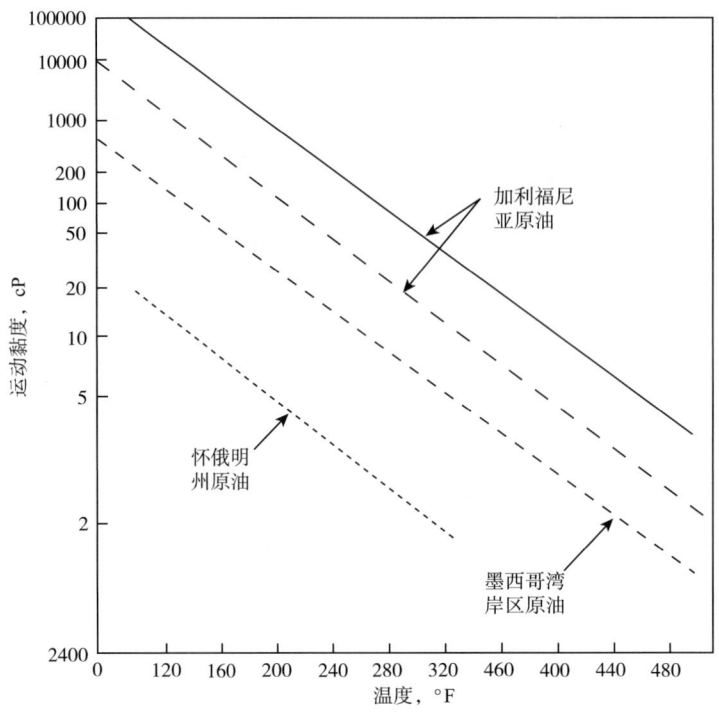

图 11.10 几种稠油的黏温曲线

迄今为止,产油量最多的三次采油方法是热力采油,降低原油黏度是一个原因,还存在许多其他的技术因素。在稠油油藏中,通过热力采油方法可以产出超过1%~2%的原始原油地质储量,因此,有关热力采油的研究远早于混相驱或化学驱,该技术的发展也更加迅速[26,27]。

11.3.4.1 循环注蒸汽(蒸汽吞吐)

1959年,在委内瑞拉的Mene Grande焦油砂油藏,偶然间发现了循环注蒸汽方法,在注蒸汽试验中,原打算通过会流措施来降低注入井的压力,但在施工过程中,得到了非常高的原油产量。由于这一发现,许多油田开始使用循环注蒸汽。

循环注蒸汽,也称为蒸汽吞吐。首先,向油藏中注入5000~15000bbl的优质蒸汽,这可能需要数天或数周才能完成,然后关井,使蒸汽在注入井的周围区域浸泡,这个浸泡时间相对较短,通常只有1~5d,最后,注入井开始生产,生产周期的长度取决于采油速度,但一般能够持续几个月到一年以上。由于在经济上可行,会进行多轮次吞吐,随着吞吐次数的增加,产油量会逐渐减少。

蒸汽吞吐提高采收率的机理包括:(1)通过降低原油黏度来减少井筒附近的流动阻力,(2)升高温度来降低溶解气量,使溶解气驱作用进一步增强。

通常,在稠油油藏中,蒸汽吞吐被用于提高注入井周围的注入性,一旦获得了很好的注入性,可以采用蒸汽驱取代蒸汽吞吐。

蒸汽吞吐获得的原油采收率远小于蒸汽驱的采收率,但蒸汽吞吐的操作成本较低,因此,蒸汽吞吐是最常见的热力采油方法[19,20,24]。每注入1bbl蒸汽可以额外采出0.21~5bbl

原油。

11.3.4.2 蒸汽驱

蒸汽驱与常规注水方法类似,建立这种生产机制后,蒸汽从几口注入井注入油藏中,同时原油从其他井产出。该方法与蒸汽吞吐不同,蒸汽吞吐时注入过程与生产过程都是在同一口井中进行。蒸汽被注入储层中,通过热能加热原油。但是,一些能量被用来加热整个地层环境,如地层岩石和水等,造成能量的损失,并且一些能量也损失在下伏岩层和上覆盖层。随着温度的增加,原油黏度降低,原油便可以更容易地流向生产井。蒸汽穿过油藏,并与冷油、岩石和水接触,当蒸汽接触冷的环境时,它就会凝结形成热水带,这种热水带的作用如同水驱,将更多的原油驱向生产井。

蒸汽驱提高采收率的机理包括:随着地层温度的增加引起的(1)原油的热膨胀、(2)原油黏度的降低、(3)表面力的变化以及(4)原油中的轻组分被蒸汽抽提。

大多数蒸汽驱被限制在浅层油藏中使用,这是因为随着蒸汽的不断注入,热量会在井筒中损失。如果油井很深,所有的蒸汽都将被转换成液态水。

蒸汽驱已在许多区块和油田中应用,并且取得非常好的效果,每注入 1bbl 蒸汽可以采出 0.3~0.6bbl 原油。蒸汽辅助重力泄油(SAGD)在 20 世纪 70 年代被提出并逐渐流行起来,这个过程包括钻两个距离较近的水平井(图 11.11),从上面的井中注入蒸汽,由于蒸汽的加热作用,稠油会流进下面的井中。对于垂向渗透率较高的油藏,SAGD 的应用效果最好,并且一直受到那些稠油油藏承包商的关注,SAGD 技术在加拿大和委内瑞拉也有很多应用[19,20,24]。

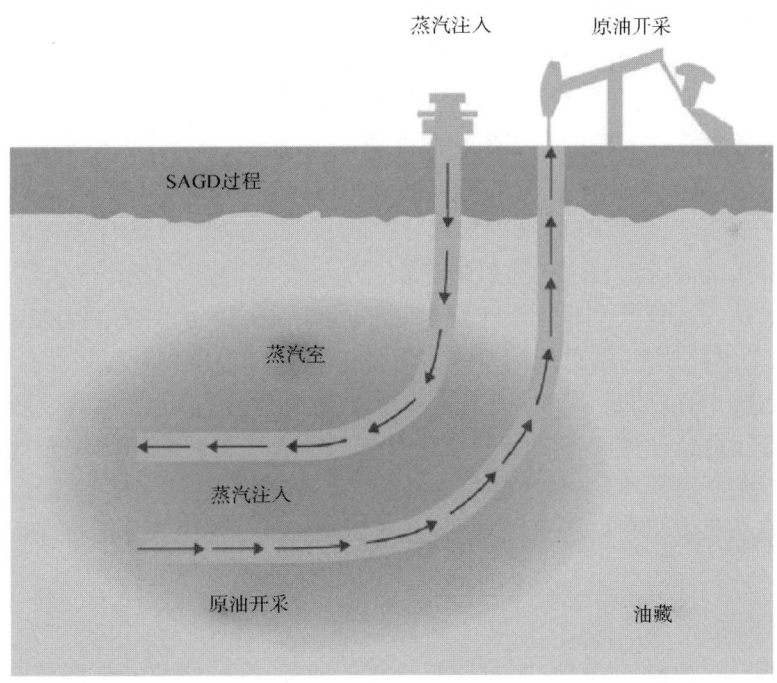

图 11.11 蒸汽辅助重力泄油(SAGD)示意图(由加拿大能源信息中心提供)

11.3.4.3 火烧油层

早期的火烧油层主要是指干式正向燃烧。原油在井下被点燃,然后向点燃的井中注入空气或富氧空气,然后,火焰前缘穿过油藏。这个过程中大部分的热能损失在上覆盖层和下伏岩层中。为减少热损失,设计了一种反向燃烧过程,在反向燃烧中,将原油点燃,但从不同的井内注入空气。由于火焰朝着相反方向移动,空气通过火焰向前推进,这个方法在实验室中被发现的,但在油田区块试验中,从未获得成功。由于没有氧气的供应,火焰将会在地层熄灭,当在那里注入氧气时,原油将会自燃,整个过程将恢复到一个正向燃烧的过程。

当反向燃烧失败时,又引入了一个新的技术,被称为湿式正向燃烧。这个过程在开始时作为一个干式正向燃烧,一旦前方产生火焰后,用水代替氧气流。当水与燃烧前缘后方的热区接触时,它会闪蒸成蒸汽,这样就利用了这些原来浪费掉的能量。蒸汽穿过油藏并能辅助驱油。湿式正向燃烧已经成为火烧油层的主要方法。

不是所有的原油都适合火烧油层。要让火烧油层充分发挥作用,原油必须有足够的重质成分作为燃烧的燃料来源。通常这要求原油的 API 重度很小。随着石油重质组分的燃烧,会形成轻组分和烟道气,这些气体随着原油一起产出,并能增加产出原油的有效 API 重度。

自 20 世纪 80 年代以来,火烧油层的矿场项目数量逐渐减少,对于承包商而言,使用火烧油层时会带来严重的环境问题和增加经营负担[26,27]。

11.3.4.4 热力采油过程中存在的问题

热力采油过程中存在的主要技术问题是波及系数较低、地下非生产区的热能损失严重和蒸汽或空气的注入性差。波及系数较低是由于注入流体与储层原油之间的密度差异,较轻的蒸汽或空气会上升到储层的顶部,绕过大部分的原油。从现场取心作业获得的数据可以看出,被波及区域的顶部与底部的残余油饱和度之间存在差异,因此需要对减少注入流体超覆储层原油的方法进行研究,相应的技术也正被应用着,如泡沫等。

热力采油过程中存在大量的热损失。在高温火烧油层技术中,湿式正向燃烧已大幅度的降低了热损失,但在许多禁止火烧油层的矿场应用中,热损失还是相当严重的。由于火烧油层通常涉及较低的温度,所以与蒸汽驱相比,热损失并不是很大。选择合适的井下蒸汽发生器会显著地降低火烧油层过程中的能量损失。

热力采油的注入性较低主要是由于储层原油的性质。热力采油过程中为了与注入流体连通,通常会使用压裂技术,这已应用于很多油藏中。

热力采油过程中存在的问题包括:乳化液的形成、注入和生产管线和设施的腐蚀以及对环境问题。当与重质原油形成乳状液时,它们很难破乳,承包商应该为此做好准备。在火烧油层过程中会产生高温环境,当水和烟道气在生产井和设备中混合时,腐蚀会成为一个严重的问题。烟道气在蒸汽驱和火烧油层中也会造成环境问题,当蒸汽是由燃煤发电机或燃油发电机组产生时,也会形成烟道气,当然,在火烧油层中原油燃烧时也会产生烟道气。

11.3.5 三次采油的油藏选择

对于一个给定的油藏,会有很多的变量,比如压力和温度、原油的类型与原油黏度和岩石基质和束缚水的性质等。由于这些变量的存在,并不是所有类型的三次采油方法都可以应用到任何油藏中。可以通过一些筛选方案迅速地排除一些不适用的三次采油方法,筛选方案包含原油和储层特性分析等。本章中讨论了三次采油方法的筛选标准,除了微生物驱外,当然这只能作为一种参考。如果对于给定储层和原油的适用方法介于两种采油方法之间时,那么有必要对这两种采油方法进行考虑。一旦采油方法的适用范围缩小至 1 个或 2 个时,就应该对它们进行详细的经济效益分析。

在三次采油的油藏选择给出前,先介绍一些一般性结论。首先,要有详细的地质研究,因为承包商们发现如果忽视储层非均质性,会导致许多三次采油项目的失败,对于高断层或裂缝性油藏,三次采油的采收率通常很差。其次,可以采取一些一般性的经济评价,当承包商正在考虑对特定的油藏实施三次采油时,候选油藏应保证有足够的可采出储量和足够大潜在利润。此外,对于深层油藏,钻新井时还可能涉及大量的钻井和完井费用。

表 11.2 包括了混相驱、化学驱等三次采油技术的油藏选择,这些选择标准由相关文献总结得出。

混相驱的主要要求是原油黏度低和油层薄。对于多次接触混相过程中,低黏度原油通常含有足够多的中间烃类组分。薄油层的要求可以降低了重力超覆发生的可能性,并产生更均匀的波及系数。

通常来说,化学驱要求温度低于 200°F 的砂岩储层、并且有足够渗透率来保证充足的注入量。化学驱时的原油黏度比混相驱时的黏度要求要高,但是原油不能特别稠,否则会产生不合理的流度比。对温度和岩石类型也作了一定的限制,化学剂的消耗才能被合理地控制。高温会降低大部分目前在工业中使用的化学物质的化学性能。

在应用热力采油方法时,最重要的是要有较大的含油饱和度,这主要是针对蒸汽驱而言的,因为生产的部分原油将在地面作为燃料来生成蒸汽。在火烧油层中,原油作为燃料,使气流在地面被压缩。油藏还应具有明显的油层厚度,以减少热量在周围环境中的损失。

表 11.2　三次采油的油藏选择

采油方式	原油重度 °API	原油黏度 cP	含油饱和度 %	地层类型	净厚度 ft	平均储层渗透率 mD	深度 ft	地层温度 °F
混相驱								
烃类混相驱	>35	<10	>30	砂岩或碳酸盐岩	15~25	—[a]	>4500	—[a]
CO_2 混相驱	>25	<12	>30	砂岩或碳酸盐岩	15~25	—[a]	>2000	—[a]
N_2 混相驱	>35	<10	>30	砂岩或碳酸盐岩	15~25	—[a]	>4500	—[a]
化学驱								
聚合物驱	>25	5~125	—[b]	最好是砂岩	—[a]	>20	<9000	<200
胶束驱	>15	20~30	>30	最好是砂岩	—[a]	>20	<9000	<200
碱驱	13~15	<200	—[b]	最好是砂岩	—[a]	>20	<9000	<200
热力采油								
蒸汽驱	>10	>20	>40~50	孔隙度较高的砂岩	>10	>50	500~5000	—[a]
火烧油层	10~40	<1000	>40~50	孔隙度较高的砂岩	<10	>50	>500	—[a]

a 没有严格的要求,但协调性要好。
b 水驱后可启动的含油饱和度大于 10%。

11.4 小结

对于提高石油采收率而言,采出所有已探明原油的 70%~75% 是一个极具吸引力的目标。在现有领域的应用中,提高采收率技术能显著地提高世界探明储量。但是,在三次采油被广泛实施之前,必须在技术上做出很多改进。经济环境条件也必须是积极可观的,因为许多三次采油的经济效果很小或很差。目前,蒸汽驱和聚合物工艺在经济上是可行的,相比之下,CO_2 驱更昂贵,但越来越流行,胶束驱的价格更为昂贵。

美国能源部在最近的一份能源报告中表示,在美国近 40% 的提高采收率方法是热力采油[28],其余大部分是通过气驱,即气驱或混相驱。化学驱虽然在 20 世纪 80 年代研究很多,但在矿场应用中并没有作出贡献,主要是由于操作成本问题[28]。

在油藏生产的早期就应考虑提高采收率技术。许多三次采油方法的成功都依赖于建立一个含油带,当含油饱和度较高,更容易形成含油带。了解特定油藏的提高采收率潜力和途径,对于油藏工程师而言是非常重要的。

在前一章的最后讨论了一个重要的工具是利用计算机建模和油藏数值模拟,工程师可以用来确定一个油藏的提高采收率潜力,选择二次采油或三次采油方法。如需进一步的信息,读者可参考相关文献[29-33]。

思 考 题

11.1 对近期的提高采收率应用作一个简要的文献综述。讨论本章中涉及的各种三次采油方法的关注程度。

11.2 回顾近期《油气杂志》中有关提高采收率方面的报道,并比较各国之间的提高采收率应用现状。

11.3 分析世界油气资源对油价的影响。

11.4 分析水力压裂技术和水平钻井技术的发展对提高采收率项目实施情况的影响。

参 考 文 献

[1] Society of Petroleum Engineers E&P Glossary, Society of Petroleum Engineers, 2009.
[2] R. E. Terry, "Enhanced Oil Recovery," Encyclopedia of Physical Science and Technology, 3rd ed., Academic Press, 2003, 503-518.
[3] C. R. Smith, Mechanics of Secondary Oil Recovery, Robert E. Krieger Publishing, 1966.
[4] G. P. Willhite, Waterflooding, Vol. 3, Society of Petroleum Engineers, 1986.
[5] F. F. Craig, The Reservoir Engineering Aspects of Waterflooding, Society of Petroleum Engineers, 1993.
[6] L. W. Lake, ed., Petroleum Engineering Handbook, Vol. 5, Society of Petroleum Engineers, 2007.
[7] T. Ahmed, Reservoir Engineering Handbook, 4th ed., Gulf Publishing Co., 2010.
[8] J. J. Taber and R. S. Seright, "Horizontal Injection and Production Wells for EOR or Waterflooding," presented before the SPE conference, Mar. 18-20, 1992, Midland, TX.
[9] M. Algharaib and R. Gharbi, "The Performance of Water Floods with Horizontal and Multilateral Wells," Petroleum Science and Technology (2007), 25, No. 8.

[10] Penn State Earth and Mineral Sciences Energy Institute, "Gas Flooding Joint Industry Project," http://www2011.energy.psu.edu/gf.

[11] N. Ezekwe, Petroleum Reservoir Engineering Practice, Pearson Education, 2011.

[12] J. R. Christensen, E. H. Stenby, and A. Skauge, "Review of WAG Field Experience," SPEREE (Apr. 2001), 97–106.

[13] S. Kokal and A. Al-Kaabi, Enhanced Oil Recovery: Challenges and Opportunities, World Petroleum Council, 2010.

[14] G. Mortis, "Special Report: EOR/Heavy Oil Survey: CO_2 Miscible Steam Dominate Enhanced Oil Recovery Processes," Oil and Gas Jour. (Apr. 2010), 36–53.

[15] P. DiPietro, P. Balash, and M. Wallace, "A Note on Sources of CO_2 Supply for Enhanced-Oil-Recovery Operations," SPE Economics and Management (Apr. 2012).

[16] H. K. van Poollen and Associates, Enhanced Oil Recovery, PennWell Publishing, 1980.

[17] D. W. Green and G. P. Willhite, Enhanced Oil Recovery, Vol. 6, Society of Petroleum Engineers, 1998.

[18] L. W. Lake, Enhanced Oil Recovery, Prentice Hall, 1989 (reprinted in 2010).

[19] J. Sheng, Modern Chemical Enhanced Oil Recovery, Gulf Professional Publishing, 2011.

[20] V. Alvarado and E. Manrique, Enhanced Oil Recovery: Field Planning, and Development Strategies, Gulf Professional Publishing, 2010.

[21] J. J. Taber, "Dynamic and Static Forces Required to Remove a Discontinuous Oil Phase from Porous Media Containing Both Oil and Water," Soc. Pet. Engr. Jour. (Mar. 1969), 3.

[22] G. L. Stegemeier, "Mechanisms of Entrapment and Mobilization of Oil in Porous Media," Improved Oil Recovery by Surfactant and Polymer Flooding, ed. D. O. Shah and R. S. Schechter, Academic Press, 1977.

[23] F. I. Stalkup Jr., Miscible Displacement, Society of Petroleum Engineers, 1983.

[24] L. Koottungal, "2012 Worldwide EOR Survey," Oil and Gas Jour. (Apr. 2, 2012), 41–55.

[25] Q. Li, C. Kang, H. Wang, C. Liu, and C. Zhang, "Application of Microbial Enhanced Oil Recovery Technique to Daqing Oilfield," Biochemical Engineering Jour. (2002), 11, 197–199.

[26] M. Prats, Thermal Recovery, Society of Petroleum Engineers, 1982.

[27] T. C. Boberg, Thermal Methods of Oil Recovery, John Wiley and Sons, 1988.

[28] US Office of Fossil Energy, "Enhanced Oil Recovery," http://energy.gov/fe/science-innovation/oil-gas/enhanced-oil-recovery.

[29] J. J. Lawrence, G. F. Teletzke, J. M. Hutfliz, and J. R. Wilkinson, "Reservoir Simulation of Gas Injection Processes," paper SPE 81459, presented at the SPE 13th Middle East Oil Show and Conference, Apr. 5–8, 2003, Bahrain.

[30] T. Ertekin, J. H. Abou-Kassem, and G. R. King, Basic Applied Reservoir Simulation, Vol. 10, Society of Petroleum Engineers, 2001.

[31] J. Fanchi, Principles of Applied Reservoir Simulation, 3rd ed., Elsevier, 2006.

[32] C. C. Mattax and R. L. Dalton, Reservoir Simulation, Vol. 13, Society of Petroleum Engineers, 1990.

[33] M. Carlson, Practical Reservoir Simulation, PennWell Publishing, 2006.

12 油藏生产历史拟合

12.1 引言

油藏工程师的重要职责之一是预测给定油藏或特殊油井的未来产量 q（也被称作生产速率）。数年来，油藏工程师们为此总结了若干方法，这些方法包括了从简单的产量递减曲线分析法到复杂的多维度多相流油藏数值模拟方法[1-7]。无论是选取简单方法还是复杂方法，预测油井产量的一般途径为通过计算已知生产信息中一段时间内的产量来预测未来的油井产量。如果计算的油井产量与实际的油井产量数据相符，那么可以认为该计算方法是正确的，并可用来预测未来油井产量，如计算的油井产量与已有数据不符，则需修改相关过程参数并进行重复计算。修正过程参数以使计算的油井产量与实际的油井产量数据相符的过程叫做历史拟合。

历史拟合过程中的计算方法以及相关的必要数据通常被称为数学模型或数值模拟模型。当使用产量递减曲线分析法作为计算方法时，油藏工程师只需依据现有的油井产量进行合适的曲线拟合。但是，当计算涉及多维质量和能量平衡方程和多相流动方程时，则需要大量的数据和用于执行计算的计算机，对于这种复杂模型，通常将储层划分为数个网格。油藏工程师在不同网格中输入不同的储层物性参数，如孔隙度、渗透率和饱和度等。在计算过程中，由于油藏工程师通常只知道特定取心部位的物性参数，且取心点只占油藏网格中的很小一部分，因此需要对大多数物性参数进行估算。

历史拟合包括多种计算方法，按复杂性程度分类，可从简单的产量递减曲线分析法到复杂的多维度多相流数值模拟方法。本章将首先讨论最简单的模型——简单的产量递减曲线分析法，并为随后复杂的无因次 Schilthuis 物质平衡方程方法提供基础。

12.2 产量递减曲线分析法

产量递减分析法是一种预测单井未来产量的直接方法，只需要知道油井产量 q_o。这种分析方法在石油工业中应用较早，并仍旧是预测油气产量的最常用工具之一[8-13]。大体上，产量递减曲线分析方法可分为两种：(1) Arps 产量递减曲线分析法[8]，选择三个推导递减模型中的任意一个与历史产量数据进行曲线拟合，(2) Fetkovich 产量递减曲线分析法[10]，对历史产量数据进行曲线拟合。而本章将对 Arps 产量递减曲线分析法进行简单的介绍。

在第 8 章中，已对非稳态时间和拟稳态时间等概念进行了讨论。非稳态时间指的是油井生产历史中产出流体收外部边界影响前的生产时间，拟稳态时间指的是受外边界作用且油井泄油体积内地层压力匀速下降的生产时间。理论上，Arps 产量递减曲线分析法要求生产井处在拟稳态条件下，既能模拟油井的当前生产时期，也能对油井未来计划的生产时间进行预测。

Arps 认为油井的产量递减曲线为指数递减曲线、双曲递减曲线和调和递减曲线中的任意一种,并可以由如下公式表示:

$$\frac{1}{q}\frac{\mathrm{d}q}{\mathrm{d}t} = bq^d \tag{12.1}$$

式中　q——t 时刻的油井产量(产液速率);

t——生产时间;

b——由生产数据获得的经验参数;

d——Arps 递减曲线指数(指数递减,$d=0$;双曲递减,$0<d<1$;调和递减,$d=1$)。

例 12.1 介绍了某油井的产量递减曲线分析方法,假设该油井的历史生产数据符合指数递减曲线关系。分析步骤如下:

(1)给定油井的历史产量,并作出产量与时间的关系图;

(2)使用指数形式 $q=q_\mathrm{i}\exp(-bt)$ 对数据线进行拟合,得到其指数曲线;

(3)由曲线直线得到的公式对未来产量进行预测。

例 12.1　使用图 12.1 中的历史产量,对井 15-1 的产量进行预测

已知:

井 15-1 的历史产量数据如图 12.1 所示。

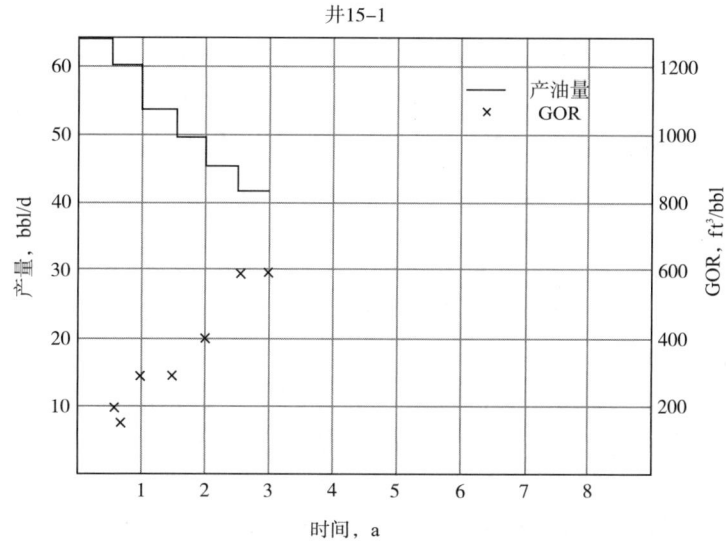

图 12.1　历史拟合问题中井 15-1 的历史产量和瞬时气油比

解:

应用微软公司的 Excel 软件,对图 12.1 中的产量和时间关系进行了估算,然后在 Excel 表格中对它们进行作图,并进行数据拟合得到其指数趋势线。建立一个新的表格,加入超过历史产量数据的生产时间值,利用得到的指数趋势线方程计算出相应的产量,并与实际值一起列出。

可以看出,产量递减分析法在解决该问题上十分便捷。然而,油藏工程师在用这种方法

预测油气采收率时,需要考虑该方法的假设条件,最重要的是油井泄流区域内油井的开采方式与历史拟合时的一样。在应用简单产量递减曲线分析的同时,油藏工程师逐渐意识到预测油藏产能时采用质量和能量平衡以及计算机模拟技术的复杂模型时,产量的分析数据会更为可靠。

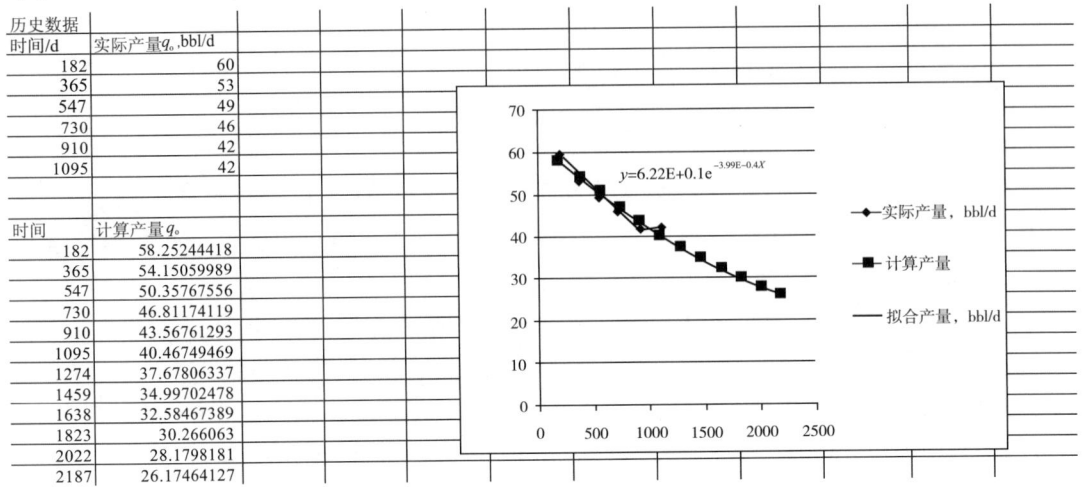

12.3 无因次 Schilthuis 物质平衡方程法历史拟合

12.3.1 模型推导

由于第 3~7 章和第 10 章中介绍的物质平衡方程与生产时间无关,因此无法提供与预测未来油井产量等相关信息,这些公式仅为平均地层压力与累计产量之间的关系式。为了获得油井产量等信息,需要在平均地层压力与累计产量中考虑时间因素的影响。第 8 章中介绍了多孔介质单相渗流,并推导出不同情况下油井产量与平均地层压力之间的关系式。因此,在模型或模拟器时可以将第 3~7 章和第 10 章中的物质平衡方程与第 8 章中的流量方程相结合,得到油井产量与生产时间之间的关系式。但模型需要精确地流体和岩石物性参数以及之前的生产数据,若将该模型应用于特定的油井或储层中,并能与之间的历史生产数据相符的话,则可用该模型进行未来油井产量的预测。当然,模型中数据的重要性应该得到足够的重视,如果模型中的数据准确,未来油井产量的预测值也会相当精确。

12.3.1.1 模型的物质平衡方程部分

本章中主要讨论的是定容溶解气驱油藏。第 10 章中介绍了此类油藏采收率与地层压力之间关系的几种不同计算方法,而本章中的例子采用的是无因次 Schilthuis 物质平衡方程法。该方法需要知道相渗透率与饱和度之间的关系,以及与两相地层体积有关的公式(10.33)、公式(10.40)和公式(10.41)的解,这些公式如下所示:

$$R = R_{so} + \frac{K_g \mu_o B_o}{K_o \mu_g B_g} \tag{10.33}$$

$$S_L = S_w + (1 - S_w)\left(1 - \frac{N_p}{N}\right)\frac{B_o}{B_{oi}} \tag{10.40}$$

$$\frac{\dfrac{N_p}{N}[B_o + B_g(R_p - R_{so})]}{B_o - B_{oi} + B_g(R_{soi} - R_{so})} - 1 = 0 \tag{10.41}$$

12.3.1.2 模型中引入流量方程

前部分中介绍的方法可以得到油气产量与平均地层压力之间的关系，但并未给出任何油气产量与生产时间之间的关系，因此需要引入流量方程，来计算油气的生产时间和产量。由第8章可知，大多数油井流动数小时或数天后就可以达到拟稳态流动状态，假设本章中用来历史拟合的油井都生产了足够长时间以达到拟稳态渗流状态。此时，可用公式(8.45)描述井筒的原油产量：

$$q_o = \frac{0.00708 K_o h}{\mu_o B_o}\left[\frac{\bar{p} - p_{wf}}{\ln\left(\dfrac{r_e}{r_w}\right) - 0.75}\right] \tag{8.45}$$

公式(8.45)假设的是不可压缩流体的径向拟稳态渗流。下标 o 表示原油，平均地层压力 $\bar{p}$ 用为确定油井产量 N_p 时的地层压力。给定压降时原油产量增加所需的时间增量，可由公式(8.45)中相应平均地层压力时的累计产油量与油井产量的比值得到：

$$\Delta t = \frac{\Delta N_p}{q_o} \tag{12.2}$$

对应特定平均地层压力下的总生产时间可将每段压力降增加所对应的时间增量进行加和，直至达到经济开采下限时的平均地层压力。

由于公式(12.2)需要知道 ΔN_p，并由 Schilthuis 物质平衡方程确定出 $\Delta N_p/N$，因此必须首先对原始原油地质储量 N 进行估算。第6章第6.3节中，未饱和油藏定容式衰竭开采时原始原油地质储量的计算公式如下：

$$N = \frac{7758 A h \phi (1 - S_{wi})}{B_{oi}} \tag{12.3}$$

联立这些公式与 Schilthuis 物质平衡方程的解，就可以得到需要的油气产量。

12.3.2 历史拟合

可以利用前两部分推导出来的储层模型，对定容溶解气驱油藏的生产数据进行了历史拟合。图12.1给出了某油井生产前三年的实际产油量和瞬时气油比，例题的数据源自堪萨斯大学，并已得到许可[14]。

该油井位于某砂岩储层中，有两个被薄层页岩隔开的厚度为1~2ft的产油层进行生产，可将该储层视为一地层圈闭。两产油层的厚度和渗透率都沿着尖灭产生的方向减小，产油层上部和下部的渗透率和孔隙度都不断减小，直至达到无法生产原油时的极限值。已知原始地层压力为620psi，平均孔隙度和原始含水饱和度分别为22.5%和37%，油井的控制泄油面积为40ac，其中油层1的平均油层厚度和绝对渗透率为17ft和9.6mD，油层2的平均油层厚度和绝对渗透率为14ft和7.2mD。实验室测定的储层流体黏度、流体地层体积系数、溶解气油比、油相相对渗透率和气相渗透率与油相渗透率的比值等数据如图12.2至图12.6所示。

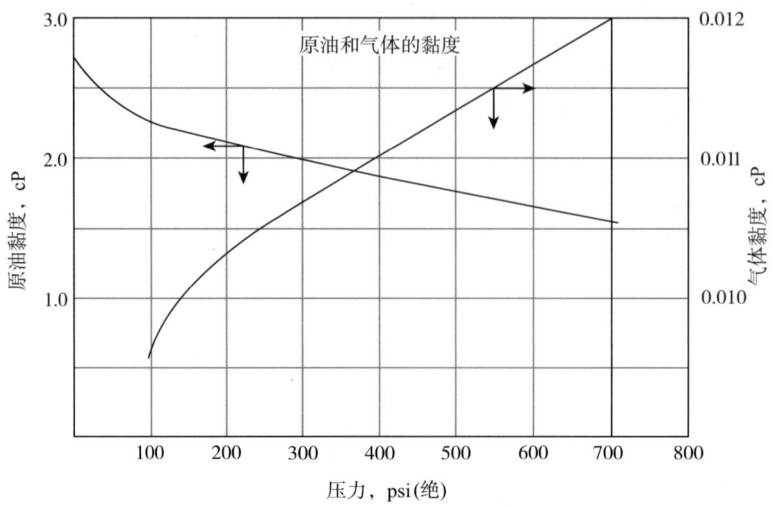

图12.2 Schilthuis历史拟合问题中的储层原油和天然气黏度数据

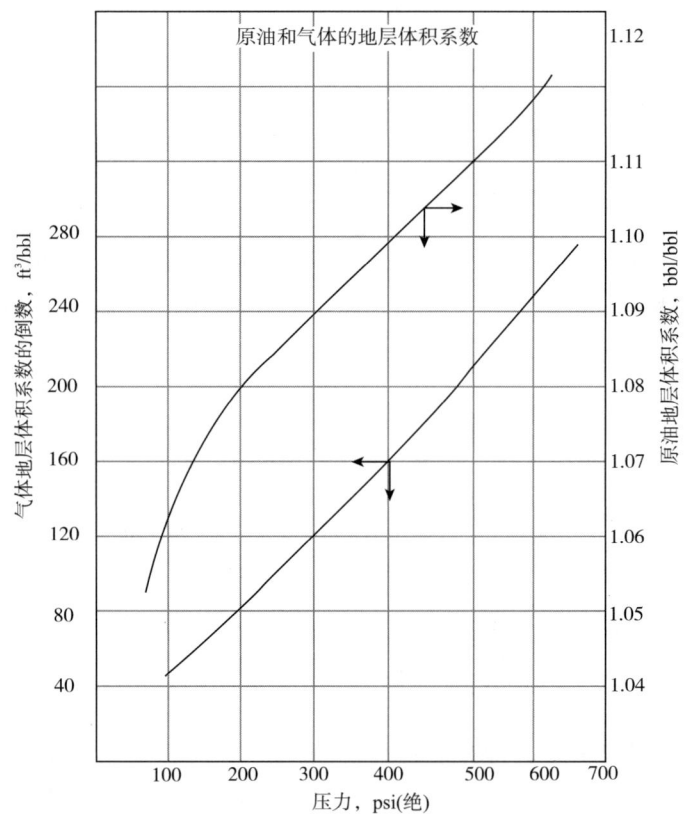

图12.3 Schilthuis历史拟合问题中的原油的地层体积系数和天然气的地层体积系数数据

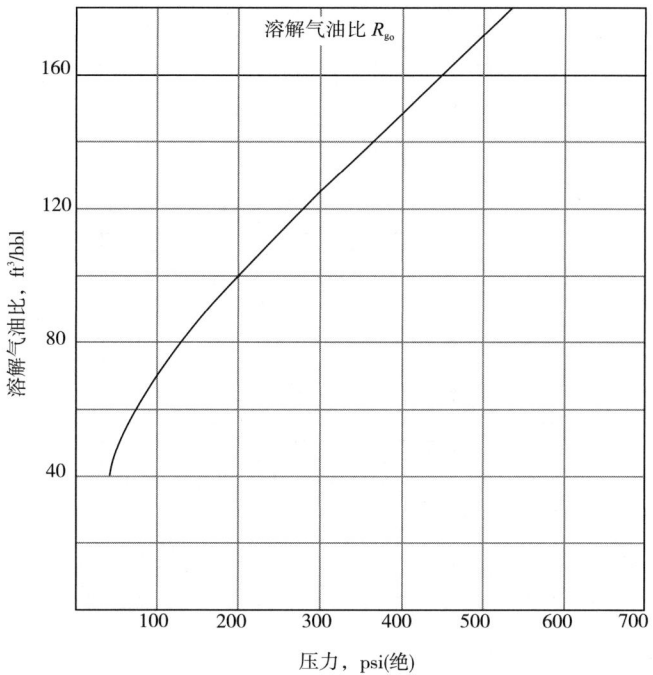

图 12.4 Schilthuis 历史拟合问题中的原油的溶解气油比数据

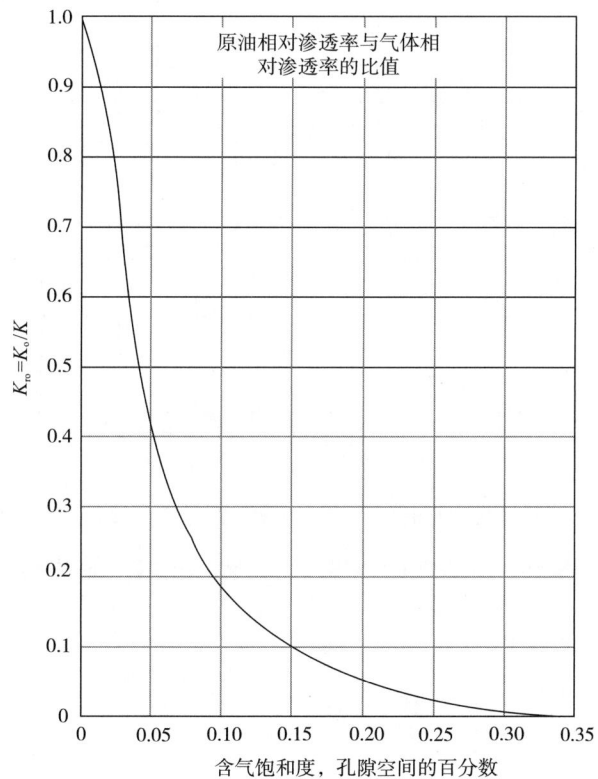

图 12.5 Schilthuis 历史拟合问题中的油相相对渗透率数据

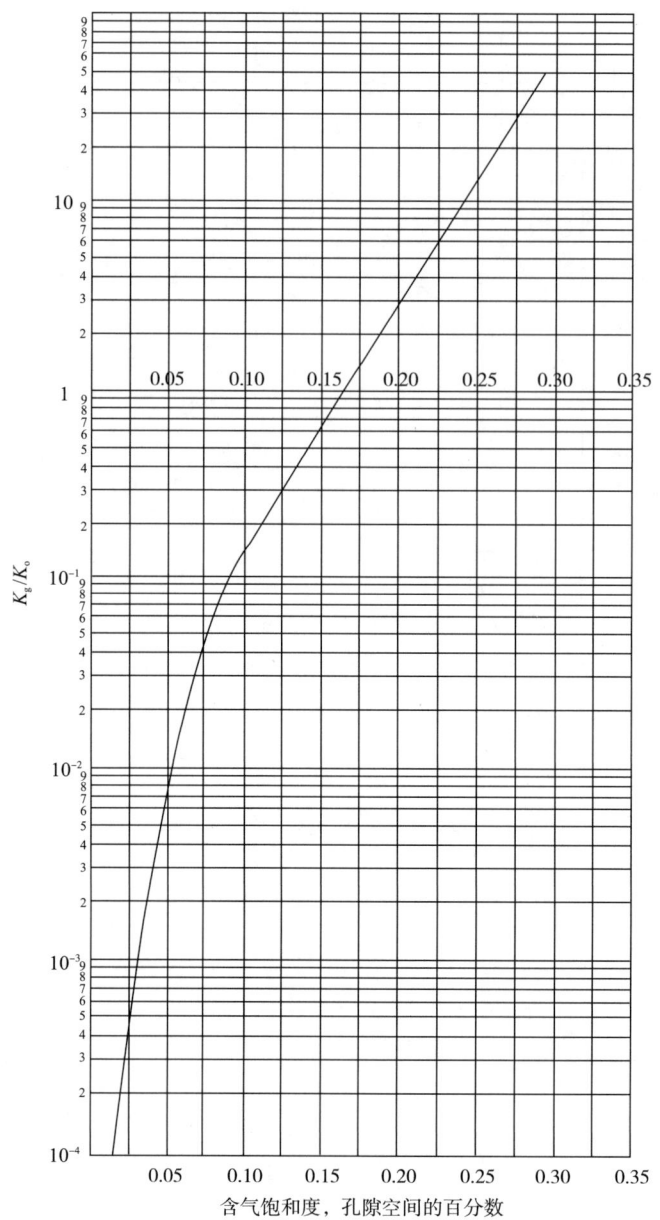

图 12.6　Schilthuis 历史拟合问题中的气相渗透率与油相渗透率的比值数据

表 12.1　Schilthuis 历史拟合问题中计算储层流体物性时的 Excel 函数

Option Explicit
Function mu_oil(pressure)
mu_oil = 2.354 − 0.001134 * pressure
End Function
Function mu_gas(pressure)
mu_gas = 0.009684 + 0.3267 * 10 ^−5 * pressure + 0.1116 * 10 ^−9 * pressure ^ 2
End Function

续表

```
Function B_o(pressure)
B_o = 1.062+0.9257 * 10 ^-4 * pressure
End Function
```

```
Function B_g(pressure)
B_g = 1/(7.446+0.3625 * pressure+0.4532 * 10 ^ -4 * pressure ^ 2)
End Function
```

```
Function B_t(pressure)
' combines B_o and B_g
B_t = B_o(pressure)+B_g(pressure) * (R_so(620)-R_so(pressure))
End Function
```

```
Function R_so(pressure)
R_so = 52.45+0.2475 * pressure-0.2097 * 10 ^-4 * pressure ^ 2
End Function
```

（注：mu_oil 为原油黏度，mugas 为天然气黏度，B_o 为原油地层体积系数，B_g 为天然气地层体积系数，B_t 为两相地层体积系数，R_{so} 为溶解气油比）

表 12.2　Schilthuis 历史拟合问题中计算油相相对渗透率曲线时的 Excel 函数

```
Function k_ro(gas_saturation_fraction)
Dim Sg_array(1 To 7) As Single
    Sg_array(1) = 0.0156
    Sg_array(2) = 0.045
    Sg_array(3) = 0.0688
    Sg_array(4) = 0.1008
    Sg_array(5) = 0.152
    Sg_array(6) = 0.2088
    Sg_array(7) = 0.3325
Dim A0_array(1 To 7) As Single
    A0_array(1) = 1
    A0_array(2) = 1.098
    A0_array(3) = 0.75
    A0_array(4) = 0.5427
    A0_array(5) = 0.3583
    A0_array(6) = 0.2215
    A0_array(7) = 0.1262
Dim A1_array(1 To 7) As Single
    A1_array(1) = -8.24
    A1_array(2) = -14.4
    A1_array(3) = -6.6133
    A1_array(4) = -3.5467
    A1_array(5) = -1.7333
    A1_array(6) = -0.83
    A1_array(7) = -0.376
Dim j As Single
```

续表

```
For j = 1 To 7
    If gas_saturation_fraction >= Sg_array(j) Then
    Else
        K_ro = A0_array(j) + A1_array(j) * gas_saturation_fraction
        Exit For
    End If
Next
End Function
```

12.3.2.1 求解过程

历史拟合的第一步是将图 12.2~图 12.4 中的流体物性参数转化为更实用的数学表达形式。做法是用 Microsoft Excel 中的 VB 编辑器对每个数据进行简单的回归,建立 Excel 方程,例如建立原油和天然气黏度与压力之间的函数。表 12.1 列出了这些程序中生成的函数,例子中使用的气相渗透率与油相渗透率的比值也要进行回归分析。

油相相对渗透率和气相渗透率与油相渗透率的比值为含气饱和度的函数表达式。这些 Excel 函数是由不同种类的流体物性方程建立而来,将回归方程中的常数逐行列出,如表 12.3 和表 12.4 所示,且对每一系列数据点进行回归分析。用这种方式处理关系式,必要时很容易对程序中的关系式进行修改。

表 12.3 Schilthuis 历史拟合问题中计算相渗透率与油相渗透率的比值时的 Excel 函数

```
Function kg_ko(gas_saturation_fraction)
Dim Sg_array(1 To 7) As Single
    Sg_array(1) = 0.043
    Sg_array(2) = 0.081
    Sg_array(3) = 0.109
    Sg_array(4) = 0.35
Dim A0_array(1 To 4) As Single
    A0_array(1) = -4.7981
    A0_array(2) = -3.845
    A0_array(3) = -2.6308
    A0_array(4) = -2.1119
Dim A1_array(1 To 4) As Single
    A1_array(1) = 54.652
    A1_array(2) = 32.017
    A1_array(3) = 16.989
    A1_array(4) = 12.241
Dim j As Single
For j = 1 To 4
    If gas_saturation_fraction >= Sg_array(j) Then
```

续表

```
    Else
        Kg_Ko = 10 ^( A0_array(j) + A1_array(j) * gas_saturation_fraction)
        Exit For
    End If
    Next
    End Function
```

图 12.2 ~ 图 12.6 中的生产数据被表示为公式的形式后,即可准备历史拟合相关步骤。Excel 工作表中的例子如表 12.4 所示。

表 12.4 Schilthuis 历史拟合问题中使用的 Excel 工作表

	P_i	620	p_w	25		p_w	0.25		porosity	0.275	R_{si}	197.84								
			Area	40		re	660		S_{wi}	0.37	Boi	1.1194								
											Bti	1.1194								
Zone1	HEIGHT	17	N	638344		K	9.6													
Zone2	HEIGHT	14	N	525695		K	7.2													
	HTOT	31	Totalll	E+06		Capao	264													
	Pressure	dellp	dellpgue	Np	Calc qo	dellT	T	Calo R	RdollNps	Rp		Si	Sg		Check	NpiN		aclualHistory		
	615	4162.5	4162.5	4152.5	81.731	50.929	50.929	197.58	RdollNps	797.58		0.9975	0.0025		4E-06	0.0036		Timefdy	ActualRI(SCF/STB)	
	605	8529.7	8529.7	12692	76.418	111.62	162.55	196.13	2E+06	196.61		0.9924	0.0076		1E-06	0.0109		182	60	200
	595	8771.7	8771.7	21464	71.207	123.19	285.73	195.39	2E+06	196.11		0.9871	0.0129		1E-06	0.0129		365	53	300
	585	8971.7	8971.7	30436	64.992	138.04	423.78	199.62	2E+06	196.1		0.9818	0.0182		3E-09	0.0184		547	49	300
	575	9077.7	9077.7	39513	57.549	157.74	581.52	208.51	2E+06	196.91		0.9763	0.0237		2E-06	0.0261		730	46	400
	565	9003.3	9003.3	48517	50.457	178.43	759.95	226.76	2E+06	199.06		0.971	0.029		7E-07	0.0339		910	42	600
	555	8642.4	8642.4	57159	43.869	197	1166.2	259.39	2E+06	203.25		0.9658	0.0342		1E-05	0.0417		1095	42	600
	545	7941.1	7941.1	65100	37.95	209.25	1393.1	304.52	2E+06	210.1		0.9611	0.0389		3E-07	0.0491				
	535	7100.9	7100.9	72201	32.732	216.9	1605.3	342.5	2E+06	219.39		0.9528	0.0432		6E-06	0.0559				
	525	6529.1	6529.1	78730	29.379	222.24	1824.9	390.69	2E+06	229.68		0.9491	0.0472		1E-05	0.062				
	515	5936.7	5936.7	84667	27.043	219.53	2039.9	445.99	2E+06	240.97		0.9457	0.0509		2E-06	0.0676				
	505	5359.9	5359.9	30027	24.93	215	2249.4	509.07	2E+06	253.18		0.9427	0.0543		1E-05	0.0727				
	495	4822.4	4822.4	94849	23.019	209.5	2453.1	579.46	2E+06	266.19		0.3333	0.0573		1E-05	0.0773				
	485	4336.4	4336.4	39185	21.288	203.7	2651.2	579.46	2E+06	279.88		0.3373	0.0601		1E-05	0.0815				
	475	3905.2	3905.2	103091	19.716	198.08	2844.1	656.62	2E+06	294.15		0.3373	0.0627		3E-06	0.0852				
	465	3527.1	3527.1	106618	18.282	192.92	2841.4	740.03	2E+06	308.9		0.335	0.065		1E-05	0.0888				
	455	3197.3	3197.3	109615	16.37	188.41	3032	823.18	2E+06	324.05		0.3328	0.0672		2E-05	0.0916				
	445	2910.3	2910.3	112725	16.037	181.47	3214	923.59	2E+06	339.53		0.3303	0.0592		2E-05	0.0968				

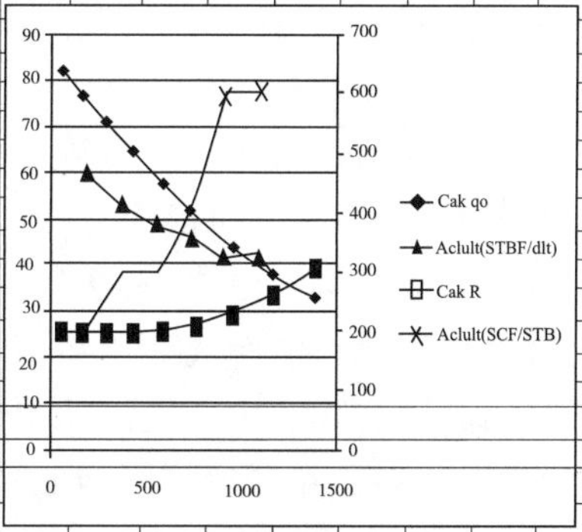

Excel 表格页面的顶部给出了原始地层压力、井底流压和油井泄油面积等变量。紧接着下一行为 2 个油层的物性参数,如油层高度、原始烃类地质储量和孔隙度等,所有的汇总数据给出了全部油藏的物性参数。接下来为平均井底流压每增加 10psi 时的储层物性参数,表格的右侧为生产井的实际产量,实际产量与计算产量的对比图位于表格的右下角。每个单元格的计算方程如表 12.5 所示。

表 12.5 Schilthuis 历史拟合问题中使用的相关公式

Rsoi	=R_so(620)
Boi	=b_o(620)
Bti	=B_t(620)
N	=7758*Area*Height*Porosity*(1−Swi)/b_o(620)
Capac	=Height1*KZone1+Height2*KZone2
delNp	=(B_t(Pressure)*B_t(620))/(B_t(Pressure)+b_g(Pressure)*(Rp−Rsoi))*TotalN−Np(of previous Pressure)
Np	=(B_t(Pressure)*B_t(620))/(B_t(Pressure)+b_g(Pressure)*(Rp−Rsoi))*TotalN
Calc q_o	=0.00708/b_o(Pressure)/mu_oil(Pressure)/(LN(e/w)*0.75)*(Pressure−Pw)*K_ro(Sg)*Capac
delT	=delNp/Calc qo
T	=SUM(delT for all Pressure increments to the present Pressure increment)
Calc R	=R_so(Pressure)+Kg_Ko(Sg)*mu_oil(Pressure)/mu_gas(Pressure)*b_o(Pressure)/b_g(Pressure)
R*delNpguess	=delNpguess*Calc R
Rp	=(SUM(delNpguess))/SUM(R*delNpguess)
Sl	=Swi+(1−Swi)*(1−SUM(delNpguess)/TotalN)*(b_o(Pressure)/Boi)
Sg	=1−Sl
Check	=(delNp·delNpguess)^2

工作表中要求用户给出特定地层压力时的 ΔN_p 估算值(即表格中的 delNpguess)来确定储层的流体物性参数。一旦这些参数被确定,工作表就自动计算出该地层压力时新的 dN_p 和累计产量 N_p,ΔN_p 的估算值通过多次迭代,直至等于 ΔN_p 的计算值。程序中建立了校验列以辅助迭代计算,为了辅助这一步骤的完成,创建了一个新的校验栏(即表中的 Check 栏),校验栏的最后一个单元格为校验值的总和。使用 Excel 自带的求解工具,单元格可以通过调整每一压力增量时 ΔN_p 的数值,迭代求解出其最小值,这使得用户能够快速求解出 Schilthuis 物质平衡中一系列公式,并得到一系列该条件下的结果。

12.3.2.2 历史拟合结果讨论

当输入原始数据执行计算程序后,即可得到产油量和生产气油比 R 或瞬间生产气油比其数值如图 12.7 所示。值得注意的是,计算的油井产量在一开始就大于实际的油井产量,并且随着时间的增加下降更快,其产量递减斜率也更大,如图 12.7(a)所示。计算的瞬间生产气油比数值与实际的生产气油比数值之间的对比关系如图 12.7(b)所示,可以看出计算的瞬间生产气油比比实际的生产气油比更低。

此时,有必要弄清楚如何增加瞬间生产气油比的计算值,以使其与实际的生产气油比数值相符。由公式(10.33)可知,生产气油比 R 为流体物性参数和气相与液相渗透率比值 K_g/K_o 的函数。为了计算出更大的生产气油比 R,需要对流体物性参数或气相与液相渗透率的比值进行修正。由于储层流体的物性参数已知并且能够十分精确的获得,而储层中的渗透率由于不同的岩石沉积环境,其变化非常明显,因此对渗透率的数值进行修正是比较合理的。在油藏生产历史拟合的过程中,油藏工程师们经常发现,实验室测得的气相与液相渗透率比值与实际的气相与液相渗透率比值之间存在一定的差值,Mueller、Warren 和 West[15]认为产生这一差值的主要原因之一是储层衰竭开采过程中每一阶段的不均匀性。同理,在储层衰竭开采的初始阶段,油田的瞬间气油比很少出现预测中略微下降的现象,相反,气油比通常出现上升的现象,但理论预测过程中忽略了压降的影响,通常认为压降为零,因此储层内的饱和度一样,而实际的油井压降过程中,储层中油井附近区域的压力降落比其他更远区域的压力降落更早。在开发过程中,某些油井的完井时间会早于其他油井,因此老油井附近区域的压力降落较新油井更早,因此其溶解气油比明显高于新油井的溶解气油比。即使所有的油井都在很短的时间间隔内完井,但当储层厚度不一样和所有油井以同一产量生产时,储层厚度越大,其压力降落越大。最后,当储层中含有两个或两个以上不同比渗透率值的岩层,即使它们的相对渗透率特征相同,高渗透率岩层的压力降落先于低渗透率岩层的。由于高储量储层中这些影响均很小,其现场和实验室数据更接近,另外,高储量储层中的重力分异作用明显。当出现重力分异现象,可以关闭高生产气油比极差的油井或修井,来减少油井的生产气油比,矿场测得的 K_g/K_o 值比实验值小。因此,对于不存在重力分异的储层,实验测得的 K_g/K_o 值可以应用于储层中的每一处,储层不同部位压力衰竭的不均匀性会使得实际的 K_g/K_o 值偏大。

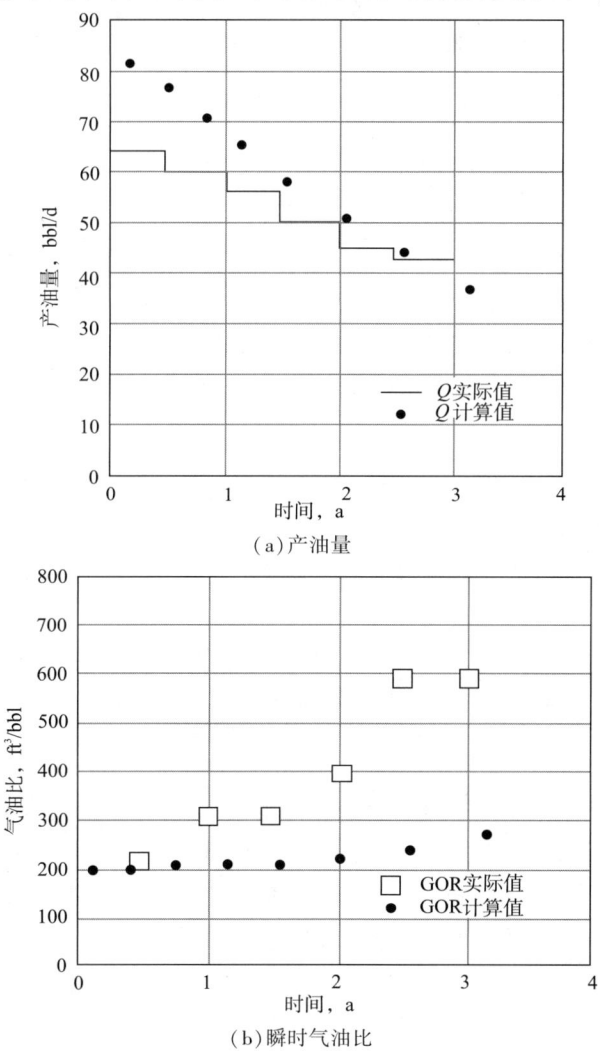

图 12.7 Schilthuis 历史拟合问题中使用的原始数据

可以由实际生产数据得到新的气相渗透率与油相渗透率比值 K_g/K_o，步骤如下：

(1) 建立实际生产气油比 R 与时间关系图，确立生产气油比 R 与时间之间的关系。

(2) 选择一个压力值，并确定该压力下的流体物性参数。通过表 12.4 中此压力及其对应的流体物性参数，找到与此压力对应的时间。

(3) 由步骤 1 中的关系式计算步骤 2 中时间对应的生产气油比 R。

(4) 由步骤 3 中得到的生产气油比 R 和步骤 2 中得到的流体物性参数，重新整理公式 (10.33)，计算出气相渗透率与油相渗透率的比值 K_g/K_o。

(5) 通过步骤 2 中选择的压力和与计算得到的累积产量 N_p，计算与气相渗透率与油相渗透率的比值 K_g/K_o 对应的含气饱和度。

(6) 重复步骤 2~5 得到许多压力值。得到新的气相渗透率与油相渗透率的比值 K_g/K_o 与含气饱和度之间的关系。

在 Excel 表格中，求解方法如表 12.6 所示。

表 12.6　Excel 工作表中新的气相渗透率与油相渗透率的比值计算方法

Revised Pressure	Time	R		S_g	$K_g\_K_o$
615	50.9292	197.585		0.00251	2.2E−05
605	162.548	196.127		0.00764	4.2E−05
595	266	224.954		0.0129	0.00085
575	666	412.554		0.02365	0.00595
555	1065	600.154		0.03416	0.01125
535	1466	787.754		0.04323	0.01677
515	1866	975.354		0.0509	0.02254
495	2266	1162.95		0.05732	0.02861
475	2666	1350.55		0.06268	0.03502
455	3066	1538.15		0.06722	0.0418
445	3266	1631.95		0.06924	0.04535

值得注意的是，步骤 2~5 中利用原始的气相渗透率与油相渗透率比值来计算表 12.4 中的数据，由于新的气相渗透率与油相渗透率比值计算基于表 12.4 中的数据，因此其值存在一定的误差，有必要重复步骤以获得更为准确的关系式。通过历史拟合获取新的气相渗透率与油相渗透率比值，而这一历史拟合的质量好坏决定着在获得新的气相渗透率与油相渗透率比值与含气饱和度之间的关系时是否使用这一迭代步骤。图 12.8 中绘制了前述 6 个步骤得到的新的气相渗透率与油相渗透率比值和旧的气相渗透率与油相渗透率比值。

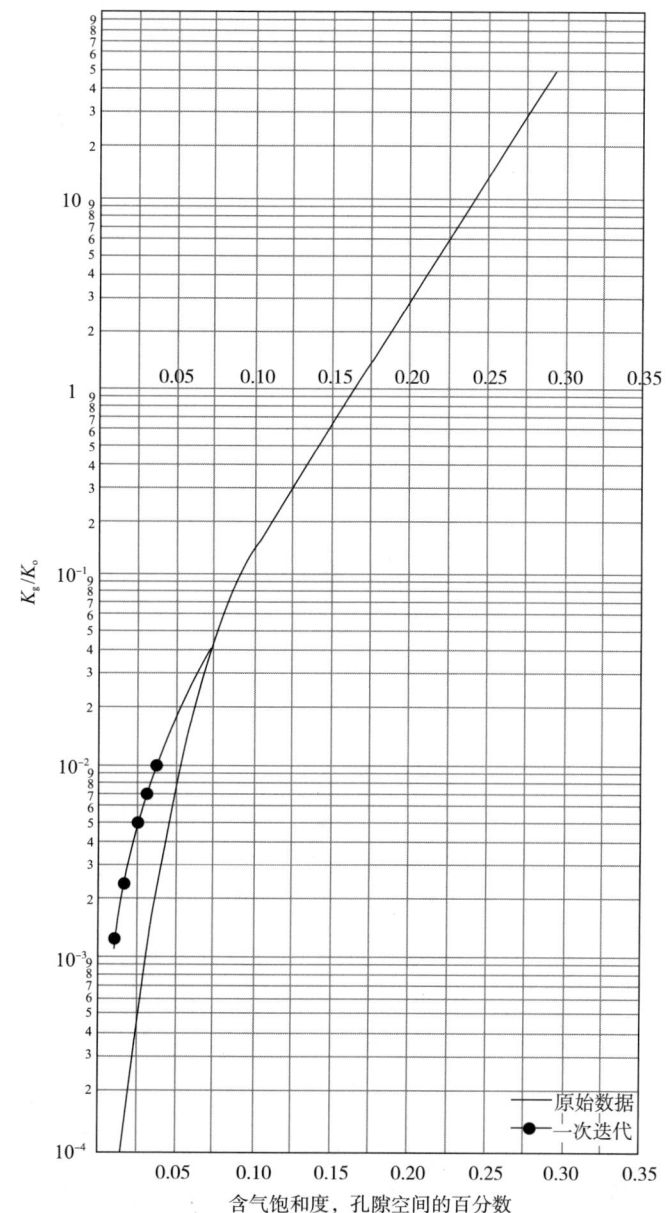

图 12.8 历史拟合问题中气相渗透率与油相渗透率比值的第一次迭代数据

此时,应该将新的气相渗透率与油相渗透率比值与含气饱和度之间的关系进行回归分析,并将新的数据带入 Excel 工作表中进行新的历史拟合,图 12.9 绘制出了相关的计算结果。

可以看出,新的气相渗透率与油相渗透率比值使得瞬时气油比的匹配程度得到了显著改善,如图 12.9(b)所示,但是,油井产量的匹配程度还不是很好。实际上,通过将图 12.9(a)中的数据和图 12.7(a)中的原始数据进行对比,可以看出,新的气相渗透率与油相渗透率比值导致计算的油井产量的斜率更大,对计算的原理进行分析可以解释新的气相渗透率与油相渗透率比值的影响因素。

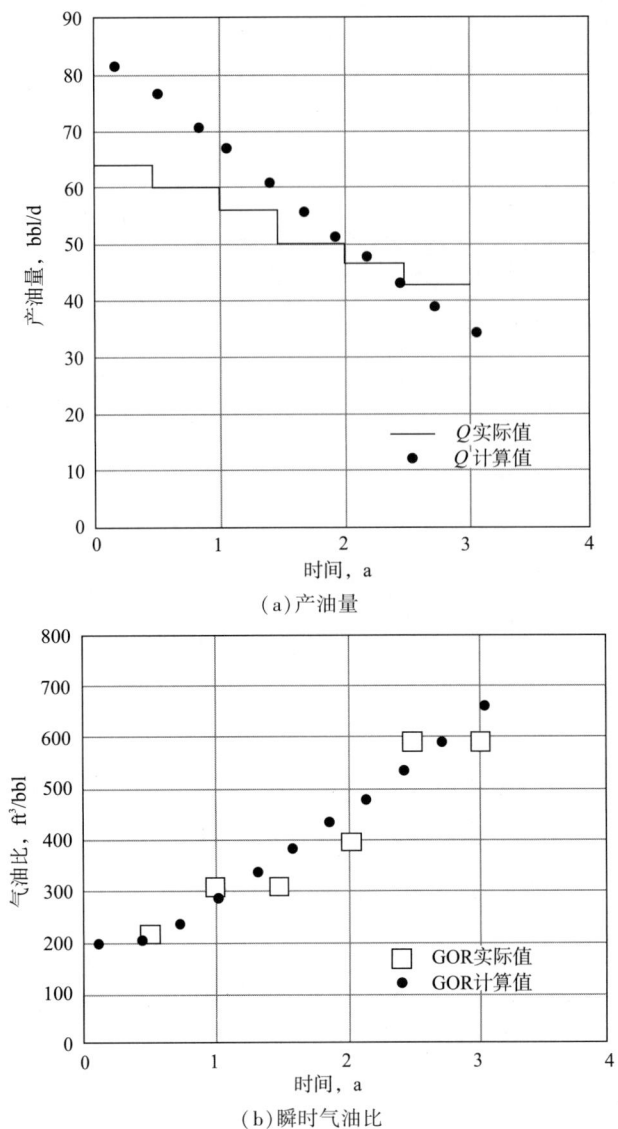

图 12.9 修正气相渗透率与油相渗透率比值后的历史拟合

由于新的瞬时气油比是由新的气相渗透率与油相渗透率比值计算得到,即由公式(10.33)和真实气油比得到,因此,计算的气油比会与实际的气油比相匹配。而油井产量的计算中,公式(8.45)不包含气相渗透率与油相渗透率比值,那么,油井产量的大小不受气相渗透率与油相渗透率比值的影响。但是有关时间的计算中包括了油井累积产量 N_p,在 Schilthuis 物质平衡方程的计算中,累积产量 N_p 是气相渗透率与油相渗透率比值的函数,因此,当产量下降时,产量会随着新的气相渗透率与油相渗透率比值的改变而发生改变。

为了获得匹配性更好的油井产量,有必要对附加的数据进行修正,而哪些数据能够被合理的修正是需要解决的问题。有些学者认为对流体的物性参数进行修正是不合理的,但需要对流体物性参数的数据和(或)方程进行仔细的检查,以免出现疏漏。此时,主要对不同压力下 B_o、B_g、R_{so}、μ_o 和 μ_g 的计算公式进行检查,并与它们的原始数据进行对比。流体物性参数的计算公式一般都很正确和精确。另外一些学者认为一些储层物性参数存在一定的错误,比如油层厚度和绝对渗透率等。油层厚度是由测井和岩心数据作出的地层等厚线图获得的,绝对渗透率由储层有限区域内的岩样测得。取心的数量有限在很大程度上是由于取心的操作成本太高。即使通过岩心材料测得的油层厚度和绝对渗透率的精确度很高,但将测定数据外推至特定油井的整个泄油面积时也会产生误差。例如,利用地层等厚线图来获得油层厚度时,需要假设取心部位之间有较好的连通性,但这一假设可能正确,也可能不正确。在油井泄油区域内,由于选定平均油层厚度和绝对渗透率会产生一定的误差,改变这些参数,并观察它们的改变对历史拟合的影响是非常合理的。在本节的最后部分,验证了这些参数的改变对历史拟合过程产生的影响,表12.7对所讨论的实例进行了概述。

表12.7 实例描述

实例编号	原始数据中变化的参数
1	无
2	气相渗透率与油相渗透率比值
3	同例2和油层厚度
4	同例2和绝对渗透率
5	同例2、油层厚度和绝对渗透率
6	气相渗透率与油相渗透率比值的第2次迭代、油层厚度和绝对渗透率

在第3个例子中,对两个油层的厚度都进行了调整,以确定它们对历史拟合过程的影响。由于计算的油井产量比实际的油井产量更高,因此减小了油层厚度,当油层厚度减小20%时油井产量和瞬时气油比如图12.10所示。

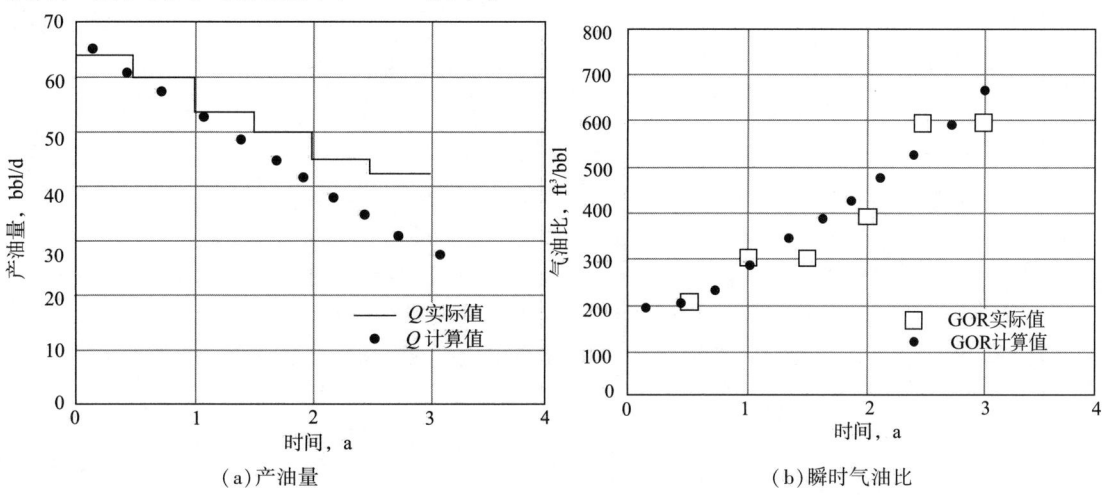

图12.10 实例3的历史拟合。例3中使用了新的气相渗透率与油相渗透率比值,并对减小了油层厚度

当油层厚度减小后,计算的油井产量下降,如图12.10(a)所示。

这使得早期数据匹配得很好,但随后的数据匹配性不好,这是由于计算值的下降速度比实际数值的下降速度快很多,而计算的瞬时气油比与实际的瞬时气油比的匹配性依然很好,这是由于在计算过程中有两处使用到了油层厚度。其中一处是在原始原油地质储量 N 的计算过程中，即公式（12.3），然后，原始原油地质储量 N 与由 Schilthuis 物质平衡方程得到的每一个 $\Delta N_p/N$ 相乘。另一处是在计算原油产量 q_o 的流量方程中，即公式（8.45），由于瞬时气油比或生产气油比 R 的计算不需要使用原始原油地质储量 N 和原油产量 q_o 的计算值，因此瞬时气油比或生产气油比的数值不受影响。但是，原油产量与油层厚度成正比例关系，油层厚度越小，则原油产量越低。表面上看来，原油的产量可以进行改变，但进一步的研究发现，尽管原油产量与油层厚度明显相关，但生产的时间与油层厚度不相关。为了计算生产时间，将累计产量的增量 ΔN_p 除以相应增量下的原油产量 q_o，由于 N_p 和 q_o 都与油层厚度成正比例关系，因此可以抵消掉油层厚度，使得生产时间与油层厚度无关。总之，油层厚度的减小会带来以下直接影响：(1) 原油产量下降；(2) 原油产量和瞬时气油比的斜率保持不变；(3) 瞬时气油比的数值保持不变。

为了确定绝对渗透率对历史拟合过程的影响，在第 4 个例子中，将绝对渗透率减小了约 20%，图 12.11 绘出了此时的原油产量和瞬时气油比。由此可以看出，原油产量的匹配性得到了提升，但是瞬时气油比的匹配性反而下降，同样，若对相关方程进行检验，可以知道绝对渗透率的改变对历史拟合的影响。

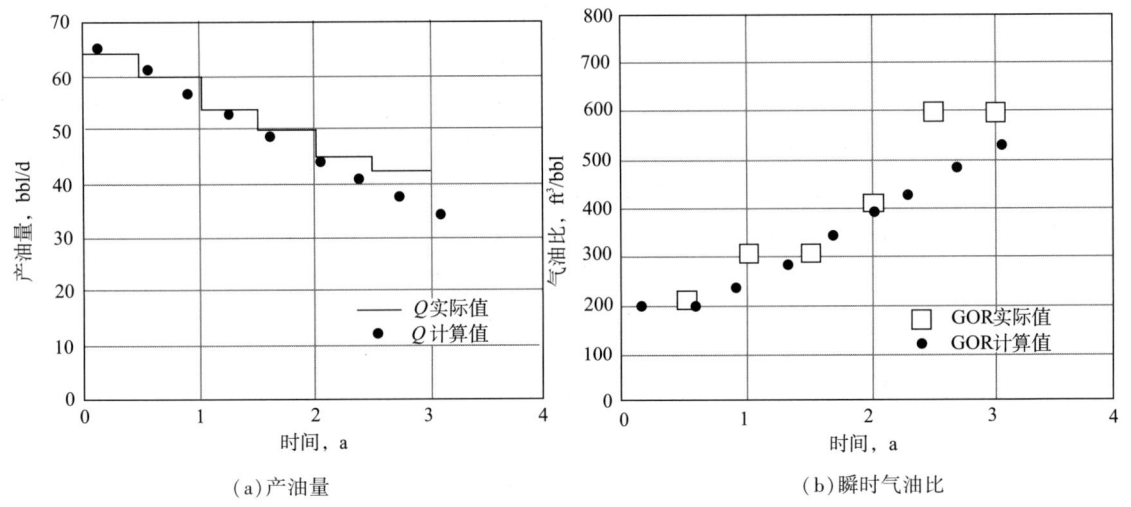

(a) 产油量　　　　　　　　　　　　(b) 瞬时气油比

图 12.11　实例 4 的历史拟合。例 4 中使用了新的气相渗透率与油相渗透率比值，并对减小了绝对渗透率

由公式（8.45）可以看出，原油产量与油相有效渗透率 K_o 成正比例关系，油相有效渗透率 K_o 的表达式为：

$$K_o = K_{ro} K \tag{12.4}$$

公式（12.4）给出了油相有效渗透率与绝对渗透率 K 之间的关系。联立公式（8.45）和公式（12.4），我们可以看出，原油产量与绝对渗透率 K 成正比例关系。因此，当绝对渗透率 K 减小时，原油产量随之下降，由于生产时间为原油产量 q_o 的函数，生产时间也会受到影响，但瞬时气油比的数值大小既与 Schilthuis 物质平衡计算中的油相有效渗透率无关，也与绝对渗透率无关。由于生产时间的修正，原油产量和瞬时气油比曲线的斜率都会发生变化，为了获得原油产量的更好历史拟合,也希望这一现象能够发生。但是,虽然原油产量的历史拟合得到了改善,但瞬时气油比的历史拟合变得更差。通过减小绝对渗透率,可以发现:(1)原油产量减少;(2)瞬时气油比的数值不变;(3)原油产量和瞬时气油比曲线的斜率均发生改变。

通过修正油层厚度和绝对渗透率,原油产量和瞬时气油比曲线的斜率均得到了修正。同样,在改变原油产量的同时,瞬时气油比曲线的斜率发生了轻微改变。第 5 个实例中,同时改变了油层厚度和绝对渗透率,并使用了新的气相渗透率与油相渗透率比值,其历史拟合如图 12.12 所示。由图 12.12(a)可以看出,计算得到的原油产量与实际现场的原油产量之间的匹配性非常好,第 2~4 中瞬时气油比的匹配程度逐渐变差,但与例 1 中由原始气相渗透率与油相渗透率比值得到的瞬时气油比相比,其匹配性有所改善。

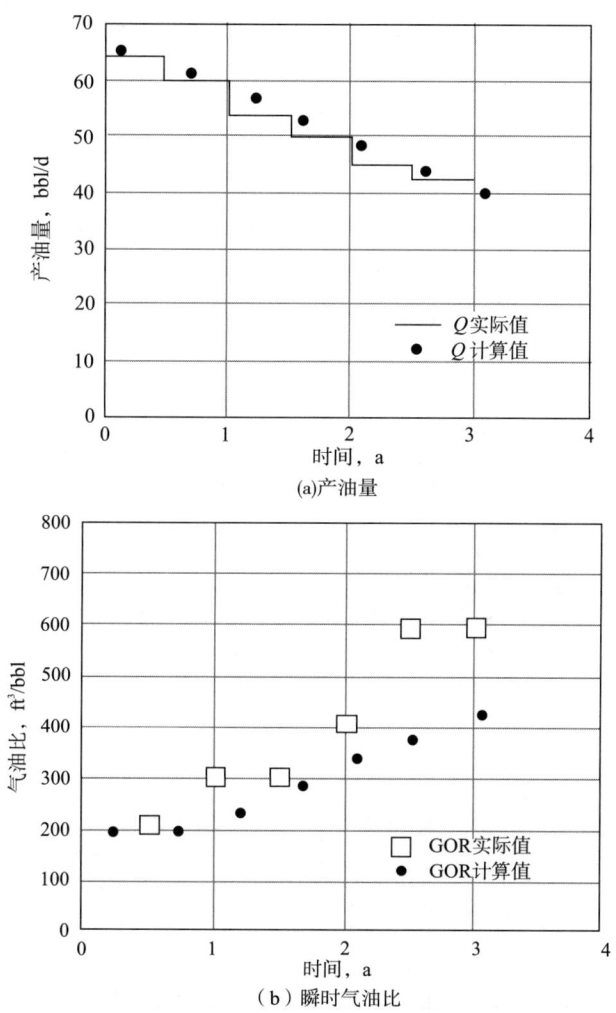

图 12.12 实例 5 的历史拟合。例 5 中使用了新的气相渗透率与油相渗透率比值,
并对油层厚度和绝对渗透率进行了改变

根据最终的历史拟合结果,可以判断出是否对气相渗透率与油相渗透率比值进行第二次迭代。这是因为获取新的气相渗透率与油相渗透率比值的过程中需要使用原始的气相渗透

率与油相渗透率比值,而计算得到的瞬时气油比与实际储层的气油比之间的匹配性非常不理想,因此有必要对气相渗透率与油相渗透率比值进行第二次迭代。根据获得的新的气相渗透率与油相渗透率比值和例 5 中的结果,可以第二次获得的一系列新的气相渗透率与油相渗透率比值。图 12.13 绘出了第二次获得的一系列新的气相渗透率与油相渗透率比值、原始的气相渗透率与油相渗透率比值和例 2~5 中第一次迭代获得的一系列新的气相渗透率与油相渗透率比值。

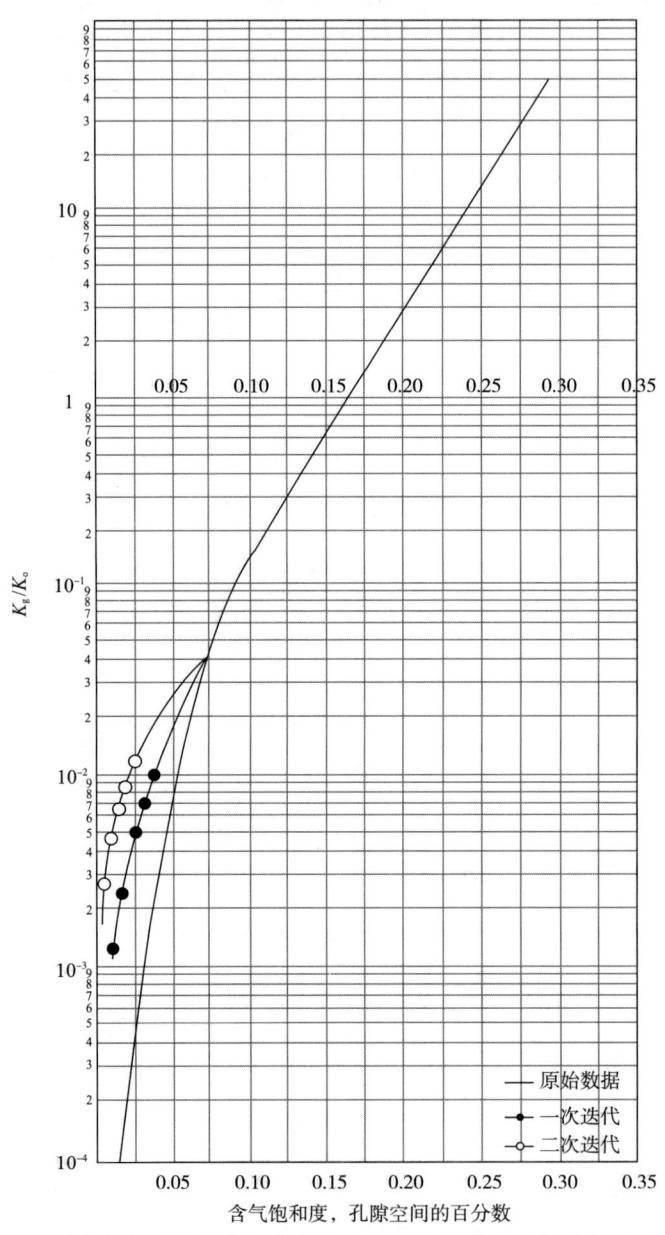

图 12.13　历史拟合过程中第二次迭代获得的气相渗透率与油相渗透率比值

根据第二次迭代获得的气相渗透率与油相渗透率比值以及必要时对油层数据和绝对渗

透率数值进行调整,得到的结果如图12.14所示。可以看出原油产量和瞬时气油比的历史拟合结果令人非常满意。当得到的生产历史拟合方法既能获得令人满意的油井产量曲线也能获得令人满意的瞬时气油比曲线时,则能放心地使用该模型预测油井未来产量信息。

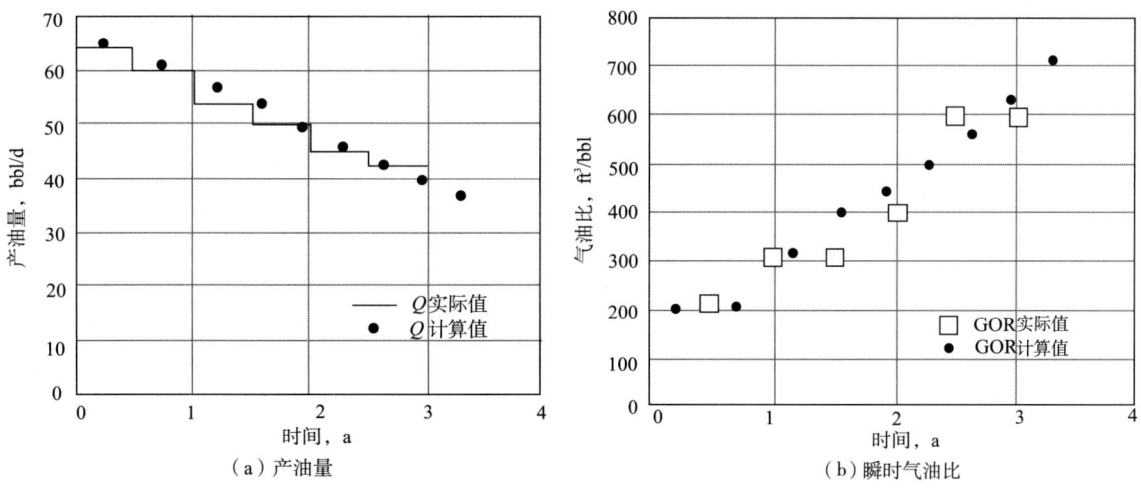

(a) 产油量 (b) 瞬时气油比

图 12.14　实例 6 的历史拟合。例 6 中使用了第二次迭代获得的气相渗透率与油相渗透率比值,并对油层厚度和绝对渗透率进行了改变

表 12.8　历史拟合实例中输入的数据

实例	气相渗透率与油相渗透率比值数据	绝对渗透率,mD		油层厚度,ft	
		油层 1	油层 2	油层 1	油层 2
1	原始数据	9.6	7.2	17.0	14.0
2	第一次迭代	9.6	7.2	17.0	14.0
3	第一次迭代	9.6	7.2	13.6	11.2
4	第一次迭代	7.7	5.7	17.0	14.0
5	第一次迭代	5.9	4.4	22.0	18.2
6	第二次迭代	5.9	4.4	22.0	18.2

12.3.3　历史拟合实例概括评论

获得了能够拟合当前油井生产数据的模型后,可以利用该模型对未来油气产量进行预测,并且能够对历史拟合过程中的修正数据进行评价。表 12.8 给出了前面讨论的 6 个历史拟合实例中相关数据变化信息。

6 个历史拟合实例中,其余所有输入的数据均保持不变。由图 12.13 可以看出,第一次迭代和第二次迭代获得的气相渗率与油相渗透率比值较原始的气相渗透率与油相渗透率比值大,在最后一部分中,对于实验测得的气相渗透率与油相渗透率比值与矿场获得的气相渗透率与油相渗透率比值之间产生的差异,给出了几种解释,这些原因包括井筒附近的压力降落比远离油井区域的压力降落更为迅速、某些油井的完井时间和开采时间早于其他油井、地层中存在 2 种或 2 种以上不同渗透率的岩层以及重力差异的影响。所有这些现象导致储层范围内压力衰竭的不均匀性,这种不均匀性又会使得整个储层内部的含油饱和度不一致,因此又会导致储层内的有效渗透率不一致。图12.13中可以看出,修正后,实验测得的气相渗透率与油相渗透率比值与矿场获得的气相渗透率与油相渗透率比值之间产生的差异并不很大,因此,对气相渗透率与油相渗透率比值的修正对于整个油藏生产历史拟合过程来说是合理的。

对于最后一个历史拟合实例6,油层的厚度较实例1中的油层厚度原始数据增加了30%,绝对渗透率减少了39%。油层厚度的改变值或者绝对渗透率的改变值可能看似变化太大,但这些油层厚度和绝对渗透率的数值是实验室通过岩样分析测得的,其直径一般只有6in。尽管实验室中这些参数的实际测量方法非常精确,但是为了进行油藏生产历史拟合,有必要对测得的数据进行假设,以至于能够应用于整个面积超过40ac的油井泄油面积。这一外推范围非常大,因此在假设的过程中会产生很大的误差。如果考虑到原始数据的数值较小,那么历史拟合过程中数据的大小变化不大,比如绝对渗透率仅从2.8mD增加至3.7mD,泄油面积仅从4.2ft增加至5.0ft。这些数值的变化可能相对于原始数据来说很大,但在数量上并不大。

因此,上述对于目标井的历史拟合模型是合理和值得推敲的,还可以推导出更复杂的方程,但对于这一特定的实例,使用Schilthuis物质平衡方程和原油流量方程就已足够。只要能够使用简单的方法达到目的,则保持事物的简单性有很多优点,但读者应注意不管模型程度多复杂,油藏生产历史拟合原理是可以使用的。

思 考 题

12.1 下列数据来自某定容型未饱和油藏。计算每个压力下的相对渗透率 K_g/K_o,并画出它们与液相饱和度关系图:

原始含水饱和度 $S_w = 25\%$;

原始原油地质储量 $= 150 \times 10^6 \text{bbl}$;

$B_{oi} = 1.552 \text{bbl/bbl}$。

p psi(绝)	R ft³/bbl	N_p 10⁶bbl	B_o bbl/bbl	B_g bb/ft³	R_{so} ft³/bbl	μ_o/μ_g
4000	903	3.75	1.500	0.000796	820	31.1
3500	1410	13.50	1.430	0.000857	660	37.1
3000	2230	20.70	1.385	0.000930	580	42.5
2500	3162	27.00	1.348	0.00115	520	50.8
2000	3620	32.30	1.310	0.00145	450	61.2
1500	3990	37.50	1.272	0.00216	380	77.3

12.2 由生产数据计算以下不同因素对气相渗透率与油相渗透率比值的影响:

(1)计算原始原油地质储量时的误差;

(2)束缚水饱和度的误差;
(3)存在微小的水体,但不考虑的水驱作用;
(4)重力分异的影响,和高气油比井的油井分别关闭和打开时的影响;
(5)地层压力衰竭的不均匀性;
(6)气顶的存在。

12.3 根据图12.15~图12.17中的数据,结合本章中提供的流体物性数据,使用表12.4的Excel工作表对图12.18~图12.21中的生产数据进行历史拟合。使用图12.8~图12.13中的新的气相渗透率与油相渗透率比值进行精细拟合。下表给出了实验室岩心渗透率的测量:

油井	相对于空气的平均绝对渗透率(mD)	
	油层1	油层2
井5-6	5.1	4.0
井8-16	8.3	6.8
井9-13	11.1	6.0
井14-12	8.1	7.6

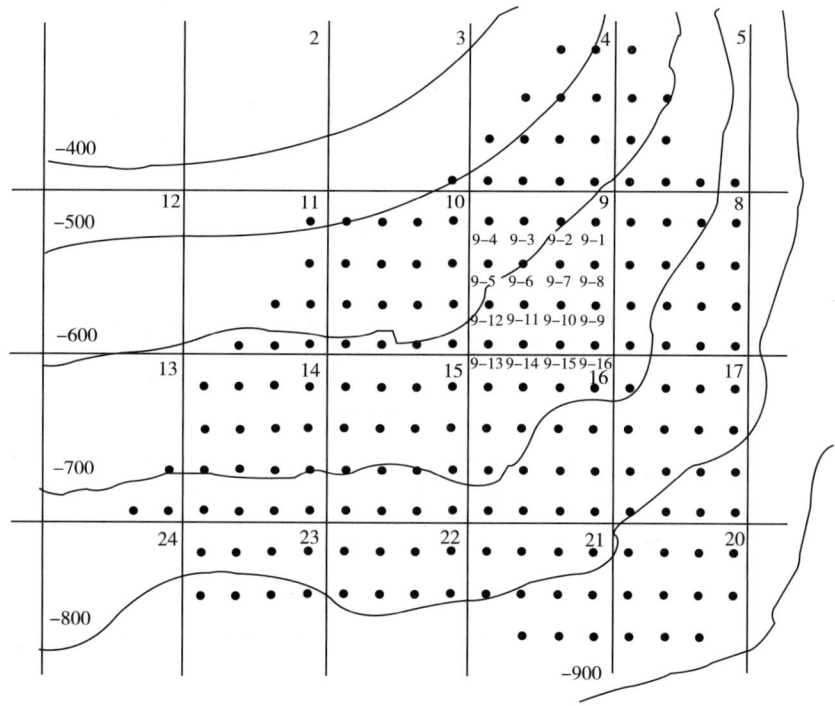

图12.15 思考题12.3中油井部位的地质构造图

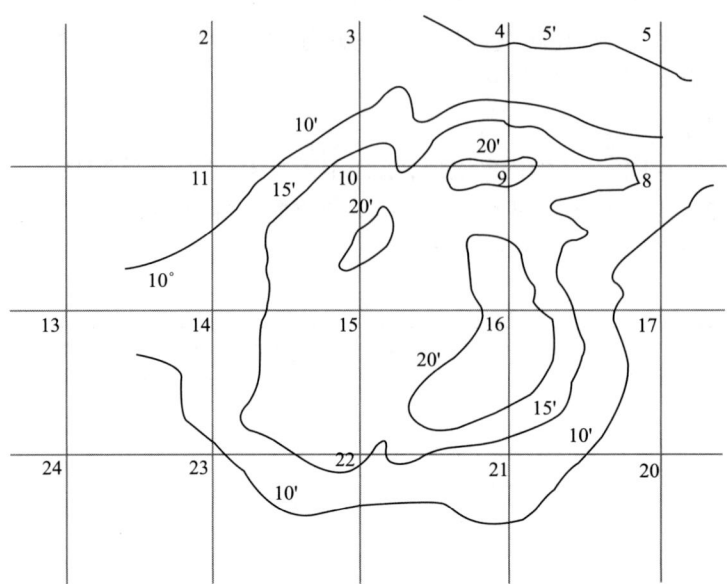

图 12.16　思考题 12.3 中油层 1 的等厚线图

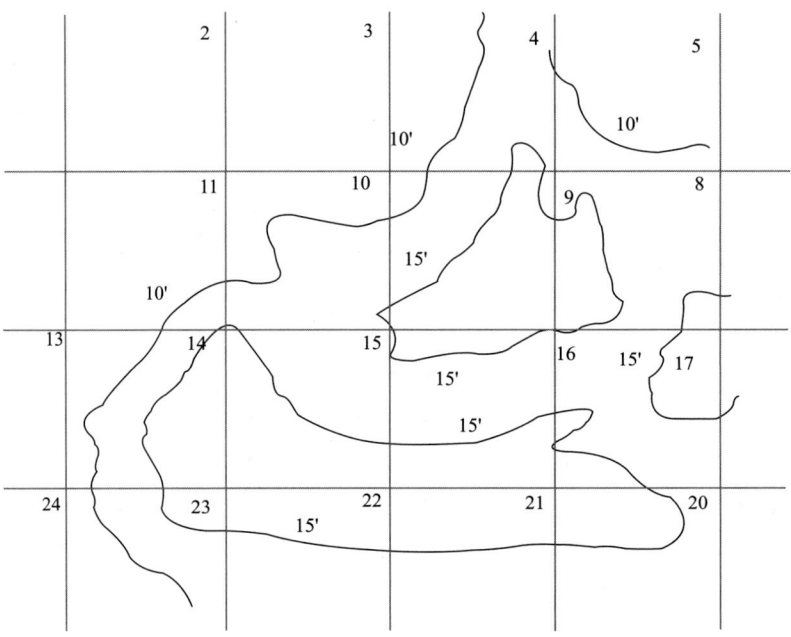

图 12.17　思考题 12.3 中油层 2 的等厚图

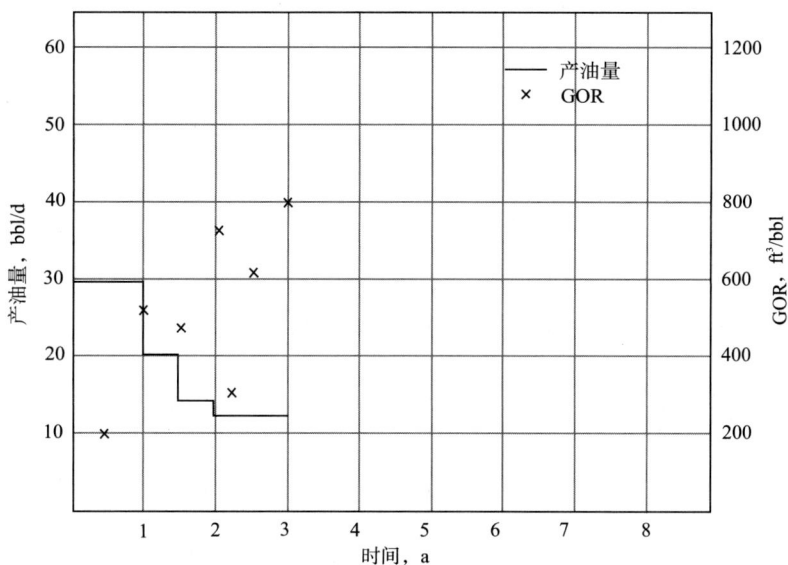

图 12.18 思考题 12.3 中油井 5-6 的实际原油产量和瞬时气油比

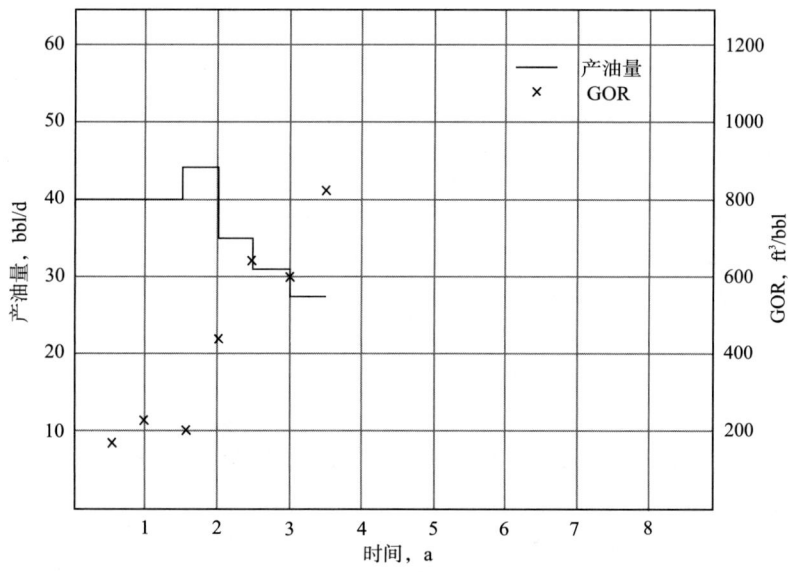

图 12.19 思考题 12.3 中油井 8-16 的实际原油产量和瞬时气油比

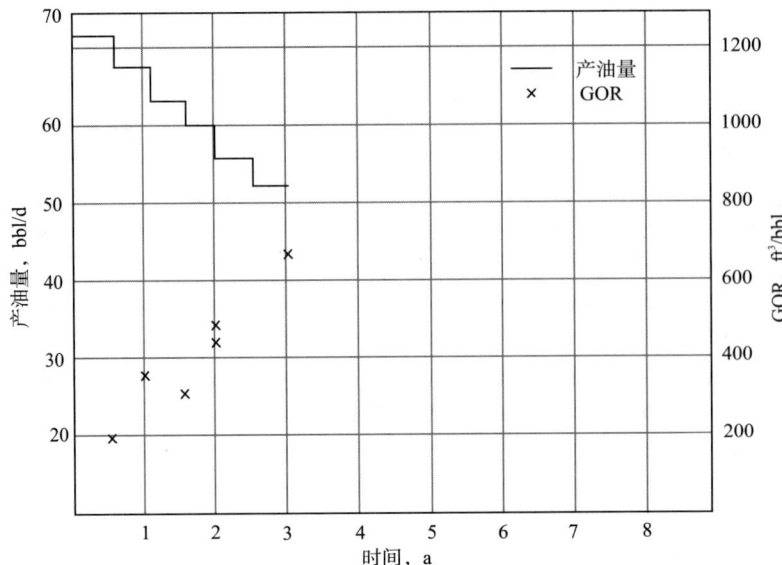

图 12.20　思考题 12.3 中油井 9-13 的实际原油产量和瞬时气油比

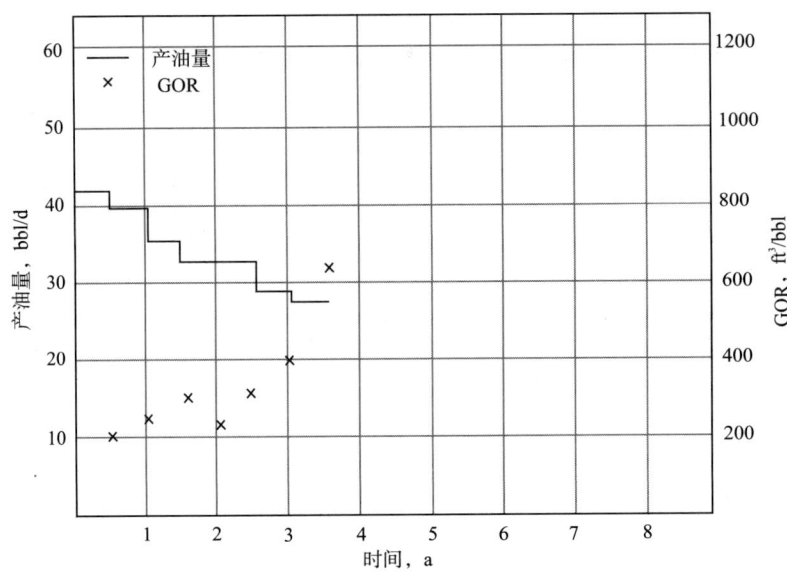

图 12.21　思考题 12.3 中油井 14-12 的实际原油产量和瞬时气油比

12.4　使用第 10 章中介绍的 Muskat 方法代替本章的 Schilthuis 方法,并结合第 12 章提供的数据进行历史拟合,并建立相关 Excel 工作表。

12.5　使用第 10 章 hong 介绍的 Tamer 方法代替本章的 Schilthuis 方法,并结合第 12 章提供的数据进行历史拟合,并建立相关 Excel 工作表。

参 考 文 献

[1] A. W. McCray, Petroleum Evaluations and Economic Decisions, Prentice Hall, 1975.

[2] H. B. Crichlow, Modern Reservoir Engineering–A Simulation Approach, Prentice Hall, 1977.

[3] P. H. Yang and A. T. Watson, "Automatic History Matching with Variable-Metric Methods," Society of Petroleum Engineering Reservoir Engineering Jour. (Aug. 1988), 995.

[4] T. Ertekin, J. H. Abou-Kassem, and G. R. King, Basic Applied Reservoir Simulation, Vol. 10, Society of Petroleum Engineers, 2001.

[5] J. Fanchi, Principles of Applied Reservoir Simulation, 3rd ed., Elsevier, 2006.

[6] C. C. Mattax and R. L. Dalton, Reservoir Simulation, Vol. 13, Society of Petroleum Engineers, 1990.

[7] M. Carlson, Practical Reservoir Simulation, PennWell Publishing, 2006.

[8] J. J. Arps, "Analysis of Decline Curves," Trans. AIME (1945), 160, 228-247.

[9] J. J. Arps, "Estimation of Primary Oil Reserves," Trans. AIME (1956), 207, 182-191.

[10] M. J. Fetkovich, "Decline Curve Analysis Using Type Curves," J. Pet. Tech. (June 1980), 1065-1077.

[11] R. G. Agarwal, D. C. Gardner, S. W. Kleinsteiber, and D. D. Fussell, "Analyzing Well Production Data Using Combined-Type-Curve and DeclineCurve Analysis Concepts," SPE Res. Eval. & Eng. (1999), 2, 478-486.

[12] T. Ahmed, Reservoir Engineering Handbook, 4th ed., Gulf Publishing Co., 2010.

[13] I. D. Gates, Basic Reservoir Engineering, Kendall Hunt Publishing, 2011.

[14] Personal contact with D. W. Green.

[15] T. D. Mueller, J. E. Warren, and W. J. West, "Analysis of Reservoir Performance K_g/K_o Curves and a Laboratory K_g/K_o Curve Measured on a Core Sample," Trans. AIME (1955), 204, 128.

油藏工程词汇表

Absolute permeability(绝对渗透率)
　　完全被单一流体饱和时流动系统的渗透率。
Absolute pressure(绝对压力)
　　相对于真空测得的压力。
Allowable(极限生产速率)
　　油田管理部门设置的极限生产速率以使储层整体的采收率最大化。
Anticline(背斜)
　　为形成油气圈闭的地质构造,是一个向上凸起的褶皱。
API(美国石油学会)
　　为 American Petroleum Institute 的缩写。
API gravity(API 重度)
　　液态烃相对于同等体积水的重量。纯水的 API 重度为 10。API 重度越高对应液体密度越低。
Aquifer(含水层)
　　多孔岩石中被间隙水填充的地下层位。
Areal sweep efficiency(面积波及系数)
　　驱替过程中驱替液波及到的面积占整个油藏面积的百分比。
Artificial lift(人工举升)
　　对井筒中的液柱增加能量以改善产量的系统。人工举升系统包括有杆泵抽油、气举、电潜泵。
Associated gas(伴生气)
　　地面时从液体中释放出的烃类气体,也被称为溶解气。
Average reservoir pressure(储层平均压力)
　　储层中流体产生的体积平均压力。
Azimuth(方位角)
　　具有方向的或与参考方向成矢量关系的角。
Bitumen(沥青质)
　　API 重度等于或小于 10°API 的烃类流体。
Boundary conditions(边界条件)
　　在解决诸如试井中的微分方程时的有关理论边界性质或条件。
Bounded reservoir(定容油藏)
　　不连通的具有边界的独立油藏。
Bubble point(泡点)

从液相中分离出第一批气泡时的压力和温度。

Buildup test(压力恢复试井)

见 pressure buildup test。

Cap rock(盖层)

在储集层岩石的上部和周围形成阻挡层的不渗透岩石,能阻止储集层中的流体向外运移并使流体在其中聚集。

Carbonate rock(碳酸盐岩)

由碳酸盐类物质组成的一类沉积岩。

Casing(套管)

一种由下入地层中的钢管组成的井筒的主要结构。套管能防止地层壁坍塌进入井筒中,隔离不同层位,为井内的流体的产出提供通道。

Condensate(凝析油)

气相由于压力和(或)温度的改变凝析形成的烃类液体;凝析油的 API 重度通常高于超过 60°API。

Connate water(束缚水)

滞留在岩石孔隙中的水。

Core(岩心)

从储层中钻取的一块柱状岩石。可用岩心确定储层的物性,诸如渗透性、孔隙度等。

Critical point(临界点)

物质达到超临界流体时的温度和压力,该流体无法区分其气相和液相。

Darcy(达西)

岩石渗透性的单位。

Darcy's law(达西定律)

预测流体由于压差通过多孔介质时流动速率的定律。

Dead oil(死油)

不存在挥发性组分和不含溶解气的原油。

Displacement efficiency(驱油效率)

岩石孔隙中被注入液驱替出来的原油体积占在强化采油之前油所占体积的百分比。

Emulsion(乳状液)

一种液体混合物,其中一种液体以液滴形式分散在另一种连续相液体中。

Enhanced oil recovery(提高采收率)

一种增加油田原油产量的技术用语。

EOR(提高石油采收率)

为 enhanced oil recovery 的缩写。

Fault(断层)

地质构造中的断裂或不连续段。

Formation damage(地层伤害)

储层中近井地带的渗透性变差。

Fracturing(压裂)
水力压裂是一种通过井筒向储层注入承压流体以压裂岩石的方法。

Gas formation volume factor(气体体积系数)
气体在油藏条件下的体积与在标准条件下体积的比值。

Gas-oil contact(油气界面)
含有油和气的过渡区域,在这区域的上方主要是气体,下方主要是油。

Gas saturation(含气饱和度)
气体所占孔隙空间的百分比。

Gas-water contact(气水界面)
含有气和水的过渡区域,在这区域的上方主要是气体,下方主要是水。

History matching(历史拟合)
在油藏模拟中,历史拟合通过建立模型来拟合油井的生产历史。

Horner plot(Horner 曲线)
Horner 曲线是压力恢复试井测试时压力与时间的关系图。

Hydrate(水合物)
该术语表示物质中含水。

Hydrocarbon(碳氢化合物)
碳氢化合物中只包含氢和碳两种元素的化合物。天然气和原油都属于碳氢化合物。

Hydrocarbon trap(油气圈闭)
油气圈闭是一种阻止烃类运移并使烃类在其中局部聚集的地质构造。

Injection well(注入井)
用来向储层中注入流体而不是产出流体的井。

Isopach map(等厚图)
表示地层厚度变化的示意图。

LNG(液化天然气)
主要成分为甲烷的低温液态天然气。

LPG(液化石油气)
主要成分为丙烷和丁烷的混合气。

Mass density(质量密度)
质量与体积的比值。

Mobility(流度)
储层流体的渗透率与其黏度的比值。

Natural gas(天然气)
主要成分为甲烷的天然产生的烃类气体混合物。

NGL(天然气凝析油)
从气态中分离出来的液态天然气组分。

Nonconformity(不整合)
见 unconformity。

Oil formation volume factor(油相地层体积系数)
油在储层条件下的体积与在储罐条件下的体积之比。

Oil saturation(含油饱和度)
孔隙中被油占据的体积百分比。

Oil-water contact(油水界面)
含有油和水的过渡区域,在这区域的上方主要是原油,下方主要是水。

Oil-wet rock(油湿岩石)
储层内表面一直与油接触的岩石。

OOIP(原始原油地质储量)
储层内原始烃类的总含量。

Overburden(盖层)
储层的上覆岩石或土壤。

Paraffin(石蜡)
石蜡是一种由碳氢化合物组成的软质固体。

Permeability(渗透率)
流体通过多孔介质时其渗流能力的量度。

Petroleum(石油)
自然条件下形成的由多种烃类混合物组成的可燃性液体。

Phase(相态)
物理上可进行区分的形态,如物质的固态、液态和气态。

Porosity(孔隙度)
也称孔隙空间,为物质孔隙空间体积占整个物质体积的百分数。

Pressure buildup test(压力恢复试井)
油井生产一段时间后关井,对其产生的井底压力数据进行分析。压力图可以用来评价储层和井筒区域的渗流面积和储层特征。

Pressure transient test(压力不稳定试井)
当储层中流量一定时,对其产生的井底压力数据进行分析。压力图可以用来评价储层和井筒区域的渗流面积和储层特征。

Primary recovery(一次开采)
烃类生产的第一阶段,只依靠储层的天然能量从储层中生产烃类化合物。

Producing gas-oil ratio(生产气油比)
标准状态下生产得到的气相体积与生产得到的液相体积的比值。

Production wells(生产井)
用来从储层中生产烃类化合物的井。

Reserves(储量)

利用当前技术可从油藏中经济开采得到的烃类化合物体积。

Reservoir(储集层)
有足够孔隙储存烃类化合物的地质构造。

Reservoir rock(储集岩)
储层中储存烃类的多孔岩石。

Residual oil(残余油)
流体经过岩石时无法运移的原油。

Salt dome(盐丘)
蘑菇状页岩向上挤入围岩,使上覆岩层发生拱曲隆起而形成的一种构造。

Sandstone(砂岩)
由固结砂粒组成的沉积岩。

SCF(标准立方英尺,即 ft^3)
气体体积的常见量度,实际体积为标准状态下(即温度为 $60^0 F$ 和压力为 14.7psi(绝)时)的气体体积。

Secondary recovery(二次采油)
油气开采的第二阶段,依靠注入外界流体(如水、气等)从储层中生产烃类化合物。

Seep(渗出)
烃类气体或液体生产至地面过程中的缓慢流动。

Shale(页岩)
一种由固结的黏土和粉砂组成的沉积岩。

Skin(表皮)
油井周围由于打孔、增产或钻井出现的渗透率减小或增加现象。

Skin factor(表皮因子)
确定油井生产效率的无量纲因子。正表皮因子表示油井的产能受到伤害,负表皮因子表示油井的产能得到增强。

Solution gas(溶解气)
油藏流体中溶解的气体。

Solution gas-oil ratio(溶解气油比)
溶解气的体积与原油的体积之比。

Source rock(烃源岩)
富含有机质、加热和加压时能够产生油气的岩石。

Specific mass(密度)
参考压力下,单位体积物质的质量。

Specific weight(相对密度)
参考压力下,单位体积物质的重量。

Standard pressure(标准压力)
用以确定诸如密度、比重、标准体积(如标准立方英尺或储罐桶数)等物性的参考压力。

Standard temperature(标准温度)
用以确定诸如密度、相对密度、标准体积(如标准立方英尺或储罐桶数)等物性的参考温度。
STB(标准储罐桶数)
原油体积的量度,实际体积为标准状态下(即温度60°F和压力14.7psi(绝)时)的原油体积。
Steady-state flow(稳定渗流)
用来分析系统内所有性质都不随时间改变时的流动状态。
Stock-tank conditions(储罐状态)
标准状态,通常被定义为温度60°F和压力14.7psi(绝)。
Sweep efficiency(波及系数)
储层水驱或气驱时,注入介质驱替的面积与储层面积的比值。
Syncline(向斜)
为一种向下弯曲的褶皱,不是烃类圈闭。
Tertiary recovery(三次采油)
向储层中注入外界流体(如水、蒸汽或气体等)的烃类生产阶段。
Traps(圈闭)
当向上运移的烃类通过可渗透岩石时,被相对不渗透盖层岩石阻挡而在储层中形成的烃类聚集。
Unconformity(不整合)
地质记录中在连续地质层中出现间断的面。
Unitization(联合开发)
油藏个体私人矿权的整合,联合开发能使整个区块比单个矿区单独开发时更高效。
Viscous fingering(黏性指进)
由于岩石渗透率非均质性引起的两种流体间界面不均匀或指状剖面的状态。黏性指进现象通常导致很低的水驱时波及系数。
Water-wet rock(水湿岩)
表面一直与水层相接触的储层岩石。
Wellhead(井口装置)
由管、阀门和接头组成的、位于井筒顶部能提供生产井压力和流量控制的测量系统。
Well log(测井)
井中一个或多个地球物理参数与深度的关系。
Wettability(润湿性)
存在两种非混相流体时,岩层与其中某一相接触的倾向性。
Wildcat well(初探井)
在未知区域钻探的油井或天然气井。

单位换算

$1 \text{psi} = 0.00689 \text{MPa}$

$1 \text{oz/in}^2 = 0.0125 \text{psia} = 0.4309223 \text{kPa}$

$1 \text{ft} = 30.48 \text{cm}$

$1 \text{ft}^2 = 0.093 \text{m}^3$

$1 \text{lb} = 0.4536 \text{kg}$

$1 \text{lb/ft}^3 = 16.02 \text{kg/m}^3$

$1 \text{bbl} = 5.615 \text{ft}^3 = 0.159 \text{m}^3$

$1 \text{bbl/psia} = 23.007 \text{m}^3/\text{MPa}$

$1 \text{bbl/day} = 0.159 \text{m}^3/\text{d}$

$1 \text{bbl/day-ft}^2 = 1.978 \times 10^{-5} \text{m}^3/\text{d}$

$1 \text{ft}^3/\text{bbl} = 0.178 \text{m}^3/\text{m}^3$

$1 \text{ac} = 43560 \text{ft}^2 = 4046.86 \text{m}^2 = 2.59 \text{km}^2$

$1 \text{ac-ft} = 43560 \text{ft}^3 = 1233.5 \text{m}^3$

$1 \text{cP} = 1 \text{mPa} \cdot \text{s}$

$1 \text{mD} = 0.9869 \times 10^3 \mu\text{m}^2$

$1 \text{°F} = 32 + 1.8 \times 1 \text{°C}$

$1 \text{°R} = 1.8 \text{°C} + 492$

$1 \text{°API} = [141.5/(\gamma_o)] - 131.5$

$1 \text{dyn/cm} = 1 \text{mN/m}$

国外油气勘探开发新进展丛书（一）

书号：3592
定价：56.00 元

书号：3663
定价：120.00 元

书号：3700
定价：110.00 元

书号：3718
定价：145.00 元

书号：3722
定价：90.00 元

国外油气勘探开发新进展丛书（二）

书号：4217
定价：96.00 元

书号：4226
定价：60.00 元

书号：4352
定价：32.00 元

书号：4334
定价：115.00 元

书号：4297
定价：28.00 元

国外油气勘探开发新进展丛书(三)

书号：4539
定价：120.00 元

书号：4725
定价：88.00 元

书号：4707
定价：60.00 元

书号：4681
定价：48.00 元

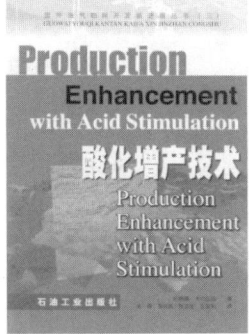

书号：4689
定价：50.00 元

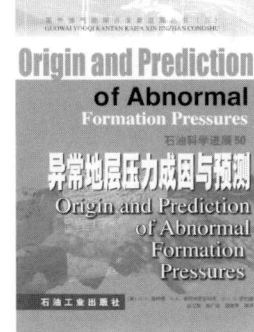

书号：4764
定价：78.00 元

国外油气勘探开发新进展丛书（四）

书号：5554
定价：78.00 元

书号：5429
定价：35.00 元

书号：5599
定价：98.00 元

书号：5702
定价：120.00 元

书号：5676
定价：48.00 元

书号：5750
定价：68.00 元

国外油气勘探开发新进展丛书（五）

书号：6449
定价：52.00 元

书号：5929
定价：70.00 元

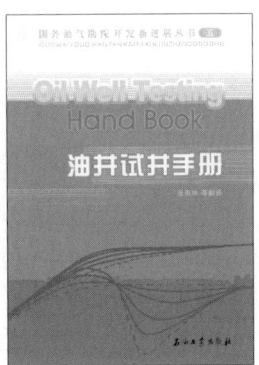

书号：6471
定价：128.00 元

书号：6402
定价：96.00元

书号：6309
定价：185.00元

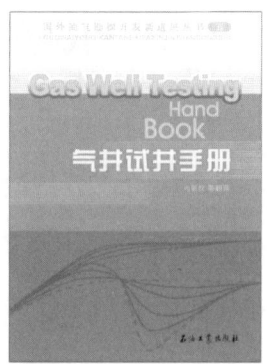

书号：6718
定价：150.00元

国外油气勘探开发新进展丛书（六）

书号：7055
定价：290.00元

书号：7000
定价：50.00元

书号：7035
定价：32.00元

书号：7075
定价：128.00元

书号：6966
定价：42.00元

书号：6967
定价：32.00元

国外油气勘探开发新进展丛书(七)

书号：7533
定价：65.00元

书号：7802
定价：110.00元

书号：7555
定价：60.00元

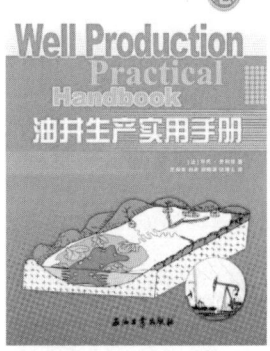

书号：7290
定价：98.00元

书号：7088
定价：120.00元

书号：7690
定价：93.00元

国外油气勘探开发新进展丛书(八)

书号：7446
定价：38.00元

书号：8065
定价：98.00元

书号：8356
定价：98.00元

书号：8092
定价：38.00元

书号：8804
定价：38.00元

书号：9483
定价：140.00元

国外油气勘探开发新进展丛书(九)

书号：8351
定价：68.00元

书号：8782
定价：180.00元

书号：8336
定价：80.00元

书号：8899
定价：150.00元

书号：9013
定价：160.00元

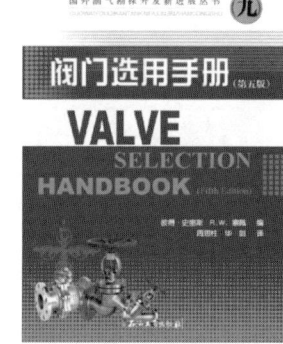

书号：7634
定价：65.00元

国外油气勘探开发新进展丛书(十)

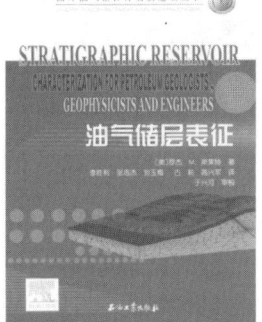

书号：9009
定价：110.00元

书号：9989
定价：110.00元

书号：9574
定价：80.00元

书号：9024
定价：96.00元

书号：9322
定价：96.00元

书号：9576
定价：96.00元

国外油气勘探开发新进展丛书(十一)

书号：0042
定价：120.00元

书号：9943
定价：75.00元

书号：0732
定价：75.00元

书号：0916
定价：80.00元

书号：0867
定价：65.00元

书号：0732
定价：75.00元

国外油气勘探开发新进展丛书（十二）

书号：0661
定价：80.00元

书号：0870
定价：116.00元

书号：0851
定价：120.00元

书号：1172
定价：120.00元

书号：0958
定价：66.00元

国外油气勘探开发新进展丛书(十三)

书号：1046
定价：158.00元